Mathematik verständlich unterrichten

Henrike Allmendinger · Katja Lengnink
Andreas Vohns · Gabriele Wickel
Herausgeber

Mathematik verständlich unterrichten

Perspektiven für Unterricht und
Lehrerbildung

Herausgeber

Henrike Allmendinger
Universität Siegen, Deutschland
allmendinger@mathematik.uni-siegen.de

Ass.-Prof. Dr. Andreas Vohns
Alpen-Adria Universität Klagenfurt, Österreich
andreas.vohns@aau.at

Prof. Dr. Katja Lengnink
Justus-Liebig-Universität Gießen, Deutschland
Katja.Lengnink@math.uni-giessen.de

Gabriele Wickel
Universität Siegen, Deutschland
wickel@mathematik.uni-siegen.de

ISBN 978-3-658-00991-5
DOI 10.1007/978-3-658-00992-2

ISBN 978-3-658-00992-2 (eBook)

Die Deutsche Nationalbibliothek verzeichnet diese Publikation in der Deutschen Nationalbibliografie; detaillierte bibliografische Daten sind im Internet über http://dnb.d-nb.de abrufbar.

Springer Spektrum

Lektorat: Ulrike Schmickler-Hirzebruch | Barbara Gerlach

Gedruckt auf säurefreiem und chlorfrei gebleichtem Papier.

Springer Spektrum ist eine Marke von Springer DE. Springer DE ist Teil der Fachverlagsgruppe Springer Science+Business Media
www.springer-spektrum.de

Vorwort

Rainer Danckwerts und Dankwart Vogel haben in ihrem Buch *Analysis verständlich unterrichten* für das Fachgebiet Analysis konkret vorgeführt, was für sie „verständlich unterrichten" bedeutet. Wir haben die Verabschiedung von Rainer Danckwerts in seinen Ruhestand zum Anlass genommen, verschiedene Wissenschaftlerinnen und Wissenschaftler aus Mathematik und Mathematikdidaktik einzuladen, die Idee des verständlichen Unterrichtens für ihr Fach- und Forschungsgebiet aus ihren jeweiligen Grundpositionen heraus weiterzudenken. Daraus ist das vorliegende Buch *Mathematik verständlich unterrichten – Perspektiven für Unterricht und Lehrerbildung* entstanden, das sich, wie auch *Analysis verständlich unterrichten*, an Studierende, Referendarinnen und Referendare sowie Lehrerinnen und Lehrer mit Berufserfahrung richtet, mit dem Ziel Ihnen direkt etwas für ihren Unterricht mitzugeben. Der Band will aber auch Dozenten ansprechen, die Beiträge daraus in Seminaren einsetzen oder ihre eigene Unterrichtspraxis damit reflektieren können.

Unser Dank gilt Rainer Danckwerts und Dankwart Vogel für ihr uns inspirierendes Werk, Ulrike Schmickler-Hirzebruch, die die Herausgabe unseres Sammelbandes beim Springer Spektrum Verlag möglich machte, und Barbara Gerlach für ihre Unterstützung. Weiterhin danken wir Barbara Stüßer für ihre redaktionelle Mithilfe. Schließlich bedanken wir uns bei den Autorinnen und Autoren, die unserer Einladung gefolgt sind und damit einen vielseitigen, hoffentlich anregenden Sammelband mitgestaltet haben.

Wir wünschen allen Leserinnen und Lesern eine spannende Lektüre.

Gießen/Klagenfurt/Siegen im Mai 2013

Henrike Allmendinger, Katja Lengnink, Andreas Vohns und Gabriele Wickel

Inhalt

Beiträge zur Lehrerbildung

Einleitung

DIE HERAUSGEBER

Mathematiklernen wird von Schülerinnen und Schülern in der Schule und angehenden Lehrerinnen und Lehrern an der Hochschule häufig als wenig verstehensorientiert erlebt. Äußerungen wie die folgende, die einem Mathematikforum im Internet entstammt, sind daher keine Seltenheit:

> „[...] Ich finde Mathematik interessant und möchte es verstehen. Verstehen beudeutet [sic!] für mich nicht nur richtig anwenden, sondern verstehen, welche Schritte man wieso macht, wann man zur Berechnung welche Schritte am sinnvollsten verwenden sollte etc. Mathelehrer erklären meistens wie man zum Ergebnis kommt und wie die Aufgabenstellungen zu verstehen sind. Das hat zur Folge, dass die Schüler rechnen und zeichnen, ohne zu verstehen was sie tun, wieso etc. [...]." (y0ungb0y 2008)

Dieses subjektive Empfinden wird durch die *Expertise zum Mathematikunterricht in der gymnasialen Oberstufe* unterstrichen, wenn in ihr festgestellt wird, dass Kalküle und Routinen im Unterricht im Vordergrund stehen. Es geht im Mathematikunterricht häufig um das bloße Anwenden von Formeln und Strategien, ohne auf deren Sinn und Bedeutung einzugehen. Dies hat direkte Auswirkungen auf den selbstständigen und flexiblen Umgang mit Mathematik, wie einschlägige Studien zeigen konnten. Zusätzlich wird dadurch eine eher statische Sicht auf Mathematik ausgeprägt (vgl. Borneleit u. a. 2001, S. 35-39). Dass diese Haltung auch bei motivierten, um Einsicht ringenden Schülern durchschlägt, wird unterschwellig bei *y0ungb0y* deutlich, wenn er bezüglich des *Verstehens* das Verstehen von Kalkülen in den Vordergrund stellt.

Die fehlende Verstehensorientierung setzt sich auch im Lehramtsstudium Mathematik fort. Sie wird jedoch von angehenden Lehrerinnen und Lehrern anders erfahren – beklagen sie doch in erster Linie die zu theoretische Ausrichtung des Studiums und den mangelnden Professionsbezug (vgl. etwa Bungartz und Wynands 1998, Pieper-Seier 2002, Curdes u. a. 2003, Mischau und Blunck 2006). Die Lernenden entwickeln dabei oft keine „positive, affektive Beziehung" (Pieper-Seier 2002, S. 396f.) zum Fachgegenstand und kehren sich innerlich ab oder denken gar über einen Studiengangwechsel nach.

Diese sowohl subjektiven als auch wissenschaftsbasierten empirischen Befunde sind umso erstaunlicher, da in Wissenschaft und Praxis einhelliger Konsens darüber besteht, dass Verstehen zentraler Kern des Mathematiklernens im Allgemeinen ist.

Schon Friedrich Diesterweg unterscheidet beispielsweise zwischen Kenntnissen und Erkenntnissen, wobei die Kenntnisse „zufällige unwesentliche Merkmale, ja bloße Merkzeichen, Wörter und Zeichen sein" können. Erkenntnisse dagegen führen zum

„Wesen der Dinge"; geben ihnen wechselseitigen Sinn und Bedeutung (Diesterweg 1833, S. 60); Erkenntnisse erzeugen also Verstehen und genau darauf kommt es nach Diesterweg beim Lernen an. Auch in der modernen Mathematikdidaktik spiegelt sich diese Perspektive wider. Den bloß scheinbaren Leistungen, wie der „Reproduktion angelernter verbaler Verhaltensweisen" (Winter 1989, S. 1), setzt Heinrich Winter das *Gewinnen von Einsichten* entgegen, ohne die Mathematiklernen nicht erfolgreich sein kann.

So unterschiedlich diese Positionen in ihrem zeitlichen und wissenschaftlichen Kontext sind, so grenzen doch beide Autoren das eigentliche Verstehen nicht nur vom kalkülhaften „Wissen wie es geht" ab; sie setzen es vielmehr dem erfolgreichen Lernen im Mathematikunterricht voraus. Der Mathematikunterricht soll daher nicht auf das Beherrschen von Verfahren und Techniken fokussieren, sondern nach Sinn und Bedeutung der mathematischen Begriffsbildung und den Zusammenhängen streben.

In diesem Band erfolgt keine grundsätzliche Auseinandersetzung mit dem Begriff des Verstehens wie sie beispielsweise Vollrath (1993) in seinen *Paradoxien des Verstehens* angestoßen hat. Die folgenden Beiträge setzen sich vielmehr an Winter und Diesterweg anschließend mit Äußerungsformen und Bedingungen mathematischen Verstehens auseinander, stellen das Gewinnen von Einsichten und das Entdecken von Zusammenhängen in den Mittelpunkt, fragen danach, wie solche Erkenntnisfortschritte im Unterricht erreicht werden können. Dazu gehen die Autorinnen und Autoren mit unterschiedlichen Perspektiven ihren Beiträgen auf Gegenstände der Schul- und Hochschulmathematik ein, um darauf aufbauend Lernumgebungen einerseits für den Schulunterricht, andererseits für die Lehrerbildung zu beschreiben, in denen ein Verstehen im obigen Sinne möglich ist.

Die Leitvorstellung des Bandes ist: Wer Mathematik auf allen Ebenen des Lernens verständlich unterrichten möchte, für den müssen die mathematischen Gegenstände und ihre Beziehung zum Menschen (wieder) Objekte einer spannenden Suche werden.

Auf dieser Suche bedarf es *fachdidaktischer Orientierung* und diese gewinnt nur der, der Mathematik er-, be- und hinterfragt. Für das Ziel eines verstehensorientierten Mathematiklernens können dann verschiedene zentrale Fragen an den Gegenstand gerichtet werden, wie beispielsweise:

- Welche themenübergreifende fundamentalen Ideen verankern die Mathematik im Alltagsdenken, ohne Mathematik als eine ganz spezifische Sichtweise auf die Welt zu verleugnen – eine Sichtweise mit den ihr eigenen Stärken und Schwächen?

- Welche Möglichkeiten der vertikalen und horizontalen inhaltlichen Vernetzung können als Gegengewicht gegen Stoffisolation und zur Unterstützung kumulativen Lernens genutzt werden? Durch welche tragfähigen inhaltlichen Grundvorstellungen lässt sich der intersubjektive Kern des Verstehens mathematischer Konzepte erfassen, ohne Verstehen als Akt individueller Sinnkonstruktion gering zu schätzen?

- Wie sieht eine geeignete Balance zwischen Anschaulichkeit und Strenge auf allen Ebenen des mathematischen Lern- und Bildungsprozesses aus, frei von dem Vorbehalt, jedes mehr an Anschaulichkeit sei automatisch eine Verwässerung des mathematischen Anspruchs?

- Wie kann Mathematik zwischen Produkt und Prozess als geistige Schöpfung eigener Art und kulturelles Gut ebenso erfahren werden, wie auch als Feld kreativer Entfaltung im heuristischen Denken und problemlösenden Arbeiten?

- Wie können Anwendungen erschlossen werden, die anstelle von bloßer Einkleidung echte modellbildende Aktivitäten ermöglichen und damit die Rolle der Mathematik in der Welt erfahrbar machen?

In ihrem Buch *Analysis verständlich unterrichten* stellen Rainer Danckwerts und Dankwart Vogel genau solche Fragen und explizieren damit wie ein verstehensorientierter Umgang mit Mathematik aussehen kann (vgl. Danckwerts und Vogel 2006).

Ihr Ansatz fokussiert nicht das (unverstandene) Hantieren mit Begriffen, sondern stellt *fundamentale Ideen* in den Vordergrund, wenn etwa hinter dem Ableitungs- und Integralbegriff die Idee des Messens und der Änderung entdeckt, der Grenzwertbegriff mit Hilfe der Idee des Approximierens verstanden und dem Extremwertkalkül die Idee des Optimierens zugrunde gelegt werden kann.

Zusätzlich plädieren Danckwerts und Vogel in ihrer Konzeption dafür, dass der Unterricht respektive die Schülerinnen und Schüler *Grundvorstellungen* aufbauen, indem sie bei der Begriffsbildung stärker inhaltlich und weniger formal argumentieren. Statt beispielsweise Stammfunktionen und Flächeninhalte nach syntaktischen Regeln zu bestimmen, soll die anschauliche (Grund-)Vorstellung zum Integral als der Rekonstruktion einer Funktion aus ihren Änderungsraten entwickelt werden.

Neben der Hervorhebung des *Beziehungsreichtums* der Begriffe innerhalb der Analysis, werden diese in *Analysis verständlich unterrichten* auch mit anderen mathematischen Teilgebieten vernetzt. So werden Extremwertprobleme, wie das „Isoperimetrische Problem", von den Autoren nicht nur analytisch, sondern auch mit algebraischen und geometrischen Methoden gelöst. Dadurch erstreckt sich der Vernetzungsgedanke horizontal über verschiedene Teilgebiete und schließt die Überlegungen zu Extremwertproblemen auch vertikal an Inhalte der Mittelstufe an.

Trotz der hohen Bedeutung der *anschaulichen Erfassung der Gegenstände und Methoden* behält die *analytische Präzision und Strenge* ihren wohlverstandenen Platz im Rahmen einer umfassenden Klärung der Begriffe: Bei der Einführung des Integralbegriffs stellen die Autoren zunächst anschauliche und strenge Argumentation gleichberechtigt nebeneinander, bevor die Reichweite der analytischen Beschreibung gegenüber einem geometrisch orientierten Standpunkt hervorgehoben wird.

Danckwerts und Vogel konzipieren dabei einen Unterricht, in dem die mathematischen Inhalte nicht nur kanonische „Requisiten" sind, sondern als „Objekte eines spannenden Suchens, einer aufregenden Handlung" erlebt werden können, wie es bereits Otto Toeplitz gefordert hat (vgl. Toeplitz 1927, S. 92).

Mit dem vorliegenden Sammelband wollen wir das von Dankwerts und Vogel für
den Themenbereich Analysis exemplarisch ausgearbeitete Konzept eines verstehensorientierten Unterrichts in Schule und Hochschule aufgreifen und weiterdenken. In
Mathematik verständlich unterrichten befragen die einzelnen Autorinnen und Autoren
mathematische Gegenstände und illustrieren exemplarisch aus ihren jeweiligen fachlichen und fachdidaktischen Grundpositionen heraus, inwiefern ein solches Befragen
der Mathematik und ihrer Beziehung zum Menschen handlungsleitendes Potenzial
für die praktische Gestaltung verstehensorientierter Lehr- und Lernprozesse auf allen
Ebenen entfalten kann.

Im ersten Teil dieses Bandes sind *Beiträge zum Schulunterricht* versammelt: Für einen
verstehensorientierten Zugang zur Mathematik begeben sich *Susanne Prediger und
Andrea Schink* auf die Suche nach individuellen Schüler(innen)vorstellungen und diskutieren die Bedeutung einer Aktivierung von inhaltlichen Vorstellungen und Strukturen im Umgang mit Bruchoperationen. Auch *Sabrina Heiderich und Stephan Hußmann*
setzen sich mit dem Thema Schüler(innen)vorstellungen auseinander, wenn sie überlegen, ob Merksätze das Verstehen von Funktionen fördern können. Der Funktionsbegriff wird in diesem Band noch von weiteren Seiten beleuchtet. So nimmt *Wilfried
Herget* das Themenfeld Funktionen zum Anlass, konkrete Fragen zu stellen, und be-
gibt sich mit dem Leser auf eine „spannende Entdeckungsreise". *Hans-Niels Jahnke
und Ralf Wambach* stellen dar, inwiefern durch eine funktionale Sichtweise die Interpretation von Formeln und damit eine inhaltliche Auseinandersetzung mit diesen
erfolgen kann. Dabei vernetzen sie ihren Ansatz auch mit echten Anwendungsbezü-
gen. *Christof Weber* sucht nach möglichen Gründen für Hürden beim Verstehen des
Logarithmus und zeigt, wie ein auf Vorstellungen basierender Unterricht den Einstieg in das Themenfeld erleichtern kann. Im Bezug auf die Stochastik verdeutlicht
Andreas Eichler von einer theoretischen Grundposition ausgehend, welche wichtige
Rolle das Verstehen in realen Situationen spielen kann. *Dankwart Vogel* zeigt anschließend, wie unerwartete Beobachtungen bei konkreten Beispielen aus der Kombinatorik Neugier erzeugen können und dadurch das Verstehen fördern. *Andreas Büchter
und Hans-Wolfgang Henn* beschäftigen sich mit realitätsbezogenen Problemstellungen
beim Thema Kurven und Krümmungen in der Analysis und *Andreas Vohns* widmet
sich der Linearen Algebra bzw. Analytischen Geometrie, insofern er nach Vernetzungen zwischen der elementaren Geometrie und der Algebra sucht.

In all diesen Beiträgen setzen sich die Autoren mit Verstehensprozessen von Schülerinnen und Schülern auseinander und machen Vorschläge, was überhaupt im jeweiligen
Themenfeld verstehbar gemacht werden kann und soll. Damit verstehensorientierter
Mathematikunterricht gelingen kann, müssen aber auch Lehrerinnen und Lehrer solche Lernumgebungen sowohl analysieren als auch planen können. Das üblicherweise
in der Hochschulmathematik behandelte Wissen kann dafür als Hintergrundwissen
eine bedeutende Rolle spielen – es reicht aber nicht aus. Lehrkräfte müssen sicher
und beweglich mit den Gegenständen der Schulmathematik umgehen können und
dazu während ihres Studiums insbesondere diese Mathematik „neu verstehen". Somit
muss auch das Lehramtsstudium die für die Schule geforderte Verstehensorientierung
in besonderem Maße einbeziehen und umsetzen.

Dieses Ziel wird inzwischen an verschiedenen Standorten verfolgt. So wurde etwa 2005 das von der Deutschen Telekom Stiftung geförderte Tandemprojekt *Mathematik Neu Denken* an den Universitäten Gießen und Siegen unter der Leitung von Albrecht Beutelspacher, Rainer Danckwerts und später außerdem Gregor Nickel ins Leben gerufen.

Auch in diesem Projekt lassen sich die von uns eingangs gestellten Fragen wiederfinden: Besonderes Augenmerk wurde auf die *Vernetzung* von Schulmathematik und Hochschulmathematik in der Studieneingangsphase gelegt. Zum einen galt es einen fachlich souveränen Umgang mit den Inhalten der Schulmathematik zu ermöglichen; zum anderen sollte ein höherer Standpunkt auf die schulmathematischen Gegenstände eingenommen werden, der insbesondere nach Sinn und Bedeutung fragt. Dabei war es Ziel die Lehrveranstaltungen im Hinblick auf die Balance zwischen *Anschaulichkeit und Strenge* und zwischen *Produkt und Prozess* zu konzipieren, wobei dies durch die Einbeziehung einer historisch-genetischen Sicht unterstützt wurde. Eine frühe Integration der Fachdidaktik erfüllte in diesem Projekt durch eine stoffdidaktische Orientierung eine Brückenfunktion, indem den fachwissenschaftlichen Anteilen eine fachdidaktische Dimension gegeben wurde (vgl. insgesamt Beutelspacher u. a. 2011). Darüber hinaus wurden im Rahmen von *Mathematik Neu Denken* Empfehlungen für eine Neukonzeption des gesamten gymnasialen Lehramtsstudiums in Beutelspacher u. a. (2010) ausgesprochen.

Die Texte in diesem Band beschränken sich daher nicht nur auf den Bereich schulischen Mathematikunterrichts, sondern weiten den Blick auch auf die Lehrerbildung aus. Lehrerinnen und Lehrer in die Lage zu versetzen, sich zu den Unterrichtsinhalten fachlich und didaktisch zu positionieren bedeutet nämlich auch: *Practice what you preach.* Wer in seiner fachmathematischen Ausbildung Mathematik nicht als befragenswerten Gegenstand erlebt hat, keine aktive Beziehung zur Wissenschaft Mathematik in Theorie und Anwendung aufbauen konnte, für wen inhaltliche Vernetzungen zwischen universitärer Mathematik und Schulmathematik im Dunkeln blieben – kurz: wem an der Hochschule kein Verstehen ermöglicht wurde –, dem wird es schwer fallen, verständlich zu unterrichten.

Im zweiten Teil dieses Bandes – den *Beiträgen zur Lehrerbildung* – werden unterschiedliche Veranstaltungskonzeptionen aus allen Lehramtsstudiengängen vorgestellt. Dabei werden zum einen Unterschiede in den verschiedenen Konzeptionen der Studiengängen deutlich; zum anderen überschneiden sich die Beiträge aber auch in ihrer zugrunde liegenden mathematischen und mathematikdidaktischen Denkweise und eröffnen so insbesondere die Möglichkeit voneinander zu lernen.

Daniela Götze und Christoph Selter beschäftigen sich in ihrem Beitrag zu den Projekten Kira und PIK AS mit der Förderung diagnostischer Kompetenzen bei Lehrkräften. Dabei geht es um die Fragen: Was verstehen Schülerinnen und Schüler? Was muss der Lehrer können um eventuelle Verstehens-Hürden zu erkennen? Damit schließt ihr Beitrag direkt an den ersten Teil des Bandes an. In einem Aufsatz zu Veranstaltungen des Haupt- und Realschullehramts werden Vorlesungen vorgestellt, die sich eng am zukünftigen Beruf orientieren, ohne dabei den fachmathematischen Gegenstand aus dem Auge zu verlieren: *Reinhard Hölzl* vernetzt elementarmathematische Inhalte mit den dazugehörigen mathematikdidaktischen Hintergründen. Der Bereich der gymnasialen Lehramtsbildung wird durch vier Texte vertreten: *Albrecht Beutelspacher* führt die Konzeption einer fachmathematischen Vorlesung zur Algebra vor, die einerseits den Schulstoff in den Blick nimmt, aber auch eine Anbindung an höhere Mathematik leistet. *Christoph Ableitinger, Lisa Hefendehl-Hebeker und Angela Hermann* zeigen, inwiefern der Übergang von der Schule zur Hochschule durch ein Aufgabenformat erleichtert werden kann, das sich ganz gezielt auf inhaltliches Verstehen konzentriert. *Thomas Bauer* demonstriert anhand von Extremwertaufgaben wie eine Vernetzung von Schulmathematik und Hochschulmathematik durch inhaltliche Längsschnitte gelingen kann und *Gregor Nickel* nimmt mit Hilfe einer Außenperspektive Stellung dazu, ob und wie die Integration mathematikhistorischer Elemente dem Verstehen von Mathematik zuträglich sein kann.

Dieser Band hat damit zwei Zielgruppen: Mit den *Beiträgen zum Schulunterricht* sind in erster Linie angehende und praktizierende Lehrerinnen und Lehrer angesprochen, deren Interesse für ein fachliches und fachdidaktisches Befragen des Gegenstandes (neu) geweckt werden soll. Ein solches Interesse zu wecken, ist nicht zuletzt Aufgabe der fachlichen und fachdidaktischen Ausbildung der Lehrerinnen und Lehrer, womit sich der Band ebenso an Verantwortliche in allen Phasen der Lehrerausbildung (Hochschule, Studienseminar, Weiterbildung) richtet, die unsere zweite Zielgruppe darstellen. Diesem Personenkreis eröffnen wir mit den *Beiträgen zur Lehrerbildung* zudem eine zweite Verwendungsebene – die Reflexion ihrer eigenen Lehrpraxis.

Literatur

[Beutelspacher u. a. 2010] BEUTELSPACHER, Albrecht; DANCKWERTS, Rainer; NICKEL, Gregor: *„Mathematik Neu Denken".* Empfehlungen zur Neuorientierung der universitären Lehrerbildung im Fach Mathematik für das gymnasiale Lehramt. Bonn: Deutsche Telekom Stiftung, 2010.

[Beutelspacher u. a. 2011] BEUTELSPACHER, Albrecht; DANCKWERTS, Rainer; NICKEL, Gregor; SPIES, Susanne; WICKEL, Gabriele: *Mathematik Neu Denken. Impulse für die Gymnasiallehrerbildung an Universitäten.* Wiesbaden: Vieweg+Teubner, 2011.

[Borneleit u. a. 2001] BORNELEIT, Peter; DANCKWERTS, Rainer; HENN, Hans-Wolfgang; WEIGAND, Hans-Georg: Expertise zum Mathematikunterricht in der gymnasialen Oberstufe. In: TENORTH, Heinz-Elmar (Hrsg.): *Kerncurriculum Oberstufe. Mathematik – Deutsch – Englisch.* Weinheim u. a.: Beltz, 2001, S. 26–53.

[Bungartz und Wynands 1998] BUNGARTZ, Paul; WYNANDS, Alexander: *Wie beurteilen Referendare ihr Mathematikstudium für das Lehramt Sekundarstufe II?* http://www.math. uni-bonn.de/people/wynands/Referendarbefragung.html. Stand: 28. Januar 2013.

[Curdes u. a. 2003] CURDES, Beate; JAHNKE-KLEIN, Sylvia; LANGFELD, Barbara; PIEPER-SEIER, Irene: Attribution von Erfolg und Misserfolg bei Mathematikstudierenden: Ergebnisse einer quantitativen empirischen Untersuchung. In: *Journal für Mathematik-Didaktik* 24 (2003), Nr. 1, S. 3–17.

[Danckwerts und Vogel 2006] DANCKWERTS, Rainer; VOGEL, Dankwart: *Analysis verständlich unterrichten*. München u. a.: Spektrum Akademischer Verlag, 2006.

[Diesterweg 1833] DIESTERWEG, Friedrich Adolph Wilhelm: Über die Quelle unserer Erkenntnisse und über das (einzig richtige) Verfahren bei der Erweckung derselben in anderen nebst einem Anhange über die heuristische Methode in der Raumlehre. In: DIESTERWEG, Friedrich Adolph Wilhelm (Hrsg.): *Sämtliche Werke*. 1. Abteilung: Zeitschriftenbeiträge. Bd. III. Aus den „Rheinischen Blättern für Erziehung und Unterricht" von 1833 bis 1835. Bearb. v. Ruth Hohendorf. Berlin: Volk und Wissen, 1959, S. 59–77.

[Mischau und Blunck 2006] MISCHAU, Anina; BLUNCK, Andrea: Mathematikstudierende, ihr Studium und ihr Fach: Einfluss von Studiengang und Geschlecht. In: *Mitteilungen der DMV* 14 (2006), Nr. 1, S. 46–52.

[Pieper-Seier 2002] PIEPER-SEIER, Irene: Lehramtsstudierende und ihr Verhältnis zur Mathematik. In: *Beiträge zum Mathematikunterricht* (2002). S. 395–398.

[Toeplitz 1927] TOEPLITZ, Otto: Das Problem der Universitätsvorlesungen über Infinitesimalrechnung und ihrer Abgrenzung gegenüber der Infinitesimalrechnung an höheren Schulen. In: *Jahresbericht der DMV* 36 (1927), S. 88–100.

[Winter 1989] WINTER, Heinrich: *Entdeckendes Lernen im Mathematikunterricht. Einblicke in die Ideengeschichte und ihre Bedeutung für die Pädagogik*. Braunschweig u. a.: Vieweg, 1989.

[yOungbOy 2008] yOungbOy: *Mathe verstehen?* Gepostet am 01.03.2008, 10:25 Uhr. http://www.matheboard.de/archive/207337/thread.html. Stand: 28. April 2013.

[Vollrath 1993] VOLLRATH, Hans-Joachim: Paradoxien des Verstehens von Mathematik. In: *Journal für Mathematik-Didaktik* 14 (1993), S. 35–58.

Beiträge zum Schulunterricht

1 Verstehens- und strukturorientiertes Üben am Beispiel des Brüchespiels „Fang das Bild"

Susanne PREDIGER und Andrea SCHINK

1.1 Einleitung: Verstehensorientierte Mathematik umfasst mehr als Grundvorstellungen aufbauen

Damit Schülerinnen und Schüler die Mathematik nicht als bedeutungsloses Kalkül erleben, müssen sie tragfähige Grundvorstellungen aufbauen; diese Forderung wurde in den letzten Jahrzehnten nicht nur immer wieder formuliert und begründet (vgl. z. B. Borneleit u. a. 2001, S. 79), sondern auch zunehmend in der Unterrichtsrealität umgesetzt. Für den unterrichtlichen Umgang mit Brüchen heißt dies zum Beispiel, dass an der grundlegenden Vorstellung vom Bruch als Teil eines Ganzen intensiv gearbeitet wird und die Lernenden sehr vielfältige Bilder zu Brüchen zeichnen und Brüche zu Bildern suchen, bevor sie zum Rechnen übergehen (vgl. Malle 2004). Über diesen reinen Aufbau der elementaren Grundvorstellungen hinaus umfasst ein verständiger Umgang mit Brüchen jedoch mindestens vier weitere Komponenten:

(1) *Elementare Grundvorstellungen wachhalten – auch in Phasen des Übens*

Nicht nur der Einstieg in ein Thema sollte verstehensorientiert sein, sondern alle Phasen des Unterrichts bis hin zur Klassenarbeit (vgl. Winter 1999; Prediger 2009): Wird nämlich der „Übergang zum Kalkül" als Einbahnstraße ohne Umkehrmöglichkeit verstanden, werden Potentiale der permanenten Rückgriffe auf inhaltliche Vorstellungen zu wenig genutzt, zum Beispiel für inhaltliche Begründungen.

(2) *Festigung tragfähiger Vorstellungen zu Operationen*

Nicht nur zum Bruchzahlbegriff an sich, sondern auch zu den Operationen mit Brüchen müssen tragfähige inhaltliche Vorstellungen aufgebaut und in Übungsphasen gefestigt werden. Malle nennt hier etwa die inhaltliche Deutung von $\frac{2}{3} \cdot \frac{4}{5}$ als Anteil $\frac{2}{3}$ von $\frac{4}{5}$ oder vom Erweitern als Verfeinern eines Anteils (vgl. Malle 2004, S. 7). Diese werden nicht automatisch mit gelernt, wenn nur der Bruchzahlbegriff selbst verstehensorientiert erarbeitet wird.

(3) *Flexibles Umgehen mit Strukturierungen zwischen Teil, Anteil und Ganzem*

Das flexible Umgehen mit Strukturierungen zwischen Teil, Anteil und Ganzem, d. h. das Herstellen und Nutzen von Zusammenhängen zwischen diesen drei Komponenten als Dreiheit sollte beim Arbeiten mit Brüchen angestrebt werden (vgl. Schink 2013, S. 39ff.): So sind z. B. $\frac{3}{4}$ (Anteil) von 12 Bonbons (Ganzes) genau 9 Bonbons (Teil); der Anteil kann aber auch durch $\frac{9}{12}$ dargestellt werden. Der Teil zum Anteil $\frac{3}{4}$ ist unterschiedlich groß, je nach dem Ganzen, auf das er sich bezieht. Wird das Ganze größer und der Teil bleibt gleich, so wird der Anteil kleiner. Einen Bruch versteht man also erst, wenn man alle drei Komponenten gemeinsam betrachtet.

(4) *Erfassen struktureller Beziehungen zwischen Aufgaben*

Die Erfassung struktureller Beziehungen zwischen Aufgaben sollte im Vordergrund stehen und nicht das Anwenden isolierter auswendig gelernter Verfahren (vgl. Schink 2013; Siebel und Wittmann 2012). Dies beginnt schon mit einfachen Beispielen: Wer $\frac{2}{3} \cdot \frac{1}{6}$ schon berechnet hat, sollte es in Beziehung setzen können zu $\frac{1}{3} \cdot \frac{1}{6}$, entweder durch Abschätzen oder durch Multiplizieren.

Erst diese Komponenten gemeinsam kennzeichnen einen verständigen Umgang mit Brüchen, doch werden sie bisher in der Unterrichtspraxis nicht immer konsequent thematisiert, sondern eher implizit vorausgesetzt. Für ihre explizitere Behandlung haben wir ein Übungsspiel entwickelt und in seinen Wirkungen beforscht, das diese Komponenten aufgreift und im Folgenden exemplarisch für ein weiter gefasstes Verständnis von verstehens- und strukturorientiertem Üben diskutiert wird.

1.2   Grundideen des verstehens- und strukturorientierten Übungsspiels „Fang das Bild"

Übungsspiele sollen dazu dienen, bereits erarbeitete Lerninhalte (Vorstellungen, Begriffe, Fertigkeiten, …) spielerisch zu vertiefen und zu festigen. Leuders plädiert auch bei dieser Methode für das Prinzip des produktiven Übens, in dem Aufgaben beziehungsreich, kognitiv aktivierend und mit strukturierten Beziehungen gestellt werden, statt isolierte Aufgaben abzuarbeiten (vgl. Leuders 2008, S. 2; ähnlich zuvor schon bei Wittmann und Müller 1990).

Das Übungsspiel „Fang das Bild" ist ein Brettspiel für bis zu vier Personen. Es ist Teil einer Lernumgebung zum systematisierenden Abschluss der Bruchrechnung, die im Rahmen des Forschungs- und Entwicklungsprojekts Kosima entstanden ist (vgl. Glade u. a. 2014). Das Spiel adressiert sowohl Fertigkeiten im Operieren mit Brüchen als auch das Interpretieren der Operation und strukturierende Lesen von bildlichen Darstellungen und besteht damit aus zwei wesentlichen Übungsbereichen.

Suchkarten sind Karten, auf denen einzelne Brüche und Terme wie z. B. „$1 - \frac{3}{4}$" stehen. Diese Ausdrücke gilt es, in den auf dem Spielfeld verdeckt liegenden *Bilder-*

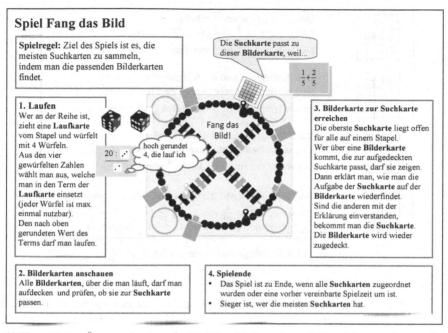

Abbildung 1.1. Das Übungsspiel „Fang das Bild" (aus Mathewerkstatt 7, Copyright Cornelsen, Berlin)

karten interpretierend und strukturierend wieder zu finden: Jede Bilderkarte (wie in Abb. 1.2 links) besteht aus einem Rechteck mit horizontaler und vertikaler Einteilung („Kästchen"), von dem verschiedene Flächenanteile in zwei oder drei verschiedenen Farben gefärbt sind (hier hellgrau, weiß, dunkelgrau abgedruckt). Dabei wird die prinzipielle Mehrdeutigkeit von Bildern (vgl. Voigt 1990) explizit genutzt, denn die Nichteindeutigkeit der Zuordnung zwischen einzelnen Bilder- und Suchkarten macht die Suche nach Passungen erst kognitiv aktivierend. So kann in die in Abbildung 1.2 abgedruckte Bilderkarte etwa die Passung zur Suchkarte „$1 - \frac{3}{4}$" hineingesehen werden, nämlich „der dunkelgraue Teil des dunkel- und hellgrauen Ganzen ist $\frac{1}{4}$ des dunkel- und hellgrauen Ganzen".

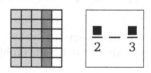

Abbildung 1.2. Beispiel für eine Bildkarte (links) und Laufkarte (rechts)

Abbildung 1.1 zeigt, wie die 15 Suchkarten, 12 Bilderkarten und 40 Laufkarten auf dem Spielfeld angeordnet sind und verdeutlicht eine knappe Spielanleitung. Die Spielfiguren bewegen sich mittels der *Laufkarten* auf dem Spielfeld (vgl. Abb. 1.1) und versuchen, möglichst viele Suchkarten zu gewinnen: Auf den Laufkarten sind Brüche oder zweigliedrige Terme mit Brüchen und ganzen Zahlen abgebildet, in denen bis zu vier Platzhalter vorkommen (vgl. Abb. 1.2 rechts).

Die Terme enthalten unterschiedliche Operationen, und die Platzhalter stehen mal für Zähler oder Nenner, mal für ganze Zahlen und variieren ihren Platz im Term (vgl.

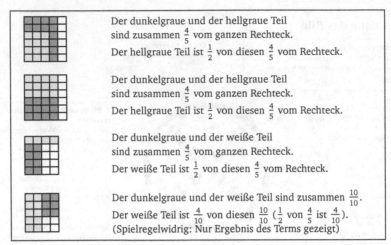

Abbildung 1.3. Vielfältige Realisierungen für „$\frac{1}{2}$ von $\frac{4}{5}$"

Abb. 1.2 und Tabelle 1.2 hinten für weitere Beispiele). Ist ein Spieler an der Reihe, zieht er eine Laufkarte und würfelt mit vier Würfeln. Dann entscheidet er, welche der gewürfelten Zahlen er in welchen Platzhalter der Laufkarte einsetzen möchte. Der beim Einsetzen erhaltene Wert wird nach oben auf eine ganze Zahl gerundet und bestimmt, wie weit die Spielfigur über das Spielfeld ziehen darf.

Überquert eine Spielerin bei ihrem Zug Bilderkarten, so darf sie diese anschauen und versuchen, die Passung der aktuellen Suchkarte zu dieser Bilderkarte zu erklären. Wenn ihr das gelingt, darf sie die Suchkarte behalten; sonst ist der nächste Spieler an der Reihe. Das Spiel endet, wenn alle Suchkarten gefunden wurden bzw. nach einer vereinbarten Zeit. Sieger ist, wer die meisten Suchkarten hat.

Bezogen auf die oben aufgeführten vier Komponenten eines verständigen Umgangs mit Brüchen leisten die zwei Übungsbereiche des Spiels damit folgenden Beitrag (vgl. auch Abschnitt 1.3 für Einblicke in initiierte Bearbeitungsprozesse):

Komponente 1: Elementare Grundvorstellungen wachhalten – auch in Phasen des Übens

Geübt wird mit den Laufkarten das Operieren mit Brüchen (Addieren, Subtrahieren, Multiplizieren, Dividieren, Erweitern, Kürzen und Runden), jedoch nicht allein als Festigung des Kalküls, sondern verknüpft mit einem Wachhalten der elementaren Vorstellungen von Anteilen eines Ganzen (in den Rechteckbildern), relativen Anteilen (wenn Anteile von Kästchen abgezählt werden) sowie (durch das Runden der berechneten Werte auf den Laufkarten) mit einem Training von Größenvorstellungen für unechte Brüche.

Komponente 2: Festigung tragfähiger Vorstellungen zu Operationen

Nicht nur die Brüche selbst, sondern auch die Operationen mit Brüchen sollen immer wieder inhaltlich gedeutet werden; dies erfolgt im Spiel durch die Darstellungsvernetzung zwischen der symbolischen Darstellung auf den Suchkarten und der graphischen Darstellung auf den Bilderkarten. Aktiviert werden dabei die inhaltlichen Vorstellungen vom Verfeinern oder Vergröbern für das Erweitern und Kürzen, vom Zusammen- oder Hinzufügen von Anteilen für das Addieren, Wegnehmen für das Subtrahieren, Schachteln von Anteilen für das Multiplizieren oder Ausmessen für das Dividieren (vgl. Malle 2004). Diese gedanklichen Operationen müssen in die Bilderkarten hineingesehen werden und haben jeweils mehrere Realisierungen, wie die Vielfalt der möglichen Bilderkarten für die Suchkarte „$\frac{1}{2}$ von $\frac{4}{5}$" in Abbildung 1.3 zeigt. Das letzte Beispiel widerspricht dabei allerdings der Spielregel, denn es ist zwar erlaubt, ein kleineres Ganzes innerhalb des Bildes zu suchen, jedoch reicht es nicht, nur das Ergebnis der Suchkarte zu finden, sondern auch die Ausgangsbrüche $\frac{1}{2}$ und $\frac{4}{5}$ und ihre Beziehung, die hier durch die Operation „von" ausgedrückt wird.

Komponente 3: Flexibles Umgehen mit Strukturierungen zwischen Teil, Anteil und Ganzem

Die in den Bilderkarten angelegte prinzipielle Mehrdeutigkeit gibt Anlass dazu, sich über verschiedene Strukturierungen von Teil, Anteil und Ganzem auszutauschen und Zusammenhänge gezielt herzustellen.

So kann – ganz elementar – sowohl auf die Anzahl der einzelnen Kästchen geschaut werden, als auch in größeren Strukturen argumentiert werden, indem mehrere Kästchen z. B. zu Reihen oder Spalten zusammengefasst werden (vgl. Abb. 1.4 und Abschnitt 1.3.1).

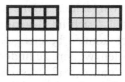

Vielfältiger werden die Strukturierungen, wenn die Lernenden andere Ganze als das vollständige Rechteck entdecken und nutzen. Dies ist für die Identifizierung ge-

Abbildung 1.4. $\frac{8}{24}$ und $\frac{2}{6}$

schachtelter Anteile wie $\frac{1}{2}$ von $\frac{4}{5}$ (vgl. Abb. 1.3) konzeptuell notwendig, wird in der Literatur jedoch selten explizit (empirische Belege in Schink 2013, S. 131ff.). Im Spiel kann diese Erfahrung „Das Ganze kann sich ändern, dann verändern sich auch die Anteile", bereits für einfachere Anteile und Operationen gemacht werden, wie etwa für die Subtraktion (wie in Abb. 1.2 bzw. Abb. 1.5 für einfache Anteile). Dies ermöglicht eine Vorbereitung bzw. Unterfütterung für den konzeptuell anspruchsvollen Anteil vom Anteil sowie spätere Anforderungen in der Prozentrechnung (z. B. verminderter Grundwert).

Wie flexibel die Strukturierungsmöglichkeiten zwischen Teil, Anteil und Ganzem sind, zeigt die Vielfalt passender Terme zu einer Bilderkarte in Abbildung 1.5. Dass Lernende sich darüber hinaus noch weitere Freiheiten im Prozess nehmen, die nicht immer mathematisch tragfähig sind (vgl. Abschnitt 1.3.1), ist ein fruchtbarer Anlass für reichhaltige mathematische Diskussionen.

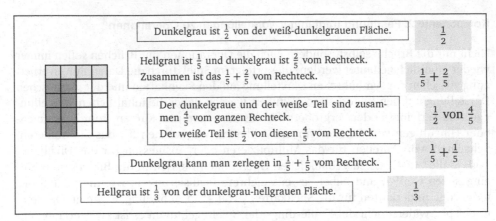

Abbildung 1.5. Ein Bild – viele mögliche tragfähige Strukturierungen

Komponente 4: Erfassen struktureller Beziehungen zwischen Aufgaben

Beim Erklären der Bilderkarten können auch Zusammenhänge zwischen Aufgaben festgestellt werden: So können etwa gleiche Aufgaben in verschiedenen Bildern entdeckt werden, aber auch gleiche Ergebnisse (als gefärbter Teil im Bild) zu verschiedenen Aufgaben gehören. In Abbildung 1.5 kann man z. B. einen Zusammenhang zwischen der Karte $\frac{1}{2}$ und $\frac{1}{2}$ von $\frac{4}{5}$ herstellen, indem man in beiden Fällen das Ganze für $\frac{1}{2}$ als das dunkelgrau-weiße Rechteck interpretiert. Der Unterschied in beiden Karten steckt darin, dass man im ersten Fall nur einen Teil des Rechtecks betrachtet, also ein kleineres Ganzes nutzt als im zweiten Fall, in dem der als Ergebnis erhaltene Anteil $\frac{2}{5}$ sich im Gegensatz zum Anteil $\frac{1}{2}$ wieder auf das gesamte Rechteck bezieht. Auch können bereits gelöste Aufgaben bzw. leichtere Aufgaben dazu herangezogen werden, weitere zu finden: Hat man z. B. $\frac{1}{5} + \frac{1}{5}$ in einem Bild gut zeigen können, so ist die Chance groß, dass das auch für $\frac{1}{5} + \frac{2}{5}$ klappt; dazu kann man die einmal gefundene Strukturierung z. B. in Streifen nutzen und nach einem weiteren Fünftel suchen.

Noch gezielter angeregt wird das Erfassen struktureller Beziehungen allerdings auf der Kalkülebene, und zwar durch die Optimierungsmöglichkeiten bei den Laufkarten: Die Optimierungsanforderung führt dazu, dass Lernende verschiedene Einsetzmöglichkeiten ausprobieren und vergleichen. Bei dieser *operativen Variation* der eingesetzten Zahlen untersuchen sie die Wirkungen auf das Ergebnis (vgl. Wittmann 1985) und stellen strukturelle Beziehungen zwischen den Termen her. So setzt Marvin in den Term „$\frac{27:\blacksquare}{}$" zunächst in beide Kästchen jeweils eine gewürfelte 1 ein und argumentiert dann zur Begründung: „Also wenn ich jetzt 27 geteilt durch 1 rechnen würde und da drunter ne 1 mach, dann hab ich ja $\frac{27}{1}$ also 27 Ganze. Dann hätt ich doch 27 Schritte, oder? ... würd ich die 27 durch die 4 teilen und dann käm da ja weniger raus, als wenn ich jetzt die ganze 27 hab" (vgl. Abschnitt 1.3.2).

Gerade solche operativen Variationen ermöglichen die Entwicklung eines Zahlenblicks, denn das Rechnen ist so nicht Selbstzweck, sondern trägt dazu bei „Zahlen und ihre Eigenschaften zu verstehen sowie algebraisches und funktionales Denken anzubahnen" (Siebel und Wittmann 2012, S. 2). Der Zahlenblick umfasst dabei auf kognitiver Ebene *grundlegendes Wissen* über Zahldarstellungen und Zahleigenschaften", *„tragfähige Vorstellungen* von Zahlen und Zahlbeziehungen" und *„heuristische Strategien* zum adäquaten Lösen von Aufgaben" (Siebel und Wittmann 2012, S. 4, Herv. im Original).

1.3 Einblicke in initiierte Lernprozesse

Ausgehend von dem spezifizierten theoretischen Potential des Übungsspiels zur Initiierung produktiver Übungsaktivitäten und Einsichten stellt sich nun die Frage, welche kognitiven Aktivitäten und Einsichten bei Schülerinnen und Schülern tatsächlich initiiert werden können. Zur Beforschung der individuellen Lernprozesse wurden im Rahmen des Kosima-Projekts (vgl. Hußmann u. a. 2011) Design-Experimente mit insgesamt 119 Schülerinnen und Schülern des siebten und achten Jahrgangs aus Realschulen, Gesamtschulen und Gymnasien durchgeführt (vgl. Cobb u. a. 2003 sowie Prediger und Link 2012 für methodologische Hintergründe von Design-Experimenten). Sie fanden im Rahmen von Master- und Examensarbeiten statt, überwiegend als Paarinterviews, in Ausnahmen als Einzelsituation. Alle Design-Experimente wurden videographiert, in Ausschnitten transkribiert und mit unterschiedlichen Fragestellungen qualitativ, kategorienentwickelnd ausgewertet.

Die Beforschung der Lernprozesse diente einerseits der Erweiterung empirisch abgesicherten Wissens über Hürden und Ressourcen von Lernenden beim Umgang mit Brüchen in verschiedenen Darstellungen, andererseits in einem iterativen Prozess von Forschung und Entwicklung der Weiterentwicklung des Designs (vgl. Prediger und Link 2012), bei dem Übungsspiel konkret der Ausschärfung der Lernpotentiale durch Weiterentwicklung des Zahlenmaterials, der Spielregeln und der notwendigen begleitenden Moderation. Die folgenden Abschnitte geben kurze Einblicke in die dabei rekonstruierten Lernprozesse, um das postulierte Potential zu belegen und die Heterogenität der Vorgehensweisen aufzuzeigen.

1.3.1 Flexible individuelle Strukturierungen von Rechteckbildern – Wege zu konsolidierten Vorstellungen

In Bezug auf die Darstellungsvernetzungen von Bilder- und Suchkarten sind aus theoretischer Sicht gerade die Möglichkeiten flexibler Strukturierungen von Teil, Anteil und Ganzem interessant. Empirisch stellt sich die Frage, welche tragfähigen und nicht tragfähigen Strukturierungen der Bilder die Lernenden tatsächlich vornehmen, und wie sie diese zur Interpretation der Terme nutzen.

Diese Frage haben Sladek (2012) und Heptner (2012) für 37 Lernende untersucht und dabei in einem Prozess der qualitativen Datenanalyse unterschiedliche Kategorien herausgearbeitet, die in Tabelle 1.1 im Überblick zusammengestellt und vorsichtig quantifiziert sind.

Kategorie	Häufigkeit (in %)	Allgemeine Erklärung	Beispiele für erfolgreiche und nicht erfolgreiche Argumentation: zu prüfende Bild- und Suchkarte	individuelle Erläuterung
Strukturierungskategorien – Es wird in den vorhandenen Strukturen argumentiert				
Kästchen zählen	24 %	Lernende zählen explizit im Rechteckbild die gesamten Kästchen oder einzelne Teile, um ein Ergebnis zu ermitteln.	$\frac{2}{3}$	*Erfolgreiche Erläuterung* (Mareike): „Weil es sind ... 6 × 4 Felder, macht 24. Und davon sind halt 16, die weiß sind, und das sind halt $\frac{2}{3}$."
			$\frac{3}{4}$	*Nicht vollendete Strukturierung* (Franzi): Es sind 6 dunkle, 2 helle und 16 weiße Kästchen.
Zeilen/Spalten zählen	18 %	Lernende zählen explizit im Rechteck die Zeilen/Spalten, d.h. zerlegen auf spezifische Weise	$\frac{1}{5} + \frac{1}{5}$	*Erfolgreiche Erläuterung* (Daniel): Die dunkle plus die helle Zeile zusammen entsprechen $\frac{1}{5} + \frac{1}{5}$.
			$\frac{1}{5} + \frac{1}{5}$	*Nicht erfolgreiche Gegenargumentation bei richtigem Bild* (Daniel): Die Karte passt nicht. Es sind 5 Zeilen da, aber nur eine Zeile ist mit einer Farbe gefüllt.
Zerlegen in andere Teile	34 %	Lernende zerlegen das Ganze in andere Teile als Zeilen und Spalten ohne ihr Vorgehen explizit zu erläutern.		*Erfolgreich:* [gleiche Bild- und Suchkarte wie vorige Zeile, nur mit richtiger Zuordnung]
			$\frac{3}{4}$	*Nicht erfolgreiche Strukturierung* (Franzi): Es sind keine $\frac{3}{4}$, da keine 4 Teile vorhanden sind.
Restrukturierungskategorien – Es werden neue Strukturen innerhalb des Rechtecks geschaffen				
Konstruktion eines neuen Ganzen	16 %	Lernende decken ganze Farben einer Bildkarte ab bzw. lassen sie weg. Dadurch ergibt sich ein neues Ganzes/eine neue Bezugsgröße für die Anteile.	$\frac{2}{3}$	*Erfolgreiche Erläuterung* (Annabell): „Wenn man blau [dunkelgrau] oder weiß abdeckt, dann bleiben einmal $\frac{1}{3}$ übrig oder das rote [hellgraue] $\frac{2}{3}$."
			$\frac{3}{4}$	*Nicht passende Strukturierung* (Thomas): Es sind 2 $\frac{1}{2}$.
Konstruktion neuer Anteile	8 %	Lernende strukturieren spielregelwidrig die Anteile um, z.B. durch Umfärben einzelner Kästchen	$\frac{3}{4}$	*Spielregelwidrige erfolgreiche Strukturierung* (Anita): „Das müssen 15 Kästchen sein ... also muss man nur ein Rotes [Hellgraues] wegstreichen." [Gemeint ist weiß färben.]

Tabelle 1.1. Kategorien individueller Strukturierungen – Beispiele/Häufigkeiten (nach Sladek 2012 und Heptner 2012)

Die sehr vielfältigen individuellen Strukturierungen lassen sich zwei Oberkategorien zuordnen: Bei den *Strukturierungskategorien* argumentieren Lernende in den vorgegebenen Strukturen der Bilderkarten ohne diese zu verändern: So wird etwa versucht, durch Zählen der Kästchen den gesuchten Anteil im Bild in einem oder mehreren der gefärbten Teile zu identifizieren (z. B. $\frac{1}{5}$ von 25 Kästchen sind fünf Kästchen – wo findet man im Bild fünf Kästchen in einer Farbe?).

Bei den *Restrukturierungskategorien* dagegen verändern Lernende die gegebenen Teile, Anteile bzw. das Ganze, um die vorgegebenen Terme in die so neu entstehenden Strukturen wieder hineinzulesen: So werden z. B. ganze Teile des Rechtecks weggelassen und der übrig bleibende Teil als neues Ganzes für die Anteile im vorgegebenen Term uminterpretiert. Spielregelwidrig ist dagegen das Umfärben einzelner Kästchen wie von Anita vorgeschlagen.

Für alle fünf Kategorien gibt es mathematisch richtige und fehlerhafte Umsetzungen in den Lernprozessen, die letzte Kategorie der Konstruktion neuer Anteile verstößt allerdings gegen die Spielregel, denn hier werden Teile des Rechtecks neu eingefärbt, wie von Anita.

Insgesamt zeigt sich eine große Vielfalt an Strukturierungen und damit ein erster Beleg, dass die Aufgabenstellung flexibles Herstellen von Bezügen zwischen Teil, Anteil und Ganzem anregt. Allerdings hängt die Auswahl der Strukturierungen auch von dem Zusammenspiel der Aufgabe und den Bildkarten ab, denn manche Kombinationen von Karte und Aufgabe legen bestimmte Interpretationen von Strukturen näher als andere. Die Strukturierungen wurden daher als Konsequenz aus den Design-Experimenten weiter optimiert.

In Bezug auf das Potential zur kognitiven Aktivierung wird zudem deutlich, dass viele Lernende vorrangig schematische Strukturierungen vornehmen, nämlich durch Kästchen zählen oder Betrachtung der Zeilen und Spalten. Werden *keine Umstrukturierungen* vorgenommen, so wird das Ganze als das ganze Rechteck interpretiert und lediglich nach der Passung der Suchkarte zu diesem direkt vorgegebenen Ganzen und den von ihm markierten Teilen geschaut. So kann der dem jeweiligen Anteil entsprechende Teil etwa über den Bezug des Anteils auf die Gesamtanzahl an Kästchen des Rechtecks als Anzahl benötigter Kästchen berechnet werden. Die Passung der Suchkarte zum Bild ergibt sich dann über die Identifizierung der gefärbten Kästchen im Rechteck. Seltener sind dagegen *Restrukturierungen*, bei denen in dem bildlich unmittelbar gegebenen Ganzen neue Strukturen und Zusammenhänge hergestellt werden, die eine aktive Umdeutung der manifesten Strukturen erfordern; d. h. die neu interpretierten Strukturen „überlagern" in gewisser Weise die durch das Rechteck (implizit) vorgegebene Lesart. Für die beiden Kategorien „Uminterpretation des Ganzen" bzw. „Konstruktion neuer Anteile" unterscheidet sich dabei die konkrete Ausgestaltung dieser Strukturierungsleistung: Die (spielregelgerechte) Uminterpretation des Ganzen bedeutet, dass auch die Zusammenhänge zwischen Teil und Anteil neu gedeutet werden müssen. Aus der Kenntnis des Anteils auf der Suchkarte muss ein Ausschnitt des Rechteckbildes als Teil interpretiert werden, zu dem das passende Ganze als Struktur im Bild neu gefunden werden muss. Bei der spielregelwidrigen Konstruktion neuer Anteile werden die im Bild erfassten strukturellen Zusammenhänge ebenfalls umgedeutet; hier werden jedoch durch das „Umfärben" *neue Strukturen und Zusammenhänge zwischen völlig neuen Flächen* geschaffen, während bei der Variation des Ganzen lediglich *andere Zusammenhänge zwischen den gegebenen Strukturen* fokussiert werden (d. h. es werden Ausschnitte des Rechtecks betrachtet).

Für solche Restrukturierungen brauchen einige Lernende erst die explizite Anregung in der Interaktion, wie zum Beispiel Benni, der Annabells flexible Strukturierung des Bildes zu $\frac{2}{3}$ zunächst nicht nachvollziehen kann, bis Annabell tatsächlich den ausgeschlossenen Rest mit einem Papier abdeckt (siehe Tabelle 1.1 und Heptner 2012, S. 30).

Insgesamt bestätigen diese Einblicke die potentielle Vielfalt individueller Strukturierungen im Zusammenhang mit Darstellungswechseln und gezielter Mehrdeutigkeit von Darstellungen. Damit auch die einzelnen Individuen diese Vielfalt aktivieren, sind zum Teil gezielte Impulse in der Interaktion notwendig.

1.3.2　Strategien zur Optimierung der Terme – Strukturorientierte Verknüpfungen

Die Laufkarten sollen die Lernenden anregen, beim Operieren mit Brüchen nicht nur Rechenanforderungen zu bewältigen, sondern auch strukturelle Beziehungen zwischen unterschiedlichen Aufgaben herstellen und nutzen zu lernen. Dabei sollen die Würfelergebnisse geschickt in Terme mit Platzhaltern eingesetzt werden, um möglichst weit laufen zu können. Zur Rekonstruktion der Ausschöpfung dieses Potentials ergibt sich die Forschungsfrage nach den konkreten Auswahl- und Bearbeitungsstrategien von Lernenden: Nach welchen Kriterien wählen Lernende überhaupt Zahlen aus? Wie äußern sich in diesen Strategien inhaltliche Vorstellungen der Lernenden zu den Wirkungen der Operationen? Wie entwickeln sich diese weiter und inwiefern kommt hierbei operativen Vorgehensweisen eine Bedeutung zu?

Term Nr.	Term-Karte und Würfel	Marvins individuelle Einsetzung und Erläuterung		Individuelle/s Optimierungsziel Z und -strategie S
I	$\frac{4}{\blacksquare} - \frac{2}{\blacksquare}$ $1,5,5,6$	$\frac{4}{5} - \frac{2}{5}$	„Ich glaub wenn man jetzt die beiden 5 nehmen würde, dann könnte man jetzt ja, dann könnte man einfach rechnen."	Z: leichte Berechenbarkeit S: gleiche Nenner, egal wie groß
...				
III	$\frac{\blacksquare}{2} - \frac{\blacksquare}{\blacksquare}$ $1,2,5,5$	$\frac{5}{2} - \frac{1}{2}$	„hinten muss eine kleine Zahl sein", damit nicht Null herauskommt.	Z: keine Null erhalten S: möglichst kleine Zahl subtrahieren
IV	$\frac{27 : \blacksquare}{\blacksquare}$ $1,1,4,4$	$\frac{27 : 1}{1}$	„Also wenn ich jetzt 27 geteilt durch 1 rechnen würde und da drunter ne 1 mach, dann hab ich ja $\frac{27}{1}$ also 27 Ganze. Dann hätt ich doch 27 Schritte, oder? ... würd ich die 27 durch die 4 teilen und dann käm da ja weniger raus, als wenn ich jetzt die ganze 27 hab."	Z: Wert maximieren S: durch möglichst kleine Zahl dividieren
V	$\frac{1}{5} \cdot \frac{\blacksquare}{\blacksquare}$ $1,3,4,4$	$\frac{1}{5} \cdot \frac{4}{1}$	„Dann hätte man $\frac{4}{5}$. Man könnte jetzt auch statt der 1 ne 4 reinsetzen, dann hätte man $\frac{4}{20}$." [zur Begründung der ersten Einsetzung]	Z: Wert maximieren S: Multiplizieren mit möglichst großem 2. Faktor (durch Ausprobieren)
VI	$\frac{\blacksquare}{\blacksquare} : \frac{2}{3}$ $3,4,4,6$	$\frac{4}{6} : \frac{2}{3}$	„Geteilt durch, also mit dem Kehrbruch multiplizieren. Wär es doch eigentlich logisch, wenn ich hohe Zahlen nehmen würde."	Z: Wert maximieren S: Dividieren eines möglichst großen Dividenden (Maximieren nicht gelungen)
...				
X	$\frac{\blacksquare}{\blacksquare} - \frac{1}{2}$ $1,3,5,5$	$\frac{5}{3} - \frac{1}{2}$ $\frac{5}{1} - \frac{1}{2}$	„Ich muss ja eigentlich ne hohe Zahl nehmen, weil wenn ich davon dann was abziehe, hab ich ja immer noch mehr, als wenn ich von ner niedrigen Zahl das selbe abziehe. Also $\frac{5}{5}$ wär das höchste schon mal, nein $\frac{5}{3}$. ... [nach Intervention] Ich hab noch ne 1 und ne 5 sonst. Ahh, 5, das wären dann 5 Ganze."	Z: Wert maximieren S: Subtrahieren von möglichst großem Minuend (gelingt nur durch Probieren)

Tabelle 1.2. Entwicklung von Marvins Optimierungsstrategien (Daten aus Otremba 2012)

Tabelle 1.2 zeigt exemplarisch den Lernweg des Siebtklässlers Marvin (Daten aus Otremba 2012), der zunächst danach optimiert, möglichst leichte Berechnungen zu erhalten. Da durch Abrunden im Term I Null herauskommt (später wurde die Spielregel auf „immer Aufrunden" festgelegt), optimiert er in Term II und III danach, keine Null zu erhalten. Erst ab Term IV verfolgt er das Ziel, den Wert zu maximieren, was ihm zunehmend besser gelingt.

Bei den Optimierungsstrategien fällt auf, dass Marvin zwar operative Beziehungen für die Bruchoperationen erfolgreich aktivieren kann (zum Beispiel: eine Differenz wird größer, wenn der Subtrahend immer kleiner wird), gleichzeitig ist es für ihn bis zum Schluss herausfordernd, den größten Bruch zu finden, insbesondere wenn unechte Brüche zu beachten sind. So baut Marvin sukzessive seine operativen und strukturellen Beziehungsnetze zu Brüchen und Operationen mit Brüchen aus.

Das konkrete Beispiel zeigt damit exemplarisch das Potential dieses Spiels, im Prozess des Übens die Weiterentwicklung von Vorstellungen zur Wirkung von Operationen anzuregen. Gleichzeitig sensibilisiert es aber auch für die Komplexität und Vielfalt der Prozesse und Vorgehensweisen von Lernenden beim Operieren mit Brüchen. Grenzen zeigen sich mit dem dritten Einblick im folgenden Abschnitt:

1.3.3 Schwierigkeiten beim Rechnen – Wenn ein Übungsspiel nicht ausreicht

Ein Übungsspiel darf trotz der in ihm angelegten theoretischen Potentiale nicht als „Selbstläufer" zum Sichern von Fertigkeiten überschätzt werden: Verfügen Lernende nicht ausreichend über die vom Spiel vorausgesetzten Kenntnisse zur (ggf. gegenseitigen) Überprüfung ihrer Fertigkeiten, so bedarf es gezielter Unterstützung und Moderation des Übeprozesses, damit Wissenslücken aufgegriffen und bearbeitet werden können und sich Fehler nicht verfestigen.

Für das Übungsspiel „Fang das Bild" sind die Grundvorstellungen zu Brüchen und das Wissen um die Durchführung der Operationen wichtige Ressourcen, die aktiviert, vertieft und gefestigt werden sollen. Werden sie jedoch noch nicht ausreichend sicher beherrscht, so können Schülerinnen und Schüler mit dem Spiel allein ohne äußere Unterstützung und eine Kontrolle der Prozesse und Ergebnisse diese Lücke nicht schließen. Ein Beispiel für solche Schwierigkeiten wird in Tabelle 1.3 für den Interpretationsprozess der Suchkarte „$\frac{1}{2} + \frac{1}{4}$" durch Larissa und Jonas (Klasse 8, Mathematikgrundkurs einer Gesamtschule) exemplarisch dargestellt. Die Daten entstammen einer Masterarbeit, die mit dem Ziel durchgeführt wurde, eben diese Entwicklung der Operationen im Zusammenspiel von Kalkül und inhaltlichen Vorstellungen genauer zu analysieren (vgl. Volkmer 2012).

Larissa und Jonas haben sowohl im Hinblick auf die technische Durchführung des Kalküls als auch die Interpretation der mathematischen Strukturen in den Bildern Schwierigkeiten und keine Ressourcen, sich gegenseitig zu korrigieren. Zwar können sie das von ihnen mit einer individuellen Rechenregel „(Zähler + Zähler) : (Nenner + Nenner)" berechnete Ergebnis $\frac{2}{6}$ im Bild nach einer anfänglichen Umdeutung von „$\frac{1}{4}$"

Zeile/ Akteur	Individuelle Deutungen und Erläuterungen von Larissa und Jonas	Gedeutete Struktur und Interpretation	Verstoß gegen fachliche Konstrukte: Inhalt (I), Kalkül (K)
5 L	„Das sind $\frac{2}{6}$, ja! Weil man rechnet $1+1$ und $2+4$."	**Term:** $\frac{1}{2} + \frac{1}{4}$ Fehlermuster „Zähler plus Zähler durch Nenner plus Nenner"	I: Zähler und Nenner stellen zusammen eine Einheit dar. K: Anteile dürfen nicht komponentenweise addiert werden.
12 J	„Das sind doch $\frac{1}{4}$, oder nicht, das sind doch immer vier Kästchen ..."	**Bild:**	Fehlvorstellung Anzahl der Kästchen einer Zeile gibt den Nenner für den Anteil an ($\frac{1}{4} = 4$).	I: Anteile geben eine Beziehung zwischen Teil und Ganzem an.
17 L	„Das sind [L zählt mit den Fingern hell gefärbte Felder ab] zwei, vier, sechs, acht, 16 Kästchen. Das untere [L zeigt auf ungefärbtes Feld] sind acht Kästchen, das ist das $\frac{1}{3}$." [D.h. das gesuchte $\frac{2}{6}$.]	**Bild:**	8 ist $\frac{1}{3}$ von 24. Also findet man die $\frac{2}{6}$ im Bild.	
28 Int	Vielleicht hilft das, wenn ihr euch mal so ein Pizzamodell dazu aufmalt [L und J zeichnen je einen Kreis auf].			
30 L	Ja, eine halbe Pizza [L zeichnet Halbierung ein], oh, das sind $\frac{3}{4}$! Weil eine halbe Pizza und eine viertel Pizza [L zeichnet einen zweiten Kreis und kennzeichnet $\frac{1}{4}$. Dann überträgt sie das Viertel in den ersten Kreis] gleich $\frac{3}{4}$ Pizza, $\frac{3}{4}$.	**Bild:**	Das Viertel aus dem rechten Bild wird in das linke Bild übertragen. So sind beide Strukturen in einem Bild.	
45 L	$\frac{3}{4}$, weil der Nenner bleibt [L tippt mit dem Zeigefinger auf die Nenner].	**Bild:** $\frac{2}{4} + \frac{1}{4} = \frac{3}{4}$	Viertel als Einheit addieren sich über die Zähler und nicht die Nenner.	

Tabelle 1.3. Larissas (L) und Jonas' (J) Bearbeitung der Suchkarte $\frac{1}{2} + \frac{1}{4}$ (Daten aus Volkmer 2012)

als „vier Teile" mathematisch korrekt als Struktur identifizieren, d. h. einen Darstellungswechsel vom Term zum Bild vornehmen. Ihren (für die Addition in der Literatur häufig dokumentierten) Rechenfehler, auf dem das Ergebnis $\frac{2}{6}$ beruht, hätten sie jedoch vermutlich ohne die Intervention des Interviewers (Int), die sich an diese Szene anschließt, nicht entdecken und bearbeiten können.

Die Intervention bezieht sich auf die Aktivierung spontan abrufbarer mentaler Repräsentationen, in denen sich das hier durchgeführte Kalkül auch für die beiden Lernenden als fehlerhaft erweist: Im vom Interviewer vorgeschlagenen Pizza-Modell erkennen beide schnell, dass eine halbe Pizza und eine Viertelpizza zusammen eine $\frac{3}{4}$ Pizza ergeben, d. h. in diesem Kontext gelingt es ihnen, die Aufgabe $\frac{1}{2} + \frac{1}{4}$ inhaltlich richtig zu deuten und das Ergebnis von der zuvor genutzten individuellen Rechenregel abzugrenzen.

Die Deutung der Aufgabe im konkreten Pizza-Kontext kann nun mit dem Fokus auf den gemeinsamen Nenner in einem weiteren Schritt genutzt werden, um die inhaltliche Deutung und das formale Kalkül wieder in Einklang zu bringen.

Ohne die Begleitung und Moderation des Prozesses durch die Lehrperson hätte das Übungsspiel für diese beiden Lernenden also nicht ausgereicht, den tragfähigen Umgang mit Brüchen zu sichern und zu vertiefen: Die mathematisch nicht tragfähige Interpretation hat sich hier nicht aus der Spielsituation heraus in einem kognitiven Konflikt manifestiert, da die beiden noch nicht konsequent Aufgabe und Bild aufeinander beziehen. Erst die Lehrperson regt durch den Darstellungswechsel die Fehlerkorrektur wirklich an. So ist ein Ergebnis dieses Einblicks die Sensibilisierung für die Stützung des Übeprozesses durch die Lehrperson bzw. durch ein spielimmanentes Hilfesystem.

1.4 Zusammenfassung und Ausblick für das Lehramtsstudium

In diesem Artikel wurde als Beispiel für ein verstehens- und strukturorientiertes Übungsspiel das Spiel „Fang das Bild" vorgestellt. Im Hinblick auf die eingangs dargestellten Komponenten eines verständigen Umgangs mit Brüchen zeigt sich das Potential dieses Spiels, zu einem verstehensorientierten Üben beizutragen: Das operative Variieren der Zahlen in den Laufkarten, die Mehrdeutigkeit der Bilder und die Anforderung des Optimierens von Ergebnissen im Sinne eines produktiven Übens regen Lernende zu einem strukturorientierten Umgang mit Mathematik an. Die inhaltlichen Vorstellungen zu Brüchen und ihren Operationen, sowie strukturelle Zusammenhänge zwischen Teil, Anteil und Ganzem (*Komponenten 1, 2 und 3*) werden dabei im Darstellungswechsel zwischen Bild und Term sowie in operativen Optimierungsanforderungen (*Komponente 4*) eingefordert und aktiviert. Damit leistet das Spiel einen Beitrag zum produktiven und vorstellungsorientierten Sichern der mathematischen Kompetenzen, wenn die Interaktionssituationen so gestaltet sind, dass die Fokussierung auf Fehlerkorrektur und Umstrukturierungen gelingt. Diese wichtige Rahmenbedingung ist in den Design-Experimenten deutlich geworden.

Die hier genutzten Prinzipien – operatives Variieren, gezielte Mehrdeutigkeit, Optimierung und produktives Üben – sind dabei allgemeinerer Natur und können als generelle Designprinzipien verstehensorientierter Übungsformate verstanden werden, die Lernenden Einblicke in strukturelle Zusammenhänge ermöglichen und ein tieferes Verständnis fördern können. Sie können auch in anderen mathematischen Inhaltsbereichen eingesetzt werden, um verstehensorientiert Fertigkeiten und Kenntnisse zu vertiefen. So regen z. B. Fragen zum operativen Variieren von Strukturen gezielt dazu an, Zusammenhänge zu erforschen. Gezielt angeregte Darstellungswechsel können wiederum die Flexibilisierung von Vorstellungen sowie die Vernetzung von Inhalt und Kalkül fördern.

Neben den Chancen für ein selbstständiges und verstehensorientiertes Üben, die ein Übungsspiel bietet, stellt es gleichzeitig aber auch Herausforderungen an die Gestaltung von Arbeitsprozessen. Das Fallbeispiel in Abschnitt 1.3.3 zeigt für das Spiel „Fang das Bild", dass unter bestimmten Voraussetzungen ein Selbstlernen kein Selbstläufer ist, sondern dass es zum Teil der gezielten Moderation und Hilfestellung durch die Lehrperson im Prozess bedarf: Verfügen Lernende noch nicht ausreichend über die für das Übungsspiel notwendigen mathematischen Kenntnisse, um sich gegenseitig korrigieren zu können, schleifen sich schlimmstenfalls Fehler unbemerkt ein, und das Spiel kann seinem Zweck des Sicherns von Wissen und Fertigkeiten nicht gerecht werden. Hier bedarf es (verschiedener) geschickter Hilfestellungen unterschiedlicher Reichweite. Im Fall des Brüchespiels, aber auch in anderen Kontexten, bietet sich so etwa auch der Einsatz des Taschenrechners zur Selbstkontrolle an, um die berechneten Ergebnisse zu überprüfen und kognitive Konflikte zu erzeugen, die ein weiteres (auch moderiertes) Reflektieren anregen. In anderen Fällen ist eine Überwindung dieser Hürden und damit ein durch die Designprinzipien angestrebter Übungsprozess nur durch die geschickte und sensible Moderation weiterer Personen möglich, zum Beispiel leistungsstärkerer Mitlernender oder der Lehrperson.

Die skizzierten Fallbeispiele zeigen darüber hinaus ausblickartig, welche wichtige Rolle Design-Experimente im Lehramtsstudium spielen können als Form praxisnaher eigener Forschungserfahrungen von Studierenden in Lernprozessanalysen und Evaluationen zur iterativen Weiterentwicklung von Lehr-Lernarrangements (zu unterschiedlichen Themenbereichen, hier exemplarisch am Thema „Brüche" dargestellt, und unter unterschiedlichen Fragestellungen sowohl zum Design als auch zu den Lehr- und Lernprozessen, hier am Beispiel verschiedener Masterarbeitsprojekte verdeutlicht). Diese Forschungserfahrungen in Bachelor-, Master- und Staatsarbeiten bewähren sich zu Ausbildungszwecken, weil sie künftige Lehrkräfte für die Tiefenstrukturen von Lernprozessen sensibilisieren und so einen erheblichen Beitrag zur Professionalisierung im Bereich fachdidaktisch fundierter Diagnose und Förderung leisten (vgl. Prediger 2010). Dies dokumentiert exemplarisch die abschließend abgedruckte Selbstreflexion aus einer Abschlussarbeit:

> „Durch die intensive Auseinandersetzung mit den Lehr- Lernprozessen, wie sie im laufenden Unterricht kaum möglich zu sein scheint, konnte ich in vielfältiger und vorbereitender Weise erfahren, wie komplex die Lernprozesse Lernender sind und welch hohes Maß an Sensibilität ein adäquates Lehren erfordert. Die Momente des Erkenntnisgewinns über die Denkprozesse der Lernenden sowie über eigene effektive und auch verfehlte Entscheidungen, gehören zu den intensivsten im Verlauf meiner Arbeit." (Volkmer 2012, S. 45)

Literatur

[Borneleit u. a. 2001] BORNELEIT, Peter; DANCKWERTS, Rainer; HENN, Hans-Wolfgang; WEI-GAND, Hans-Georg: Expertise zum Mathematikunterricht in der gymnasialen Oberstufe. In: *Journal für Mathematik-Didaktik* 22 (2001), Nr. 1, S. 73–90.

[Cobb u. a. 2003] COBB, Paul; CONFREY, Jere; DISESSA, Andrea; LEHRER, Richard; SCHAUBLE, Leona: Design experiments in educational research. In: *Educational Researcher* 32 (2003), Nr. 1, S. 9–13.

[Glade u. a. 2014] GLADE, Matthias; PREDIGER, Susanne; SCHNEIDER, Claudia: Unser Zahlenlexikon – Zahlenwissen ordnen und vernetzen. Erscheint in: LEUDERS, Timo; PREDIGER, Susanne; BARZEL, Bärbel; HUSSMANN, Stephan (Hrsg.): *Mathewerkstatt 7*. Berlin: Cornelsen, 2014.

[Heptner 2012] HEPTNER, Tim: *Darstellungswechsel bei Brüchen – Empirische Analysen von Strukturierungen und Begründungen von Lernenden*. Masterarbeit am IEEM Dortmund. Dortmund, 2012.

[Hußmann u. a. 2011] HUSSMANN, Stephan; LEUDERS, Timo; PREDIGER, Susanne; BARZEL, Bärbel: Kontexte für sinnstiftendes Mathematiklernen (Kosima) – ein fachdidaktisches Forschungs- und Entwicklungsprojekt. In: *Beiträge zum Mathematikunterricht* (2011). S. 419–422.

[Leuders 2008] LEUDERS, Timo: Gespielt – gelernt – gewonnen! Produktive Übungsspiele. In: *Praxis der Mathematik in der Schule* 50 (2008), Nr. 22, S. 1–7.

[Malle 2004] MALLE, Günther: Grundvorstellungen zu Bruchzahlen. In: *mathematik lehren* 123 (2004), S. 4–8.

[Otremba 2012] OTREMBA, Dennis: *Verständiges Rechnen mit Brüchen – Individuelle Optimierungsstrategien von Siebtklässlern*. Schriftliche Hausarbeit im Rahmen der Ersten Staatsprüfung für das Lehramt an Grund-, Haupt- und Realschulen am IEEM Dortmund. Dortmund, 2012.

[Prediger 2009] PREDIGER, Susanne: Verstehen durch Vorstellen. Inhaltliches Denken von der Begriffsbildung bis zur Klassenarbeit und darüber hinaus. In: LEUDERS, Timo; HEFENDEHL-HEBEKER, Lisa; WEIGAND, Hans-Georg (Hrsg.): *Mathemagische Momente*. Berlin: Cornelsen, 2009, S. 166–175.

[Prediger 2010] PREDIGER, Susanne: How to Develop Mathematics for Teaching and for Understanding. The Case of Meanings of the Equal Sign. In: *Journal of Mathematics Teacher Education* 13 (2010), Nr. 1, S. 73–93.

[Prediger und Link 2012] PREDIGER, Susanne; LINK, Michael: Fachdidaktische Entwicklungsforschung – Ein lernprozessfokussierendes Forschungsprogramm mit Verschränkung fachdidaktischer Arbeitsbereiche. In: BAYRHUBER, Horst; HARMS, Ute; MUSZYNSKI, Bernhard; RALLE, Bernd; ROTHGANGEL, Martin; SCHÖN, Lutz-Helmut; VOLLMER, Helmut J.; WEIGAND, Hans-Georg (Hrsg.): *Formate Fachdidaktischer Forschung. Empirische Projekte – historische Analysen – theoretische Grundlegungen. Fachdidaktische Forschungen*. Bd. 2. Münster u. a.: Waxmann, 2012, S. 29–46.

[Schink 2013] SCHINK, Andrea: *Flexibler Umgang mit Brüchen – Empirische Erhebung individueller Strukturierungen zu Teil, Anteil und Ganzem*. Wiesbaden: Springer Spektrum, 2013.

[Siebel und Wittmann 2012] SIEBEL, Franziska; WITTMANN, Gerald: Mehr als Rechnen. Über den Zahlenblick zu funktionalem und algebraischem Denken. Band 1. In: *mathematik lehren* 171 (2012), S. 2–8.

[Sladek 2012] SLADEK, Thomas: *Darstellungswechsel bei Brüchen – Empirische Analysen von Strukturierungen von Lernenden*. Schriftliche Hausarbeit im Rahmen der Ersten Staatsprüfung für das Lehramt an Gymnasien und Gesamtschulen am IEEM Dortmund. Dortmund, 2012.

[Voigt 1990] VOIGT, Jörg: Mehrdeutigkeit als wesentliches Moment der Unterrichtskultur. In: *Beiträge zum Mathematikunterricht* (1990). S. 305–308.

[Volkmer 2012] VOLKMER, Maximilian: *Fallstudie zur Weiterentwicklung von Rechenwegen bei der Bruchrechnung im Zusammenspiel von inhaltlichem Denken und Kalkül*. Masterarbeit am IEEM Dortmund. Dortmund, 2012.

[Winter 1999] WINTER, Heinrich: *Mehr Sinnstiftung, mehr Einsicht, mehr Leistungsfähigkeit, dargestellt am Beispiel der Bruchrechnung*. Manuskript. http://blk.mat.uni-bayreuth.de/material/db/37/bruchrechnung.pdf. Stand: 02. Januar 2013.

[Wittmann 1985] WITTMANN, Erich C.: Objekte – Operationen – Wirkungen: Das operative Prinzip in der Mathematikdidaktik. In: *mathematik lehren* 11 (1985), S. 7–11.

[Wittmann und Müller 1990] WITTMANN, Erich C.; MÜLLER, Gerhard N.: *Handbuch produktiver Rechenübungen*. Bd. 1. Stuttgart: Klett, 1990.

2 „Linear, proportional, antiproportional … wie soll ich das denn alles auseinanderhalten" – Funktionen verstehen mit Merksätzen?!

Sabrina Heiderich und Stephan Hussmann

Zu den ersten funktionalen Zusammenhängen, die Schülerinnen und Schülern im Unterricht begegnen, zählen proportionale, lineare und antiproportionale Funktionen. In der weiteren Lernbiografie werden diese in unterschiedlichen Zusammenhängen genutzt und um weitere Funktionstypen erweitert. Deshalb ist es von großer Bedeutung, bereits im elementaren Bereich die inhaltlichen Konzepte so zu versprachlichen bzw. zu komprimieren, dass die jeweiligen Funktionstypen als mathematisches Beschreibungsmittel für Realsituationen effektiv genutzt werden können. Dabei besteht jedoch die Gefahr, dass die Versprachlichungen inhaltlich so reduziert werden, dass sich mit ihnen die Vielfalt der auftretenden Realsituationen nicht adäquat beschreiben lässt. Insbesondere Merksätze, mit denen ein besonders einprägsamer Anker für zum Teil komplexe Sachverhalte bereitgestellt wird, tragen das Potential von unangemessenen Reduktionen in sich. Dabei steht das Zusammenspiel von Vorstellungen auf Seiten der Lernenden und Darstellungen als Bindeglied zwischen Merksatz und Vorstellung im Vordergrund. Die Analyse einer Schülerlösung soll diese Problematik der Verwendung beispielhaft demonstrieren. Im Folgenden werden zunächst die notwendigen mathematikdidaktischen Konstrukte (Grundvorstellungen und Darstellungen) erläutert. Eine anschließende fachliche Klärung zur normativen Einordnung des Lerngegenstands wird mit der analysierten, individuellen Perspektive kontrastiert, um konkrete Hinweise auf geeignete Versprachlichungen herauszuarbeiten.

Welche Charakteristika eine solche Versprachlichung haben sollte und wie eine inhaltlich tragfähige Versprachlichung von mathematischen Zusammenhängen systematisch eingeführt werden kann, wird abschließend am Beispiel einer Lernumgebung vorgestellt.

2.1 Welche Bedeutung kommt Merksätzen zu?

Im Rahmen der Designexperimente durchgeführte Interviews mit Lehrpersonen unterschiedlicher Schulformen haben gezeigt, dass die Verwendung sogenannter *Je-desto-Sätze* zur Abgrenzung von Proportionalität und Antiproportionalität im Rahmen der Dreisatzbehandlung ein sehr beliebtes Mittel ist, um insbesondere schwächeren Schülerinnen und Schüler im Themengebiet der elementaren Funktionen eine einfache Orientierung zur Unterscheidung proportionaler, linearer und antiproportionaler Funktionen zu geben. Aber wie hilfreich sind diese so genannten Merksätze in Form von abgekürzten, memorierbaren Versprachlichungen wirklich für Schülerinnen und Schüler? Wie steht es mit dem tatsächlichen Verstehen der funktionalen Eigenschaften und der situativen Nutzung der Funktionentypen?

In den achten Schulklassen der interviewten Lehrpersonen werden folgende Merksätze benutzt:

> *„Je mehr, desto mehr* oder *je weniger, desto weniger* steht für *proportionale* Zusammenhänge.“

> *„Je mehr, desto weniger* oder *je weniger, desto mehr* steht für *antiproportionale* Zusammenhänge.“

Wenn man Merksätze im Unterricht nutzen möchte, sollten diese so allgemein formuliert sein, dass ihr Gültigkeitsbereich hinreichend groß ist. Das beinhaltet, dass sie für eine leicht identifizierbare Klasse von Situationen anwendbar sind, ohne dabei den Blick für nachfolgende, komplexere Inhalte zu verkürzen. Doch was bedeutet „leicht zu identifizieren“ und wie steht dieser Identifizierungsprozess mit den in den Merksätzen formulierten Eigenschaften des Lerngegenstands in Beziehung? Die oben exemplarisch genannten Merksätze stellen nur geringe Eigenschaften zur Identifizierung der beiden Funktionstypen zur Verfügung. Es wird lediglich auf einen spezifischen Ausschnitt des Wachstumsverhaltens von Funktionen fokussiert. Der Kern von linearen und proportionalen Funktionen – das gleichmäßige Wachstum – und der Kern von antiproportionalen Funktionen – die Produktgleichheit und damit das gegensinnige Wachstumsverhalten – werden nicht berührt. Einzig die Graphen von linearen (und damit auch proportionalen) Funktionen werden mit positiver Steigung denen von antiproportionalen Funktionen mit negativer Steigung gegenübergestellt. Und mit diesem kleinen Ausschnitt sind bereits gleichwohl die Grenzen des gesamten Gültigkeitsbereiches beider Merksätze markiert. Doch, wie sollen – insbesondere leistungsschwache – Schülerinnen und Schüler den Zusammenhang von Merksatz und zugehörigem Gültigkeitsbereich korrekt identifizieren? Eine lineare Funktion mit negativer Steigung kann beispielsweise mit diesen Merksätzen nicht gedeutet werden. Vermutlich wird hier davon ausgegangen, dass den Schülerinnen und Schülern am häufigsten genau dieser kleine Ausschnitt funktionaler Zusammenhänge begegnen wird. Damit erhalten gerade leistungsschwächere Schülerinnen und Schüler keine Orientierung im Sinne eines verstehensorientierten Unterrichts, sondern sie werden möglicherweise in die Irre geführt, und das nicht erst bei komplexer werdenden Situationen, wie das Beispiel 2.1 zeigt.

Das Beispiel stammt aus einem Designexperiment (vgl. z. B. Cobb u. a. 2003, S. 9) mit zwei Schülern, in deren Unterricht zuvor im Rahmen Rahmen des Entwicklungs- und Forschungsprojekts Kosima (Kontexte für sinnstiftendes Mathematiklernen; vgl. Hußmann u. a. 2011) eine Unterrichtsreihe zu proportionalen, linearen und antiproportionalen Zusammenhängen behandelt wurde. An Real- und Gesamtschulen wurden in dieser ersten Runde von Designexperimenten insgesamt acht Interviews mit je zwei Achtklässlern durchgeführt.

In klinischen Interview wurden den Schülerinnen und Schülern verschiedenen Realsituationen in Form von kurzen Texten und Bildern (in diesem Fall das Bild einer Kerze) vorgelegt, mit der Bitte, diejenigen zu charakterisieren und spezifizieren, die funktionale Zusammenhänge darstellen.

Beispiel einer Schülerlösung:
„Ich würd' da jetzt die Höhe der Kerze nehmen und auch die Zeit vielleicht ... die Zeit, in der die Kerze an ist, wo man dann sagt: In einer Stunde wird die Kerze so und so viele Zentimeter kleiner. Dann würde ich sagen, das ist antiproportional, weil je mehr Stunden, desto weniger Wachs ist da."

Beispiel 2.1. Schülerantwort zum Bild der Kerze

Ziel der Designexperimente ist die systematische Analyse von Vorstellungen zu charakterisierenden Eigenschaften und Darstellungen von elementaren, funktionalen Zusammenhängen und deren Verwendung zur Differenzierung der Funktionstypen. Um Aspekte und deren Zusammenspiel hinsichtlich der Versprachlichungen genauer in den Blick zu nehmen, werden Aussagen von Lernenden samt ihrer Begründungen und den individuell verfügbaren bzw. verwendeten Ideen und Konzepten untersucht. Zur Analyse wurde der Theorierahmen der Fokussierungen und Festlegungen (vgl. Hußmann und Schacht 2009; Schacht 2012) gewählt. Mit den Fokussierungen lassen sich die Ideen bzw. Konzepte, mit denen Lernende Situationen, Objekte und deren Eigenschaften kategorisieren, beschreiben. Sie bilden die Ausgangs- bzw. Orientierungspunkte, die für die daran anschließenden Aussagen der Lernenden genutzt werden. *Fokussierungen* sind weder wahr noch falsch, sie beschreiben den Aufmerksamkeitsbereichs des Lernenden. *Festlegungen* sind Aussagen, mit denen Lernende zeigen, wie sie einen Begriff gebrauchen (vgl. Brandom 2001). Sie sind die kleinsten Einheiten, mit denen Begriffsverständnis explizit wird. Mit Festlegungen explizieren die Lernenden ihre Einschätzungen zu Eigenschaften und Zusammenhängen der (mathematischen) Objekte, d. h. die Schülerinnen und Schüler legen sich fest, um die Situation argumentativ zu analysieren. Festlegungen werden individuell für wahr gehalten. Sie sind eingebunden in eine Festlegungsstruktur aus Prämissen und Konklusionen, deren Rekonstruktion die individuelle sinngebende und begründete Bedeutungszuweisung sichtbar machen kann. Für den vorliegenden Forschungsschwerpunkt werden Festlegungen genutzt, um in gegebenen Situationen spezifische Funktionstypen zu identifizieren. Festlegungen stellen damit sozusagen das individuelle Pendant zu den vermeintlich konsolidierten Merksätzen dar. Die Betrachtung individueller Festlegungen und Fokussierungen ermöglicht auf diese Weise die Analyse von Argumentationsstrukturen zu Aussagen, die die Schülerinnen und Schüler eingehen (vgl. Hußmann 2013). So wird sichtbar, welches inhaltliche Verständnis zu bestimmten Aussagen (und auch zu den Merksätzen) vorliegt. Die Analyse von Festlegungen gestattet darüber hinaus individuelle Sichtbeschränkungen herauszuarbeiten und mit einer adäquaten Strukturierung des Lerngegenstands Hilfen bereit zu stellen, um diese Hürden zu überwinden.

In diesem Verständnis wird im Folgenden zunächst exemplarisch die Schülersicht auf den Lerngegenstand analysiert, um daran anknüpfend durch eine fachliche Klärung die dazu nötigen, zentralen Eigenschaften in Beziehung zu setzen. Die notwendigen, mathematikdidaktischen Konstrukte (Grundvorstellungen und Darstellungen) finden sich im Vorfeld kurz erläutert. Abschließend werden Ausschnitte aus einer Lernumgebung gezeigt, in der Schülerinnen und Schüler dazu befähigt werden sollen, individuelle Festlegungen im Laufe des Lernprozesses anzubahnen, um eine adäquate Situationsidentifizierung zu ermöglichen. Ein in diesem Sinne verstehensorientierter Unterricht achtet dabei darauf, dass die Struktur des Lerngegenstands und die sprachliche Strukturierung durch die Lernenden miteinander verknüpft werden. Die Kernaspekte des Lerngegenstands können auf diese Weise von den Schülerinnen und Schülern selbstständig erarbeitet und formuliert werden.

2.2 Beschreibung und Analyse einer individuellen Perspektive

2.2.1 Grundvorstellungen als Gelenkstelle zwischen Realität und mathematischem Modell

Zur Beschreibung einer realen Situation mit mathematischen Mitteln werden u. a. liegende Grundvorstellungen benötigt. Sie sind mentale Modelle, die die reale Situation und die mathematischen Werkzeuge und Konzepte der Schüler verbinden (vgl. Freudenthal 1983; vom Hofe 1995). Dabei wird funktionales Denken immer dann notwendig, wenn Zusammenhänge zwischen Größen beschrieben werden. Grundvorstellungen zum funktionalen Denken lassen sich durch drei Aspekte kennzeichnen: Der *Zuordnungsaspekt*, der *Aspekt der Kovariation* und der Blick auf die *Funktion als vollständiges, globales Objekt* (vgl. Vollrath 1989, S. 7ff.; vgl. Malle 2000, S. 8f.).

In obiger Schülerlösung gelingt in einem ersten Schritt der Zugang zu einem funktionalen Zusammenhang, in dem zwei geeignete Größen zueinander in Beziehung gesetzt werden (Zuordnung): „Ich würd' da jetzt die Höhe der Kerze nehmen und auch die Zeit vielleicht". Auch im Sinne der Kovariation wird angemessen argumentiert: „In einer Stunde wird die Kerze so und so viele Zentimeter kleiner." Allerdings wird in einem weiteren Schritt der konkrete, funktionale Zusammenhang, die Funktion als Ganzes, nicht richtig identifiziert. Dies wird sicher in der Orientierung an einem Je-mehr-desto-weniger-Zusammenhang zwischen den fokussierten Größen: „Dann würde ich sagen, das ist antiproportional, weil je mehr Stunden, desto weniger Wachs ist da." Hier zeigt sich, dass der Schüler die Situation und die verwendeten Größen passend erschließt, dass ihm aber die Benennung eines adäquaten Funktionstyps noch nicht gelingt. Der Schüler fokussiert im Wesentlichen auf zwei Objekte: Als erstes auf Aspekte der Situation (Höhe und Zeit), in denen er als zweite Fokussierung einen – wie auch immer gearteten – *Je-desto-Zusammenhang* sucht. In seiner Festlegung auf

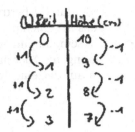
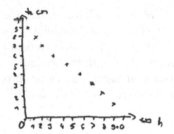

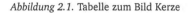

Abbildung 2.1. Tabelle zum Bild Kerze   *Abbildung 2.2.* Graph zum Bild der zur Kerze

den Je-mehr-desto-weniger-Zusammenhang nutzt er genau diese beiden Fokussierungen.

Im weiteren Verlauf des Interviews wird dieser Schüler gebeten den von ihm genannten Zusammenhang näher darzustellen. Dazu wechselt bzw. ergänzt er seine Fokussierung, indem er die Tabelle als Repräsentationsform nutzt, um den Zusammenhang der beiden Größen durch Zahlenwerte exemplarisch darzustellen (vgl. Abb. 2.1). Diese verwendet er, um den von ihm identifizierten Zusammenhang der Antiproportionalität (Je-mehr-desto-weniger) weiter zu stützen. Der additive Zusammenhang zwischen den Zahlenpaaren scheint ihn nicht weiter zu stören, da die gegensinnige Operation seine genannte Verknüpfung „je mehr [...], desto weniger" stützt. Hier wird die zweite Fokussierung – die Suche nach einem *Je-desto-Zusammenhang* – mit einer Fokussierung auf die numerische Repräsentation verknüpft. Es ist sogar davon auszugehen, dass der Schüler meint, seine Festlegung durch diese Repräsentationsform besonders stützen zu können.

Auf die Bitte hin eine weitere Darstellungsform zu verwenden (und damit seine Fokussierungen zu ändern bzw. zu ergänzen, um mit darauf basierenden und neu einzugehenden Festlegungen einen kognitiven Konflikt zu erzeugen), nutzt er einen Graphen (vgl. Abb. 2.2).

Erst an dieser Stelle beginnt er zu stutzen: „Ja also, wobei das muss bei antiproportional ... muss der Graph dann diese Kurve haben bei antiproportional?" (gestisch zeichnet der Schüler bei seiner Frage den Verlauf einer antiproportionalen Hyperbel mit seinem Stift in die Luft über sein Koordinatensystem) [...] „in dem Beispiel wo wir dies, das wir in der letzten Stunde hatten, da ging der Graph von der ... ja da war der Graph n Bißchen weiter rechts von der y-Achse und da war ja dann auch kein Nullpunkt jeweils." [...] (Nun zeigt er auf seinen tatsächlich gezeichneten Graphen) „Ja, also hier bei der Zeit is ja ... hier sind null Stunden vergangen, da ist die Kerze dann noch zehn Zentimeter hoch. Und nach einer Stunde ist die dann neun Zentimeter, nach zwei Stunden acht Zentimeter, drei Stunden sieben usw." [...] „Also das ist auf jeden Fall eine Gerade, weil sich die Werte immer gleichmäßig verkleinern." Seine Fokussierung auf einen Graphen ruft seine (durch seine Lernbiografie begründete) Vorstellung aus seinem *concept image* eines kurvenartigen, die Achsen nicht berührenden Graphen eines antiproportionalen Zusammenhangs hervor. Diese steht im Widerspruch zur entstandenen Gestalt einer Gerade durch Übertragen der Tabellenwerte in das Koordinatensystem. Dennoch scheint das Argument des mit seiner Vorstellung inkompatiblen Graphen nicht stark genug zu sein, um ihn von seiner Zuweisung eines antiproportionalen Zusammenhangs abzubringen: „Aber ihr würdet jetzt trotzdem sagen das ist antiproportional?" „Ja, da sich auf der einen Seite der Wert vergrößert und auf der anderen verkleinert."

2.2.2 Darstellungen von funktionalen Zusammenhängen als Perspektiven auf Realsituationen

> „Die Ausprägung des funktionalen Denkens zeigt sich an der Fähigkeit, in unterschiedlichen Darstellungen von Funktionen das Ganze der Funktion zu erfassen und in der Fähigkeit, vom Einzelnen aufs Ganze und umgekehrt vom Ganzen aufs Einzelne ‚umzuschalten'." (Vollrath 1989, S. 17)

Offensichtlich kann dieser Schüler neben dem Herstellen eines geeigneten, funktionalen Zusammenhangs auch die Darstellungsformen Tabelle und Graph zur Situation angemessen nutzen. Er kann die Darstellungen zudem geeignet ineinander überführen, was ein weiterer, sehr wichtiger Bestandteil funktionalen Denkens ist (vgl. z. B. Swan 1982; Duval 2002). Allerdings repräsentiert jede Darstellung nur Teilaspekte einer Funktion. Die Funktion in ihrem Ganzen zu erschließen erfordert eine globale Sichtweise, die zudem beinhaltet, dass man die Vorzüge der einzelnen Darstellungsformen kennt, um adäquat auswählen zu können. Das Wissen um das Darstellungsrepertoire spiegelt die „fundamentale Idee des Beschreibungswechsels und ihr Potenzial für Problemlösungen" wider (vgl. Leuders und Prediger 2005, S. 4).

Interessant bei dem Vorgehen des Schülers ist der argumentative Zusammenhang zwischen seiner Festlegung, es handle sich um einen antiproportionalen Zusammenhang und den verwendeten Darstellungen. Offenbar ist seine *erste* Festlegung so grundlegend, dass er die Darstellungen nicht dazu nutzt, um sich den Zusammenhang weiter zu erschließen, sondern um diese Festlegung zu stützen und zu stabilisieren. Auch mögliche, konfligierende Aspekte werden ausgeblendet. Jeder neue Fokus wird der konsistenten Festlegung untergeordnet. Um dieses Phänomen näher zu beschreiben, nutzen wir das Konstrukt des *concept image*: Es enthält alle Festlegungen und Fokussierungen zu einem bestimmten Begriff („to describe the total cognitive structure that is associated with the concept, which includes all the mental pictures and associated properties and processes." (Tall und Vinner 1981, S. 152). Tall und Vinner sprechen dabei denjenigen Festlegungen eine besondere Bedeutung zu, die in einer bestimmten Situation als erste evoziert werden (*„evoked concept image"*). Um sich bei der vorliegenden Situation für einen konkreten, funktionalen Zusammenhang zu entscheiden, nutzt der Schüler aus seinem *concept image* zur Antiproportionalität eine Je-mehr-desto-weniger-Festlegung. Dies führt für ihn zunächst zu keinem Konflikt und er kann die Situation der abbrennenden Kerze damit (für sich) bewältigen. Auch bei der Nutzung der Tabelle ist diese Festlegung für ihn offenbar weiter tragfähig. Die notwendige multiplikative Struktur der Tabelle wird vernachlässigt, da sie in seinem *concept image* scheinbar nur unzulänglich bzw. seiner ersten Festlegung nachrangig verankert ist. Erst bei der Nutzung des Fokussierung auf die Darstellungsform eines Graphen führt dessen Gestalt zu einem vermeintlichen Konflikt. In seinem *concept image* ist ein kurvenartiger, die Achsen nicht berührender Graph ‚gespeichert‘, der sich mit dem gezeichneten Graphen nicht vereinen lässt. Um die vorgelegte Situation zu bewerkstelligen, ist seine in dieser Situation evozierte *Erst*festlegung allerdings die Herstellung eines Je-mehr-desto-weniger-Zusammenhangs zwischen den abhängigen Größen.

Dieses Phänomen der Priorisierung vergleichbarer Festlegungen wurde auch bei vielen anderen Schülerinnen und Schülern beim Umgang mit verschiedenen Realsituationen beobachtet. Erklärbar ist diese Art des Vorgehens auf unterschiedliche Weise, sowohl allgemein als auch bezogen auf das hier behandelte Phänomen (vgl. Hußmann 2013; Schacht 2010):

— Erstzugriffe auf neue Situationen sind gekennzeichnet von Denk- und Handlungsmustern, die in der Vergangenheit bei ähnlich eingeschätzten Situationen individuell als tragfähig wahrgenommen wurden;

— Festlegungen entstehen somit nicht aus dem Nichts, sondern sind für das Individuum immer wohlbegründet;

— Sie legen das Individuum zudem auf weitere, an diese Festlegung gebundenen Festlegungen fest, was das Abrücken von der Erstfestlegung hinreichend schwierig macht;

— Die Tragfähigkeit der verwendeten Festlegung kann inhaltlich verwurzelt sein, und zwar in der Form, dass sie mit „Sinn und Verstand“ genutzt wurde. Andererseits kann sie aber auch sozial berechtigt sein, und zwar in der Form, dass einer Person, die diese Festlegung artikuliert hat, die Berechtigung zugesprochen wird, dies wohlbegründet zu tun. Bei der unverstandenen Nutzung von Merksätzen, die durch Lehrpersonen formuliert wurden, trifft genau der zweite Fall zu;

— Festlegungen sind mit spezifischen Situationen verknüpft. Eine Verallgemeinerung von Festlegungen auf Klassen von Situationen bedarf eines angemessenen Erfahrungsraums für das Individuum, so dass übergreifende bzw. spezifische Charakteristika von Situationen erkannt und mit verallgemeinerten Festlegungen (auch in Gestalt von Merksätzen) beschrieben werden können.

Diese Analyse macht deutlich, wie komplex Festlegungsstrukturen bzw. *concept images* aus unterschiedlichen Gründen sein können. Verschiedene Einflussgrößen gilt es zu berücksichtigen, u. a.

— die individuelle Biografie zuvor verwendeter Fokussierungen und Festlegungen,

— deren Gültigkeitsbereiche in Gestalt von Situationen,

— deren situative Aspekte und Implikationen auf *concept images*, insbesondere auf Erstfestlegungen und

— die fachliche Strukturierung des Lerngegenstands.

Die Artikulation bzw. Verwendung von Merksätzen kann im Sinne eines Verstehens und korrekten Verwendens von Begrifflichkeiten nur dann gelingen, wenn sie in das komplexe Zusammenspiel individueller und fachlicher Einflussfaktoren eingebettet sind.

Im Folgenden wird die fachliche Strukturierung des Lerngegenstands, hier exemplarisch die Antiproportionalität in verschiedenen Darstellungen, diskutiert, um daraus fachlich tragfähige Festlegungen abzuleiten. Erst daran anschließend lässt sich klären, ob sich daraus Merksätze bilden lassen, die vor dem Hintergrund der individuellen *concept images* für den einzelnen Lernenden nützlich sind.

2.3 Festlegungen in fachlicher Perspektive

Die besonderen Eigenschaften hinsichtlich der Darstellungen von proportionalen Funktionen sind, dass ihre Graphen Geraden sind, die durch den Ursprung gehen. Wenn man sich einen Prozess in Abhängigkeit von der Zeit vorstellt, dann ist der Startwert, also der Wert zum Zeitpunkt 0, ebenfalls 0. Zudem liegt ein konstanter Zuwachs vor, so dass pro Zeiteinheit die abhängige Größe immer um denselben Wert wächst. Die Funktionsgleichung ist von der Form $f(x) = mx$, wobei m der konstante Zuwachs pro Zeiteinheit ist. Proportionale Funktionen können als Spezialfälle linearer Funktionen mit der Funktionsgleichung $f(x) = mx + b$ aufgefasst werden. In der oben gewählten Interpretation ist bei ihnen also ein Startwert ungleich Null zugelassen. Dies führt dazu, dass die Wertepaare $(x, f(x))$ bei linearen Funktionen nicht notwendig quotientengleich sein müssen, d.h. $\frac{f(x)}{x}$ ist nicht immer gleich für alle x.

Antiproportionale Funktionen sind dagegen durch die Produktgleichheit der Wertepaare gekennzeichnet. Für sie ist immer $x \cdot f(x) = a$ mit demselben Wert a für alle x. Die Funktionsgleichung von antiproportionalen Funktionen hat damit stets die Form $f(x) = \frac{a}{x}$. Bei einer vertikalen Betrachtung der Tabelle zeigt sich eine gegensinnige, multiplikative Veränderung (Kovariation), im Gegensatz zu einem gleichsinnigen, multiplikativen Zusammenhang im proportionalen Fall. Eine schrittweise, vertikale Betrachtung in der Tabelle ist ebenfalls möglich, aber für Schülerinnen und Schüler bedeutend komplexer (und deshalb nur als Vertiefung geeignet), da ein fortschreitendes Muster erkannt und interpretiert werden muss (bei größer werdendem x nähert sich der Ausdruck $\frac{x}{x+1}$ der 1 an, so dass anschaulich die Form einer Hyperbel resultiert):

$$f(x + 1) = \frac{a}{x + 1} = \frac{a}{x} \cdot \frac{x}{x + 1} = f(x) \cdot \frac{x}{x + 1}.$$

Diese kurze Klärung des fachlichen Inhaltes zeigt die Komplexität der Reichweite nötiger Differenzierungen zur Klassifizierung der elementaren Funktionstypen. Das skizzierte Beispiel zur Übersetzung des Bildes einer Kerze in ein funktionales, mathema-

Abbildung 2.3. Bearbeitung von Schüler 2 zu den Größen der Kerze „Brenndauer – Noch vorhandene Höhe"

tisches Modell hat stellvertretend die Grenzen derjenigen Merksätze aufgezeigt, die auf einen schlichten „je mehr, desto weniger" – oder „je mehr, desto mehr" – Zusammenhang der abhängigen Größen fußen.

Welche Festlegungen eignen sich also, um das mathematische Objekt bzw. den mathematischen Zusammenhang fachlich tragfähig und zueinander kompatibel (mit Bezug auf die jeweiligen Situationen) zu versprachlichen?

In einer zweiten Runde von Designexperimenten mit je zwei Schülerinnen und Schülern in insgesamt elf Interviews (alle Schulformen, Klassen 8-10) wurden diesen u. a. Bilder mit verschiedenen Größen vorgegeben, von denen sie stets zwei eigens aussuchen, kombinieren und hinsichtlich des Funktionstyps klassifizieren sollten. Diese sollten dazu dienen – neben der fachlichen Spezifizierung des Lerngegenstandes – die individuelle Perspektive auf tragfähige und kompatible Festlegungen zu explorieren.

An der Bearbeitung eines weiteren Schülers zum Bild der Kerze (vgl. Abb. 2.3) aus dieser zweiten Runde soll die Bedeutung der Kriterien der situativen Tragfähigkeit und Kompatibilität verdeutlicht werden.

Nach seiner Wahl der Kombination der Größen „Brenndauer" und „Noch vorhandene Höhe" folgt das Erstellen einer Wertetabelle und eines Graphen (vgl. Abb. 2.3). Der Schüler fokussiert zunächst in der Tabelle den Startwert bei 20. Er legt sich damit auf die Ausgangsgröße seiner fiktiven Kerze fest. Er legt sich weiter auf eine Brenndauer von zwei Stunden nach Halbierung der Kerzenhöhe auf 10 fest. Bei den folgenden zwei Wertepaaren fokussiert er eine Halbierung auf der Seite der Höhe und eine Verdopplung auf der Seite der Zeit. Seine Festlegung basiert auf einer gegensinnigen, multiplikativen Strategie. Andere Interviewszenen des Schülers belegen seine Priorisierungen der *Je-desto-Zusammenhänge* und eine dort evozierte Erstfestlegung auf ein je-mehr-desto-weniger-Verhalten als antiproportionalen Zusammenhang. Aus diesem Grund lässt sich hier eine implizite Festlegung vermuten, die besagt, dass man bei antiproportionalen Zusammenhängen in der Tabelle gegensinnig multiplikativ vorgehen kann, weil auch hier ein je-mehr-desto-weniger-Verhalten von Zeit und Höhe vorliegt. Diese lässt sich jedoch nicht widerspruchsfrei zu seiner Festlegung auf den Startwert 20 und der zugehörigen Zeit Null fortführen. Nun fokussiert er auf einen Graphen (das letzte Wertepaar in der Tabelle (7,5|3) folgt später). Er betrachtet einzelne Wertepaare der Tabelle und überträgt diese in sein Koordinatensystem. Im Graphen verzichtet er auf das Einzeichnen des Startwerts (ob dieser einfach nicht in seine Skalierung passt oder ihm aufgrund der Lage der anderen Punkte nicht gefällt, lässt sich hier nicht herauslesen). Nachdem er das zweite bis vierte Wertepaar seiner Tabelle im Graphen gekennzeichnet hat, sagt er: „Der Graph ist mir jetzt nicht so gelungen". Die Lage der Punkte entspricht nicht seiner dahinter liegenden Festlegung, dass die Abnahme der Kerzenhöhe mit der Zeit durch eine Gerade repräsentiert wird. Diese zeigt sich durch seine anschließende Wahl eines weiteren Punktes. Die durchgestrichene 12 in der Tabelle lässt einen anfänglichen Versuch vermuten, dass er die Addition der x-Werte von 5 und 2, 5 auf die Spalte der Funktionswerte (8 + 4) übertragen oder vielleicht sogar die Reihe der y-Werte in Vierer-Schritten fortsetzen wollte. Er entscheidet sich alternativ für die Wahl der Mitte aus den y-Werten 2 und 4, da 7, 5 auch die Mitte aus 10 und 5 ist (dies begründet er im Interview). An dieser Stelle hält er nicht weiter an der Festlegung auf eine gegensinnige, multiplikative Strategie fest (vielleicht aus dem Grund, weil man zwar auf der linken Seite 2, 5 gut mit dem Faktor 3 zur 7, 5 multiplizieren kann, aber schwieriger auf Anhieb 8 durch 3 dividieren kann). Er entscheidet sich für die bewusst angepasste Festlegung, dass er 7, 5 durch die Halbierung der Addition aus 10 und 5 und den y-Wert 3 entsprechend durch die Halbierung der Addition aus 2 und 4 erhält. Dies ist kompatibel zur Festlegung eine Gerade zur Situation erzeugen zu wollen bzw. die Verdopplungs- / Halbierungsstrategie von einzelnen Werten auf Intervalle zu übertragen. Anschließend zeichnet er den neuen Punkt in das Koordinatensystem ein.

In seiner obigen Bearbeitung zeigen sich verschiedene Fokussierungen und Festlegungen (auf einen Startwert; auf eine gegensinnige, multiplikative Veränderung von Höhe und Zeit; auf eine Gerade), die sich untereinander widersprechen, da sich gegensinnige, multiplikative Veränderungen antiproportionalen Ursprungs nicht mit einem Startwert und dem gleichmäßigen Abbrennen und damit dem Erzeugen einer linearen Funktion vereinen lassen, und ihm damit nicht die Möglichkeit bieten eine geeignete Identifizierung vorzunehmen. Seine Festlegungen vermischen sich in seinen Darstellungsformen. Sowohl in der Tabelle als auch im Graphen sind Aspekte von Festlegungen vorhanden, die sowohl antiproportionale als auch lineare Strukturen aufweisen. Dadurch entsteht ein für ihn semantische Inkompatibilitäten. Auch lassen sich mit seinen Festlegungen nicht alle gegebenen Situationen fachlich angemessen bewältigen. Sie bringen stets nur Teilaspekte der funktionalen Modelle hervor. Neben der Festlegung auf beispielsweise den antiproportionalen Zusammenhang (vermutlich durch ein je-mehr-desto-weniger-Verhalten der Größen) und der gegensinnig-multiplikativen Struktur in der Tabelle muss eine weitere Festlegung auf die Produktgleichheit der Werte in der Tabelle initiiert werden, um diesen Funktionstyp tatsächlich in dem gegebenen Spektrum an Situationen korrekt zu identifizieren.

Festlegungen aus konsolidierter Perspektive sind (in der Regel) fachlich tragfähig und kompatibel. Festlegungen aus individueller Perspektive müssen dies nicht sein, da das Individuum neue Festlegungen aus der vorhandenen (nicht notwendig tragfähigen) Festlegungsstruktur erzeugt bzw. in diese integriert und nur einen Ausschnitt spezifischer Situationen zur Verfügung hat, die die Strukturierung von Festlegungen determinieren. Wie schwierig es ist, Situationen so zu bewältigen, so dass die individuellen Festlegungen kompatibel werden, lässt sich sehr gut in beiden Interviewausschnitten ablesen, denn die semantische Verknüpfung und Gegenüberstellung von Festlegungen mag aus der Schülerperspektive sehr wohl widerspruchsfrei sein, und zwar immer dann, wenn der situative Rahmen so interpretiert wird bzw. bestimmte Aspekte unberücksichtigt bleiben, so dass die getroffenen Festlegungen auf die Situation bezogen tragfähig bleiben. Hier leisten Merksätze durch ihre inhärenten Verkürzungen sogar noch Vorschub. Stattdessen bedarf es im Lernprozess einer Vielzahl an Situationen zur Erzeugung von kognitiven Konflikten, die genutzt werden, um Festlegungen zu reflektieren, auszudifferenzieren und weiterzuentwickeln und damit ein tieferes Verstehen anzuregen.

Für die verstehensorientierte Gestaltung von Lernprozessen ist es daher unabdingbar (vor der Initiierung von Lernprozessen) die notwendigen, fachlich konsolidierten Festlegungen, die den Kern des jeweiligen Begriffs umfassen, und die zugehörigen Situationen herauszuarbeiten. Die folgenden Festlegungen beschreiben Kernaspekte des Begriffs der Antiproportionalität. Sie repräsentieren inhaltlich gestützte Festlegungen, die die Schülerinnen und Schüler im Rahmen einer geeigneten Lernumgebung aktiv erproben und erfahren müssen, um einen verständigen Umgang mit den Begriffen zu pflegen. Ein reines „Merken" reicht an dieser Stelle nicht aus.

Aus der Perspektive der Kovariation steht die folgende Aussage im Zentrum: *„Verdoppelt (verdreifacht, ..., halbiert, ...) sich die eine Größe, so halbiert (drittelt, ..., verdoppelt, ...) sich die andere Größe"*. Im Sinne der Zuordnung ist es die Produktgleichheit: *„Das Produkt der ersten und zweiten Größe ergibt immer die gleiche Zahl"* (Hußmann u. a. 2015). Diese Festlegungen sind in allen Darstellungen evident. In der Tabelle lassen sich beide Aussagen und im Term die zweite Aussage besonders leicht erarbeiten. Die Kovariation im Term kann durch eine Vervielfachung des Arguments an konkreten Beispielen erprobt werden. Die Produktgleichheit in den Wertepaaren des Graphen wird durch die Flächengleichheit eingeschriebener Rechtecke symbolisiert. Die Verdopplung der einen Größe und die Halbierung der anderen Größe können im Graphen an verschiedenen Punkten abgelesen werden.

Besonders wichtig dabei ist die Erkenntnis, dass diese Eigenschaften stets für alle Werte in den Darstellungen gelten und sich von einer zu anderen Darstellungen überführen lassen. Ebenso sind entsprechende Versprachlichungen für die proportionalen und linearen Zusammenhänge formulierbar (vgl. Hußmann u. a. 2015).

Anders als in den knappen und vermeintlich leicht zu merkenden Merksätzen spannt sich nun ein Netz von Beschreibungen zur Charakterisierung von Funktionstypen auf, die in unterschiedlichen Darstellungen (Tabelle, Graph und Term) noch ausdifferenzierter und facettenreicher werden. Diese Betrachtung semantisch-gültiger Festlegungen soll nun hinsichtlich ihrer Gültigkeitsbereiche, d. h. auf ihre Anwendung in relevanten Situationen erweitert werden.

2.4   Festlegungen in situativer Perspektive

Die Anwendbarkeit erlernten Wissens gehört zu den zentralen Zielen des Mathematikunterrichts. Die Schulleistungsstudien PISA 2003 und 2006 haben gezeigt, dass die 15-jährigen NRWs besondere Schwierigkeiten mit der Bearbeitung von situativen Anwendungsaufgaben (in der Subskala „Veränderung und Beziehung") haben (vgl. Prenzel u. a. 2005, S. 7) und rund ein Fünftel der 15-jährigen nur eingeschränkt fähig sind, Textaufgaben sinnentnehmend zu lesen (vgl. Prenzel u. a. 2007, S. 15). Die Probleme liegen u. a. darin begründet, dass der Umgang mit Realsituationen ein komplexer Vorgang des Hin- und Herübersetzens zwischen Erfahrungen und Vorstellungen über die Sachsituation und dem Wissen um mathematische Zusammenhänge und Verfahren ist (vgl. vom Hofe 1992).

Die Designexperimente haben gezeigt, dass bei der Identifikation der Bilder und kurzen Textaufgaben die *Je-desto-Merksätze* bei sehr vielen Schülerinnen und Schülern eine überaus prägnante Rolle spielen. Diese Merksätze verkürzen auch hier entscheidend den Blick, so dass die Situation nicht in ihrem vollen Spektrum betrachtet und analysiert werden kann. Das reine Betrachten des Veränderungsverhaltens in Form eines Je- desto-Verhältnisses der abhängigen Größen reduziert die Identifizierung der Situation um wichtige Fragen, wie z. B.: Welche Qualität hat das Wachstum? Wie verhalten sich die Größen zueinander? Gibt es Regelmäßigkeiten bzgl. der Veränderung? Ist ein Startwert vorhanden? Wo liegt dieser?

Auch bei der Bereitstellung von Situationen kann es zu problematischen Einengungen kommen. Eigenschaften des Kontextes, die möglicherweise nicht intendiert waren oder die der natürlichen Komplexität von realen Situationen geschuldet sind, können das Spektrum an denkbaren auch nicht mathematischen Festlegungen deutlich vergrößern bzw. Erstfestlegungen evozieren, die zu Sichtbeschränkungen im weiteren Verlauf führen.

In vielen Fällen scheinen die Schwierigkeiten der Schülerinnen und Schüler dadurch erklärbar zu sein, dass die Situation auf einen oder wenige zentrale(n) Aspekt(e) reduziert wird, dazu die entsprechende fachliche Festlegung angepasst wird und beides genutzt wird, um die Situation zu charakterisieren und weitere Aspekte zu ignorieren.

Damit steht der vermeintlich klaren, fachlichen Festlegungsstruktur die Vagheit der Situation gegenüber. Abhilfe können hier Charakterisierungen von Situationen schaffen, die in inhaltlichem Bezug zu den fachlichen Festlegungen stehen. Charakterisierend für viele antiproportionale Zusammenhänge ist das Verteilen einer festen Größe auf eine beliebige Anzahl einer anderen Größe, z. B. eine feste Anzahl an Bonbons an beliebig viele Kinder oder eine feste Gesamtrecke auf beliebig lange Teilstrecken. Beide oben genannten, fachlichen Festlegungen lassen sich gut auf derartige Situationen anwenden: „Wenn sich die Anzahl der Kinder verdoppelt, bekommt jedes Kind nur halb so viele Bonbons". „Das Produkt aus der Anzahl der Kinder und der Anzahl der Bonbons pro Kind ergibt immer die Gesamtzahl der Bonbons".

Doch auch wenn die Situation aus fachlicher Perspektive stimmig wirkt, kann man sich einer Situation dennoch individuell unterschiedlich nähern. Statt auf einen Zusammenhang zweier Größen zu achten, können Aspekte wie die feste Größe als erstes fokussiert werden, wobei die Gefahr besteht, diese als Startwert zu interpretieren.

Dies macht dann auch die Komplexität der fachlichen Festlegungen über die Grenzen der Antiproportionalität deutlich. So ist beispielsweise der Startwert bei linearen Funktionen der y-Achsenabschnitt (also die Ordinate an der Stelle 0), bei antiproportionalen Funktionen wird unter dem Startwert nicht selten der Gesamtwert verstanden (also die Ordinate an der Stelle 1). Aber auch die Werte in einer Tabelle werden unterschiedlich interpretiert: Bei einer proportionalen Funktion erhält man den Wert pro Portion, indem man den Wert der zweiten Größe durch den der ersten Größe dividiert oder alternativ den Faktor zwischen erster und zweiter Größe ermittelt. Bei antiproportionalen Funktionen steht hingegen an der Stelle der ersten Größe schon der Wert pro Portion. Dieser für die Interpretation der einzelnen Darstellungsformen so schwierige Zusammenhang verbirgt sich hinter der Quotienten- und Produktgleichheit.

Wenn nun auch noch Situationen zu interpretieren sind, benötigt man weitere Festlegungen, die helfen, ein angemessenes Modell zur Beschreibung der Situation ausfindig zu machen. Gleichzeitig muss deutlich werden, dass ein einzelner Aspekt in der Regel niemals für eine korrekte Wahl des Modells ausreicht. Dies ist eine bedeutsame Tatsache, die insbesondere bei der Verwendung von Merksätzen verloren gehen kann.

Zur Differenzierung unterschiedlicher Funktionstypen hilft das bewusste Zusammenspiel von Fokussierung und Festlegung, sowohl in fachlicher als auch situativer Verknüpfung, z. B.:

> *Fokussierung*: Ausgangswert
>
> *Zugehörige Festlegungen*: Werden zu/von diesem Ausgangswert feste Portionen hinzugetan oder weggenommen, kann es sich um einen linearen Zusammenhang handeln.
>
> Ist der Ausgangswert fest und wird dieser gleichmäßig verteilt, so dass sich je nach Anzahl der Gruppierungen, auf die verteilt wird, die Größe der Portion ändert, so kann es sich um einen antiproportionalen Zusammenhang handeln.
>
> *Fokussierung*: Portion
>
> *Zugehörige Festlegungen*: Gibt es immer feste Portionen, so kann es sich um einen linearen Zusammenhang handeln.
>
> Verändern sich die Portionen je nach Anzahl der Gruppen- oder Teilgrößen, auf die verteilt wird, so kann es sich um einen antiproportionalen Zusammenhang handeln.

Die besondere Problematik der Festlegungen, auf die sich ein Schüler bzw. eine Schülerin während des Bearbeitungsprozesses festlegt, liegt auf der einen Seite in der Referenz zur vorliegenden Situation und auf der anderen Seite in der Einordnung dieser Festlegung in ein semantisch schlüssiges Gefüge von Festlegungen. Das gelingende Verknüpfen dieser beiden Aspekte ist ein hochkomplexer Prozess und darf nicht auf die Verwendung von Merksätzen reduziert werden, auch wenn sie manchmal als ein Ausweg zur Komplexitätsreduktion scheinen. Ein tieferes Verstehen und verständiges Anwenden wird so gerade den leistungsschwächeren Kindern vorenthalten.

Merksätze bzgl. der Charakterisierung mathematischer Begriffe müssen stattdessen gewisse Bedingungen erfüllen, damit sie insbesondere für leistungsschwache Schülerinnen und Schüler nicht zu kurz greifen, was die Situation und das begriffliche Verstehen betrifft, aber auch nicht zu komplex sind, dass die jeweiligen Situationen noch zu bewältigen sind:

(1) Sie müssen aus aktiven Aneignungshandlungen der Lernenden selbst entstehen (für eine detaillierte Beschreibung der Bedeutung der Eigenaktivität siehe z. B. Hußmann 2002; Prediger u. a. 2011).

(2) Sie müssen den situativen Gültigkeitsbereich beinhalten, z. B. mit Hilfe von generischen Beispielen.

(3) Sie müssen (über verschiedene Situationen und Darstellungen hinweg) fachlich tragfähig sein.

(4) Sie müssen ein in sich kompatibles Gefüge darstellen, wobei der Komplexitätsgrad möglichst gering sein sollte.

(5) Sie sollten hinsichtlich der aktivierten Grundvorstellungen und genutzten Darstellungen ausdifferenziert sein (für Funktionen siehe z. B. Hußmann und Laakmann 2011).

(6) Sie sollten auf einem breiten Fundament von inhaltlichen Vorstellungen aufbauen (vgl. Prediger 2009).

Insofern sind *Je-desto-Merksätze zu konzeptionellem Wissen* zur Identifizierung von charakteristischen Eigenschaften von realen Situationen mit Vorsicht zu verwenden, weil die Gefahren bestehen, dass zum einen die Kürze des Merksatzes auch das repräsentierte konzeptionelle Wissen verkürzt, und zum anderen die Mathematik als Werkzeugkoffer mit einer Hand voll zentraler Merksätze verstanden werden kann.

Allen Interviewszenen lässt sich eine weitere, bedeutsame Erkenntnis entnehmen. Der Erstzugriff auf eine Situation und die damit verbundene Festlegung kann über alle weiteren Schritte im Mathematisierungsprozess entscheiden. Sie kann sich so stark manifestieren, dass sie handlungsleitend ist. Die evozierte Erstfestlegung auf einen Je-mehr-desto-weniger-Zusammenhang als antiproportionale Funktion ist so prägnant, dass sie über alle Irritationen in den Darstellungen überwiegt. Genau aus diesem Grund sollte ein inhaltlich-verkürzter Merksatz keine Erstfestlegung im Identifikationsprozess sein.

2.5 Ein alternativer Weg durch eine Lernumgebung – Theoriegeleitet und praxiserprobt

Wie es gelingen kann, mit den Herausforderungen konstruktiv umzugehen, soll in diesem Abschnitt am Beispiel einer Lernumgebung zu proportionalen, linearen und antiproportionalen Funktionen (vgl. Hußmann u. a. 2015) diskutiert werden, die im Rahmen des Forschungs- und Entwicklungsprojektes Kosima (Kontexte für sinnstiftendes Mathematiklernen) entstanden ist. Es handelt sich dabei um ein Schulbuchkonzept, das für den Unterricht in den Klassen 5-10 entwickelt und erprobt wird (vgl. Barzel u. a. 2011).

Der Fokus in diesem Beitrag ist es, eine Form von Wissenssystematisierung und Sicherung vorzustellen, die nicht auf inhaltlich verkürzte Merksätze setzt, sondern auf selbstständige Versprachlichung inhaltlicher Vorstellungen in verschiedenen Darstellungen. Dazu werden kleine Ausschnitte aus der Lernumgebung gezeigt.

Die elementaren Funktionen werden in einem Kapitel des Schulbuchs gemeinsam entwickelt, da zu erwarten ist, dass eine isolierte Behandlung der Funktionstypen zu oben genannten Problemen führt. Damit die Lernenden nicht gleich zu Beginn durch eine Vielzahl von Situationen und der damit verbundenen Vielfalt an Charakterisierungen überfordert sind, konzentriert sich das Kapitel einleitend auf einen Kontext, der für alle Situationen tragfähig ist, einen Vergleich der Funktionstypen innerhalb eines Kontextes erlaubt und den Transfer auf andere Situationen ermöglicht. Dieser Kontext ist der der Routenplanung, mit dem eine zentrale Kernidee systematisch aufgebaut werden kann, die für viele Modellierungen durch Funktionen leitend ist: „Mit Funktionen Voraussagen machen und weitere Werte bestimmen". Mit dieser Kernidee wird ein Verständnis von einfachen Funktionstypen grundgelegt, die die Verwendung von berechenbaren funktionalen Zusammenhängen als Modellierung von entsprechenden Situationen nahe legt. Dazu ist es wichtig, die mathematische Kernidee an einen beispielhaften Kontext zu binden, der sich aus Schülerperspektive durch die folgenden Fragen erschließen lässt:

— Wie kann man mit dem Routenplaner gute Voraussagen treffen?

— Wie kann man aus wenigen Werten viele weitere Werte voraussagen?

— Wie kann man mit wenigen Informationen weitere Werte bestimmen?

— Wie kann man an einer Situation erkennen, wie man am besten weitere Werte bestimmt?

Im Sinne genetischen Lernens, das in hohem Maße zur aktiven Konstruktion von Wissen beiträgt (vgl. z. B. Brophy 2002), werden Erkundungsprozesse angestoßen, in denen die Lernenden anhand von Fragestellungen zur Arbeitsweise von Routenplanung eigenständig mathematische Konzepte der proportionalen, linearen und umgekehrt proportionalen Zusammenhänge (nach-)erfinden bzw. ihre alltäglichen Denk- und Handlungsmuster nutzen können (vgl. Hußmann 2002, S. 23).

Zeit (in h)	Strecke (in km)
1	0
2	
3	
7	756

Abbildung 2.4. Auszug aus einer Aufgabe zur Schulbucherprobung (vgl. Hußmann u. a. 2015)

So wird sich die Bedeutung der Proportionalität zunutze gemacht, in dem die Zwischenwerte für eine Reise vorhersagt werden, von der nur die Gesamtstrecke und Gesamtzeit bekannt ist. Dahinter steckt die Idee einer Durchschnittsgeschwindigkeit, mit der die Routenplanung kalkuliert. Das Phänomen der Proportionalität wird dabei in verschiedenen Darstellungen erschlossen, die jeweils verschiedene Aspekte des Konzepts betonen, die explizit und transparent gegenübergestellt und kontrastiert werden. Beispielsweise werden – um Voraussagen mithilfe einer Tabelle (vgl. Abb. 2.4) zu treffen – verschiedene Strategien bzw. Festlegungen diskutiert, um das Spektrum möglicher Vorgehen bei proportionalen Funktionen darzulegen .

Dabei geben die vier Charaktere des Schulbuchs durch Sprechblasen Hinweise auf mögliche Strategien:

Till: „Wenn ich bestimmen möchte, wie viele Kilometer wir nach 6 Stunden gefahren sind, dann berechne ich zuerst wie viele Kilometer wir nach 1 Stunde zurückgelegt haben und rechne dann hoch."

Ole: „Das geht doch schneller. Wenn ich die gefahrenen Kilometer nach 3 Stunden kenne, kann ich diese Zahl auch direkt mit 2 multiplizieren."

Merve: „Oder du kannst die gefahrenen Kilometer nach 2 Stunden und nach 4 Stunden einfach addieren."

Pia: „Ich suche lieber eine Rechenregel, mit der ich für jede Stunde die gefahrenen Kilometer berechnen kann."

Diese zunächst auf die proportionalen Zuordnungen beschränkte Analyse wird um weitere Funktionstypen erweitert.

Die Lernenden bauen mit Hilfe der Phase des Systematisierens und Sicherns eigenständig ein reichhaltiges Repertoire an Werkzeugen zur Nutzung in Anwendungsaufgaben auf.

Für alternative Strategien zur Antiproportionalität werden im Rahmen des Ordnens Formulierungsvorschläge, etwa „... weil pro Schritt immer das Gleiche dazu kommt" „Wenn ich eine Größe verdopple, halbiere ich die andere. Wenn ich eine Größe verdreifache, wird die andere gedrittelt, und so weiter ..." oder „Wenn ich die erste mit der zweiten Größe multipliziere, muss immer dieselbe Zahl rauskommen, dann

	in der Tabelle		
Daran erkennt man, dass dies eine umgekehrt proportionale Funktion ist	1. Auf der x-Achse wird multipliziert und auf der y-Achse dividiert. 2. Hat keinen festen Faktor.	**Geschwindigkeit (km/h)**	**Zeit (h)**
		0	
		1	120
So bestimmt man weitere Werte	1. Wenn man auf der x-Achse verdoppelt muss man auf der y-Achse halbieren. 2. Wenn man x- und y-Achse mit einander multipliziert, kommt immer das gleiche Ergebnis raus. 3.	30	4
		100	1,2

Abbildung 2.5. Beschreibung einer Tabelle einer antiproportionalen Funktion

	im Graph
Daran erkennt man, dass dies eine umgekehrt proportionale Funktion ist	1. Daran das der Graph eine Hyperbel ist 2. Das sich der Graph den Achsen immer mehr annähert

Abbildung 2.6. Beschreibung eines Graphen einer antiproportionalen Funktion

ist es umgekehrt proportional" angeboten. Diese beschreiben allerdings keine Merk sätze mit eingeschränktem Anwendungsfeld, sondern knüpfen an die eigenständigen Erkundungen der Lernenden an.

Das Erkunden und Ordnen der proportionalen, linearen und umgekehrt proportionalen Funktionen mündet in dem direkten Vergleich der drei Funktionstypen, zunächst im Kernkontext des Kapitels (z. B. „Bei einer Durchschnittsgeschwindigkeit von 80 km/h braucht man 2 h für die Reststrecke. Wie lange braucht man, wenn man schneller fährt?") und schließlich in anderen Kontexten (z. B. „Bei Verteilung einer gegebenen Menge (z. B. 300 l) auf mehrere Personen soll die Portionsgröße pro Person bestimmt werden").

Direkt im Anschluss sollen die Lernenden mithilfe gegebener Aussagen entscheiden, welche zu den einzelnen Situationen passen, wie zum Beispiel: „Es gibt immer eine feste Menge, die je nach Anzahl unterschiedlich verteilt wird."

Erst an dieser Stelle – nach der Reflexion spezifischer Aussagen – werden auch Aussagen wie „ Je mehr, desto weniger" in Hinsicht auf ihren Gültigkeitsbereich zu Situationen und den drei Funktionstypen reflektiert. Allerdings sollten die Schülerinnen und Schüler jetzt in der Lage sein, das Spektrum an selbst entwickelten Festlegungen zu nutzen, um diese flexibel zur Beurteilung von funktionalen Zusammenhängen in Situationen zu verwenden. Hier können dann Aussagen von den Lernenden formuliert werden, die in den Kern des jeweiligen mathematischen Zusammenhangs zielen, wie z. B. „Lineare Zusammenhänge kann man daran erkennen, ob pro Schritt immer dasselbe dazukommt." So entwickeln die Schülerinnen und Schüler Versprachlichungen Merksätze, die ausgehend von den eigenen Erkundungen, den eigenen Formulierungen und den für den jeweiligen mathematischen Zusammenhang typischen Phänomenen tatsächlich geeignet sind, mathematische Funktionstypen in realen Situationen zu identifizieren. Dieser Fokus auf die Eigenaktivität seitens der Schülerinnen und Schüler und dem Verständnis der Mathematik als Prozess, welches durch geeignete Lernumgebungen und Aufgabenformate zu selbstständigen Mathematisierungsprozessen anleitet, wird dem Grundgedanken eines verstehensorientierten Unterrichts gerecht.

Literatur

[Barzel u. a. 2011] BARZEL, Bärbel; PREDIGER, Susanne; LEUDERS, Timo; HUSSMANN, Stephan: Kontexte und Kernprozesse – Aspekte eines theoriegeleiteten und praxiserprobten Schulbuchkonzepts. In: *Beiträge zum Mathematikunterricht* (2011). S. 71–74.

[Brandom 2001] BRANDOM, Robert: *Begründen und Begreifen. Eine Einführung in den Inferentialismus*. Frankfurt am Main: Suhrkamp, 2001.

[Brophy 2002] BROPHY, Jere (Hrsg.): *Social constructivist teaching: Affordances and constraints*. Bingley: Emerald, 2002.

[Cobb u. a. 2003] COBB, Paul; CONFREY, Jere; DISESSA, Andrea; LEHRER, Richard; SCHAUBLE, Leona: Design Experiments in Educational Research. In: *Educational Researcher* 32 (2003), Nr. 1, S. 9–13.

[Duval 2002] DUVAL, Raymond: Representation, vision and visualization: Cognitive functions in mathematical thinking – Basic issues for learning. In: HITT, Fernando (Hrsg.): *Representations and mathematics visualization*. Mexico-City: Cinvestav-IPN, 2002, S. 31–46.

[Freudenthal 1983] FREUDENTHAL, Hans: *Didactical phenomenology of mathematical structures*. Dordrecht: Kluwer, 1983.

[Hußmann 2002] HUSSMANN, Stephan: *Konstruktivistisches Lernen an intentionalen Problemen. Mathematik unterrichten in einer offenen Lernumgebung*. Hildesheim: Franzbecker, 2002.

[Hußmann 2013] HUSSMANN, Stephan: *The theory of focuses and commitments*. Manuskript in Vorbereitung 2013.

[Hußmann und Laakmann 2011] HUSSMANN, Stephan; LAAKMANN, Heinz: Eine Funktion – viele Gesichter. Darstellen und Darstellungen wechseln. In: *Praxis der Mathematik in der Schule* 38 (2011), Nr. 2, S. 2–11.

[Hußmann und Schacht 2009] HUSSMANN, Stephan; SCHACHT, Florian: Ein inferentialistischer Zugang zur Analyse von Begriffsbildungsprozessen. In: *Beiträge zum Mathematikunterricht* (2009). S. 339–342.

[Hußmann u. a. 2011] HUSSMANN, Stephan; LEUDERS, Timo; PREDIGER, Susanne; BARZEL, Bärbel: Kontexte für sinnstiftendes Mathematiklernen (Kosima) – ein fachdidaktisches Forschungs- und Entwicklungsprojekt. In: *Beiträge zum Mathematikunterricht* (2011). S. 419–422.

[Hußmann u. a. 2015] HUSSMANN, Stephan; MÜHLENFELD, Udo; WITZMANN, Cornelia: Voraussagen mit dem Routenplaner – Mit Funktionen modellieren. Erscheint in: BARZEL, Bärbel; HUSSMANN, Stephan; LEUDERS, Timo; PREDIGER, Susanne (Hrsg.): *Mathewerkstatt 8*. Berlin: Cornelsen, 2015.

[Leuders und Prediger 2005] LEUDERS, Timo; PREDIGER, Susanne: Funktioniert's? Denken in Funktionen. In: *Praxis der Mathematik in der Schule* 47 (2005), Nr. 2, S. 1–7.

[Malle 2000] MALLE, Günther: Zwei Aspekte von Funktionen: Zuordnung und Kovariation. In: *mathematik lehren* 103 (2000), S. 8–11.

[Prediger 2009] PREDIGER, Susanne; PREDIGER, Susanne: Verstehen durch Vorstellen. Inhaltliches Denken von der Begriffsbildung bis zur Klassenarbeit und darüber hinaus. In: LEUDERS, Timo; HEFENDEHL-HEBEKER, Lisa; WEIGAND, Hans-Georg (Hrsg.): *Mathemagische Momente*. Berlin: Cornelsen, 2009, S. 166–175.

[Prediger u. a. 2011] PREDIGER, Susanne; BARZEL, Bärbel; LEUDERS, Timo; HUSSMANN, Stephan: Systematisieren und Sichern. Nachhaltiges Lernen durch aktives Ordnen. In: *mathematik lehren* 164 (2011), S. 2–9.

[Prenzel u. a. 2005] PRENZEL, Manfred; BAUMERT, Jürgen; BLUM, Werner; LAHMANN, Rainer; LEUTNER, Detlev; NEUBRAND, Michael; PEKRUN, Reinhard; ROST, Jürgen; SCHIEFELE, Ulrich: *PISA 2003: Ergebnisse des zweiten Ländervergleichs. Zusammenfassung*. Münster: Waxmann, 2005.

[Prenzel u. a. 2007] PRENZEL, Manfred; ARTELT, Cordula; BAUMERT, Jürgen; BLUM, Werner; HAMMAN, Marcus; KLIEME, Eckhard; PEKRUN, Reinhard: *PISA 2006. Die Ergebnisse der dritten internationalen Vergleichsstudie – Zusammenfassung*. http://pisa.ipn.uni-kiel.de/zusammenfassung_PISA2006.pdf. Stand: 25. April 2013.

[Schacht 2010] SCHACHT, Florian: Individuelle Begriffsbildung in inferentialistischer Perspektive. In: *Beiträge zum Mathematikunterricht* (2010). S. 725–728.

[Schacht 2012] SCHACHT, Florian: *Mathematische Begriffsbildung zwischen Implizitem und Explizitem. Individuelle Begriffsbildungsprozesse zum Muster- und Variablenbegriff*. Wiesbaden: Vieweg und Teubner, 2012.

[Swan 1982] SWAN, Malcolm: The teaching of functions and graphs. In: BARNEVELD, Gert van; KRABBENDAM, Hans (Hrsg.): *Conference on functions. Report*. Enschede: Foundation for Curriculum Development, 1982, S. 151–165.

[Tall und Vinner 1981] TALL, David O.; VINNER, Shlomo: Concept image and concept definition in mathematics, with special reference to limits and continuity. In: *Educational Studies in Mathematics* 12 (1981), S. 151–169.

[Vollrath 1989] VOLLRATH, Hans-Joachim: Funktionales Denken. In: *Journal für Mathematikdidaktik* 10 (1989), Nr. 1, S. 3–37.

[vom Hofe 1992] VOM HOFE, Rudolf: Grundvorstellungen mathematischer Inhalte als didaktisches Modell. In: *Journal für Mathematikdidaktik* 13 (1992), Nr. 4, S. 345–364.

[vom Hofe 1995] VOM HOFE, Rudolf: *Grundvorstellungen mathematischer Inhalte*. Heidelberg u. a.: Spektrum Akademischer Verlag, 1995.

3 Funktionen – immer gut für eine Überraschung

Wilfried HERGET

Ziel dieses Überblicks ist es, jungen Lehrkräften bewusst zu machen, welch weites Spektrum an Überraschendem das Thema *Funktionen* bietet, erfahrene Lehrkräfte darin zu ermutigen, solche Gelegenheiten im Unterricht zu pflegen, und an den konkreten Beispielen aufzuzeigen, dass und wie Überraschendes im Mathematikunterricht wirkungsvoll zu nutzen ist.

3.1 Funktionen haben viele Gesichter

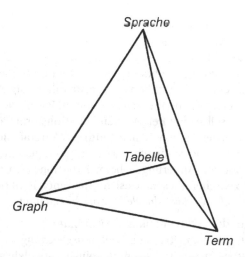

Abbildung 3.1. Die vier „Gesichter" einer Funktion – als Ecken eines Tetraeders (nach Herget u. a. 2000a)

Ein üblicher Würfel hat sechs Seiten. Wer sie alle sehen will, wird ihn aufmerksam in der Hand drehen oder geschickt einen Spiegel verwenden. Wer eine mathematische Funktion von allen Seiten betrachten will, wird wohl an dem *Graphen*, an der *Wertetabelle* und an der *Funktionsvorschrift* interessiert sein – und wenn es ums Modellieren mit Funktionen geht (auch in der Geometrie), spielt zudem noch die betreffende *Situation* eine Rolle und/oder eine Darstellung mithilfe der *Sprache* (vgl. auch Abb. 3.2) oder sogar mit Gesten usw. (vgl. etwa Barzel 2000; Barzel 2002, zum „Graphen-Gehen").

↰ nach von	Situationen, Bilder, Sprache, ...	Tabelle	Graph	Formel, Gleichung
Situationen, Bilder, Sprache, ...		Messen	Darstellen	Modellieren
Tabelle	Ablesen, Interpretieren		Wertepaare im Koordinaten- system	mathematische Muster erkennen
Graph	Ablesen, Interpretieren	Ablesen		passende Gleichung finden
Formel, Gleichung	Formel beschreiben, umsetzen	Rechnen	Graphen skizzieren	

Abbildung 3.2. Sinnvolle (und machbare!) Möglichkeiten für Übergänge zwischen den „Gesichtern" einer Funktion

Funktionen haben viele Gesichter – diese Metapher geht auf Herget u. a. (2000a) zurück und wird immer wieder gern genutzt (vgl. etwa Haas 2012; Hischer 2012, S. 129; 158). Durch grafikfähige Taschenrechner und entsprechende Computerprogramme wie *GeoGebra* (www.geogebra.org) ist es heute möglich, die drei „Mathe-Gesichter" Graph, Wertetabelle, Funktionsvorschrift mit wenig Aufwand schnell nebeneinander oder nacheinander betrachten zu können. Wesentlich dabei ist, dass jede Schülerin, jeder Schüler selbst zum Beispiel den Funktionsterm variieren und so sofort und unmittelbar untersuchen kann, wie sich dadurch Wertetabelle und Graph ändern. Umgekehrt ist es möglich, ebenso bequem den Graphen geeignet zu verändern und dabei dann die zugehörigen Änderungen beim Funktionsterm zu studieren. Dieses flexible Hin-und-Her zwischen diesen „Gesichtern" einer Funktion wird als *Shuttle-Prinzip* oder treffender als *Window-Shuttle-Technik* bezeichnet.

Seit Jahrzehnten war der Mathematikunterricht zum Thema Funktionen geprägt durch Aufgabenstellungen zum Übergang *Funktionsgleichung* → *Graph*. Dies gipfelte in der uns so vertrauten Kurvendiskussion als feinsinnig zelebriertem Ritual, um zu vorgegebenem Funktionsterm schließlich den Graphen vollständig beschreiben zu können. (Wohlgemerkt: Diese Detektivarbeit kann spannend sein, und das Ergebnis durchaus auch überraschend sein.) Allerdings ist dieser Übergang *Funktionsgleichung* → *Graph* ja nur einer von vielen denkbaren (und machbaren!) Darstellungswechseln. Abbildung 3.2 gibt eine Übersicht möglicher Aufgabentypen (vgl. Swan 1985; Leuders und Prediger 2005; Herget und von Zelewski 2009). Dazu gehört beispielsweise auch, dass die Schülerinnen und Schüler zu einem Funktionstyp eine passende Sachsituation nennen können – und umgekehrt.

Als tragende Säulen der Idee *Funktion* werden dabei drei wesentliche Grundvorstellungen beschrieben (vgl. Vollrath 1989; Malle 2000; Büchter 2008):

- *Zuordnung:* Welche Größe wird einer anderen eindeutig zugeordnet?
  Beispiele: Gewicht → Preis; Zeit → Füllhöhe, Fußlänge → Schuhgröße

- *Ko-Variation:* Wie verändert sich die eine Größe mit der anderen?
  Beispiele: in einer „... je mehr ..., desto ..."-Beziehung diese Abhängigkeit/ Dynamik präzisieren: proportional? antiproportional? quadratisch? exponentiell? ...?

- *Funktion als Ganzes, als Objekt:* Wie verhält sich die Funktion als Ganzes?
  Beispiele: das Wesen der Wellen als periodische Ereignisse, die Parabel als typische Flugbahn, die Proportionalität als ein häufig passender Zuordnungstyp.

Zwar treten diese Grundvorstellungen häufig auch mehr oder weniger ausgeprägt gleichzeitig auf, aber es hilft, sich beim Lehren wie beim Lernen dieser unterschiedlichen Aspekte bewusst zu sein – so, wie beispielsweise das Schülermaterial in Herget u. a. (2003) zum Thema *Wachstumsfunktionen* die verschiedenen „Gesichter" der Funktionen und die drei genannten Grundvorstellungen in den Blick nimmt.

Es geht also darum, unterschiedliche Darstellungen zu „lesen", Funktionen von einer Darstellungsform in eine andere zu übertragen bzw. zu übersetzen und verschiedene Grundvorstellungen bewusst zu aktivieren. Dies trägt wesentlich dazu bei, die Idee *Funktionaler Zusammenhang* wirklich zu verstehen und so für eigene Zwecke flexibel nutzbar zu machen, ganz im Sinne auch der so genannten inhaltsbezogenen Kompetenz *Arbeiten mit Variablen* und *funktionalen Abhängigkeiten* der aktuellen österreichischen Standards. Dabei hat das Erleben und Verstehen von funktionalen Zusammenhängen zunächst Vorrang gegenüber dem formalen, mathematisch-symbolischen Umgang mit ihnen (vgl. Krüger 2002; Büchter und Henn 2010; Herget und von Zelewski 2009), auch im Sinne des *dynamischen Visualisierens* (vgl. Danckwerts und Vogel 2003; Danckwerts u. a. 2000; Fest und Hoffkamp 2012). Auch historisch gesehen ist eine akzeptable *formale Definition* des Funktionsbegriffs erst spät entstanden (siehe dazu Hischer 2012).

3.2 Die etwas andere Aufgabe ...

Wie können zu dem Thema Funktionen „etwas andere Aufgaben" und „etwas anderer Unterricht" aussehen? *Funktionen haben viele Gesichter:* Gerade hier kann deutlich werden, wie wirkungsvoll das Zusammenspiel der verbalen, der grafischen und der symbolhaften Sprache der Mathematik ist – und wie dies im Unterricht durch geeignete Aufgabenstellungen unterstützt werden kann. Eine der wohl interessantesten Anregungen zum Lesen und Interpretieren von Graphen ist die Aufgabe in Beispiel 3.1 (ursprünglich von Swan 1985 – hier nach Herget u. a. 2001, S. 93; vgl. auch Herget und von Zelewski 2009).

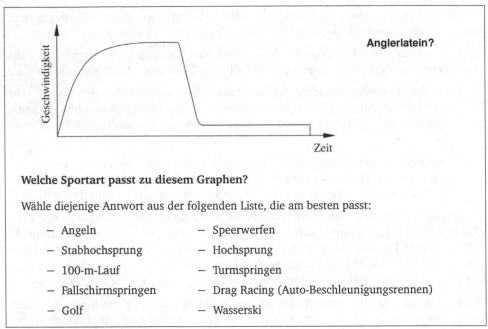

Welche Sportart passt zu diesem Graphen?

Wähle diejenige Antwort aus der folgenden Liste, die am besten passt:

- Angeln   - Speerwerfen
- Stabhochsprung   - Hochsprung
- 100-m-Lauf   - Turmspringen
- Fallschirmspringen   - Drag Racing (Auto-Beschleunigungsrennen)
- Golf   - Wasserski

Beispiel 3.1. Übergang Situation/Sprache ⟷ Graph (hier nach Herget u. a. 2001)

Immer wieder faszinierend ist, wie sich Schülerinnen und Schüler hier zunächst in Partnerarbeit, dann im Klassenverband um eine „richtige" Interpretation des Graphen bemühen, sich damit argumentierend auseinandersetzen und so an dieser Aufgabe wachsen. Eine Stärke solcher „qualitativen Kurvendiskussion" ist, dass dabei ständig zwischen dem Graphen und der jeweils betrachteten Situation hin und her gewechselt wird: Beides bleibt lebendig im Blick, die Situation selbst und die mathematische Darstellung.

Sehr wichtig ist mir dabei (und das ist erfahrungsgemäß meist ausgesprochen überraschend): Hier gibt es nicht *die* „richtige" Lösung! Mittlerweile kenne ich aus zahllosen Erfahrungen mit Schülerinnen und Schülern, Studierenden und Kolleginnen und Kollegen auf Lehrerfortbildungen zu *jeder*(!) der Antwortalternativen eine wunderschöne, meist ausgesprochen phantasievolle *und* jedenfalls *akzeptable* Geschichte!

Zu dem Darstellungswechsel *Situation/Sprache* ⟷ *Graph* finden sich mittlerweile eine ganze Reihe interessanter, im Unterricht und in Klassenarbeiten (etwa Collet und Sternberger 2012) bewährter Aufgaben, die oft auf Ideen in Swan (1985) zurückgehen. Dazu gehören etwa:

- das *Funktionen-Sehen im Alltag* (z. B. die Parabeln bei einer Wasserfontäne)

- die *Badewannenaufgaben* (Herget u. a. 2001, S. 92) und die *Schulweggeschichten* (etwa Ebenhöh und Steinberg 1999, S. 63) – hier ist zu einem Zeit-Wasserstand-Graphen bzw. zu einem Zeit-Abstand-Graphen eine passende Geschichte zu erzählen

- das *Graphen-Gehen* (etwa Barzel 2002)

- die *Füllgraphen* (Schmidt 1989; Herget u. a. 2001, S. 92; Affolter 2005) – Wie steigt die Wasserhöhe in unterschiedlichen Gefäßen, wenn das Wasser gleichmäßig zuläuft?

- die *Rennstreckenaufgaben* (Herget u. a. 2001, S. 96) – zu einem vorgegebenen Kurs ist der Graph einer Weg-Geschwindigkeits-Funktion zu skizzieren

- Aufgaben des Typs *Zeichne ein Bild mit Funktionsgraphen* (z. B. Herget 1995; Herget und Malitte 2001; Barzel und Malitte 2002; Motzer 2010)

- das *Termwettrennen* (Zimmermann 2006) – hier geht es um den Darstellungswechsel *Situation/Sprache* ↔ *Term/Tabelle*.

3.3 . . . bei Funktionen

Die Leitidee *Funktion* ist uns Lehrkräften wohlbekannt, da wird manch Erstaunliches schnell *trivial*. Für die Schülerinnen und Schüler aber bieten sich hier immer wieder Überraschungen – von den linearen über die quadratischen Funktionen, die Potenz- und die Exponentialfunktionen bis zu den trigonometrischen Funktionen, mit und ohne Rechner.

3.3.1 Verschieben, Stauchen, Strecken

Ein klassisches Unterrichtsthema sind die Zusammenhänge zwischen Veränderungen am Funktionsterm und entsprechenden Veränderungen des Graphen. Bei den *linearen Funktionen* geht es zunächst um das Verschieben in y-Richtung und um die Graphen-Geraden-Steigung. Dass selbst hier Überraschendes passieren kann, greift die folgende Aufgabe auf, die sich auch zu einem späteren Zeitpunkt zum Üben gut eignet (vgl. Pinkernell 2009):

Konrad verschiebt den Graphen zu $y = f(x) = 2 \cdot x$ um 3 Einheiten nach rechts und um 6 Einheiten nach oben.

Überrascht stellt er fest: „Der Graph hat sich überhaupt nicht verändert!"

Er hat Recht! Wie kommt das? Erkläre anhand des Terms.

Beispiel 3.2. Lineare Funktion – eine „unmerkliche" Verschiebung

Spätestens bei den *quadratischen Funktionen* gilt es, nicht nur Verschiebungen in der y-Richtung, sondern auch Verschiebungen in der x-Richtung zu untersuchen. Computerprogramme wie *GeoGebra* ermöglichen heute sogar, „am Graphen zu ziehen", und geben unmittelbar die zugehörigen Änderungen beim Funktionsterm aus. Dabei kommt es fast unvermeidlich zu einer überraschenden Entdeckung:

Verschiebt man den Graphen zu $y = f(x) = x^2$ um 3 Einheiten in y-Richtung, also nach oben, dann lautet die neue Funktionsvorschrift $y = f(x) = x^2 + 3$.

Verschiebt man den Graphen zu $y = f(x) = x^2$ aber um 3 Einheiten in x-Richtung, also nach rechts, dann lautet die neue Funktionsvorschrift $y = f(x) = (x - 3)^2$.

Wieso in dem ersten Fall „+3“, aber im zweiten Fall „−3“?

Beispiel 3.3. Verschiebung in x- und in y-Richtung – ein merkwürdiger Unterschied

Selbst viele Lehramtsstudierenden wissen darauf keine Antwort als „Das ist nun mal so ...“. Dabei ist es recht einsichtlich: Ersetzt man wie im zweiten Fall auch im ersten Fall „y“ durch „$y - 3$“, dann ergibt sich $y - 3 = f(x) = x^2$ und daraus dann durch das Auflösen nach y gerade das „+3“. Also gilt völlig einheitlich: Verschieben um a Einheiten in x- oder in y-Richtung bedeutet Ersetzen von x durch $x - a$ bzw. von y durch $y - a$.

Die Graphen der quadratischen Funktionen stecken ohnehin voller Überraschungen – dies ist Thema der folgenden Aufgabe (vgl. Beispiel 3.4), die auf Wolfgang Kroll zurückgeht. Überraschenderweise (hier wird ja keine *Zahl* addiert oder subtrahiert, weder beim x noch beim y) entsteht wieder eine (verschobene) Normalparabel! Diese ist um eine Vierteleinheit nach links verschoben und um fast eine ganze Einheit nach oben (genauer: um $\frac{15}{16}$). Wie kommt das?

Die Aufgabe könnte (händisch, also ohne Computer oder Grafikrechner) bearbeitet werden, bevor die Schülerinnen und Schüler verschobene Parabeln kennengelernt haben – dann können sie diese durch die Aufgabenstellung grafisch entdecken. Die Aufgabe eignet sich aber auch zu einem späteren Zeitpunkt – gerade dann, wenn man glaubt, schon alles über Verschiebungen von Funktionsgraphen zu wissen, ist diese besondere, ganz eigen(tümlich)e „Unverbiegbarkeit“ der quadratischen Funktionen überraschend (siehe Beispiel 3.4)!

Die *Exponentialfunktionen* halten noch eine schöne Überraschung für uns bereit, und zwar auch hier gerade dann, wenn man schon glaubt, alles zu wissen. Dies hat die folgende Aufgabe zum Thema (siehe Beispiel 3.5; vgl. auch vom Hofe 2001).

Hier – wie schon oben bei der Parabel-und-Geraden-Addition – kann die Auflösung über die genauere Betrachtung und Umformung der jeweiligen Funktionsterme gelingen, verbunden mit einer bewussten Reflexion zu der *merk-würdigen* Überraschung. Beispielsweise lässt sich der Faktor $0,1$ als Zweierpotenz 2^a schreiben: $0,1 = 2^a$ bedeutet $\ln 0,1 = a \ln 2$, d. h. $a = \frac{\ln 0,1}{\ln 2}$. Also lässt sich $g(x) = 0,1 \cdot 2^x$ umschreiben zu $g(x) = 2^{\frac{\ln 0,1}{\ln 2}} \cdot 2^x = 2^{x + \frac{\ln 0,1}{\ln 2}} = 2^{x - \frac{\ln 10}{\ln 2}}$. Damit lässt sich nun die offensichtliche Verschiebung des Graphen in x-Richtung erklären – es handelt sich um eine Verschiebung um $\frac{\ln 10}{\ln 2}$ nach rechts, also um etwa $3,3$ Einheiten.

Alles ganz normal?

Die Abbildung zeigt die Normalparabel zu $y = x^2$ und die Gerade zu $y = \frac{1}{2}x + 1$. An der Stelle $x = 1$ sind die y-Werte der Geraden und der Parabel addiert.

– Mache das Gleiche an anderen Stellen.

– Was für eine Kurve entsteht? Beschreibe sie. Wie lautet ihre Gleichung?

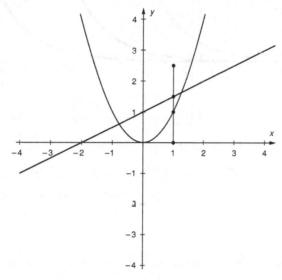

– Und wenn man die Gerade von der Parabel abzieht, was entsteht dann für eine Kurve?

– Und was passiert, wenn man zu einer Parabel eine andere Parabel addiert? Oder von ihr subtrahiert?

Beispiel 3.4. Ganz normal? – Die „unverbiegbare" Parabel (vgl. Herget u. a. 2001, S. 98)

3.3.2 Die umgekehrte Aufgabe: Koordinatensystem gesucht!

Heinrich Winter stellt die folgenden beiden Aufgaben nebeneinander (vgl. Winter 1988). Aufgaben vom Typ (1) nennt er „konvergent", solche vom Typ (2) nennt er „divergent".

(1) Löse die quadratische Gleichung $x^2 + x - 12 = 0$.

(2) Suche möglichst verschiedenartig aussehende quadratische Gleichungen, die alle die Lösungsmenge $\{-4, 3\}$ haben.

Konvergente Aufgaben wie (1) haben nur eine einzige Lösung, und es soll in der Regel nur ein bekanntes Lösungsverfahren angewendet werden. Ziel der Aufgabe ist es, dieses Lösungsverfahren einzuüben oder abzuprüfen. Solche Aufgaben beherrschen

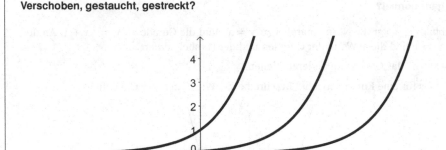

Verschoben, gestaucht, gestreckt?

Die Abbildung zeigt (von links nach rechts) die Graphen zu

$$y = f(x) = 2^x, \quad y = g(x) = 0,1 \cdot 2^x, \quad y = h(x) = 0,01 \cdot 2^x$$

Augenscheinlich entstehen die Graphen jeweils durch Verschieben in x-Richtung – andererseits bedeuten die Termveränderungen jeweils eine Streckung bzw. Stauchung.

Wie können Sie sich das erklären?

Beispiel 3.5. Ganz normal? – Die *gestaucht-gestreckt-verschobenen* Exponential-Graphen

unsere Schulbücher und Klassenarbeiten; sie sind leicht zu korrigieren, und für die Schülerinnen und Schüler sind sie (wenigstens leidlich) trainierbar.

Divergente Aufgaben wie (2) sind *anders*. Als erster Lösungsansatz genügt vielleicht eine einzige Standardidee – hier etwa über den Viëtaschen Wurzelsatz. Offen bleibt aber, wie weitere, „möglichst verschiedenartig aussehende" Gleichungen zu finden sind. Dazu gilt es, algebraisches Wissen zu aktivieren und dieses dann schöpferisch einzusetzen. Genau das ist das erklärte Ziel dieser Aufgabe.

Diese beiden Aufgaben zeigen beispielhaft, wie eine *umgekehrte Aufgabe* eine ausgesprochen attraktive Öffnung und Herausforderung sein kann, je nach Situation sowohl für den Unterricht als auch für eine Klassenarbeit.

Die Kurvendiskussion als traditionelle Abituraufgabe ist eine typische konvergente Aufgabe – Funktionsterm gegeben, Eigenschaften des Graphen gesucht. Eine Umkehraufgabe dazu ist die Steckbriefaufgabe – zu gegebenen Eigenschaften ist der Funktionsterm gesucht.

Noch einen Schritt weiter geht die Idee von Hans-Karl Eder (vgl. Herget 2005):

Auf ein leeres, unliniertes Blatt Papier ist irgendeine Gerade gezeichnet. Die Gerade soll die Gleichung $f(x) = 2^x + 3$ besitzen.

Zeichne dazu ein passendes Koordinatensystem.

Beispiel 3.6. Die umgekehrte Aufgabe – Koordinatensystem gesucht!

Diese Aufgabe findet sich auch in der Literatur (vgl. Herget und Strick 2012, S. 47; Reiss und Hammer 2012, S. 71), dort jeweils einschließlich verschiedener Lösungsideen, ebenso entsprechende Aufgabenideen zu Parabeln; und naheliegenderweise lässt sich dieser Aufgabentyp mit ebensolchem Gewinn auch für die Exponential- und die Winkelfunktionen nutzen. Allerdings: Bei einer linearen Funktion handelt es sich um eine besonders überraschende Variante: Wer sagt denn, dass die Koordinatenachsen immer parallel zu den Papierseiten liegen müssen?!

3.3.3 Die überraschende Exponentialfunktion

Exponentielles Wachstum wird bekanntlich unterschätzt (vgl. etwa Danckwerts und Vogel 1988). Also ein guter Grund, Aufgaben zu den sogenannten Kettenbriefen zu stellen (vgl. etwa Herget und Strick 2012, S. 54–55) oder einmal „bis zum Mond zu falten" (vgl. etwa Beutelspacher und Wagner 2008). Es ist – zumindest für Nicht-Mathematiker – unglaublich: Schon nach wenigen Schritten wären bei den Ketten-briefen alle Erdenbürger beteiligt, und nach nur 42-maligem Falten (zumindest in Gedanken ...) würde der „Papierturm" bis zum Mond reichen (vgl. Beispiel 3.7)!

Zunächst: Der Mond ist mindestens 363 300 km und höchstens 405 500 km von der Erde entfernt – das sieht nach viel Arbeit aus ... Tatsächlich lässt sich die Antwort ganz ohne Taschenrechner finden! Einmal Falten bedeutet doppelt so dick usw., zehnmal Falten würde 2^{10}-mal so dick bedeuten, d. h. Faktor 1024, also rund 1000-mal so dick. 1000 Blatt Papier sind zwei Päckchen Kopierpapier, zusammen sehr genau 10 cm dick. Noch zehnmal weiter gefaltet – also wieder Faktor 1000 – bedeutet $1000 \cdot 10$ cm $=$ 100 m. Nach insgesamt 30-mal Falten wären wir bei $1000 \cdot 100$ m $= 100$ km, nach 40-mal Falten bei $1000 \cdot 100$ km $= 100\,000$ km. Nun nur noch zweimal mehr gefaltet, und wir hätten den Mond erreicht!

Wie dramatisch schnell Exponentialfunktionen wachsen, zeigt die folgende Idee (angeregt durch die „unschlagbar langsam" wachsende Logarithmusfunktion in Baierlein u. a. 1981, S. 129): Wir verfolgen den Graphen von $y = e^x$, der ja im üblichen Koordinatensystem schnell „nach oben verschwindet", weiter auf seinem Weg. Wir orientieren das Koordinatensystem so, dass die y-Achse genau zum Nordpol weist, skalieren wie üblich 1 Einheit $= 1$ cm, und lassen nach rechts etwas mehr Platz als sonst – erst einmal bis $x = 25$, das geht noch gut im A4-Querformat. Angenommen nun, wir hätten einen (nach oben!) sehr langen Papierstreifen, der über den Nordpol weiter

Faltet ein A4-Blatt so in der Mitte, dass ein doppelt so dickes A5-Blatt entsteht. Faltet ebenso weiter: Es entsteht ein A6-Blatt, viermal so dick wie das A4-Blatt. Würdet ihr entsprechend weiterfalten, dann würde erst ein A7-Blatt entstehen, dann ein A8-Blatt, dann ein A9-Blatt usw. Dabei wird das Blatt Schritt für Schritt immer kleiner, aber auch immer dicker.

Nach einigem weiteren Falten wird das Papier so dick, dass es nicht mehr wirklich zu falten ist. Nun ist eure Fantasie gefragt: Stellt euch vor, ihr könntet mit diesem Falten immer weiter machen – wie oft müsstet ihr falten, damit der Papierstapel so dick wäre, dass er bis zum Mond reicht?

Wie weit der Mond auch weg sein mag . . . Was schätzt ihr?

Nur Mut: Ratet einfach mal drauf los! Kreuzt an:

    ○ höchstens etwa 100-mal   ○ eher etwa 100000-mal

    ○ eher etwa 1000-mal   ○ eher etwa 1 Million Mal

    ○ eher etwa 10000-mal   ○ deutlich mehr als 1 Million Mal

Beispiel 3.7. Falten bis zum Mond (nach Schmitt-Hartmann und Herget 2013)

zum Südpol und wieder zu uns zurück einmal um die Erde reicht: Wo würde der Graph von $y = e^x$ diesen Koordinatensystem-Streifen nach rechts verlassen? Lassen Sie schätzen: Was meinen Sie? Tatsächlich würde der Graph von $y = e^x$ nach dem langen Weg über beide Pole noch deutlich innerhalb unseres Streifens wieder „vorbeikommen"! Und wir schicken den Graphen gleich weiter, noch einmal über beide Pole . . . usw. Immer dichter liegen die „Spuren", und erst der Durchgang Nr. 19 liegt jenseits von $x = 25$ (vgl. Abb. 3.3).

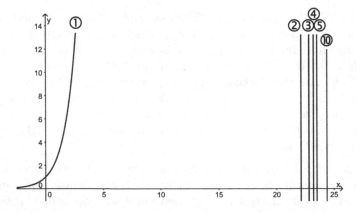

Abbildung 3.3. Der Graph von $y = e^x$, auf dem wiederholten Weg über beide Pole um die Erde

3.3.4 ... mit dem Rechner

Dank Grafikrechner und Funktionenplotter ist es möglich, experimentell etwas ausgesprochen Überraschendes zu erforschen:

Vergleicht die Potenzfunktion mit $y = x^{10}$ und die Exponentialfunktion mit $y = e^x$:

Für welche Werte von x verläuft der Graph von $y = x^{10}$ oberhalb des Graphen von $y = e^x$?

Untersucht Potenzfunktionen mit $y = x^n$ ($n \in \mathbb{N}$) und Exponentialfunktionen mit $y = a^x$ ($a > 1$). Findet ihr eine Potenzfunktion und eine solche Exponentialfunktion, so dass diese Potenzfunktion nicht von dieser Exponentialfunktion „überholt" wird?

Beispiel 3.8. Vergleich Potenzfunktionen/Exponentialfunktionen – experimentell

Tatsächlich gilt:

> Jede (noch so schwach wachsende) Exponentialfunktion mit $y = a^x$ ($a > 1$) „überholt" schließlich jede (noch so schnell wachsende) Potenzfunktion mit $y = x^n$ ($n \in \mathbb{N}$).

Ein formaler Nachweis des beeindruckenden Wachstumsverhaltens solcher Exponentialfunktionen für große x ist ein wenig herausfordernder, etwa über den Grenzwert von $\frac{a^x}{x^n}$ für x gegen unendlich (mehrfache Anwendung der Regel von de l'Hospital). Auch das sogenannte *Funktionen-Mikroskop* (vgl. Kirsch 1979; Kirsch 1980; Bichler 2008) lässt sich heute bequem mit Grafikrechner oder Funktionenplotter realisieren – und zeigt, durchaus überraschend: Vergrößert man die Umgebung eines Graphenpunktes schrittweise immer mehr, so wird der Graph nicht dicker (wieso eigentlich nicht?), aber mehr und mehr gerade, bis er schließlich nicht mehr von einer Geraden zu unterscheiden ist! Dieser experimentelle Zugang zur Ableitung über die lokale Linearisierung (was natürlich nur für hinreichend „friedliche" Funktionen in dieser Weise funktioniert ...) ergänzt die anderen, üblichen Zugänge (vgl. Danckwerts und Vogel 1986; Tietze u. a. 2000).

Zu guter Letzt sei hier noch auf die grundsätzlichen Schwächen der Pixel-Grafik der Rechner verwiesen. Dies führt unvermeidbar und doch überraschend dazu, dass z. B. bei hinreichend schnell schwingenden Sinus-Graphen diese nicht mehr richtig vom Rechner dargestellt werden können. Auf dem TI-89 z. B. sind (bei geeigneter WINDOW-Wahl) die Graphen von $\sin x$ und von $\sin 475x$ identisch (vgl. Herget und Malitte 2001) – es kommt zum sogenannten *Aliasing* (vgl. Hischer 2006).

Selbst bei linearen und quadratischen Funktionen können sowohl die Pixel-Grenzen des Rechners als auch eine unpassende Einstellung des Graphen-Fensters zu Überraschungen führen: „Langweiler-Graphen" entstehen (der Graph sieht aus wie bei einer konstanten Funktion), sogar „Leergraphen" (nur das Koordinatensystem ist zu sehen). Solche „Faule und oberfaule Funktionen" können Ausgangspunkt für interessante und herausfordernde Aufgaben sein (vgl. Herget und Malitte 2002, S. 62–64; Herget und Strick 2012, S. 50-51). Dies führt übrigens bis hin zu grundlegenden Begriffen der Analysis wie Stetigkeit und Differenzierbarkeit (siehe Herget und Strick 2012, Lösung *Faule Funktionen & feine Fenster*): Wird im Grafikfenster der x-Bereich hinreichend klein und/oder der y-Bereich hinreichend groß gewählt, sieht der Graph jeder Funktion konstant aus – vorausgesetzt, sie ist nicht zu „sprunghaft"!

3.4 Vom Staunen zum Verstehen

„Sie sitzen schon, mit hohen Augenbraunen / Gelassen da und möchten gern erstaunen." (Johann Wolfgang von Goethe, Faust I, Vers 41 f.)

Überraschungen bewusst im Unterricht zu nutzen, um Aufmerksamkeit und Interesse zu wecken und nachhaltiges Lernen anzustoßen, dürfte zur pädagogischen Folklore gehören, seit es Lehren und Lernen gibt. Das Staunen ist für Aristoteles (384–322 v. Chr.) der erste Grund der Philosophie, für Thomas von Aquin (1225–1274) eine Sehnsucht nach Wissen, nach Wahrheit. Überraschung will sorgfältig inszeniert sein, wenn sie wirklich wirken soll – und hier und da geschieht sie auch wie von allein. Insbesondere geht es darum, überraschende Beobachtungen aus einem Experiment für eigene Voraussagen und Interpretationen zu nutzen, im Rahmen eines auf neugieriges Probieren, forschendes Entdecken und bewusstes Reflektieren angelegten Unterrichts: „Die Unterrichtsform des aktiv entdeckenden Lernens ermöglicht den Lernenden, [. . .] Grundvorstellungen und Begriffe zum ‚Denken in Funktionen' aufzubauen und zu entwickeln." (Affolter 2005)

Dann wird auch nicht überraschen, dass Schülerinnen und Schüler in der Lage sind, auf eine falsche Aussage hin wie die nebenstehende (vgl. Abb. 3.4) aus *mathematik lehren* (Heft 117 (2003), S. 43) mit einem überzeugend formulierten Leserbrief anhand eines treffend konstruierten Gegenbeispiels zu reagieren.

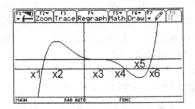

Abbildung 3.4. Man erkennt am Funktionsverlauf, dass bei x_3 ein Sattelpunkt vorliegt.

Gerade am Beispiel der Funktionen wird deutlich (vgl. Herget u. a. 2000b), welch nützliche, kräftige, ja unverzichtbare Werkzeuge die symbolhafte und die grafische „Sprache" der Mathematik, aber auch eine sorgfältige (umgangs-)sprachlich-bildliche Darstellung in ihrem Zusammenspiel darstellen (vgl. auch Führer 1985; Krüger 2002). Erst wenn man in der Lage ist, über einen funktionalen Zusammenhang zu sprechen, ihn sich und anderen zu *veranschaulichen*, ist auch ein wichtiger Schritt zu dessen Verständnis getan: Man versteht etwas erst dann wirklich, wenn man es anderen erklären kann. Unterrichtsideen und Aufgaben voller Überraschungen wie die hier vorgestellten tragen zu solch verstehendem und aktivem Umgang mit Funktionen – und mit der Mathematik an sich – bei. Sie sind damit *produktiv* (im Sinne von Herget u. a. 2011, S. 5): „Produktiver Mathematikunterricht soll heißen, dass dieser Unterricht etwas hervorbringt: eine forschende Haltung, Auseinandersetzungen, Kenntnisse, Erkenntnisse, Einsichten, Erfahrungen und Gespräche."

„Komm mit mir ins Abenteuerland / Auf deine eigene Reise / Komm mit mir ins Abenteuerland / Der Eintritt kostet den Verstand." (Pur: Abenteuerland, 2003)

Literatur

[Affolter 2005] AFFOLTER, Walter: Vom Experiment zur Interpretation von Graphen. In: *Praxis der Mathematik in der Schule* 47 (2005), Nr. 2, S. 8–12.

[Baierlein u. a. 1981] BAIERLEIN, Marianne; BARTH, Friedrich; GREIFENEGGER, Ulrich; KRUMBACHER, Gert: *Anschauliche Analysis 2*. München: Ehrenwirth, 1981.

[Barzel 2000] BARZEL, Bärbel: Ich bin eine Funktion. In: *mathematik lehren* 98 (2000), S. 39–40.

[Barzel 2002] BARZEL, Bärbel: Ich bin eine Funktion. In: HERGET, Wilfried; LEHMANN, Eberhard (Hrsg.): *Quadratische Funktionen. Neue Materialien für den Mathematikunterricht mit dem TI-83/-89/-92 in der Sekundarstufe I*. Hannover: Schroedel, 2002, S. 60–64.

[Barzel und Malitte 2002] BARZEL, Bärbel; MALITTE, Elvira: Drei Chinesen und ein Taschenrechner. In: HERGET, Wilfried; LEHMANN, Eberhard (Hrsg.): *Quadratische Funktionen. Neue Materialien für den Mathematikunterricht mit dem TI-83/-89/-92 in der Sekundarstufe I*. Hannover: Schroedel, 2002, S. 24–35.

[Beutelspacher und Wagner 2008] BEUTELSPACHER, Albrecht; WAGNER, Marcus: *Wie man durch eine Postkarte steigt . . . und andere spannende mathematische Experimente*. Freiburg: Herder, 2008.

[Bichler 2008] BICHLER, Ewald: Nahe dran ist es fast gerade! Ein Zugang zur Ableitung über die lokale Linearisierung. In: *mathematik lehren* 146 (2008), S. 46–50.

[Büchter 2008] BÜCHTER, Andreas: Funktionale Zusammenhänge erkunden. In: *mathematik lehren* 148 (2008), S. 4–10.

[Büchter und Henn 2010] BÜCHTER, Andreas; HENN, Hans-Wolfgang: *Elementare Analysis – Von der Anschauung zur Theorie*. Heidelberg: Spektrum Akademischer Verlag, 2010.

[Collet und Sternberger 2012] COLLET, Christina; STERNBERGER, Ralf: Bei der Klassenarbeit starten. Eine Einheit zum Darstellungswechsel planen. In: *mathematik lehren* 170 (2012), S. 15–19.

[Danckwerts und Vogel 1986] DANCKWERTS, Rainer; VOGEL, Dankwart: Was ist die Ableitung. In: *Der Mathematikunterricht* 32 (1986), Nr. 2, S. 5–15.

[Danckwerts und Vogel 1988] DANCKWERTS, Rainer; VOGEL, Dankwart: Schwierigkeiten mit dem exponentiellen Wachstum. In: *Praxis der Mathematik* 30 (1988), Nr. 8, S. 458–460.

[Danckwerts und Vogel 2003] DANCKWERTS, Rainer; VOGEL, Dankwart: Dynamisches Visualisieren und Mathematikunterricht. Ein Ausloten der Chancen an zwei Beispielen. In: *mathematik lehren* 117 (2003), S. 19–22.

[Danckwerts u. a. 2000] DANCKWERTS, Rainer; VOGEL, Dankwart; MACZEY, Dorothee: Ein klassisches Problem – dynamisch visualisiert. In: *Der mathematische und naturwissenschaftliche Unterricht* 53 (2000), Nr. 6, S. 342–346.

[Ebenhöh und Steinberg 1999] EBENHÖH, Mechthild; STEINBERG, Günter: *Aufgaben mit Grafikrechnern. Für die Klassen 8 bis 10.* Hannover: Schroedel, 2012.

[Fest und Hoffkamp 2012] FEST, Andreas; HOFFKAMP, Andrea: Funktionale Zusammenhänge im computerunterstützten Darstellungstransfer erkunden. In: SPRENGER, Jasmin; WAGNER, Anke; ZIMMERMANN, Marc (Hrsg.): *Mathematik lernen, darstellen, deuten, verstehen: Didaktische Sichtweisen vom Kindergarten bis zur Hochschule.* Heidelberg: Springer Spektrum, 2012, S. 177–189.

[Führer 1985] FÜHRER, Lutz: „Funktionales Denken": Bewegtes Fassen – das Gefaßte bewegen. In: *mathematik lehren* 11 (1985), S. 12–13.

[Haas 2012] HAAS, Fabienne: Funktionen haben viele Gesichter – MatheWelt (Schülerarbeitsheft). In: *mathematik lehren* 170 (2012), S. 24–40.

[Herget 1995] HERGET, Wilfried: Graphen zeichnen. Die etwas andere Aufgabe. In: *mathematik lehren* 73 (1995), S. 66–67.

[Herget 2005] HERGET, Wilfried: Eilig, sonnig, zwecklos, vor allem aber linear. Die etwas andere Aufgabe. In: *mathematik lehren* 128 (2005), S. 66–67.

[Herget und Malitte 2001] HERGET, Wilfried; MALITTE, Elvira: Ein Haifisch und ein Taschenrechner. In: HERGET, Wilfried; LEHMANN, Eberhard (Hrsg.): *Lineare Funktionen. Neue Materialien für den Mathematikunterricht mit dem TI-83/-89/-92 in der Sekundarstufe I.* Hannover: Schroedel, 2001, S. 55–63.

[Herget und Malitte 2002] HERGET, Wilfried; MALITTE, Elvira: Sinus-Schwächen und Rechner-Grenzen. In: HERGET, Wilfried; LEHMANN, Eberhard (Hrsg.): *Exponential- und Winkelfunktionen. Neue Materialien für den Mathematikunterricht mit dem TI-83/-89/-92 in der Sekundarstufe I.* Hannover: Schroedel, 2002, S. 57–64.

[Herget und Strick 2012] HERGET, Wilfried; STRICK, Heinz Klaus: *Die etwas andere Aufgabe 2 – Mathe mit Pfiff.* Seelze: Friedrich Verlag, 2012.

[Herget und von Zelewski 2009] HERGET, Wilfried; VON ZELEWSKI, Dieter: Damit es „funktioniert". In: *Mathematik 5–10* (2009), Nr. 8, S. 42–43.

[Herget u. a. 2000a] HERGET, Wilfried; MALITTE, Elvira; RICHTER, Karin: Funktionen haben viele Gesichter – auch im Unterricht!. In: FLADE, Lothar; HERGET, Wilfried (Hrsg.): *Mathematik lehren und lernen nach TIMSS. Anregungen für die Sekundarstufen.* Berlin: Volk und Wissen, 2000, S. 115–124.

[Herget u. a. 2000b] HERGET, Wilfried; MALITTE, Elvira; RICHTER, Karin: Über Funktionen sprechen! In: *mathematik lehren* 103 (2000), S. 18–21.

[Herget u. a. 2001] HERGET, Wilfried; JAHNKE, Thomas; KROLL, Wolfgang: *Produktive Aufgaben für den Mathematikunterricht der Sekundarstufe I.* Berlin: Cornelsen, 2001.

[Herget u. a. 2003] HERGET, Wilfried; MALITTE, Elvira; RICHTER, Karin; SOMMER, Rolf: Das kleine 1 x 1 des Wachstums – Mathe-Welt (Schülerarbeitsheft). In: *mathematik lehren* 120 (2003), S. 22–46.

[Herget u. a. 2011] HERGET, Wilfried; JAHNKE, Thomas; KROLL, Wolfgang: *Produktive Aufgaben für den Mathematikunterricht der Sekundarstufe II.* Berlin: Cornelsen, 2011.

[Hischer 2006] HISCHER, Horst: Abtast-Moiré-Phänomene als Aliasing. In: *Der Mathematikunterricht* 52 (2006), Nr. 1, S. 18–31.

[Hischer 2012] HISCHER, Horst: *Grundlegende Begriffe der Mathematik: Entstehung und Entwicklung. Struktur – Funktion – Zahl.* Wiesbaden: Springer Spektrum, 2012.

[Kirsch 1979] KIRSCH, Arnold: Ein Vorschlag zur visuellen Vermittlung einer Grundvorstellung vom Ableitungsbegriff. In: *Der Mathematikunterricht* 25 (1979), Nr. 3, S. 25–41.

[Kirsch 1980] KIRSCH, Arnold: *Folien zur Analysis, Serie A. Die Steigung einer Funktion.* Hannover: Schroedel, 1980.

[Krüger 2002] KRÜGER, Katja: Funktionales Denken – „alte" Ideen und „neue" Medien. In: HERGET, Wilfried; SOMMER, Rolf; WEIGAND, Hans-Georg; WETH, Thomas (Hrsg.): *Medien verbreiten Mathematik.* Bericht über die 19. Arbeitstagung des Arbeitskreises „Mathematikunterricht und Informatik" in der GDM. Hildesheim: Franzbecker, 2002, S. 120–127.

[Leuders und Prediger 2005] LEUDERS, Timo; PREDIGER, Susanne: Funktioniert's? Denken in Funktionen. In: *Praxis der Mathematik in der Schule* 47 (2005), Nr. 2, S. 1–7.

[Malle 2000] MALLE, Günther: Zwei Aspekte von Funktionen: Zuordnung und Kovariation. In: *mathematik lehren* 103 (2000), S. 8–11.

[Motzer 2010] MOTZER, Renate: Bilder aus ganzrationalen Funktionen. In: *Der mathematische und naturwissenschaftliche Unterricht* 63 (2010), Nr. 3, S. 143–147.

[Pinkernell 2009] PINKERNELL, Guido: „Wir müssen das anders machen" – mit CAS funktionales Denken entwickeln. In: *Der Mathematikunterricht* 55 (2009), Nr. 4, S. 37–44.

[Reiss und Hammer 2012] REISS, Kristina; HAMMER, Christoph: *Grundlagen der Mathematikdidaktik: Eine Einführung für den Unterricht in der Sekundarstufe.* Basel: Birkhäuser, 2012.

[Schmidt 1989] SCHMIDT, Günter: Alternative Hausaufgaben. In: *Der Mathematikunterricht* 35 (1989), Nr. 3, S. 22–29.

[Schmitt-Hartmann und Herget 2013] SCHMITT-HARTMANN, Reinhard; HERGET, Wilfried: *Papierfalten im Mathematikunterricht. Arbeitsblätter für die Klassen 5 bis 12.* Stuttgart: Klett, 2013.

[Swan 1985] SWAN, Malcolm (Hrsg.): *The Language of Functions and Graphs. An examination module for secondary schools.* Manchester, Nottingham: Joint Matriculation Board & Shell Centre for Mathematical Education, 1985.

[Tietze u. a. 2000] TIETZE, Uwe-Peter; KLIKA, Manfred; WOLPERS, Hans (Hrsg.): *Mathematikunterricht in der Sekundarstufe II. Bd. 1: Fachdidaktische Grundfragen – Didaktik der Analysis.* Braunschweig u. a.: Vieweg, 2000.

[Vollrath 1989] VOLLRATH, Hans-Joachim: Funktionales Denken. In: *Journal für Mathematikdidaktik* 10 (1989), Nr. 1, S. 3–37.

[vom Hofe 2001] VOM HOFE, Rudolf: Funktionen erkunden – mit dem Computer. In: *mathematik lehren* 105 (2001), S. 54–58.

[Winter 1988] WINTER, Heinrich: Divergentes Denken und quadratische Gleichungen. In: *mathematik lehren* 8 (1988), S. 54–55.

[Zimmermann 2006] ZIMMERMANN, Thomas: Termwettrennen. In: *mathematik lehren* 136 (2006), S. 52–55.

4 Interpretation von Formeln mit Hilfe des Funktionsbegriffs

Hans Niels Jahnke und Ralf Wambach

4.1 Formeln und Funktionen

Mit dem Begriff *Formel* kann man jede Folge von Buchstaben, Zahlen und Symbolen zur verkürzten Bezeichnung eines mathematischen, physikalischen oder chemischen Sachverhalts bezeichnen. Obwohl mathematische Texte zu einem erheblichen Teil aus Formeln bestehen, ist dieser Begriff im eigentlichen Sinne kein mathematischer Begriff. Wollte man etwa der Formel für den Flächeninhalt F eines Rechtecks der Seiten a und b

$$F = a \cdot b$$

einen mathematischen Begriff zuordnen, so könnte man darin eine Funktion zweier Variabler sehen, also an $F(a, b) = a \cdot b$ denken.

Aus diesem Grunde ist schon verschiedentlich vorgeschlagen worden, im Unterricht der Sekundarstufen I und II auch Funktionen mehrerer Variabler zu behandeln. Herget und Klika etwa argumentieren, dass „es vielfältige Realsituationen gibt, bei deren Modellierung auf zweistellige Funktionen nicht verzichtet werden kann." (Herget und Klika 2006, S. 69) Sie stellen ein Beispiel „Von der Landkarte zu zweistelligen Funktionen" vor, das im Sinne von Bruners Spiralprinzip projektartig die gesamte Schulzeit begleiten könnte.

Wir gehen im Folgenden einen etwas anderen Weg. Mit der Interpretation der Flächeninhaltsformel als Funktion zweier Veränderlicher nimmt man eine Festlegung in dem Sinne vor, dass die Seitenlängen a und b die unabhängigen, der Flächeninhalt F die abhängige Variable ist. Dies trifft aber nicht alle möglichen Anwendungssituationen der Flächeninhaltsformel. Man könnte z. B. auch fragen, wie sich die Seite b in Abhängigkeit von der Seite a verändert, wenn der Flächeninhalt konstant bleiben soll. In diesem Fall würde man die Funktion einer Veränderlichen $a(b) = \frac{F}{b}$ betrachten.

Die einseitige Interpretation der Flächeninhaltsformel als Vorschrift zur Berechnung eines Flächeninhalts begünstigt eine unerwünschte Auffassung von Formeln als Rechenanweisung und des Gleichheitszeichens als ‚ergibt'. Erwünscht wäre aber eine Sicht von Formeln als (Natur-)Gesetze und eine damit verbundene „relationale Auffassung" (Jahnke und Seeger 1986, S. 76; 81).

Grundsätzlich unterscheidet sich der Begriff der Formel von dem der Funktion dadurch, dass in einer Formel alle Variablen eine *gleichberechtigte Rolle* spielen. Erst die Anwendungssituation legt fest, welche Funktion gerade interessiert. Formeln sind also Beziehungen zwischen veränderlichen Größen und keine Funktionen. Diese fundamentale Einsicht sollte auch im Unterricht durch vielfältige Übungen deutlich werden. Dies wird im vorliegenden Aufsatz ausgeführt. Die Idee ist, bei gängigen Formeln aus Mathematik und Physik zu untersuchen, zu welchen verschiedenen Funktionen sie Anlass geben und welche Einsichten dies vermittelt. Dabei beschränken wir uns aus Gründen der Praktikabilität auf Funktionen einer Variablen, ohne auszuschließen, dass Funktionen zweier Veränderlicher dazu nützlich sein können.

Die Idee, Formeln mit Hilfe des Funktionsbegriffs zu interpretieren, nimmt auch in dem Buch *Didaktische Probleme der elementaren Algebra* von Malle einen breiten Raum ein (vgl. Malle 1993, S. 88-92; 262-272). Auch Malle betont die Wichtigkeit eines eigenständigen Formel-Begriffs. Die von uns hier vorgestellten Beispiele stimmen also in ihrer grundlegenden Intention mit Malles Vorschlägen überein. Unterschiede in der Akzentsetzung werden darin sichtbar, dass bei Malle die Berechnung einzelner Funktionswerte eine große Rolle spielt – eine Aktivität, die in dieser Arbeit nicht vorkommt. Stattdessen interessiert uns mehr der jeweilige Funktionsverlauf als Ganzes. Die Lernenden sollen den Graphen skizzieren und ihn als Widerspiegelung einer sich verändernden Realsituation interpretieren. Insbesondere sollen dabei wichtige Charakteristika des Graphen, Nullstellen, Wachsen und Abnehmen, asymptotisches Verhalten etc., aus der Realsituation abgeleitet werden, und nicht aus der Formel. Dass dies dann auch an der Formel verifiziert wird, ist selbstverständlich.

Untersucht werden also Kovariationen von Größen, die durch eine Formel implizit definiert sind. Der Funktionsbegriff selbst interessiert dabei nicht als eigenständiger Begriff, sondern er wird als Werkzeug zur Analyse solcher Kovariationen angewandt. Letztlich bereiten die im Folgenden beschriebenen Übungen auf Ideen des Analysis-Unterrichts vor, insbesondere auf die zentrale Idee der Änderung, und bahnen damit eine vertikale Vernetzung an (vgl. Danckwerts und Vogel 2006, S. 14). In der Interaktion von Graph und Realsituation sehen wir auch Beziehungen zu dem in Roth (2005) vertretenen Ansatz.

4.2 Flächeninhalt und Umfang eines Rechtecks[1]

Wir beginnen mit der oben erwähnten Formel für den Flächeninhalt eines Rechtecks

$$F = a \cdot b,$$

---

[1] Im Text sind an solchen Stellen Handzeichnungen eingefügt, an denen von den Lernenden Skizzen von Graphen erwartet werden. Eine Skizze repräsentiert eine Antizipation der Gestalt eines Graphen, die aus einer Analyse der Sachsituation abgeleitet ist. Durch *GeoGebra* erstellte Funktionsgraphen sind an solchen Stellen eingefügt, wo sie auch im Unterricht auftreten könnten/sollten.

wobei F der Flächeninhalt und a und b die beiden Seiten eines Rechtecks sein sollen. In dieser Formel werden drei Variable miteinander verknüpft. Aus den einleitend dargestellten Gründen interessieren wir uns nicht für F als Funktion der zwei Variablen a und b, also für $F(a, b)$, sondern untersuchen die in der Formel implizit enthaltenen Funktionen einer Veränderlichen.

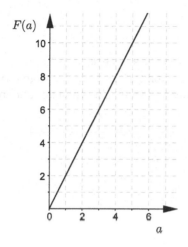
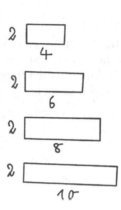

Abbildung 4.1. Der Graph von $F(a)$ mit $b = 2\,\mathrm{LE}$ *Abbildung 4.2.* Schar von Rechtecken mit konstanter Seite b und veränderlicher Seite a

Zunächst kann man die Breite b festhalten und die Funktion betrachten, die den Flächeninhalt F in Abhängigkeit von der Seite a beschreibt. Diese Funktion ist eine Proportionalität, da zur doppelten, dreifachen, n-fachen Seite a der doppelte, dreifache, n-fache Flächeninhalt F gehört. Insbesondere wird der Flächeninhalt $F(a) = 0$, wenn die Seite a Null wird. Um den Graphen konkret zu zeichnen, wählt man etwa $b = 2\,\mathrm{LE}$. Dann erhält man die Funktion

$$F(a) = 2a,$$

deren Graph die Abbildung 4.1 zeigt.

Die Schülerinnen und Schüler werden außerdem dazu angeregt, sich die Schar der zugehörigen Rechtecke wirklich vorzustellen, und einige Exemplare zu zeichnen (vgl. Abb. 4.2).

Als nächstes hält man den Flächeninhalt F fest, und untersucht, wie unter dieser Bedingung die Länge a des Rechtecks von der Breite b abhängt. Von der Sachsituation her ist klar, dass man b niemals gleich 0 wählen darf, weil dann der Flächeninhalt 0 würde. Aus demselben Grund darf auch für eine beliebige Wahl von b die Seite a nicht 0 werden. Grundsätzlich muss ein Wachstum von b durch eine Verminderung von a kompensiert werden, wenn der Flächeninhalt konstant bleiben soll. Wenn b sehr groß wird, muss a sehr klein werden und umgekehrt. Genauer kann man sich überlegen, dass zur doppelten, dreifachen, n-fachen Seite b die halbe, gedrittelte, $\frac{1}{n}$-fache Seite a gehört. Die Funktion ist also eine Anti-Proportionalität.

Um die Funktion konkret zu zeichnen, setzt man z. B. $A = 10$ FE und erhält

$$a(b) = \frac{10}{b}$$

$$b \mapsto \frac{10}{b}$$

Diese Funktion liefert zu jeder möglichen Breite b eines Rechtecks eine Länge a, so dass das Rechteck aus a und b immer den Flächeninhalt 10 FE hat. Der zugehörige Graph der Funktion ist eine Hyperbel, die die Lernenden vielleicht schon aus anderen Zusammenhängen kennen.

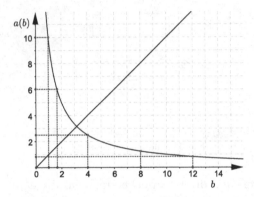

Abbildung 4.3. Der Graph von $a(b)$ bei konstantem Flächeninhalt F in *GeoGebra*

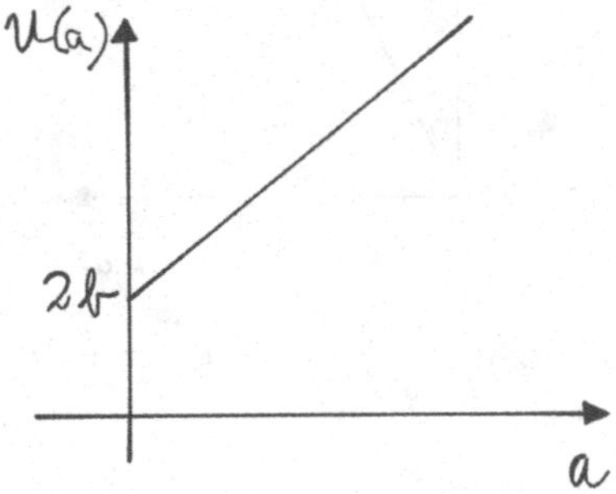

Abbildung 4.4. Der Graph von $U(a)$ bei konstantem b

Da die Koordinaten der Punkte genau die Seiten der Rechtecke sind, kann man einige von ihnen in das Koordinatensystem einzeichnen und bekommt so eine gute Vorstellung von der durch die Funktion dargestellten Menge von Rechtecken (vgl. Abb. 4.3). Das umfangskleinste Rechteck zu gegebenem festem Flächeninhalt ist das Quadrat. Seine Ecke liegt auf dem Schnittpunkt der Winkelhalbierenden des 1. Quadranten mit der Hyperbel. Man sieht auch sehr schön, dass die Rechtecke immer länger und schmaler werden, wenn man auf der Hyperbel nach außen oder gegen den Nullpunkt wandert. Eine ausführliche Behandlung des isoperimetrischen Problems für Rechtecke unter einem heuristischen Gesichtspunkt findet der Leser bei Danckwerts und Vogel (vgl. Danckwerts und Vogel 2006, S. 174ff.).

Die Formel für den Umfang eines Rechtecks

$$U = 2a + 2b$$

enthält kleine Feinheiten. Betrachtet man die Abhängigkeit des Umfangs von der Seite a, liegt der Fehlschluss auf eine Proportionalität für Lernende häufig nahe. Doch die geometrische Anschauung lehrt, dass zum Doppelten, Dreifachen von a nicht mehr der doppelte, dreifache Umfang gehört. Stattdessen hat man den Sachverhalt, dass gleiche Zuwächse einer Seite gleiche Zuwächse des Umfangs zur Folge haben. Der Graph muss also eine Gerade sein. Die Lernenden überlegen sich auch anhand des Rechtecks und nicht der Formel, dass das Rechteck sich auf eine Strecke der Länge b zusammenzieht, wenn die Seite a gegen Null geht. Diese Strecke muss zweimal gerechnet werden, weil es zweimal die Seite b gibt. Der Graph sollte also wie in Abbildung 4.4 aussehen.

Hält man U wieder konstant und untersucht die Abhängigkeit der Seite a von der Seite b, also eine Funktion $a(b)$, dann muss offenbar wieder ein Wachstum von b durch eine Abnahme von a kompensiert werden. Anders als beim Flächeninhalt gehört nun zu einem Zuwachs von b eine identische Abnahme von a. Der Graph muss also wieder eine Gerade mit der Steigung -1 sein. Für b gegen Null zieht sich das Rechteck auf 2-mal die Seite a zusammen. Da U konstant sein soll, muss daher $a = \frac{U}{2}$ gleich sein. Man erhält die Skizze der Abbildung 4.5.

An der Formel

$$a(b) = -b + \frac{U}{2}$$

lassen sich diese inhaltlichen Überlegungen verifizieren.

In einer konkreten Unterrichtssituation werden sich die inhaltlichen Überlegungen nicht immer so vollständig von der Betrachtung der zugehörigen Funktionsgleichung trennen lassen. Das sollte auch nicht angestrebt werden. Es sollte nur darauf geachtet werden, dass die Lernenden auf beiden Ebenen argumentieren. Finden die Lernenden durch Einsetzen in die Funktionsgleichung, dass $a(0) = \frac{U}{2}$ ist, kann man durch die Frage, warum dies so ist, auf eine inhaltliche Betrachtung umlenken.

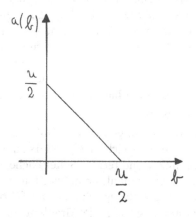

Abbildung 4.5. Skizze des Graphen von $a(b)$ bei konstantem Umfang U eines Rechtecks

4.3 Die Oberfläche eines Quaders

Geht man zum dreidimensionalen Analogon des Rechtecks, dem Quader, über, ergibt sich bei der Betrachtung des Volumens nichts Neues gegenüber der Analyse des zweidimensionalen Falls. Interessanter wird die Untersuchung der Oberfläche. Bei einem Quader der Länge a, der Breite b und der Höhe c berechnet sich die Oberfläche zu

$$O = 2ab + 2ac + 2bc\,.$$

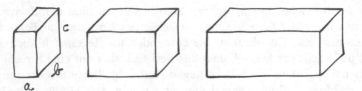

Abbildung 4.6. Folge von Quadern mit veränderlicher Seite a und konstantem b und c

Im ersten Schritt hält man b und c konstant und untersucht, wie die Oberfläche O von der Länge a abhängt. Es geht also um die Funktion

$$O(a) = 2 \cdot (b + c) \cdot a + 2bc \, .$$

Stellt man sich eine Folge von Quadern vor, wenn a wächst bzw. abnimmt, wird klar, dass die Oberfläche mit wachsendem a wachsen muss (vgl. Abb. 4.6). Und zwar wachsen Vorder- und Hinterfläche sowie Boden und Deckel. Linke und rechte Seitenfläche bleiben konstant. Es ist auch klar, dass gleiche Zuwächse der Länge a gleiche Zuwächse der Oberfläche zur Folge haben. $O(a)$ hat als Graph also eine Gerade.

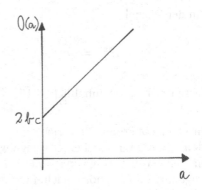

Wenn die Länge a gegen Null geht, reduziert sich die Oberfläche des Quaders auf die Summe von linker und rechter Seitenfläche, die jeweils den Flächeninhalt bc haben. Für $a = 0$ ist die Oberfläche also gleich $2bc$. Das führt unmittelbar auf eine Skizze des Graphen von $O(a)$ (vgl. Abb. 4.7).

Abbildung 4.7. Skizze des Graphen von $O(a)$ für einen Quader

Selbstverständlich kann man alle diese Eigenschaften auch unmittelbar aus der Formel für $O(a)$ ablesen, es sollte aber dann die Frage nach der Begründung im geometrischen Ausgangskontext gestellt werden.

Die Abhängigkeiten der Oberfläche von Breite und Höhe stellen sich analog dar. Was kann man über die Funktion $a(b)$ sagen, wenn die Oberfläche und die Höhe c konstant gehalten werden? Man hat es also immer mit gleich hohen Quadern zu tun. Wieder ist die Idee der Kompensation entscheidend. Wenn die Breite b wächst, muss das dadurch kompensiert werden, dass die Länge a kürzer wird, um zu erreichen, dass die Oberfläche gleich bleibt. Die Funktion $a(b)$ muss daher fallen.

Kann eine beliebige Vergrößerung von b durch eine entsprechende Verkleinerung von a kompensiert werden? Diese Frage ist auf den ersten Blick nicht leicht zu beantworten. Man versucht es umgekehrt. Was geschieht, wenn b immer kleiner und schließlich 0 wird? Die beiden Seitenflächen sowie Boden und Deckel werden immer kleiner

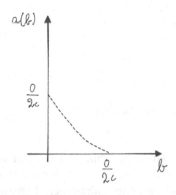

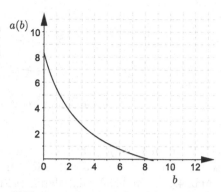

Abbildung 4.8. Skizze für den Graphen von $a(b)$ bei konstanter Oberfläche O. Die Strichelung drückt aus, dass der genaue Verlauf des Graphen nicht anschaulich vorhergesagt werden kann.

Abbildung 4.9. Der Graph für $a(b)$ bei konstanter Oberfläche O mit *GeoGebra*

und verschwinden schließlich, Vorder- und Rückseite der Größe ac wachsen in der Länge a. Wenn $b = 0$ ist, machen sie also alleine die Oberfläche aus. Damit sie also zusammen gleich der gegebenen konstanten Oberfläche O sind, muss a folglich gleich $\frac{O}{2c}$ sein. Es ist aber klar, dass man genau dasselbe Ergebnis erhält, wenn man die Rollen von a und b vertauscht. b kann daher nicht beliebig wachsen, sondern wenn b gleich $\frac{O}{2c}$ ist, ist $a = 0$. Die Funktion $a(b)$ geht also durch die beiden Punkte $\left(0, \frac{O}{2c}\right)$ und $\left(\frac{O}{2c}, 0\right)$, dazwischen fällt sie. Wie sie zwischen diesen Punkten genau verläuft, darüber kann man aus den qualitativen Überlegungen keine Aussage gewinnen (vgl. Abb. 4.8).

Die obigen Überlegungen kann und sollte man auch an der Formel

$$a(b) = \frac{O - 2bc}{2(b + c)}$$

verifizieren. *GeoGebra* ergibt das Bild der Abbildung 4.9.

4.4 Volumen und Oberfläche eines Zylinders

Ein Zylinder ist durch zwei Parameter bestimmt, den Radius r der kreisförmigen Grundfläche und seine Höhe h. Sein Volumen ist

$$V_{Zyl} = \pi r^2 h.$$

Bei einem konstanten Zuwachs von h um jeweils Δh wächst das Volumen jeweils um eine Schicht der Höhe Δh mit dem Volumen $\pi r^2 \cdot \Delta h$. Geht h gegen Null, geht auch das Volumen gegen Null. Folglich ist die Funktion $V_{Zyl}(h)$ eine Proportionalität.

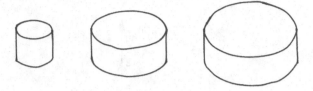

Abbildung 4.10. Schar von Zylindern bei veränderlichem r

Untersucht man $V_{\text{Zyl}}(r)$, sieht die Situation anders aus (vgl. Abb. 4.10). Nun vergrößert ein Zuwachs von r um Δr die Grundfläche um einen Kreisring der Breite Δr (vgl. Abb. 4.11). Der Flächeninhalt dieses Kreisrings ist nun aber nicht mehr konstant, sondern er hängt davon ab, wie groß r vor diesem Zuwachs war. Mit wachsendem r wächst also auch das Volumen, aber zu einem konstanten Zuwachs von r gehört nicht mehr ein konstanter Zuwachs des Volumens. Die Funktion $V_{\text{Zyl}}(r)$ ist also keine Proportionalität und auch nicht linear. Geht r gegen Null, schrumpft der Zylinder auf eine Strecke der Länge h zusammen, die das Volumen Null hat. $V_{\text{Zyl}}(r)$ ist also eine nicht-lineare Funktion, die Null wird für $r = 0$.

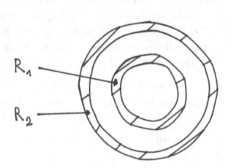

Abbildung 4.11. Die beiden Kreisringe R_1 und R_2 haben die gleiche Dicke Δr, aber es ist ersichtlich $F(R_2) > F(R_1)$

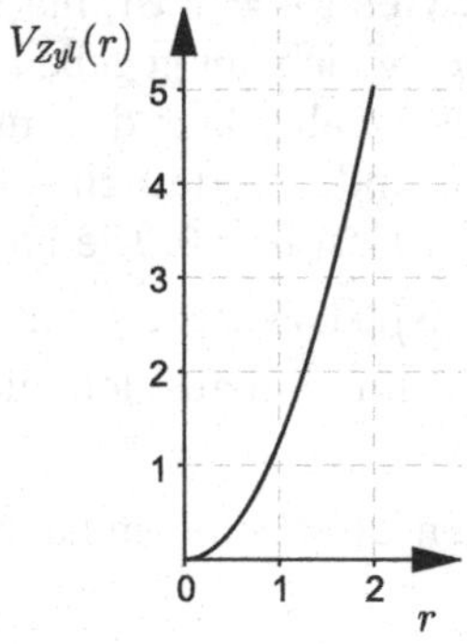

Abbildung 4.12. Die Funktion $V_{\text{Zyl}}(r)$ mit *GeoGebra*

Der Funktionsterm

$$V_{\text{Zyl}}(r) = (\pi h) \cdot r^2$$

zeigt, dass es sich um eine quadratische Funktion mit dem Scheitel im Koordinatenursprung handelt (vgl. Abb. 4.12).

Die Oberfläche eines Zylinders setzt sich aus der Mantelfläche sowie Boden und Deckel zusammen. Die Mantelfläche ist gleich dem Rechteck aus Kreisumfang und Höhe, also gleich $2\pi rh$, Boden und Deckel sind jeweils gleich πr^2. Insgesamt erhält man

$$O_{\text{Zyl}} = 2\pi r^2 + 2\pi rh.$$

Im Hinblick auf die Abhängigkeit von h kann man genau wie beim Quader argumentieren. Wenn h wächst, wächst nur die einem Rechteck gleiche Seitenfläche, Boden und Deckel bleiben konstant. Ein konstanter Zuwachs von h hat also einen konstanten Zuwachs der Oberfläche zur Folge. Wenn h gegen Null geht, schrumpft die Oberfläche auf die Summe von Boden und Deckel, also auf $2\pi r^2$ zusammen. $O_{Zyl}(h)$ ist also eine lineare Funktion, die für $h = 0$ den Wert $2\pi r^2$ annimmt (vgl. Abb. 4.13).

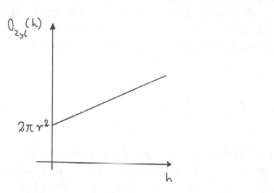

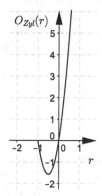

Abbildung 4.13. Skizze für $O_{Zyl}(h)$ *Abbildung 4.14.* $O_{Zyl}(r)$ mit *GeoGebra*

Die Betrachtung der Abhängigkeit von r ist wieder etwas komplizierter. Wächst r um einen Betrag der Größe Δr, dann wachsen Boden und Deckel um einen Kreisring der Breite Δr, die Mantelfläche um einen Streifen der Breite Δr. Die Kreisringe hängen wieder davon ab, wie groß der Radius schon ist, sie erbringen also Zuwächse, die mit r größer werden. Die Rechteckstreifen hingegen sind nur von der Größe des Zuwachses abhängig. Insgesamt ist also $O_{Zyl}(r)$ keine lineare Funktion. Wenn r gegen Null geht, schrumpft der Zylinder auf eine Strecke der Länge h zusammen, seine Oberfläche geht also gegen Null. $O_{Zyl}(r)$ ist damit eine wachsende Funktion, die durch den Koordinatenursprung geht. Der Funktionsterm

$$O_{Zyl}(r) = (2\pi) \cdot r^2 + (2\pi h) \cdot r$$

zeigt, dass es sich um eine quadratische Funktion handelt, deren Scheitel nicht im Definitionsbereich liegt (vgl. Abb. 4.14). Für den geometrischen Kontext hat dieser Scheitelpunkt keine Bedeutung, dennoch ist es wichtig auf seine Lage hinzuweisen, weil die Lernenden nur allzu leicht den Scheitel im Koordinatenursprung vermuten.

4.5 Ein physikalisches Beispiel: Die Linsenformel

Das Beispiel der Linsenformel ist interessant und komplex. Bei den bisher betrachteten geometrischen Beispielen kann man darauf vertrauen, dass die Lernenden aus der geometrischen Anschauung soviel Information entnehmen können, dass sie den Verlauf der verschiedenen in einer Formel steckenden Funktionen in einem gewissen Umfang antizipieren können. Das ist eine wichtige mathematische Kompetenz, und aus diesem Grunde ist die Geometrie grundsätzlich für einen verstehensorientierten

Algebra-Unterricht von zentraler Bedeutung. Im vorliegenden Fall der Linsenformel sind die optischen Sachverhalte allerdings so kompliziert und den Lernenden meist unbekannt, dass es nicht mehr um die Antizipation des Verlaufs des Funktionsgraphen gehen kann. Statt dessen geht es bei diesem Beispiel darum, zu untersuchen, was die verschiedenen in der Linsenformel enthaltenen Funktionen und Graphen über die optische Sachsituation aussagen. Die physikalischen Grundlagen der Linsenformel sowie die wichtigsten Bildkonstruktionen findet man beispielsweise bei Bredthauer sowie in anderen gängigen Physik-Büchern für die Mittelstufe (vgl. z. B. Bredthauer u. a. 2002, S. 49–57).

Die Linsenformel lautet

$$\frac{1}{f} = \frac{1}{g} + \frac{1}{b}\,.$$

Damit ist folgendes gemeint: Stellt man einen Gegenstand mit einem Abstand g vor einer Sammellinse mit der Brennweite f auf, so erzeugt die Linse ein scharfes Bild von dem Gegenstand, das einen Abstand b von der Linse hat (vgl. Abb. 4.16).

Wir untersuchen jetzt, was die Formel über die Abhängigkeit der Bildweite von der Gegenstandsweite, also über $b(g)$ aussagt. Umgeformt erhält man

$$b(g) = \frac{f \cdot g}{g - f}\,.$$

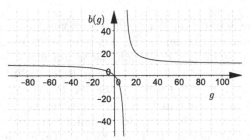

Man erkennt, dass der Graph (in Abb. 4.15 ist $f = 10$ cm) zwei Asymptoten besitzt, die die Achsen bei

Abbildung 4.15. Die Bildweite in Abhängigkeit von der Gegenstandsweite ($f = 10$ cm).

$g = f$ und $b = f$ senkrecht schneiden. Wie ist dieser Graph zu interpretieren? Was sagt er über die optischen Zusammenhänge? Wir vergegenwärtigen uns dies an einer einfachen experimentellen Anordnung. Als Gegenstand nehme man eine brennende Kerze, als Sammellinse ein Brillenglas oder eine Lupe. Zunächst wählt man g sehr groß. Das heißt, man stellt die Kerze weit entfernt von der Sammellinse auf. Dann entsteht in einem Abstand von nur wenig mehr als der Brennweite das Bild der Kerze (es steht auf dem Kopf!). Ein einfaches Modell des Strahlenverlaufes zeigt Abbildung 4.16. Es zeigt, dass die Strahlen, die von einem Punkt des Gegenstandes ausgehen, sich in einem bestimmten Abstand von der Linse, der Bildweite, wieder in einem Punkt treffen und somit dort ein scharfes Bild erzeugen.

Dieses Bild kann man tatsächlich sehen, indem man es mit einem weißen Blatt Papier oder einer matten Scheibe auffängt. Nun verkleinert man g, schiebt also die Kerze immer näher an die Linse heran und man erkennt, dass das Bild sich immer weiter von der Linse entfernt, in Übereinstimmung mit dem Verlauf des Graphen. Bei $g = f = 10$ cm ist das Bild unendlich weit entfernt, man erkennt es nicht mehr.

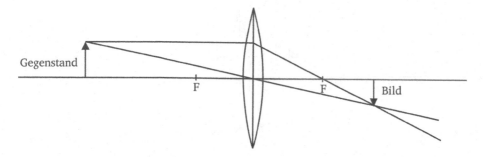

Abbildung 4.16. Das reelle Bild bei der Sammellinse (F: Brennpunkt)

Die Erkenntnis, dass sich bei wachsender Gegenstandsweite g die Bildweite b kaum noch verändert, hat auch eine ganz praktische Bedeutung bei Foto-Objektiven. Wie in Abbildung 4.17 zu erkennen ist, regelt die Entfernungseinstellung (mittlere Skala, sichtbar ist der Bereich $g = 1,5 - 12\,\text{m}$) die Bildweite. Für nahe Gegenstandsweiten ($< 3\,\text{m}$) muss man sehr stark nachregulieren (die Gegenstandsweiten liegen auf der Skala weit auseinander), dann immer weniger und über

Abbildung 4.17. Objektiv mit Gegenstandsweite-Skala (Foto: Karl-Heinz Laube/pixelio.de)

12 m verändert man die Bildweite praktisch nicht mehr (auf der Skala wird ∞ eingestellt), weil sie nahezu unabhängig von der Gegenstandsweite ist.

Was passiert in unserem Experiment nun, wenn wir g kleiner als f wählen? Es erscheint ein großes Bild (steht aufrecht!), das man aber nicht mehr auffangen kann – es ist virtuell und liegt auf der gleichen Seite der Linse wie der Gegenstand selbst. Abbildung 4.18 zeigt den Strahlenverlauf.

Man kann das Bild aber trotzdem sehen, indem man durch die Linse hindurch schaut – es handelt sich genau um den Effekt, den man bei einer Lupe ausnutzt. Die Strahlen, die von einem Punkt des Gegenstandes ausgehen, divergieren nach dem Durchdringen der Linse so, als ob sie scheinbar (virtuell) von einem gemeinsamen Punkt ausgegangen sind, der sich auf der gleichen Seite der Linse wie der Gegenstand befindet. Das Bild hat also die Seite gewechselt. Damit interpretiert man das negative Vorzeichen von b. Schiebt man die Kerze nun an die Linse heran, rückt auch das Bild näher an die Linse heran (auch das lässt sich mit einer Lupe leicht überprüfen), bis schließlich für $g = 0$ auch $b = 0$ wird. Negative Gegenstandsweiten sind nicht möglich, weshalb der Graph im zweiten Quadranten physikalisch nicht sinnvoll interpretierbar ist.

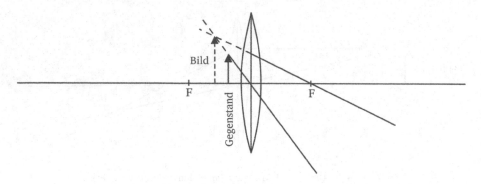

Abbildung 4.18. Das virtuelle Bild bei der Sammellinse (F: Brennpunkt)

Betrachten wir nun die Funktion $f(b)$, wobei g konstant sein soll. Umgeformt erhält man

$$f(b) = \frac{g \cdot b}{g + b}.$$

Mit $g = 10\,\text{cm}$ erhält man den Graph in Abbildung 4.19.

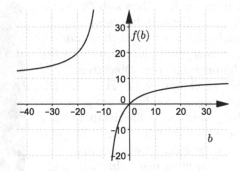

Abbildung 4.19. Die Brennweite in Abhängigkeit von der Bildweite.

Wie ist dieser Graph nun zu interpretieren? Wenn g konstant mit z. B. $g = 10\,\text{cm}$ ist, dann bedeutet das, dass man den Gegenstand 10 cm von der Linse entfernt aufstellt und an dieser Anordnung nichts mehr ändert.

1. Quadrant: Um den Abstand des Bildes von der Linse zu vergrößern (wir wandern nun entlang des positiven Bereiches der x-Achse), müssen wir laut Graph Linsen mit einer größeren Brennweite benutzen. Die Obergrenze für diese Brennweite ist ebenfalls 10 cm, denn Linsen haben auf beiden Seiten jeweils einen Brennpunkt und wenn die Brennweite größer als 10 cm werden würde, dann würde sich der Gegenstand innerhalb der Brennweite befinden und es würde kein reelles Bild mehr auf der anderen Seite der Linse entstehen. Insofern muss $f(b) = 10\,\text{cm}$ eine waagerechte Asymptote sein. Auch hier passt der Graph also zu den physikalischen Gegebenheiten.

2. Quadrant: Hier ist b negativ, gemäß obiger Definition betrachten wir hier also ausschließlich virtuelle Bilder. Auch hier muss $f(b) = 10\,\text{cm}$ waagerechte Asymptote sein, da die Brennweite nicht kleiner als 10 cm werden darf. Damit ein virtuelles Bild entsteht, muss sich der Gegenstand nämlich innerhalb der Brennweite befinden. Aber auch $b = 10\,\text{cm}$ muss Asymptote sein, da bei einer Sammellinse das virtuelle Bild immer weiter von der Linse entfernt ist als der Gegenstand.

3. Quadrant: Hier wird es besonders spannend, denn nicht nur die Bildweite ist negativ (virtuelles Bild), sondern auch die Brennweite. Doch auch hier gibt es eine Interpretation, die zu den realen Gegebenheiten passt. Negative Brennweite bedeutet nämlich, dass wir es nicht mehr mit einer Sammellinse, sondern mit einer Zerstreuungslinse zu tun haben und diese liefert ausschließlich virtuelle Bilder, was zum Verlauf des Graphen passt. Auch hier muss $b = -10$ cm Asymptote sein, da eine Zerstreuungslinse ausschließlich Bilder innerhalb der Brennweite erzeugt.

Da Formeln in der Physik immer einen Zusammenhang zwischen real messbaren Größen angeben, sind sie für die von uns vorgeschlagene Art der Betrachtung sehr gut geeignet. Dies soll abschließend kurz anhand eines weiteren, einfachen Beispieles gezeigt werden.

Unter der Dichte eines Körpers mit der Masse m und dem Volumen V versteht man den Quotienten: $\rho = \frac{m}{V}$. Die Dichte ist eine sogenannte Materialkonstante. Reines Wasser hat bei 4° C beispielsweise überall auf der Welt die gleiche Dichte von $1,00\frac{g}{m^3}$, bei reinem Gold beträgt sie $19,30\frac{g}{m^3}$.

Untersucht man hier den Graphen der Funktion $V(\rho) = \frac{m}{\rho}$, handelt es sich um eine Hyperbel. V und ρ sind antiproportional zueinander. Das macht auch anschaulich Sinn, denn wenn man beispielsweise das Volumen eines Körpers verkleinert, ohne dass sich seine Masse ändert (z. B. Papier zusammenknüllen), muss sich die Dichte entsprechend vergrößern.

4.6 Abschließende Bemerkungen

Die Idee der oben beschriebenen Übungen kann in einer Reihe von Grundsätzen zusammengefasst werden.

(1) Die inhaltliche Interpretation von Formeln aus Mathematik und Physik unter verschiedenen Gesichtspunkten sollte im Unterricht ein eigenständiges Tätigkeits- und Übungsfeld sein.

(2) Eine Möglichkeit dazu liegt in der Untersuchung der verschiedenen Funktionen, die implizit in einer Formel enthalten sind.

(3) Zu jeder solchen Funktion sollten der Funktionsterm aufgestellt, der Funktionstyp benannt und der Graph der Funktion skizziert werden.

(4) Im Kern geht es darum, dass die Lernenden die Funktion als Widerspiegelung einer sich verändernden Realsituation interpretieren.

(5) Wo immer es möglich ist, sollen das Verhalten der jeweiligen Funktion und damit die Gestalt ihres Graphen aus der Sachsituation heraus antizipiert werden. Das geht besonders gut bei einfachen geometrischen Figuren, über die die Lernenden anschauliche Vorstellungen entwickeln können. Dies ist ein weiterer

Beleg dafür, dass erfolgreicher Algebra-Unterricht ohne Geometrie nicht auskommt.

(6) Zur Antizipation des Verhaltens von Funktion und Graph gehören die Prognose
über das Wachsen/Fallen der Funktion sowie die Bestimmung von ausgezeich-
neten Werten der Funktion aus der Sachsituation. Die so gewonnenen Aussagen
werden in einer Skizze verdichtet. In diesem Sinne hat das Vorgehen Ähnlichkeit mit der aus dem Analysis-Unterricht geläufigen Kurvendiskussion.

(7) Wenn eine Antizipation des Graphen aufgrund der Komplexität der Sachsituation die Möglichkeiten der Lernenden übersteigt (Beispiel Linsenformel), wird
der Graph benutzt, um die Sachsituation aufzuschlüsseln.

(8) Auf den sprachlichen Ausdruck wird großer Wert gelegt. Die Sprache sollte auf
die Sachsituation bezogen und nicht zu sehr durch fachsprachliche Anforderungen belastet sein. Die Formulierung ‚Die Seite a muss wachsen, wenn die
Seite b abnimmt' ist im ersten Zugriff der Aussage ‚Die Funktion $a(b)$ fällt monoton' vorzuziehen. Daran anschließend sollten Schüler ermutigt werden, auch
die letztere Formulierung zu benutzen. Letztlich geht es darum, „die Fremd-
sprache Mathematik als solche zu erlernen, [. . .] und zwischen Alltagssprache
und Mathematik zu übersetzen." (Beutelspacher u. a. 2010, S. 46)

Der Benennung des Funktionstyps (Grundsatz (2)) sind vom Vorwissen der Lernenden
her natürliche Grenzen gesetzt. Das gilt auch für Anfangssemester an der Universität.
Im Allgemeinen kann es nur darum gehen, Proportionalitäten, Antiproportionalitäten
und lineare Funktionen explizit zu benennen. Allenfalls könnten noch quadratische
Funktionen hinzukommen. Der Rest kann zusammenfassend als „nicht-lineare Funktionen" bezeichnet werden.

Es ist Absicht, dass in den Abschnitten 2 bis 4 Formeln behandelt werden, die Gesetzmäßigkeiten für einfache geometrische Objekte, nämlich Rechteck, Quader und
Zylinder, beinhalten. Diese sind in ihrem Verhalten leicht überschaubar, dennoch lassen sich an ihnen wichtige Phänomene thematisieren und typische Methoden ein-
üben. Unseres Erachtens verweist dies auf den grundlegenden Sachverhalt, dass die
Geometrie eine unverzichtbare Referenzdisziplin für die elementare Algebra darstellt.
Das war in der Geschichte so, und das sollte auch im heutigen Mathematikunterricht
weiter gepflegt werden. Insofern stellen die beschriebenen Übungen auch einen Beitrag zur „horizontalen Vernetzung" (Danckwerts und Vogel 2006, S. 14) von Algebra
und Geometrie dar.

Nach den Erfahrungen der Autoren mit Studierenden stellen die oben beschriebenen
Übungen eine Herausforderung dar, die nach einiger Zeit auch Spaß macht.

Literatur

[Beutelspacher u. a. 2010] BEUTELSPACHER, Albrecht; DANCKWERTS, Rainer; NICKEL, Gregor: „Mathematik Neu Denken". Empfehlungen zur Neuorientierung der universitären Lehrerbildung im Fach Mathematik für das gymnasiale Lehramt. Bonn: Deutsche Telekom Stiftung, 2010.

[Bredthauer u. a. 2002] BREDTHAUER, Wilhelm; BRUNS, Klaus G.; KLAR, Günther; MÜLLER, Wieland; SCHMIDT, Martin: Impulse Physik Klasse 8 – 10 für die Gymnasien in Nordrhein-Westfalen. Stuttgart u. a.: Klett, 2002.

[Danckwerts und Vogel 2006] DANCKWERTS, Rainer; VOGEL, Dankwart: Analysis verständlich unterrichten. München u. a.: Spektrum Akademischer Verlag, 2006.

[Herget und Klika 2006] HERGET, Wilfried; KLIKA, Manfred: Zweistellige Funktionen – ein Beitrag zu Modellbildung und Realitätsbezug im Mathematikunterricht. In: BÜCHTER, Andreas; HUMENBERGER, Hans; HUSSMANN, Stephan; PREDIGER, Susanne (Hrsg.): Realitätsnaher Mathematikunterricht – vom Fach aus und für die Praxis. Festschrift für Hans-Wolfgang Henn zum 60. Geburtstag. Hildesheim: Franzbecker, 2006, S. 69–82.

[Jahnke und Seeger 1986] JAHNKE, Hans Niels; SEEGER, Falk: Proportionalität. In: HARTEN, Gert; JAHNKE, Hans Niels; MORMANN, Thomas; OTTE, Michael; SEEGER, Falk; STEINBRING, Heinz; STELLMACHER, Hubertus (Hrsg.): Funktionsbegriff und funktionales Denken. Köln: Aulis, 1986, S. 35–83.

[Malle 1993] MALLE, Günther: Didaktische Probleme der elementaren Algebra. Braunschweig u. a.: Vieweg, 1993.

[Roth 2005] ROTH, Jürgen: Bewegliches Denken im Mathematikunterricht. Hildesheim: Franzbecker, 2005.

5 Grundvorstellungen zum Logarithmus – Bausteine für einen verständlichen Unterricht

Christof WEBER

Der Logarithmus gilt als schwierig und unverständlich. So wird er in Kolumnen und Stammtischgesprächen gerne als Paradebeispiel für schreckliche und unzugängliche Mathematik herangezogen. Beispielsweise war im Tagesspiegel Folgendes zu lesen (im Zuge der Ankündigung neu erscheinender Sudokus):

> „Wer mit Schrecken an Logarithmen und Differentialrechnung zurückdenkt, kann hier [an Sudokus] ebenso teilnehmen wie derjenige, der Kreuzworträtsel hasst." (Oswald 2005, S. 32)

Und in der Rheinischen Post stand (in einem Interview mit dem Autor eines neuen Buchs):

> „Ich bin sprachlos darüber, was heute möglich ist. Wie etwa ein neues Partnerschaftsportal, bei dem über einen einfachen Logarithmus Menschen zusammengeführt werden, die offenbar auch tatsächlich zueinander passen." (Schröder 2011, S. C11)

Auch wenn hier wahrscheinlich die ersten vier Buchstaben durcheinander geraten sind (und „Algorithmus" gemeint war): Der Logarithmus hat für die gebildete Öffentlichkeit nicht nur den Nimbus eines Schreckgespenstes, sondern auch den von etwas Geheimnisvollem.

Aber nicht erst im Erwachsenenleben, schon in der Schule gilt das Thema als unverständlich und befremdend. Selbst wer es geschafft hat, mit der Bruchrechnung und der Algebra vertraut zu werden, bleibt im Dickicht des Logarithmus hängen. So sind Äußerungen von „Ich versteh einfach nicht, was der Logarithmus eigentlich ist!" bis „Ich hasse Logarithmen!" immer wieder zu vernehmen. Offenbar bleibt der Logarithmus trotz wochenlanger Beschäftigung bedeutungsleer, verdichtet sich das Konzept nicht zu einer sinnvollen gedanklichen Entität. Dass er in der Folge nicht beherrscht und nicht verständig gehandhabt wird, liegt auf der Hand. Kurz: Der Logarithmus bleibt für die meisten Schülerinnen und Schülern eine *black box*, eine „Mathemaschine" eben (siehe Abb. 5.1).[1]

Woran mag das liegen, und wie könnte diesem Missstand abgeholfen werden? Der vorliegende Beitrag geht diesen Fragen nach und gibt erste Antworten.

---

[1] Alle Schülerdokumente stammen von gymnasialen Klassen (Jahrgangsstufe 10, kein mathematischer oder naturwissenschaftlicher Schwerpunkt).

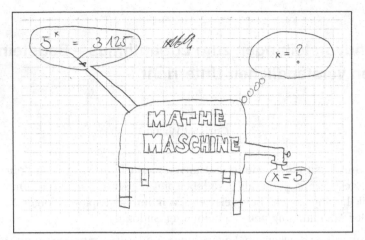

Abbildung 5.1. Der Logarithmus als „Mathemaschine"

5.1   Der Logarithmus im Unterricht – zum Stand der Dinge

Vor über zweihundert Jahren ist Eulers „Vollständige Anleitung zur Algebra" erstmals erschienen. Nach der Einführung in die Potenzrechnung wird in ihr der Logarithmus wie folgt erklärt:

> „Wir betrachten also die Gleichung $a^b = c$ [...]. Wenn nun der Exponent b so angenommen wird, daß die Potenz a^b einer gegebenen Zahl c gleich wird, so wird der Exponent b der Logarithmus dieser Zahl c genannt." (Euler 1959, § 220, S. 110)

Der Logarithmus ist für Euler also ein besonderer Exponent, der Exponent einer Potenz. Genauer: Der Logarithmus von c zur Basis a ist derjenige Exponent, mit dem a potenziert werden muss, um c zu erhalten. Damit fasst Euler das Logarithmieren über dessen Umkehrung, das Potenzieren (bezüglich des Exponenten). Dieser *inversen Begriffsfassung* folgen bis heute Formelsammlungen, wenn sie den Logarithmus in Form der Äquivalenzrelation $\log_a(b) = x :\Leftrightarrow a^x = b$ festlegen.[2]

Viele Schulbücher orientieren sich an Euler und beginnen wie er mit einer inversen Begriffsfassung des Logarithmus. Anschließend werden einige Berechnungen wie $\log_{10}(1000) = 3$ oder $\log_8(2) = \frac{1}{3}$ von Hand durchgeführt, für anspruchsvollere Berechnungen wird auf den Taschenrechner verwiesen. Ausgiebig geübt werden die zentralen Eigenschaften (Logarithmusgesetze, Basiswechselsatz). Anschließend sind Exponential- und Logarithmusgleichungen zu lösen, und es werden Anwendungen und Logarithmusfunktionen thematisiert. So weit – so gut.

---

[2]   Das Konzept des Logarithmus wurde Anfang des 17. Jahrhunderts entwickelt, um einfacher mit großen Zahlen rechnen zu können (Astronomie, Uhrmacherei). Unabhängig voneinander gingen Bürgi (1552–1632) und Napier (1550–1617) von einer arithmetischen Folge – den späteren Logarithmen – aus und stellten ihr eine entsprechende geometrische Folge gegenüber (vgl. Cajori 1913a, S. 6–8; Klein 1933, S. 157 ff.). Die Verbindung des logarithmischen mit dem exponentiellen Konzept geschah erst später, gegen Ende des 17. Jahrhunderts. Euler scheint einer der Ersten gewesen zu sein, der sie zur Definition des Logarithmus herangezogen hat (vgl. Cajori 1913b, S. 46 f.).

5.1.1 Verständnisschwierigkeiten und Fehler

Gewiss, $x = 5$ löst $5^x = 3125$, das Ergebnis des Schülers in Abbildung 5.1 ist richtig. Der *black box*-Charakter seiner „Maschine" lässt jedoch einiges Unbehagen, wenn nicht gar eine gewisse Bedeutungsleere hinsichtlich des Logarithmus vermuten. Davor sind auch gute Schülerinnen und Schüler nicht gefeit. So erklärt der Klassenprimus den Logarithmus als „Umkehrfunktion vom Potenzrechnen, wie auch das Wurzelziehen" (siehe Abb. 5.2). Nicht nur das Logarithmieren, sondern auch das Radizieren kehrt die Potenzrechnung um: $a^b = c$ kann durch Radizieren nach der Basis a aufgelöst werden und durch Logarithmieren nach dem Exponenten b. Erst bei genauem Hinsehen fällt auf, dass er hinter dem Stichwort „Wurzel" das Ergebnis hinschreibt, während er hinter dem Stichwort „Logarithmus" die aufzulösende Gleichung notiert (statt nicht das Ergebnis). Ein Hinweis, dass selbst diesem guten Schüler $\log_2(8)$ weniger verständlich ist als $\sqrt{9}$?

Abbildung 5.2. Der Logarithmus als „Umkehrfunktion vom Potenzrechnen"

Solche Betrachtungen mögen aus Sicht der Praxis spitzfindig erscheinen, kämpfen doch die meisten Lernenden bei algebraischen Manipulationen des Logarithmus mit handfesten Problemen. Zwei Fehlersorten treten so gehäuft und meist auch noch systematisch auf, dass man von *misconceptions* oder Fehlermustern spricht. Weil andere Fehler sehr viel seltener vorkommen, werden diese beiden Fehlermuster nun kurz erläutert (vgl. Boon Liang und Wood 2005).

Erstes Fehlermuster: Logarithmus als Objekt. In vielen Schülerarbeiten finden sich Ausdrücke wie „log $= 2$" oder die „Division durch log" (siehe Abb. 5.3). Manchmal wird sogar „ausmultipliziert", etwa wenn der Term $\log(7x - 12)$ in den Term $\log 7x - \log 12$ umgeformt wird. Fehler wie diese lassen darauf schließen, dass der Logarithmus – ähnlich wie eine Variable – als *Objekt* behandelt wird. Dies kann damit zusammenhängen, dass der Logarithmus als besondere „Zahl" (wie etwa π) oder gar als „Taste auf dem Taschenrechner" gedacht wird (siehe Abb. 5.4).

Zweites Fehlermuster: Übergeneralisierung von Regeln. Andere Fehler lassen sich darauf zurückführen, dass sich die Schülerinnen und Schüler im Laufe ihres Lernens Regeln aneignen oder eigene Regeln aufstellen, ohne sich deren Geltungsbereich

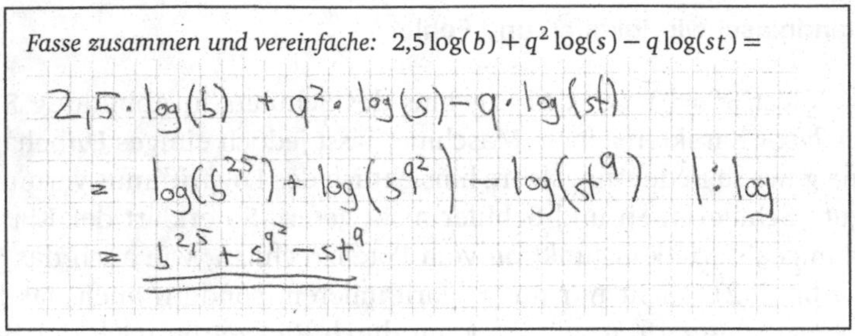

Fasse zusammen und vereinfache: $2{,}5 \log(b) + q^2 \log(s) - q \log(st) =$

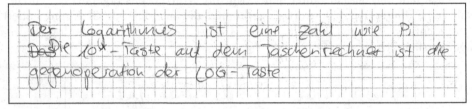

Abbildung 5.3. Erstes Fehlermuster: Der Logarithmus als Objekt

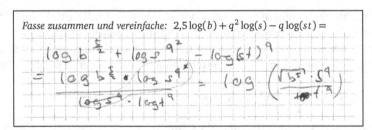

Abbildung 5.4. Der Logarithmus als Zahl und Taschenrechner-Taste

klarzumachen. So ist die Regel „unter dem Logarithmus wird eine Subtraktion zu einer Division" bei der Vereinfachung des Terms $\log(6x^2) - \log(3x)$ wohl anwendbar und liefert $\log(2x)$. Hingegen darf $\log(x) - \log(y)$ nicht zu $\log(x) : \log(y)$ vereinfacht werden, weil damit das Logarithmusgesetz $\log(x) - \log(y) = \log(x : y)$ *übergeneralisiert* würde. Für ein Schülerdokument mit mehreren derartigen Übergeneralisierungen siehe Abbildung 5.5.

Fasse zusammen und vereinfache: $2{,}5 \log(b) + q^2 \log(s) - q \log(st) =$

Abbildung 5.5. Zweites Fehlermuster: Übergeneralisierung von Logarithmusgesetzen

5.1.2 Mögliche Ursachen

Für die genannten Verständnisschwierigkeiten wird meistens der Begriff oder die Schreibweise des Logarithmus verantwortlich gemacht. Darum und um eine weitere, tieferliegende Ursache geht es im folgenden Abschnitt.

Erste Ursache: Der Begriff. Das griechische Wort „Logarithmus" gibt keinerlei Anhaltspunkte für seine Bedeutung und ist alles andere als selbsterklärend. Im Gegensatz zum Radizieren ist es auch nicht in seiner deutschen Übertragung im Gebrauch. Was bedeutet das Wort eigentlich?

Die Benennung geht auf Napier zurück, einen der Väter des Logarithmus. Napier sprach 1614/1619 bei den Zahlen der (geometrischen) Folge $1, n, n^2, \ldots$ von „Verhältniszahlen", weil sie in einem konstanten Verhältnis zueinander stehen. Dieser Folge ordnete er die (arithmetische) Folge $0, 1, 2, \ldots$ zu. Da ihre Glieder in gewissem Sinne zählen, wie oft eine Verhältniszahl mit dem Verhältnis n multipliziert wurde, nannte er sie „Anzahl der Verhältnisse" oder eben „Logarithmus" (vgl. Cajori 1913a, S. 7). Der Logarithmus – oder eben die „Verhältnis-Anzahl" – von 8 zur Basis 2 ist also deshalb gleich 3, weil der Faktor 2 dreimal in 8 enthalten ist.

Doch auch Begriffe wie „Wurzel" oder „Sinus" sind alles andere als selbsterklärend, ohne deswegen den Lernenden so viele Schwierigkeiten zu machen wie der Logarithmus (mehr zur Quadratwurzel im übernächsten Abschnitt). Also können die genannten Schülerschwierigkeiten nicht nur am Begriff liegen.

Zweite Ursache: Die Schreibweise.   So ist auch die Schreibweise für Schwierigkeiten verantwortlich. Für Schülerinnen und Schüler handelt es sich um grundlegend verschiedene Aufgaben, eine Zahl als Dreierpotenz zu schreiben oder ihren Dreierlogarithmus zu bestimmen. Das Symbol $\log_a(b)$ ist ein „stark verdichtetes Informationsbündel", das schwierig „aufzuschnüren und zu deuten" ist (Andelfinger 1985, S. 230). Erst einmal wird kein eigenes Symbol, sondern ein abgekürztes Wort verwendet. Dann hängt der Logarithmus von zwei Argumenten ab, die wegen ihrer unterschiedlichen, nichtkommutativen Rollen unterschiedlich notiert werden: Das Argument a wird – an die Basis einer Potenz erinnernd – tiefer gestellt als der Numerus b.[3]

Um die sich daraus ergebende Komplexität zu reduzieren, beschränkt man sich in der Praxis auf die Basen 10 und e. Aber selbst dann erscheinen die Bestimmung von $\log(0{,}001)$ und die Umformung von 0,001 in eine Zehnerpotenz als verschiedene Aufgaben. Was könnte der tiefere Grund dafür sein?[4]

Dritte Ursache: Die inverse Begriffsfassung.   Damit ist zu vermuten, dass ein allzu großes unterrichtliches Vertrauen auf die von Euler herausgehobene und zur Definition verwendete Eigenschaft des Logarithmus für die Schülerschwierigkeiten mitverantwortlich sein könnte. Dass der Logarithmus als Potenzexponent aufgefasst wird, ist mathematisch korrekt und von einem „höheren Standpunkt" aus sinnvoll. Dass ein neuer Begriff einzig über sein Gegenteil erklärt wird (zumal noch ohne inhaltliche Alternativen), ist jedoch für Laien alles andere als erhellend oder sinnstiftend; dazu müsste man doch auch etwas Konkretes, also etwas Handlungsorientiertes oder Konstruktives über ihn erfahren. Entsprechend führen auch nicht alle Schulbücher den Logarithmus wie Euler ein (mehr dazu in Abschnitt 5.1.3 auf S. 84).[5]

---

[3]   Bis in die Mitte des 20. Jahrhunderts wurde die Basis a immer wieder auch hochgestellt gesetzt, $^a\log(b)$, eine Schreibweise, die auf Crelle (1821) zurückgeht. Seit 1992 ist die Schreibweise mit tiefgestellter Basis vorgeschrieben (DIN 1302, ISO 31-11) (vgl. Cajori 1952, S. 107; Appel 1992).
[4]   Bereits Euler belegte den Zehnerlogarithmus mit einem eigenen Symbol, dem kursiven „ℓ" (vgl. Cajori 1952, S. 106; Appel 1992).

Man könnte einwenden, dass die Schulmathematik auch den Wurzelbegriff über dessen Gegenteil fasst: „Die Quadratwurzel $\sqrt{y}$ einer Zahl y ist diejenige Zahl x, die quadriert werden muss, um y zu erhalten." Trotzdem macht dieser Begriff Lernenden weitaus weniger Mühe als der Logarithmus. Ein Grund könnte darin liegen, dass sich die Quadratwurzel auch elementargeometrisch deuten lässt: Die Quadratwurzel einer Zahl ist als Diagonalenlänge des entsprechenden Quadrats vorstellbar, und dank der Wurzelschnecke lassen sich Strecken der Längen $\sqrt{1}, \sqrt{2}, \sqrt{3}, \ldots$ sogar rekursiv konstruieren. Weil geometrische Realisierungen von mathematischen Begriffen und Konzepten auf Lernende eine große Überzeugungskraft ausüben, verzichten Schulbücher auch nicht auf diese inhaltliche Alternative (vgl. etwa Affolter u. a. 2003, S. 31).[6]

Zum Abschluss des ersten Teils dieses Beitrags werden nun aus der didaktischen Literatur einige Vorschläge zur Vermeidung von Schwierigkeiten zusammengetragen sowie eine andere Begriffsfassung vorgestellt.

5.1.3 Bekannte Vorschläge

Mit Blick auf die möglichen Gründe für die Schülerschwierigkeiten mit dem Logarithmus liegt es erst einmal nahe, andere Sprech- bzw. Schreibweisen vorzuschlagen. So beanspruchen die nachstehend genannten Vorschläge, angemessener zu sein als die derzeitigen Gebräuche. Während alternative Sprechweisen in der Phase des Begriffsaufbaus zweckdienlich sein können, ist mit Blick auf alternative Schreibweisen bereits an dieser Stelle kritisch zu fragen, ob es für die Lernenden zielführend ist, wenn beim Erlernen eines neuen Begriffs zwischen einer inoffiziellen und der offiziellen Schreibweise hin- und hergewechselt wird.

Erster Vorschlag: Alternative Sprech- und Schreibweisen. Die beiden folgenden sprachlichen Vorschläge könnten Lernenden beim Begriffserwerb und -verständnis entgegenkommen:

– Ein neuer Begriff sollte nicht über eine Anhäufung anderer Fachbegriffe beschrieben werden. Werden Lernende ermuntert, den Logarithmus in eigenen Worten wiederzugeben, kann dies zu Formulierungen wie „Der Logarithmus zur Basis a von b ist diejenige Zahl, die man auf a setzen muss, um b zu erhalten" führen. Klingt „auf a setzen" aus fachlicher Sicht auch eher nach einer typographischen Vorschrift als nach einem Exponenten, entlastet gerade der Verzicht auf den Begriff „Potenz" bzw. „Exponent" die Schülerinnen und Schüler sehr (vgl. Gallin 2011, S. 110).

---

[5] Beispielsweise gerät die Subtraktion – mathematisch als inverse Addition definiert – Lernenden erst über sinnstiftende Handlungen wie das „Wegnehmen" zu einer eigenständigen Operation.

[6] Es sind auch nichtmathematische Gründe dafür denkbar, dass Lernende mit der (Quadrat-)Wurzel leichter umgehen als mit dem (Zehner-)Logarithmus, so der Rückgriff auf eine vertraute Rechenoperation (Quadrieren), die bildhaft-alltagssprachliche Beschreibung einer Handlung („Wurzelziehen"), die symbolische Schreibweise (zum Wurzelzeichen vgl. Felgner 2005) und nicht zuletzt die schrittweise Heranführung an das Thema über mehrere Jahre.

– Statt vom Radizieren spricht man auch vom „Wurzelziehen", selbst wenn dies
eine etwas freie Übersetzung ist. Entsprechend könnte vom „Exponentensu-
chen" statt vom Logarithmieren gesprochen werden. Damit würde $\log_2(8)$ als
„Suche den Exponenten für die Basis 2, um die Zahl 8 zu erhalten" gelesen
(vgl. Bennhardt 2009).

Ganz ähnlich werden seit der Erfindung des Logarithmus verschiedene Schreibweisen
verwendet, die sich von der heutigen unterscheiden. An ihrer Vielfalt lässt sich das
historische Bemühen um eine möglichst selbsterklärende Schreibweise ablesen. Einige
Beispiele:

– Vermutlich um die Verwandtschaft mit der Division auszudrücken, notierte
Burja (1778) den Logarithmus von b zur Basis a als $\frac{b}{a}$, und Schellbach (1834)
schrieb dafür $b : a$. Die Gleichung $\log_2(8) = 3$ würde dann als $\frac{8}{2} = 3$ bzw. als
$8 : 2 = 3$ geschrieben, und Theoreme wie der Basiswechselsatz wären gerade-
zu „offensichtlich": $\frac{a}{b} \cdot \frac{b}{c} = \frac{a}{c}$ (vgl. Cajori 1952, S. 112; Appel 1992).

– In Anlehnung an die Algebra, wo Variablen zu Beginn in Form von Platzhaltern dargestellt werden, könnte auch hier eine sinnfälligere Schreibweise wie
etwa $a^{\square}(b)$ weiterhelfen. Statt $\log_2(8) = 3$ würde dann also $2^{\square}(8) = 3$ notiert und statt $\log_a(a^b) = b$ entsprechend $a^{\sqcap}(a^b) = b$ (vgl. Hammack und
Lyons 1995).

Wie bereits angesprochen sind solche „didaktisierten" Sprech- und Schreibweisen kritisch zu beurteilen. Gewiss erleichtern Begriffe und Notationen, die am alltäglichen
Wort- und Zeichengebrauch anknüpfen, den Aufbau eines intuitiven Begriffsverstän-
disses. Sie stellen sich im weiteren Lernprozess jedoch nicht nur als sinnstiftend, sondern auch als problematisch heraus, weil sie neben gewünschten auch unerwünschte
Bedeutungen vom Alltag in die Mathematik übertragen (vgl. Malle 2009). Und nicht
zuletzt hat ein Schulfach auch die Aufgabe, mit der Fachsprache und den Symbolen
einer Kommunität vertraut zu machen und früher oder später zur fachlichen Sprech-
und Schreibweise überzugehen. Wie wäre das im Fall des „Exponentensuchens" oder
bei $a^{\square}(b)$ zu bewerkstelligen? Leider wird diese Frage von den Autoren dieses Vor-
schlags nicht beantwortet.

Zweiter Vorschlag: „Händisches" Berechnen. Eine ganz andere Gruppe von Vorschlägen zielt auf den rechnerischen Gebrauch des Logarithmus. So dürfen die Lernenden ihren Taschenrechner erst dann einsetzen, wenn sie einfache Berechnungen
von Hand durchführen können. Unter anderem werden folgende Berechnungen des
Logarithmus vorgeschlagen:

– Um zwei Zahlen $b : a$ schriftlich zu dividieren, muss die Frage „Wie oft ist der
Summand a in b enthalten?" beantwortet werden. Wie bereits erwähnt lautet
die entsprechende Frage zur Bestimmung von $\log_a(b)$ „Wie oft ist der Faktor
a in b enthalten?". Sie lässt sich zu einem *Logarithmus-Algorithmus* ausbauen,
der Dezimalstelle um Dezimalstelle des reellen Ergebnisses liefert. Dank der
Verwandtschaft zur schriftlichen Division erscheint Schülerinnen und Schü-

lern dieses Vorgehen plausibel. Wegen der pro Stelle zu berechnenden Potenz (statt eines Produkts) ist die Handhabung dieses „schriftlichen Logarithmierens" jedoch nicht gerade einfach (vgl. Schultz 1984).

– Da der Logarithmus bei der Gegenüberstellung einer geometrischen und einer arithmetischen Folge entsteht, entspricht dem geometrischen Mittel zweier nah beieinanderliegender Numeri das arithmetische Mittel der entsprechenden Logarithmen. Auf dieser Grundlage kann der Logarithmus jedes Werts durch *Intervallschachtelung* approximiert werden (vgl. Gächter o. J.).

– Unter Berufung auf verschiedene didaktische Prinzipien erscheint der Einsatz des *Rechenschiebers* heute wieder interessant, und zwar nicht nur, um Logarithmuswerte „handelnd" zu berechnen, sondern auch, um dessen Eigenschaften und Gesetze zu „entdecken" (gelenktes Nacherfinden). Gerade junge Lehrerinnen und Lehrer, die mit dem Taschenrechner groß geworden sind, scheint dieses mechanische Rechengerät zu faszinieren. So wird die Hoffnung geäußert, über den Rechenschieber „den Schülern einen subjektiven Zugang" zum Logarithmus zu ermöglichen, bis hin zur Vermittlung des Erlebnisses, dass der Rechenschieber „Kult" ist (vgl. Mertins 2012, S. 25; 42).[7]

Es ist gut vorstellbar, dass diese Vorschläge weniger Schülerfragen wie „Was ist der Logarithmus?" hervorrufen. Sie sind im Unterricht jedoch mit Maß umzusetzen, damit sich das Bild des Logarithmus nicht nur in eine kalkülhafte Richtung entwickelt – schließlich ist der Logarithmus ja auch ein Operator.

Die bisher genannten Vorschläge betreffen einzelne Aspekte des Unterrichtsgangs und verstehen sich immer in Ergänzung zur inversen Begriffseinführung des Logarithmus. Es finden sich jedoch auch Schulbücher, die anders an den Logarithmus heranführen und Eulers inversen Ansatz funktional deuten. Was heißt das?[8]

Dritter Vorschlag: Funktionale Begriffsfassung.   Bei der funktionalen Begriffsfassung geht man – ohne den Logarithmus bereits zu kennen – von der Exponentialfunktion $f(x) = a^x$ ($a > 0$, $a \neq 1$) und ihrem Graphen aus. Da diese Funktion streng monoton steigt ($a > 1$) bzw. fällt ($0 < a < 1$), existiert die Umkehrfunktion f^{-1} (sie wird dann Logarithmusfunktion zur Basis a genannt). Der Graph von f^{-1} kann durch Spiegelung des Graphen von f an der Geraden $y = x$ explizit hergestellt werden, ohne dass ihre Funktionsgleichung vorliegt(!). Erst kraft dieses Graphen wird der Logarithmus einer Zahl definiert: Der Logarithmus von x zur Basis a ist dann der Funktionswert $f^{-1}(x)$, das heißt die Ordinate des Punkts $(x \mid f^{-1}(x))$ auf dem Graphen von f^{-1}. Aus dieser *funktionalen Begriffsfassung* werden dann alle weiteren Eigenschaften und Gesetzmäßigkeiten hergeleitet (vgl. Lauter u. a. 1995).

---

[7]   Da Logarithmentafeln aufgrund ihres Umfangs unhandlich sind, wurden bereits im 17. Jahrhundert erste Rechenschieber erfunden. Sie bestehen im Wesentlichen aus zwei Skalen, auf denen Zahlen proportional zu ihren Logarithmen markiert sind (vgl. Stoll 2007).

[8]   Funktionales Denken bezeichnet seit der *Meraner Reform* (1905) nicht nur die Forderung, Funktionen zu unterrichten, sondern auch das didaktische Prinzip, das Denken in Variationen und funktionalen Abhängigkeiten zu fördern (vgl. Krüger 2000).

Der unterrichtliche Vorteil dieser Begriffsfassung ist, dass Logarithmen nun nicht Exponenten sind, sondern Funktionswerte, genauer: (geometrische) Längen. Da geometrischen Visualisierungen eine große Überzeugungskraft innewohnt, dürften sich die gängigen Verunsicherungen und Fragen („Was ist der Logarithmus denn eigentlich?") bei diesem Vorgehen weniger einstellen. Wie bei einem solchen Unterrichtsgang die spezifischen Eigenschaften des Logarithmus verstanden werden und ob die bekannten Fehlermuster ausbleiben, bleibt zu untersuchen.[9]

5.2 Den Logarithmus inhaltlich verstehen – ein neuer Vorschlag

Schwierigkeiten und Fehler können nicht vermieden werden, sie gehören zum Lernen. So lassen sich hartnäckig auftretende *misconceptions* nicht beheben, indem ihnen die korrekten Regeln einfach gegenübergestellt werden – eine immer wiederkehrende Unterrichtserfahrung. Dies liegt daran, dass Lernende bei ihrem mathematischen Tun nicht zufällig, sondern mehr oder weniger systematisch vorgehen, wenn auch nach eigenen Regeln. Aus diesem Grund kann es sinnvoll sein, solche systematischen Fehler im Unterricht aufzugreifen und zu thematisieren. Nur wenn ihre Geltungsbereiche von den Schülerinnen und Schülern ausgelotet und reflektiert werden, bestehen gute Chancen, dass sie nicht gleich bei der ersten Belastungsprobe wieder wirksam werden und die korrekten, aber nur angelernten Regeln beiseiteschieben (vgl. Prediger 2004; Prediger und Wittmann 2009).

Im zweiten Teil dieses Beitrags wird ein anderer Weg beschritten. Wenn sich wie im Fall des Logarithmus gewisse Schwierigkeiten und Fehler hartnäckig halten (vgl. Abschnitt 5.1.1), könnte es sich lohnen, im Unterricht nicht wie eben angedeutet zu verfahren oder den Unterricht nur punktuell zu ergänzen (vgl. Abschnitt 5.1.3). Vielleicht ist es an der Zeit, den Logarithmus im Unterricht nicht mehr nur über dessen Umkehrung zu fassen, sondern vielfältige inhaltliche Alternativen anzubieten.

5.2.1 Mathematikverständnis und Grundvorstellungen

Die Debatte um die Frage, was es heißt, Mathematik zu verstehen, währt bereits so lange, wie Mathematik unterrichtet wird. Gerade wenn das Verstehen miterfassen soll, dass ein Begriff „Sinn macht", und die individuelle Erlebnisdimension von Verstehen berücksichtigt werden soll, fällt eine Antwort schwer (vgl. Heymann 1996, S. 210 ff.). Was könnte es heißen, den Logarithmus so zu verstehen, dass er als sinnvoll erlebt wird?

---

[9] In einer weiteren geometrischen Deutung wird der natürliche Logarithmus als Integral unter der Hyperbel aufgefasst, $\ln(x) := \int_1^x \frac{1}{t}\,dt$, woraus die Logarithmusgesetze abgeleitet werden (vgl. Klein 1933, S. 168). Da diese Begriffsfassung auf die Analysis zurückgreift, mag sie sich für eine „Elementarmathematik vom höheren Standpunkte aus" (zum Beispiel in der Lehrerbildung) eignen. Inwiefern ein solcher Zugang – wie von Klein vorgeschlagen – auch für die Schule taugt, wird hier nicht weiter untersucht.

Mit den *Grundvorstellungen* nach vom Hofe steht ein didaktisches Modell zur Verfügung, das mathematisches Verständnis an inhaltlichen Vorstellungen festmacht. Wer etwa bei der Division nicht nur über die Grundvorstellung des „Verteilens" verfügt, sondern auch über die des „Enthaltenseins", kann sich bei der Berechnung von $30 : \frac{1}{2}$ weiterhelfen, selbst wenn die Rechenregeln vergessen sind: Da $\frac{1}{2}$ sechzigmal in 30 passt, ist das Ergebnis 60. Darüber hinaus kann er begründen, weshalb diese Division nicht – wie von den natürlichen Zahlen her gewohnt – verkleinert, sondern vergrößert: Das Ergebnis 60 bezeichnet nicht sechzig Ganze, sondern sechzig Halbe.[10]

Grundvorstellungen sind also fachlich erwünschte Interpretationen zentraler mathematischer Inhalte – Begriffe, Verfahren, Konzepte – im Kontext der Erfahrungswelt von Lernenden. Als Übersetzungswerkzeuge zwischen Mathematik und subjektiver Erfahrungswelt dienen sie dazu, Mathematik auf das Alltagsdenken von Lernenden in Form ihrer Erfahrungen zu beziehen: sei es, um einen mathematischen Inhalt auf der Basis einer Grundvorstellung zu begründen, sei es, um den Sinn eines mathematischen Inhalts durch Bezug auf die eigene Erfahrungswelt zu konstruieren. Kurz: Um Mathematik zu verstehen und als sinnvoll zu erleben, sind Grundvorstellungen unabdingbar (vgl. vom Hofe 1995, S. 97 f.; Prediger 2009).

Gerade im Fall des Logarithmus muss der vage Begriff der Erfahrungswelt präzisiert und zwischen primären und sekundären Grundvorstellungen unterschieden werden. In den beiden Erscheinungsformen spiegeln sich unterschiedliche Abstraktionsstufen wider: *Primäre Grundvorstellungen* interpretieren mathematische Inhalte im Kontext alltäglicher Erfahrungen (Gegenstände, Handlungen), während *sekundäre Grundvorstellungen* Interpretationen sind, die sich auf vorhandene mathematische Erfahrungen beziehen (vgl. vom Hofe 2003, S. 6).[11]

Nun sind Grundvorstellungen weniger allgemeingültig als die entsprechenden mathematischen Begriffe und Konzepte, eben weil sie sie in konkreten Kontexten deuten. Um eine möglichst breite Argumentationsbasis zu schaffen, muss ein Inhalt in vielfältigen Interpretationen vorliegen, aus denen die jeweils passende Interpretation situativ auszuwählen ist. Aus diesem Grund sind bis heute viele normative Grundvorstellungen zu zentralen Themen der Grund- und Sekundarschule erarbeitet worden, die Schülerinnen und Schüler ausbilden sollten. Zum Logarithmus liegen jedoch noch keine Grundvorstellungen vor.[12]

---

[10] Für das Dividieren sind neben dem Verteilen und Enthaltensein („passen in") weitere Grundvorstellungen bekannt, so das Aufteilen und die umgekehrte Multiplikation bzw. die fortgesetzte Subtraktion (vgl. Kirsch 1970).

[11] Mit anderen Worten sind die Interpretationen der Division als Verteilen, Aufteilen und Enthaltensein primäre Grundvorstellungen, während die Umkehrung der Multiplikation bzw. die fortgesetzte Subtraktion sekundäre Grundvorstellungen sind.

[12] Bis heute liegen Grundvorstellungen zu natürlichen, gebrochenen und ganzen Zahlen (mit den Grundrechenarten) sowie zu den Begriffen Prozent, Funktion, Variable, Wahrscheinlichkeit, Ableitung und Integral vor (vgl. vom Hofe 2003; Blum und vom Hofe 2003; Malle 2003; Malle 2004; Postel 2005).

5.2.2 Normative Grundvorstellungen zum Logarithmus

Hat der Unterricht einen verständigen Umgang mit Begriffen und Konzepten zum Ziel, kann dies bedeuten, dass er mit Grundvorstellungen arbeitet. Eine Reaktion auf die beschriebenen Schwierigkeiten und Fehler könnte also sein, entsprechende Grundvorstellungen mit den Schülerinnen und Schülern aufzubauen. Damit wird in diesem Abschnitt eine *normative* Sicht eingenommen. Doch wie sehen sie aus, solche Grundvorstellungen zum Logarithmus?

Zu ihrer Bestimmung wird im Folgenden eine Sachanalyse vorgenommen und der mathematische Kern des Logarithmus bestimmt, also Aspekte und Eigenschaften, die ihn aus fachlicher Sicht ausmachen. Im zweiten Schritt wird dieser Kern didaktisch umgesetzt und in der Erfahrungswelt von Lernenden gedeutet (vgl. vom Hofe 1995, S. 123–125)[13].

Damit unterscheidet sich das Vorgehen hier insofern von einer inversen oder funktionalen Begriffsfassung, als nicht aus einer einzigen für zentral befundenen Eigenschaft deduktiv alle weiteren Aspekte und Eigenschaften abgeleitet werden. Ziel ist ein Unterricht, der den Lernenden nicht nur eine, sondern mehrere inhaltliche Deutungsmöglichkeiten anbietet.

Mathematische Eigenschaften des Logarithmus. Was also ist der Logarithmus, was kann er und wie wirkt er? Aus fachlicher Sicht lassen sich drei zentrale Eigenschaften ausmachen. Sie alle können zur Definition herangezogen werden, sind also mathematisch zueinander äquivalent. Die Eigenschaft des Logarithmus, die zu seiner Erfindung führte, lautet:

(E1) *Der Logarithmus ist der Exponent einer Potenz:* Liegt eine Zahl explizit als Potenz vor, ist es für gewisse Fragestellungen praktischer, sich auf ihren Exponenten zu konzentrieren und vom Rest zu abstrahieren.

Diese historisch wichtige Eigenschaft rückte jedoch zunehmend in den Hintergrund. So begriff Euler den Logarithmus als Umkehrung des Potenzierens und machte ihn damit einfach auf beliebige Numeri anwendbar (vgl. Abschnitt 5.1.2, S. 82). Das heißt:

(E2) *Logarithmieren und Potenzieren sind – bezüglich des Exponenten – wechselseitige Umkehroperationen:* Potenzen a^b und Exponentialgleichungen $c = a^b$ können durch Logarithmieren nach dem Exponenten b aufgelöst werden. Folglich steht mit dem Logarithmieren ein weiteres Verfahren zum Umformen und Lösen gewisser Gleichungen zur Verfügung. Diese Eigenschaft führt unmittelbar zur Gleichheit $\log_a(a^b) = b$ bzw. $a^{\log_a(b)} = b$.[14]

Wird die zweite Eigenschaft funktional gelesen, lautet sie wie folgt:

---

[13] Ergänzend könnten Aufgaben auf die enthaltenen Grundvorstellungen hin analysiert werden (vgl. Blum und vom Hofe 2003; Blum u. a. 2004). Für entsprechende Analysen im Fall von Logarithmusaufgaben siehe Greier 2012.

[14] Da diese Gleichheit mathematisch äquivalent zur inversen Definition des Logarithmus ist, steht sie nur selten in Formelsammlungen. Entsprechend wird sie im Unterricht kaum je explizit, obwohl sie für Schü-

(E2') *Die Logarithmusfunktion ist die Umkehrfunktion der Exponentialfunktion:* Statt
der algebraischen Gleichung $c = a^b$ wird hier die Funktionsgleichung $y = a^x$
betrachtet. Ist y abhängig von x, liegt eine Exponentialfunktion vor, und ist
umgekehrt x abhängig von y, handelt es sich um eine Logarithmusfunktion.
Entsprechend wird aus dem Graphen (bzw. der Wertetabelle) der Exponentialfunktion durch ein Vertauschen der Rollen von y und x der Graph (die
Wertetabelle) der Logarithmusfunktion.

Die nächste, dritte Eigenschaft ist nicht minder zentral. Dank ihr vereinfacht sich das
schriftliche Rechnen mit großen Zahlen beträchtlich, und auf ihr beruht der historische Siegeszug des Logarithmus:[15]

(E3) *Der Logarithmus führt eine multiplikative in eine additive Struktur über:* Damit
führt der Logarithmus nicht nur Produkte in Summen, sondern auch Quotienten in Subtraktionen über. In gewissem Sinne gilt die genannte Eigenschaft
sogar eine Operationsstufe höher, Potenzen werden zu Produkten und Wurzeln zu Quotienten. In der Schule wird dies in Form von Logarithmusgesetzen
festgehalten: $\log_a(b \cdot c) = \log_a(b) + \log_a(c)$ (auch „erstes Logarithmusgesetz"
genannt) und $\log_a(b^c) = c \cdot \log_a(b)$ („zweites Logarithmusgesetz").

Auch diese Eigenschaft kann funktional gedeutet werden, indem sie als Aussage über
das Änderungsverhalten der Logarithmusfunktion gelesen wird. Sie lautet:

(E3') *Wird das Argument einer Logarithmusfunktion mehrfach mit demselben Faktor
gestreckt, nimmt der Funktionswert stets um denselben Summanden zu:* Diese
Aussage gilt für Basen $a > 1$. Für Basen $0 < a < 1$ nehmen die Funktionswerte
entsprechend stets um denselben Wert ab.[16]

Aus diesen zentralen Eigenschaften werden nun die entsprechenden Grundvorstellungen entwickelt (für eine Übersicht siehe Tabelle 5.1).

Didaktische Interpretation der Eigenschaften.   Damit stellen sich Fragen wie folgende: Welche den Schülerinnen und Schülern vertrauten, womöglich alltäglichen
Kontexte gibt es, in denen sich diese Eigenschaften so natürlich wie möglich einbetten lassen? Welche typischen Anwendungen des Logarithmus gibt es?

Da mit (E1) der Logarithmus der Exponent einer Potenz ist, kann der Logarithmus
gewisser Zahlen unmittelbar von Hand berechnet werden: $\log_2(8) = 3$, da der Faktor
2 dreimal in 8 enthalten ist (vgl. Abschnitt 5.1.2, S. 83). Die Frage „Wie oft ist ...
in ... enthalten?" ist den Lernenden bestens vertraut, sei es vom Ausschöpfen eines
Krugs mit einer Tasse, sei es von der Division als fortgesetzter Subtraktion. Während
für die Division so lange subtrahiert werden muss, bis Null übrig bleibt, ist im Fall

---

lerinnen und Schüler nicht selbstverständlich ist. Deshalb lohnt es sich, sie im Unterricht explizit zu formulieren und mit einem Begriff zu belegen, etwa mit „das nullte Logarithmusgesetz" (Gallin 2011, S. 110).

[15] Mit Cauchy (1821) sind Logarithmusfunktionen nichts anderes als die stetigen Lösungen der Funktionalgleichung $\Phi(x \cdot y) = \Phi(x) + \Phi(y)$ (vgl. Hischer und Scheid 1995, S. 222). Mit anderen Worten lässt sich
der Logarithmus mit seinen Eigenschaften auch aus (E3) herleiten.

[16] Die Logarithmusfunktion $y = \log_a(x)$ ist zu jeder anderen Logarithmusfunktion $y = \log_{a'}(x)$ proportional. Für $0 < a < 1$ und $a' > 1$ ist der Proportionalitätsfaktor $\frac{1}{\log_{a'}(a)}$ negativ.

(E1) Der Logarithmus ist der Exponent einer Potenz.	(GV1) *Vorstellung des Enthaltenseins:* Der Logarithmus einer Zahl (zur Basis a) gibt an, wie oft der Faktor a in der Zahl enthalten ist. (GV1') *Vorstellung der Stellenzahl:* Der Logarithmus einer Zahl (zur Basis a) gibt ihre um eins verminderte Stellenzahl (im Stellenwertsystem zur Basis a) an.
(E2) Logarithmieren und Potenzieren sind – bezüglich des Exponenten – wechselseitige Umkehroperationen. (E2') Die Logarithmusfunktion ist die Umkehrfunktion der Exponentialfunktion.	(GV2) *Vorstellung des Gegenspielers:* Logarithmen sind – bezüglich der Exponenten – Gegenspieler von Potenzen.
(E3) Der Logarithmus führt eine multiplikative in eine additive Struktur über. (E3') Wird das Argument einer Logarithmusfunktion mehrfach mit demselben Faktor gestreckt, nimmt der Funktionswert stets um denselben Summanden zu.	(GV3) *Vorstellung des Herabsetzens:* Der Logarithmus setzt jede Rechenoperation um eine Hierarchiestufe herab. (GV3') *Vorstellung des logarithmischen Wachsens:* Der Logarithmus macht aus einem regelmäßig-multiplikativen Wachsen ein regelmäßig-additives Wachsen.

Tabelle 5.1. Mathematische Eigenschaften vom und Grundvorstellungen zum Logarithmus

des Logarithmus die fortgesetzte Division abzubrechen, sobald der Wert Eins erreicht wird. Die Deutung des Enthaltenseins lässt sich sogar erweitern:

- $\log_8(2) = \frac{1}{3}$, da der Faktor 2 dreimal in 8 enthalten ist.
- $\log_2(0{,}125) = -3$, da der Faktor 0,125 dreimal in $\frac{1}{2}$ „enthalten" ist.

Mit anderen Worten funktioniert diese Interpretation bei allen Zahlen b, die zur Basis a eine Potenz mit rationalem Exponenten sind; für sie ist das Logarithmieren eine eigenständige Operation, die sich von Hand durchführen lässt. Zusammenfassend lautet eine erste Grundvorstellung des Logarithmus wie folgt:

(GV1) *Der Logarithmus einer Zahl (zur Basis a) gibt an, wie oft der Faktor a in ihr enthalten ist. (Vorstellung des Enthaltenseins)*

Diese Grundvorstellung ist eine konstruktive, operative Handlungsanweisung, da sie angibt, was zu tun ist, um zum Wert eines Logarithmus zu kommen.[17]

Ein andere Deutung der Eigenschaft (E1) ist die der verallgemeinerten Stellenzahl. So hat eine Million im Dezimalsystem sechs Nullen bzw. sieben Stellen, weil die $n+1$-te Stelle den Wert 10^n hat. Ihr Zehnerlogarithmus ist 6. Mit anderen Worten gibt der Zehnerlogarithmus einer Zehnerpotenz ihre um eins verminderte Stellenzahl wieder. Auch die Interpretation der Stellenanzahl lässt sich verallgemeinern:

– Die Zahl a^n hat (im Stellenwertsystem zur Basis a) $n+1$ Stellen.

– Wird dieser Zusammenhang von Potenzen zur Basis a auf beliebige Numeri fortgesetzt (Permanenzprinzip), ergibt sich eine „verallgemeinerte Stellenzahl": Wird eine Zahl b im Stellenwertsystem zur Basis a ausgeschrieben, ist die verallgemeinerte Stellenzahl gleich $\log_a(b)+1$.[18]

Der Kontext, in den die Eigenschaft (E1) damit gestellt wird, ist dem des Wurzelziehens verwandt und den Lernenden vertraut. Daraus ergibt sich als Modifikation von (GV1) die folgende Grundvorstellung:

(GV1') *Der Logarithmus einer Zahl (zur Basis a) gibt ihre um eins verminderte Stellenzahl (im Stellenwertsystem zur Basis a) an. (Vorstellung der Stellenzahl)*

Im Gegensatz zur operativen Grundvorstellung (GV1) wird hier eine typische Anwendung des Logarithmus aufgegriffen. So lässt sich mit einem handelsüblichen Taschenrechner die Stellenzahl der derzeit größten Primzahl $2^{57'885'161}-1$ berechnen, obschon die Primzahl auf dem Rechner nicht im Dezimalsystem darstellbar ist: Da $\log_{10}(2^{57'885'161})=57'885'161\cdot\log_{10}(2)\approx 17'425'169{,}8$ beträgt, hat die Primzahl $17'425'170$ Stellen. Kurz: *Die Grundvorstellungen (GV1) und (GV1') geben wieder, dass der Logarithmus ein Werkzeug zur Berechnung einer Zahl ist.*

Die Grundvorstellung (GV1) rekurriert letztlich darauf, dass die Schülerinnen und Schüler Zahlen in Potenzen zerlegen können bzw. fortgesetzt dividieren können. Wenn nun aber die Basis und der Numerus wie etwa in $\log_5(10)$ „inkompatibel" zueinander sind, verliert der Logarithmus seinen selbständigen Charakter. Sein Wert kann dann „von Hand" näherungsweise berechnet werden, indem er als Unbekannte in einer Exponentialgleichung – hier $5^x=10$ – interpretiert wird. Dazu wird mit dem Taschenrechner eine Fünferpotenz gesucht, die nahe bei einer Zehnerpotenz liegt:

---

[17] Die Grundvorstellung (GV1) führt zu einem Algorithmus zur schriftlichen Berechnung des Logarithmus, wenn alle Rechenoperationen im schriftlichen Divisionsalgorithmus um eine Stufe erhöht werden (vgl. Schultz 1984).

[18] In der Schulmathematik sind Funktionen bei Zahlbereichserweiterungen immer wieder unter der Beibehaltung bestehender Gesetze fortzusetzen, sei es beim Übergang der Multiplikation von den ganzen zu den reellen Zahlen oder bei der Definition von Potenzen mit reellen Exponenten (vgl. Hefendehl-Hebeker und Prediger 2006).

Wegen $5^{10} = 9'765'625 \approx 10^7$ ist $5^{\frac{10}{7}} \approx 10$, folglich $\log_5(10) \approx \frac{10}{7}$. Hier wird also der Exponent zurückgewonnen, womit eine weitere Grundvorstellung wie folgt lautet:

(GV2) *Logarithmen sind – bezüglich der Exponenten – Gegenspieler von Potenzen. (Vorstellung des Gegenspielers)*

Diese Grundvorstellung greift – dezidierter als die zugehörige Eigenschaft (E2) – auf das Prinzip des Gegenspielers zurück, dem die Lernenden in ihrer Biographie bereits mehrfach begegnet sind (Wärme und Kälte, Helligkeit und Dunkelheit, Addition und Subtraktion usw.). Durch eine solche Anbindung an alltägliche Erfahrungen kann der Akzent von den Potenzen wegverschoben werden.

Die dritte Eigenschaft (E3) schließlich führt zur folgenden Grundvorstellung:

(GV3) *Der Logarithmus setzt jede Rechenoperation um eine Hierarchiestufe herab. (Vorstellung des Herabsetzens)*

Diese Grundvorstellung ist vor dem Hintergrund der „Po-Pu-Stri-Regel" sofort plausibel:[19] Durch das Logarithmieren werden Potenz- zu Punktrechnungen und Punkt- zu Strichrechnungen. Insbesondere kann die Grundvorstellung davor bewahren, Terme wie $\log(a \pm b)$ weiter zu zerlegen, weil es keine „tieferen" Rechenoperationen gibt als die Addition bzw. Subtraktion. Und nicht zuletzt kann mit (GV3) begründet werden, weshalb der Logarithmus aus einer Exponential- bzw. Potenzfunktion eine lineare Funktion macht (einfach- bzw. doppelt-logarithmisches Koordinatensystem). Kurz: *Die beiden Grundvorstellungen (GV2) und (GV3) drücken aus, dass der Logarithmus ein Werkzeug zur algebraischen Manipulation von Termen und Gleichungen ist.*

Um abschließend das in (E3') beschriebene Änderungsverhalten des Logarithmus zu interpretieren, wird der Kontext des Wachsens bemüht. Der Logarithmus wächst nicht nur sehr spezifisch, er bezieht auch verschiedene Typen regelmäßigen Wachstums aufeinander. Damit lautet die entsprechende Grundvorstellung:

(GV3') *Der Logarithmus macht aus einem regelmäßig-multiplikativen Wachsen ein regelmäßig-additives Wachsen. (Vorstellung des logarithmischen Wachsens)*

Diese Grundvorstellung suggeriert insbesondere, dass die Logarithmusfunktion nicht konstant wächst und deshalb nicht linear sein kann. Sie besagt aber auch, dass die Logarithmusfunktion außerordentlich langsam wächst, langsamer als alle anderen in der Schule thematisierten Standardfunktionen. Und nicht zuletzt deshalb eignet sich der Logarithmus, um gewisse Zusammenhänge und Wachstumsvorgänge in der Natur zu modellieren, etwa die Stärke eines subjektiv wahrgenommenen Sinneseindrucks, die sich proportional zum Logarithmus des objektiv messbaren Reizes verhält (Gesetz von Weber-Fechner). Kurz: *Die Grundvorstellung (GV3') erfasst, dass der Logarithmus ein Werkzeug zur Modellierung von Wachstumsprozessen ist.*[20]

---

[19] Die „Po-Pu-Stri-Regel" besagt, dass Potenzrechnungen ($\hat{\ }$, $\sqrt{\ }$) vor Punktrechnungen ($\cdot$, $:$) und diese wiederum vor Strichrechnungen ($+$, $-$) durchzuführen sind.

[20] Neben Logarithmusfunktionen kennt die Schulmathematik noch drei weitere Funktionstypen, die „regelmäßige" Wachstumsvorgänge beschreiben: die linearen Funktionen („plus" beim Argument x führt zu „plus" beim Funktionswert y), die Potenzfunktionen („mal" bei x führt zu „mal" bei y) und die Exponentialfunktionen („plus" bei x führt zu „mal" bei y).

5.2.3 Indizien für die Tragfähigkeit von Grundvorstellungen

Ein Unterricht, in dem die genannten Grundvorstellungen ausgebildet werden, gibt Anlass zur Hoffnung, dass der Logarithmus als sinnvoller Inhalt erlebt wird. Verfügen die Lernenden über ausreichend inhaltliche Vorstellungen zum Logarithmus, sollten auch weniger Schwierigkeiten und Fehler auftreten. Wie ein solcher Unterricht aussieht, kann hier nicht ausgeführt werden. Entscheidend ist, dass die Schülerinnen und Schüler nicht nur eine, sondern mehrere der genannten Grundvorstellungen aufbauen und unter Rückbezug auf sie argumentieren lernen.[21]

Dieser Beitrag soll jedoch nicht enden, ohne wenigstens einige Indizien für die Tragfähigkeit der genannten Grundvorstellungen anzuführen. Ein erstes Indiz: Nachdem vor den Weihnachtsferien die nichtfunktionalen Eigenschaften (E1), (E2) und (E3) mit den entsprechenden Grundvorstellungen bearbeitet worden sind, geht es nach den Ferien um den Funktionsgraphen des Logarithmus. Zu seiner Erkundung erhält die gymnasiale Klasse folgende Fragen zur Bearbeitung:

---

a) *Skizzieren Sie den Graphen der Funktion $y = \log_{10}(x)$ für $x > 0$ auf ein Blatt im DIN-A4-Querformat (1 Längeneinheit = 1 cm).*

b) *Wie hoch über der x-Achse liegt der Graph am rechten Blattrand?*

c) *Wie hoch über der x-Achse läge der Graph von $y = \log_{10}(x)$, wenn die x-Achse einmal längs des Äquators um die Erde gewickelt würde? Und wenn sie zweimal um die Erde gewickelt würde?*

Aufgabe: (nach Baierlein u. a. 1984, S. 129)

Diese Aufgabe zielt auf das extrem langsame Wachstum der Logarithmusfunktion. In ihrer Bearbeitung berechnet eine Schülerin die Höhe der Logarithmusfunktion für eine Erdumrundung zu 9,6 cm (siehe Abb. 5.6). Anschließend notiert sie: *„Nun denkt man bestimmt, dass es logisch ist, wo der Graph bei 80'000 (2 Umrundungen) liegt. Nämlich bei dem doppelten, also bei 19,2 cm. Doch ist das wirklich so?"* Eine kleine Rechnung widerlegt ihre Annahme der Linearität, was sie veranlasst, dem Grund für das nichtlineare Wachstum nachzugehen. Zuerst führt sie als Argument, das gegen die Verdoppelung des Funktionswerts spricht, die Grundvorstellung der Stellenzahl an: *„Ich denke, dass dies mit der Anzahl Stellen zusammenhängt. Diese ändern sich ja nicht."* Nun, da der Schülerin die vermutete Verdoppelung aus Sicht ihrer Alltagslogik nicht mehr sinnvoll erscheint, wechselt sie ihre Argumentationsbasis und argumentiert weiter mit der Gegenspieler-Vorstellung: *„Also ist, wenn man die Zahlen als Exponenten mit Basis schreibt nur die Basis unterschiedlich. Nicht aber der Exponent."* Dieser (mathematisch eher leistungsschwachen, aber engagierten) Schülerin hier einen verständigen Umgang mit dem Logarithmus zu attestieren, ist sicher nicht übertrieben.

---

[21] Entsprechend der historischen Entwicklung könnte der Unterricht bei zwei geeigneten Zahlenfolgen, einer arithmetischen und einer geometrischen Folge, beginnen. Aus ihrer Gegenüberstellung lassen sich dann einige Grundvorstellungen zum Logarithmus erarbeiten (vgl. Toumasis 1993).

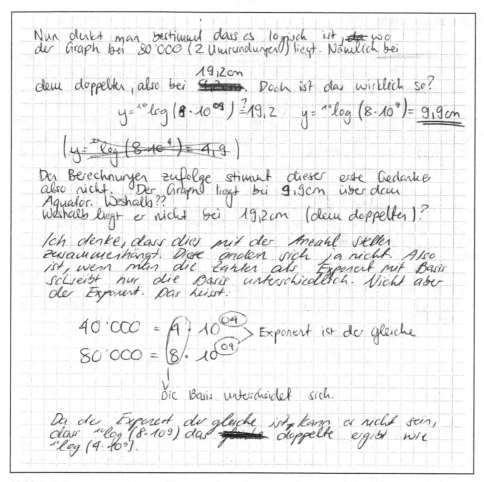

Abbildung 5.6. Argumentationen auf der Basis der Stellenzahl- und der Gegenspieler-Grundvorstellung (Schülerantwort auf die Frage c) in der Aufgabe auf S. 94)

Ein zweites Indiz stammt von einer anderen (diesmal starken) Schülerin. Sie soll zum Abschluss ihrer mündlichen Maturaprüfung das Integral $\int_1^\infty \frac{1}{x}\,dx$ berechnen, obwohl sie uneigentliche Integrale bislang noch nie untersucht hat. Zuerst notiert sie die Stammfunktion $\ln(x)$ und meint nach einem Moment des Nachdenkens: *„Für x gegen unendlich geht auch das Integral gegen unendlich, denn mit zunehmendem x nimmt die Stellenzahl von x zu!"* Offenbar hat sich die Grundvorstellung der Stellenzahl auch für diese Schülerin als sinnstiftend erwiesen und die Jahre seit der unterrichtlichen Behandlung des Logarithmus überlebt. Selbstverständlich könnte hier auch anders vorgegangen und über das Potenzieren bzw. mit der Umkehrfunktion $y = e^x$ argumentiert werden. Damit käme man Eulers Verständnis des Logarithmus näher. Die entsprechende Grundvorstellung scheint zumindest für diese Gymnasiastin weniger naheliegend gewesen zu sein als die Grundvorstellung der Stellenzahl.

Zusammenfassung

Es ist eine Erfahrungstatsache, dass der Logarithmus für Lernende eine befremdliche und unverständliche Sache ist. Dieser Beitrag beschreibt im ersten Teil anhand von Schülerdokumenten einige typische Verständnisschwierigkeiten und Fehler, um anschließend eine Übersicht über bekannte Vorschläge zu deren Vermeidung zu geben. Diese Vorschläge ergänzen den traditionellen Unterrichtsgang jedoch nur punktuell und schaffen die Probleme nicht aus der Welt. Es könnte also sein, dass das alleinige unterrichtliche Vertrauen auf die seit Euler verwendete inverse Begriffsfassung für die Schülerschwierigkeiten verantwortlich ist.

Aus diesem Grund werden im zweiten Teil eine normative Sicht eingenommen und unterschiedliche Grundvorstellungen zum Logarithmus entwickelt und begründet: die *Grundvorstellung des Enthaltenseins*, die *Grundvorstellung der Stellenzahl*, die *Grundvorstellung des Gegenspielers*, die *Grundvorstellung des Herabsetzens* und die *Grundvorstellung des logarithmischen Wachsens*. Weil diese Vorstellungen aus vielfältigen Erfahrungsbereichen von Lernenden stammen, setzen sie deren Alltagsdenken besser fort als die inverse Begriffsfassung. In der Folge könnten sie eine tragfähige Grundlage für mathematische Argumente und einen verständigen Umgang mit dem Logarithmus bilden. Wie sich die vorgeschlagenen Grundvorstellungen in der Praxis bewähren, hängt nicht zuletzt von ihrer Umsetzung ab.

Literatur

[Affolter u. a. 2003] AFFOLTER, Walter; BEERLI, Guido; HURSCHLER, Hanspeter; JAGGI, Beat; JUNDT, Werner; KRUMMENACHER, Rita; NYDEGGER, Annegret; WÄLTI, Beat; WIELAND, Gregor: *mathbu.ch 8 – Mathematik im 8. Schuljahr für die Sekundarstufe 1*. Bern u. a.: schulverlag blmv u. a., 2003.

[Andelfinger 1985] ANDELFINGER, Bernhard: *Didaktischer Informationsdienst Mathematik. Thema: Arithmetik, Algebra und Funktionen*. Soest: Landesinstitut für Schule und Weiterbildung, 1985.

[Appel 1992] APPEL, Herbert: Zur Schreibweise der Logarithmusfunktion. In: *Praxis der Mathematik in der Schule* 34 (1992), Nr. 1, S. 16–18.

[Baierlein u. a. 1984] BAIERLEIN, Marianne; BARTH, Friedrich; GREIFENEGGER, Ulrich; KRUMBACHER, Gert: *Anschauliche Analysis 2 – Leistungskurs*. München: Ehrenwirth, 1984.

[Bennhardt 2009] BENNHARDT, Dirk: Der Logarithmus – tradierte Fachbegriffe oder sinnstiftende Kreativität? Ein Plädoyer für eine sinnstiftende mathematische Fachsprache am Beispiel des Logarithmus. In: *Praxis der Mathematik in der Schule* 51 (2009), Nr. 29, S. 44–45.

[Blum und vom Hofe 2003] BLUM, Werner; VOM HOFE, Rudolf: Welche Grundvorstellung stecken in der Aufgabe? In: *mathematik lehren* 118 (2003), S. 14–18.

[Blum u. a. 2004] BLUM, Werner; VOM HOFE, Rudolf; JORDAN, Alexander; KLEINE, Michael: Grundvorstellungen als aufgabenanalytisches und diagnostisches Instrument bei PI-

SA. In: Neubrand, Michael (Hrsg.): *Mathematische Kompetenzen von Schülerinnen und Schülern in Deutschland.* Wiesbaden: Verlag für Sozialwissenschaften, 2004, S. 147–157.

[Boon Liang und Wood 2005] Boon Liang, Chuan; Wood, Eric: Working with Logarithms: Students' Misconceptions and Errors. In: *The Mathematics Educator* 8 (2005), Nr. 2, S. 53–70.

[Cajori 1913a] Cajori, Florian: History of the Exponential and Logarithmic Concepts. In: *The American Mathematical Monthly* 20 (1913), Nr. 1, S. 5–14.

[Cajori 1913b] Cajori, Florian: History of the Exponential and Logarithmic Concepts. In: *The American Mathematical Monthly* 20 (1913), Nr. 2, S. 35–47.

[Cajori 1952] Cajori, Florian: *A History of Mathematical Notation.* Bd. 2. Chicago: Open Court Publishing Company, 1952.

[Euler 1959] Euler, Leonhard: *Vollständige Anleitung zur Algebra.* Unter Mitwirkung v. J. Niessner in rev. Fass. neu herausg. v. J. E. Hofmann. Stuttgart: Reclam, 1959.

[Felgner 2005] Felgner, Ulrich: Über den Ursprung des Wurzelzeichens. In: *Mathematische Semesterberichte* 52 (2005), Nr. 1, S. 1–7.

[Gächter o. J.] Gächter, Albert: *Einige Vertiefungsthemen zum Logarithmus.* St. Gallen: mefi Verlag, o. J.

[Gallin 2011] Gallin, Peter: Mathematik als Geisteswissenschaft – der Mathematikschädigung dialogisch vorbeugen. In: Helmerich, Markus; Lengnink, Katja; Nickel, Gregor; Rathgeb, Martin (Hrsg.): *Mathematik Verstehen. Philosophische und didaktische Perspektiven.* Wiesbaden: Vieweg+Teubner, 2011, S. 105–116.

[Greier 2012] Greier, Susan: *Grundvorstellungen vom Logarithmus – Entwicklung diagnostischer Aufgaben und erste Erprobung.* Unveröffentlichte Masterarbeit. Berlin: Freie Universität Berlin, 2012.

[Hammack und Lyons 1995] Hammack, Richard; Lyons, David: A Simple Way to Teach Logarithms. In: *The Mathematics Teacher* 88 (1995), Nr. 5, S. 374–375.

[Hefendehl-Hebeker und Prediger 2006] Hefendehl-Hebeker, Lisa; Prediger, Susanne: Unzählig viele Zahlen. Zahlenbereiche erweitern – Zahlenvorstellungen wandeln. In: *Praxis der Mathematik in der Schule* 48 (2006), Nr. 11, S. 1–7.

[Heymann 1996] Heymann, Hans Werner: *Allgemeinbildung und Mathematik.* Weinheim u. a.: Beltz, 1996.

[Hischer und Scheid 1995] Hischer, Horst; Scheid, Harald: *Grundbegriffe der Analyis – Genese und Beispiele aus didaktischer Sicht.* Heidelberg u. a.: Spektrum Akademischer Verlag, 1995.

[Kirsch 1970] Kirsch, Arnold: *Elementare Zahlen- und Größenbereiche: eine didaktisch orientierte Begründung der Zahlen und ihrer Anwendbarkeit.* Göttingen: Vandenhoeck & Ruprecht, 1970.

[Klein 1933] Klein, Felix: *Elementarmathematik vom höheren Standpunkte aus.* Bd. 1: Arithmetik, Algebra, Analysis. 4. Aufl., Berlin: Springer, 1933.

[Krüger 2000] Krüger, Katja: *Erziehung zum funktionalen Denken.* Berlin: Logos, 2000.

[Lauter u. a. 1995] Lauter, Josef; Bielig-Schulz, Gisela; Diepgen, Raphael; Jahnke, Thomas; Kuypers, Wilhelm; Wuttke, Hans: *Mathematik – 10. Schuljahr.* Berlin: Cornelsen, 1995.

[Malle 2003] MALLE, Günther: Vorstellungen vom Differenzenquotienten fördern. In: *mathematik lehren* 118 (2003), S. 57–62.

[Malle 2004] MALLE, Günther: Grundvorstellungen zu Bruchzahlen. In: *mathematik lehren* 123 (2004), S. 4–8.

[Malle 2009] MALLE, Günther: Mathematiker reden in Metaphern. In: *mathematik lehren* 156 (2009), S. 10–15.

[Mertins 2012] MERTINS, Nadja: *Zur Behandlung der Logarithmen im Unterricht.* Unveröffentlichte Masterarbeit an der Universität Potsdam. Potsdam, 2012.

[Oswald 2005] OSWALD, Andreas: Sudoku – Magie des Quadrats. In: *Tagesspiegel* 18'910 (31. Juli 2005), S. 32.

[Prediger 2004] PREDIGER, Susanne: Brüche bei den Brüchen – aufgreifen oder umschiffen? In: *mathematik lehren* 123 (2004), S. 10–13.

[Prediger 2009] PREDIGER, Susanne: Inhaltliches Denken vor Kalkül – Ein didaktisches Prinzip zur Vorbeugung und Förderung bei Rechenschwierigkeiten. In: FRITZ, Annemarie; SCHMIDT, Siegbert (Hrsg.): *Fördernder Mathematikunterricht in der Sek. I.* Weinheim: Beltz, 2009, S. 213–234.

[Prediger und Wittmann 2009] PREDIGER, Susanne; WITTMANN, Gerald: Aus Fehlern lernen – wie ist das möglich? In: *Praxis der Mathematik in der Schule* 51 (2009), Nr. 27, S. 1–8.

[Postel 2005] POSTEL, Helmut: Grundvorstellungen bei ganzen Zahlen. In: HENN, Hans-Wolfgang; KAISER, Gabriele (Hrsg.): *Mathematikunterricht im Spannungsfeld von Evolution und Evaluation. Festschrift für Werner Blum.* Hildesheim u. a.: div Verlag Franzbecker, 2005, S. 195–201.

[Schröder 2011] SCHRÖDER, Lothar: Wenn Computer das Denken steuern. In: *Rheinische Post* (12. Mai 2011), S. C11.

[Schultz 1984] SCHULTZ, Peter: Ein Logarithmus-Algorithmus. In: *Praxis der Mathematik in der Schule* 26 (1984), Nr. 12, S. 362–364.

[Stoll 2007] STOLL, Cliff: Als Rechner noch geschoben wurden. In: *Spektrum der Wissenschaft* 4 (2007), S. 92–99.

[Toumasis 1993] TOUMASIS, Charalampos: Teaching Logarithms via their History. In: *School Science and Mathematics* 93 (1993), Nr. 8, S. 428–434.

[vom Hofe 1995] VOM HOFE, Rudolf: *Grundvorstellungen mathematischer Inhalte.* Heidelberg u. a.: Spektrum Akademischer Verlag, 1995.

[vom Hofe 2003] VOM HOFE, Rudolf: Grundbildung durch Grundvorstellungen. In: *mathematik lehren* 118 (2003), S. 4–8.

6 Stochastik verständlich unterrichten

Andreas Eichler

Mathematik verständlich zu vermitteln ist wohl die didaktische Maxime mit dem größten Konsens und wird für jede konkrete didaktische Konzeption postuliert. Was aber ein verständliches Vermitteln oder Unterrichten bedeuten kann, ist nicht einheitlich geklärt. In diesem Beitrag wird eine mögliche Interpretation eines verständlichen Unterrichtens für die Stochastik beziehungsweise für die Leitidee *Daten und Zufall* vorgestellt und dabei begründet, worin sich die Verständlichkeit ausdrücken kann. Dazu sollen in dem Beitrag anhand von drei Beispielkontexten, die durch alle Schulformen hindurch tragfähig sind, zentralen Ideen der Stochastik illustriert werden. Verständlichkeit soll sich dabei nicht allein auf die Beispiele selbst beziehen, sondern auch auf die stetige Reflexion, welche stochastischen Methoden einer Schulform welche zentrale Ideen verdeutlichen können.

6.1 Einleitung

Das verständliche Unterrichten von Mathematik im Gegensatz zu einem unverstandenen Drill ist vermutlich die didaktische Maxime mit dem weitest gehenden Konsens. Allerdings gibt es unterschiedliche Auffassungen in unterschiedlichen Ausarbeitungsstufen, inhaltlichen Orientierungen und Zielrichtungen, wie die Verständlichkeit in verschiedenen mathematischen Teildisziplinen hergestellt werden könnte. Auch in der Stochastikdidaktik gab und gibt es unterschiedliche Wege: Ist etwa ein Schwerpunkt auf die Wahrscheinlichkeitsrechnung oder die Datenanalyse zu legen, in welchem Verhältnis stehen formale Schärfe und Entwicklung von Ideen (vgl. Eichler 2006)? Beide Aspekte, zu denen mittlerweile zumindest international ein deutlicher Trend hin zum Verstehen einer Idee im Gegensatz zum Beherrschen eines Verfahrens (vgl. z. B. Garfield und Ben-Zvi 2008) und sowohl national wie international ein Trend hin zu einer datenorientierten Stochastik sichtbar ist, bilden auch die Grundlage für meine folgende Interpretation, was verständlicher Stochastikunterricht bedeuten kann. Die dabei anhand von drei führenden Beispielen illustrierten Überlegungen basieren auf der Zusammenarbeit mit meinem Kollegen Markus Vogel, was ich explizit nur hier betonen werde, und den aus dieser Zusammenarbeit entstandenen Arbeiten, die in den entsprechenden Abschnitten genannt werden. Bevor der Blick aber ganz auf die Stochastik verengt wird, will ich mich zunächst allgemeiner dem Begriff einer verständlichen Mathematikunterrichts nähern.

6.2 Was könnte Verständlichkeit im Mathematikunterricht meinen?

Eine weit akzeptierte, in Präambeln von Lehrplänen enthaltene und überinhaltliche Antwort auf diese Frage ist in der Formulierung der drei Grunderfahrungen von Winter (1995) enthalten. So sollen Schülerinnen und Schüler stets die Anwendbarkeit der Mathematik in der Realität erleben, aber ebenso Mathematik als „deduktiv geordnete" und in den Gedanken verhaftete Welt sowie als Reservoir von Strategien des Problemlösens auch über das Fach hinaus kennenlernen (vgl. Winter 1995, S. 37).

Im Grunde genommen wird allerdings durch die drei Grunderfahrungen noch keine spezifische Antwort auf die obige Frage gegeben, sondern die Richtung möglicher Antworten vorgegeben, die für jede Disziplin und jedes Thema weiter präzisiert werden muss. Nach Danckwerts und Vogel (2006) müsste eine ganze Reihe weiterer Fragen disziplinspezifisch beantwortet werden, von denen ich in Zusammenfassung die für mich zentralen herausnehme:

(1) In welchem Verhältnis soll die mathematische Theorie und schulisches Lernen von Mathematik stehen? Für nahezu alle in der Schule behandelten Themen gilt: Sämtliche Theorie ist fertig, alle Konzepte sind durchdacht und in eine Struktur eingeordnet, jegliche Methode vielfach erprobt, alle Vermutungen geäußert und alle (zumindest die überwiegende Anzahl) Behauptungen bewiesen – allein die Schülerinnen und Schüler wissen das noch nicht. Soll deshalb also ein fertiges Gedankengebäude, an dem in der Schule nur schwer angebaut werden kann, statisch aber systematisch nachvollzogen werden oder sollte das Ziel des Mathematikunterrichts sein, das Gebäude zumindest an exemplarische Stellen mit denkbaren zwischenzeitlichen Baufehlern neu zu errichten? Die Entscheidung zwischen Mathematik als elegantem und stringentem Produkt und Mathematik als Prozess mit allen Irrwegen muss abgewogen werden, wenn über die Verständlichkeit von Mathematikunterricht nachgedacht wird.

(2) Welche Konzepte und Methoden einer schulmathematischen Disziplin sollen aus der mathematischen Theorie für den Schulunterricht ausgewählt und in welcher Form in diesen integriert werden? Ohne Zweifel ist nur eines nicht möglich, nämlich die mathematische Theorie erschöpfend im Mathematikunterricht zu behandeln. Hier ist es ein weitgehender Konsens, dass in der Auswahl von Themen die fundamentalen Ideen (vgl. Fischer und Malle 2004; Schweiger 1992; Vohns 2007) einer mathematischen Disziplin enthalten sein sollten (vgl. Tietze u. a. 2000). So scheint es selbstverständlich zu sein, gerade auf die Ideen zu fokussieren, die zumindest am Ende das mathematische Theoriegebäude im Inneren zusammenhalten, das Errichten des Gebäudes in seiner Form motiviert haben oder die wesentlich in der Anwendung mathematischer Theorie sind. Ebenso sollten solche fundamentalen Ideen in allen Schulstufen in der schulstufenspezifischen Ausprägung thematisiert werden können, um später zu einem möglichst umfassenden Verständnis zum Abschluss der Schulzeit zu kumulieren, wobei intuitive Vorstellungen von Schülerinnen und Schülern Schritt für Schritt zu überindividuellen und größeren Teils sinnvollerweise konventio-

nalisierten Vorstellungen werden. In welcher Tiefe, mit welcher fachlichen und formalen Strenge dies geschehen sollte, ob anhand außermathematischer oder innermathematischer Problemstellungen, ob mit oder ohne Rechnerunterstützung sind dagegen Fragen, die nicht einheitlich beantwortet werden. Die Uneinheitlichkeit bezieht sich da sowohl auf verschiedene didaktische Strömungen wie auch verschiedene mathematische Teildisziplinen.

Trotz des Konsenses in einigen der grundsätzlichen Fragen zu einem verständlichen Unterricht bleiben also Freiheitsgrade, zu denen in den weiteren Abschnitten ein für die Schulstochastik spezifischer Vorschlag gemacht werden soll.

6.3 Grundüberlegungen für einen verständlichen Stochastikunterricht

Um begründet zu der Frage des Verhältnisses von mathematischer Theorie und schulischem Lernen zu kommen, soll zunächst betrachtet werden, was zu fundamentalen Ideen der Stochastik gehören könnte.

Tatsächlich gibt es für die Stochastik und insbesondere die Wahrscheinlichkeitsrechnung – also dem Aspekt Zufall in der Leitidee Daten und Zufall – bereits Vorschläge zu fundamentalen Ideen (vgl. Heitele 1975; Wolpers u. a. 2002) sowie auch Kritik an diesen (vgl. z. B. Borovcnik 1997). Tatsächlich ist der Daten-Aspekt in diesen Vorschlägen ausgespart. Zudem wirke die Liste von Ideen teilweise wie „Kapitelüberschriften eines mathematisch gehaltenen Stochastiklehrbuchs" (vgl. Borovcnik 1997, S. 23). Einen gänzlich anderen Ansatz bieten Wild und Pfannkuch (1999), die statt inhaltlicher fundamentaler Ideen prozessorientierte fundamentale Ideen in den Mittelpunkt stellen, die also nicht klären, welche Konzepte, sondern welche Tätigkeiten Stochastik ausmachen. Diese im *Statistischen Denken* zusammengefassten Ideen (vgl. Wild und Pfannkuch 1999) beziehen sich allerdings im Kern wiederum nicht auf die Wahrscheinlichkeitsrechnung. Dennoch wird dieser Ansatz der Formulierung fundamentaler Ideen in der folgenden (eigenen) Interpretation auf die Stochastik als Daten und Zufall einende Disziplin bezogen.

(1) Erkennen der Notwendigkeit statistischer Daten;

(2) Flexible Repräsentation der relevanten Daten (Transnumeration);

(3) Einsicht in die Variabilität statistischer Daten;

(4) Erkennen von Mustern und Beschreiben von Mustern mit statistischen Modellen;

(5) Verbinden von Kontext und Statistik.

Diese fundamentalen Ideen sind explizit auf eine datenorientierte Stochastik bezogen und man könnte einwenden, dass die mathematische Stochastik des Datenkontexts nicht notwendigerweise bedarf. Bezieht man also die oben genannten Aspekte des statistischen Denkens auch auf die Wahrscheinlichkeitsrechnung, so ist dies zugleich eine (und meine) Positionierung hinsichtlich der Inhalte des schulischen Stochastikunterrichts, der ohne den Bezug zu Daten und ihren Kontexten sinnentleert bleibt.

Die zweite Positionierung besteht in der Antwort auf die Frage des Verhältnisses von mathematischer Theorie und schulischem Lernen. Diese beruht zunächst auf der Basis der Überlegungen Wagenscheins zum genetischen Lernen:

> „Mir scheint, daß die lebende Wissenschaft immer nur aus einer solchen Ordnung oder Theorie deduziert, die vorher auf induktivem Wege vermutet worden ist. Das ist aber etwas anderes als ein Unterricht, der vorgreifend aus Prinzipien deduziert, die – vom Schüler aus gesehen (und auf ihn kommt es an) – wie aus dem heiteren Himmel des Lehrers in die Schulstube einschlagen." (Wagenschein 1991, S. 97)

Für das Verhältnis Theorie – schulisches Lernen bedeutet das zunächst, wie es in dem Zitat anklingt, dass die Theorie am Ende eines (möglicherweise induktiven) Lernprozesses steht und nicht am Anfang. Anders ausgedrückt heißt das, dass Schülerinnen und Schüler zunächst einmal Fragen haben müssen, auf die später eine Theorie antworten kann, anstatt Antworten auf nicht gestellte Fragen zu bekommen. Diese Fragen entzünden sich in einer Stochastik, die sich an Daten und Kontexten orientiert, primär an diesen Kontexten und Ideen, diese Kontexte zu bearbeiten, und erst sekundär an den ausgearbeiteten mathematischen Gegenständen. Unter den genannten Prämissen zu fundamentalen Ideen und dem Verhältnis mathematischer Theorie und schulischem Lernen sollen im Folgenden Elemente eines aus meiner Sicht verständlichen Unterrichtens der Stochastik anhand der fünf Aspekte des statistischen Denkens diskutiert und durch weitere, punktuelle Thesen zu einem verständnisorientierten Unterricht ergänzt werden. Alle folgenden, in unterschiedlicher Ausführlichkeit beschriebenen Beispiele sind vielfach in unterschiedlichen Lernsituationen, von Schülerinnen und Schülern, in Vorlesungen und Seminaren der Hochschule sowie in Fortbildungen von Lehrkräften eingesetzt und evaluiert worden.

6.4   Verbinden von Kontext und Statistik

Daten sind Zahlen im Kontext (vgl. Moore 1997). Versteht man also die elementare Stochastik stets im Kern auf Daten bezogen, so ist auch der Kontext, in dem die Daten entstanden sind bzw. entstehen sollen, ein wesentliches Element der Stochastik. Die Aufgabe der Schulstochastik ist es hier, für Schülerinnen und Schüler relevante, zumindest potentiell mit den Möglichkeiten im Schulunterricht durchschaubare Kontexte zu wählen, so dass einerseits sich der Unterricht an solchen Fragestellungen entwickeln kann und andererseits die Essenz der Leitidee Daten und Zufall deutlich wird, die aus meiner Sicht umfasst, dass Schülerinnen und Schüler im Stochastikunterricht erfahren, dass sie mit denen ihn zugänglichen, elementaren Methoden für sie relevante Fragestellungen beantworten können.

Drei Kontexte, die das Entwickeln von Fragen wie auch Methoden initiieren können, sind die folgenden:

| Welche Farbe gibt es am meisten? | Welche Eigenschaften haben Deine Mitschülerinnen und Mitschüler? | Welcher Frosch springt weiter? |

Beispiel 6.1. vgl. Engel und Vogel 2005; Biehler u. a. 2003; Vogel 2009; Eichler und Vogel 2009

Sind das relevante Kontexte und Fragen? Hier muss man sicher unterscheiden zwischen für die Gesellschaft und Schülerinnen und Schüler relevante bzw. relevant gemachte Fragen. Schülereigenschaften können im Erkennen von Gemeinsamkeiten und Unterschieden sicher relevant sein, die Verteilung von M&M-Kugeln oder Froschsprüngen werden dadurch relevant, dass in einer konstruierten Situation (vgl. Eichler 2009) reale Daten zu Fragestellungen gesammelt werden können.

Im Sinne des verständlichen Unterrichtens haben die drei Situationen und dazugehörigen Fragen die Eigenschaft, dass sie

— den Einsatz bereits in der Primarstufe ermöglichen, da sie im Kontext überschaubar sind;

— die drei wesentlichen Typen einer Datenerhebung repräsentieren, die Beobachtung (M&M), die Befragung (Schülereigenschaften) und das Experiment (Frösche);

— werden die Datensammlungen durchgeführt, bereits in der Primarstufe (wie später auch) Fragen der Gewinnung guter Daten bzw. verzerrter Daten anbahnen können (Größe der Stichprobe, Kontrolle von Einflussgrößen, Repräsentativität etc.);

— die erneute Datensammlung ermöglichen, wenn dies im Unterrichtsgang erforderlich ist;

— auf der einen Seite mit sehr elementaren, in der Primarstufe zugänglichen Methoden untersucht werden können, aber ebenso mit den elaborierteren Methoden der Sekundarstufen.

Insbesondere der letzte Punkt ist aus meiner Sicht eine Eigenschaft einer guten Aufgabe, die sowohl das Entwickeln von Methoden, aber auch den Rückblick auf vorangegangene Bearbeitungsschritte ermöglicht.

Um zwei möglichen Missverständnissen vorzubeugen: Natürlich können innerhalb der Leitidee Daten und Zufall – und vielleicht gerade dort – Probleme mit gesellschaftlicher Relevanz nachvollzogen und beurteilt werden (vgl. z. B. Eichler 2007). Das ist aber in aller Regel nur punktuell und anhand von Fremddaten möglich, die einer erneuten Datensammlung durch Schülerinnen und Schüler und damit einer fortgesetzten Re-Analyse nicht zugänglich sind. Genau hier liegt die Antwort auf die wohlmeinende Frage, warum man denn wieder mit den Froschsprüngen anstatt gesellschaftlich brisanter Fragestellungen hantiere: Im ersten Fall ist eine Modellvalidierung durch Sammeln neuer Daten möglich, im zweiten Fall nicht – das macht den Unterschied, wenn man von den Lernenden ausgeht und nicht den Unterricht aus einer rein theoretischen Perspektive betrachtet. Dass weiterhin durch die Reflexion der konstruierten Beispiele mit einem einfachen Kontext auch der Übergang zu gesellschaftlich relevanten Fragestellungen möglich ist, wird beispielhaft später diskutiert.

Weiterhin wird hier nicht propagiert, mit drei Beispielen die gesamte Schulzeit zu gestalten, sondern allein immer wieder an verschiedenen Stellen eines Bearbeitungszyklus auf bereits bekannte, paradigmatische Beispiele zurückgreifen zu können (vgl. dazu auch den Begriff des „situated learning" sowie die Kritik an diesem Begriff; Klauer 2006).

In den Beispielen selbst ist bereits der 5. Aspekt des statistischen Denkens eingebunden: Alle im Folgenden skizzierten stochastischen Methoden beziehen sich auf einen Sachkontext, innerhalb dessen die Ergebnisse der stochastischen Analyse interpretiert werden müssen.

6.5   Notwendigkeit statistischer Daten

Die Einsicht, dass statistische Daten einen empirisch begründete Erkenntnisgewinn erzeugen – im Gegensatz zu den vielen, nicht statistisch begründeten Überzeugung, die zumindest unser privates Leben steuern – ist eine zutiefst statistische Idee (vgl. Eichler und Vogel 2010). Aber auch die Anfänge der Wahrscheinlichkeitsrechnung sind im Kern datenbezogen (vgl. Eichler und Vogel 2009): Wahrscheinlichkeiten und ihre Verteilungen stellen eine Prognose zukünftiger Daten dar, der frequentistische Wahrscheinlichkeitsbegriff basiert auf der Sammlung von Daten, der subjektivistische Wahrscheinlichkeitsbegriff basiert auf dem Verarbeiten von Einzelinformationen (Einzeldaten) etc. Kurz, auch die elementare Wahrscheinlichkeitsanalyse benötigt das Erkennen der Notwendigkeit statistischer Daten.

In allen drei gennannten Situationen können Aspekte einer Theorie der Stichprobenentnahme exemplarisch deutlich werden, um diese viel später, vielleicht erst in der Sekundarstufe II zu systematisieren. Dennoch geht es auch in einem ersten Zugang zu den drei Situationen darum, „gute" Daten und nicht irgendwelche Daten als Grundlage der folgenden Analysen zu erheben. So können zwar auch unachtsam erhobene Daten Begriffe der Stochastik verdeutlichen, sie sind aber nicht dazu geeignet, Fragen zu beantworten und dabei die Notwendigkeit der Erhebung statistischer Daten zu vermitteln. Paradox mutet dabei an, dass eigentlich weit fortgeschrittene Kenntnisse der Stochastik vorhanden sein müssten, um systematisch die Auswahl tatsächlich guter Daten begründen zu können. Auf qualitativer Ebene sind aber alle Stochastik-Novizen durchaus in der Lage, Argumente für eine geeignete Erhebung von Daten formulieren zu können: Für die Frage nach dem am weitesten springenden Frosch lasse man die konkurrierenden Frösche nicht von zwei unterschiedliche talentierten Schülern springen; Zwei M&M-Tüten reichen nicht aus, um allgemeine Aussagen zu tätigen; Mädchen haben vielleicht systematisch andere Eigenschaften als Jungen, ...

Ohne solche Erfahrungen mit eigenen Datensammlungen wirkt die theoretische Betrachtung von der Erhebung möglichst guter Daten wie eine Art Trockenschwimmen, dessen Transfer im kalten Wasser fraglich ist.

6.6 Transnumeration (flexible Darstellung statistischer Daten)

Versteht man prinzipiell die elementare Stochastik als Bilden deskriptiver oder prognostischer Modelle, so wird unmittelbar ersichtlich, dass bereits gesammelte oder zukünftige Daten unterschiedlich modelliert werden können. Unterschiedliche Modelle – verschiedene Mittelwertbildung, verschiedene grafische Darstellungen, abhängige oder unabhängige Modelle – liefern dann im Allgemeinen auf ein und dieselbe Frage allerdings unterschiedliche Antworten. Diese Abhängigkeit der Erkenntnis vom gewählten Modell ist eine Kernidee der Stochastik (zumindest im Anwendungskontext). Drei Beispiele sollen diesen Aspekt verdeutlichen.

Die Transformation statistischer Daten im einfachen Kontext der M&M-Kugeln führt beispielsweise von der noch ungeordneten Darstellung über die Klassifikation nach Farben zu einem Real-Piktogramm und schließlich genetisch zu dem abstrakten Säulendiagramm (vgl. Abb. 6.1 von links nach rechts).

Abbildung 6.1. Transformation statistischer Daten bis zum Säulendiagramm

Der wesentliche Grund der Datentransformation liegt darin, ein Zugewinn an Erkenntnis zu den Daten zu erzeugen. Dabei kann allerdings deutlich werden, auch das ist eine zentrale Erkenntnis, dass nahezu jede Datentransformation die in den Urdaten enthaltene Information reduziert: Der Einzelfall verschwindet im Kollektiv, statt aller Daten werden nur noch Häufigkeiten von Klassen und später allein Mittelwerte oder Streumaße angegeben.

Dabei können unterschiedliche Arten der Transformation oder anders gesagt der Datenmodellierung unterschiedliche Erkenntnisse oder Interpretation der Daten bedingen. Deutlich wird das etwa bei Lage-, (einfachen) Streu- oder (vielleicht nur qualitativ betrachteten) Schiefemaßen in der Sekundarstufe I. Etwa ergeben Median, Quartilsabstand und Quartilskoeffizient deutlich andere Werte für die Mitte, die Streuung und die Schiefe als die nicht robusten Werte des arithmetischen Mittels, der Standardabweichung oder des auf den Momenten basierenden Schiefemaßes. Obwohl derselbe Datensatz zugrunde liegt und die gleiche Art charakteristischer Kennzahlen verwendet werden, erzeugen unterschiedliche Methoden unterschiedliche Interpretationen. Das ist in dem Beispiel der Entfernung von Studierenden zur Hochschule (im Beispiel hier also etwas ältere Schüler), das in Beispiel 6.2 dargestellt ist, nicht brisant, kann aber dann brisant werden, wenn soziale Daten, insbesondere der zumeist linkssteil verteilte Besitz von etwas (z. B. Geld) auf der Basis unterschiedlicher Methoden analysiert und interpretiert wird (vgl. Eichler 2007).

Aufgabe (Eichler & Vogel, 2011):
Untersuchen Sie das Merkmal Entfernung, die Studierenden auf dem Weg zur Hochschule zurücklegen und fassen Sie Ihre Ergebnisse mit Hilfe von Lage- und Streuparametern zusammen.

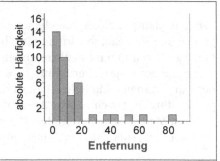

Mindestens 50 % der Studierenden haben einen Weg kleinergleich 7 km zurückzulegen. Im Durchschnitt legen die Studierenden dagegen einen Weg von 13,1 km zurück.
Die unterschiedlichen Werte für die Mitte resultieren aus der Schiefe der Verteilung, die insgesamt über das Schiefemaß g oder für die mittleren 50 % der Daten durch den Quartilskoeffizienten gegeben sind.
Durch die Schiefe ist hier die Angabe eines Streuungsbereiches über die Standardabweichung, z.B. im Gegensatz zu der Angabe der Streuung der mittleren 50 % der Daten mit Hilfe des Quartilskoeffizienten wenig sinnvoll.

Mitte	$x_{0,5} = 7$	$\bar{x} = 13,1$
Streuung	$Q_{0,5} = 11,5$	$s = 19$
Schiefe	$QS_{0,5} = 0,4$	$g = 2,4$

Beispiel 6.2. Lage-, Streu- und Schiefemaße mit unterschiedlicher Interpretationsmöglichkeit

Aufgabe (Eichler, 2007):
Im Protest der niedergelassenen Ärzte basieren die beiden unten stehenden Interpretationen durch Vertreter der Ärzte und der Krankenkassen auf dem gleichen Datensatz, der rechts dargestellt ist.
„Rund 30.000 Praxen müssten mit einem Nettoeinkommen von 1.600 bis 2.000 Euro im Monat auskommen." „Schon heute verdiene ein niedergelassener Allgemeinarzt in Westdeutschland nach Abzug aller Betriebskosten rund 82.000 Euro im Jahr." (aus ZEIT-online, 17.01.2006)
Erläutern Sie, wie es zu diesen unterschiedlichen Meinungsäußerungen kommen kann.

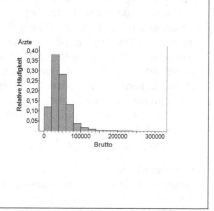

Beispiel 6.2. Lage-, Streu- und Schiefemaße mit unterschiedlicher Interpretationsmöglichkeit (Fortsetzung)

Ebenso können unterschiedliche Beurteilungsmodelle in der Sekundarstufe II potentiell unterschiedliche Interpretationen erzeugen, aber ebenso unterschiedliche Modelle gleich interpretierbare Werte liefern. Das ist beispielsweise bei der Beurteilung eines Zusammenhangs zweier nominalskalierter Merkmale so, die etwa anhand eines einfachen Assoziationsmaßes mit Simulation (vgl. Eichler und Vogel 2011), eines exakten Fisher-Tests oder (als Approximation) eines χ^2-Test untersucht werden könnten (siehe Beispiel 6.3).

6.7 Variabilität statistischer Daten

Das „Nichts ist sicher, sondern höchstens annähernd" ist ein Kern des statistischen Denkens. Die Ergebnisse statistischer Erhebungen, ob als Umfrage, Beobachtung oder Experiment, sind prinzipiell vorab nicht exakt vorauszusehen. Selbst wenn es dem Statistiker gelingt, die Rahmenbedingungen der Erhebung identisch zu halten, wird das Ergebnis der Erhebung von heute nicht dem Ergebnis der Erhebung von morgen entsprechen.

In einem verständnis- und damit datenorientierten Stochastikunterricht ist die Variabilität – wie in der Realität auch – omnipräsent. Sie tritt dann auf, wenn man die Farbverteilung einer ersten M&M-Tüte mit einer zweiten vergleicht, ebenso wenn man unter annähernd gleichen Bedingungen den gleichen Frosch mehrfach springen lässt, kurz: in jeder tatsächlich durchgeführten Datenerhebung wird diese Variabilität offensichtlich.

Die spätere Einführung von Streuparameter ist allein die Systematisierung oder das Messbar-Machen der Variabilität, das Phänomen ist sehr viel früher erfahrbar und erschöpft sich nicht im formelhaften Anwenden der von Schülerinnen und Schülern kaum interpretierbaren Varianz am Ende der Sekundarstufe I.

Aufgabe (Vogel 2009; Eichler & Vogel 2009):
Bei einem Experiment wurden je 30 Sprünge mit einem großen und einem kleinen Papierfrosch ausgeführt. Der Median aller 60 Sprungweiten wurde weiterhin verwendet, um die Sprünge als „kurz" oder als „lang" zu kennzeichnen. In der rechts stehenden Vierfeldertafel sehen Sie die Zuordnungen der Froscharten zu der Klassifikation langer bzw. kurzer Sprünge. Untersuchen Sie, ob eine Abhängigkeit hinsichtlich der Froschart und dem Sprungvermögen besteht.

	Frosch groß (G)	Frosch klein (K)	Summe
Sprung kurz (k)	20	11	31
Sprung weit (w)	10	19	29
Summe	30	30	60

Lösungsansatz 1:
Empirisch lässt sich der Zusammenhang der beiden Merkmale Froschart und Sprungweite durch das Assoziationsmaß A messen mit $A = h(k|G) - h(k|K) = \frac{20}{30} - \frac{11}{30} = 0,3$.
Ein *Permutationstest* basiert darauf, die empirisch ermittelten Sprungweiten den Froscharten zufällig zuzuordnen und dadurch virtuell die Unabhängigkeit beider Merkmale zu erzeugen. Nun lässt sich per Simulation, d.h. durch fortgesetzte zufällige Zuordnung in beiden Merkmalen ermitteln, mit welcher Häufigkeit ein Assoziationsmaß auftritt, das im Betrag größer oder gleich dem empirisch erzeugten ist.
Bei 1000 Simulationen hat sich dabei folgendes Ergebnis gezeigt: Auf der Basis der Unabhängigkeitshypothese wäre also das empirische ermittelte Assoziationsmaß von $A = 0,3$ selten oder in der Testsyntax signifikant und führt zur Ablehnung der Unabhängigkeitshypothese.

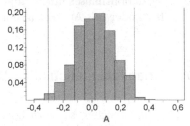

$$A = h(k|G) - h(k|K) = \frac{20}{30} - \frac{11}{30} = 0,3$$

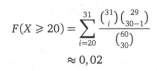

$$h(|A| > 0,3) = 0,01$$

Lösungsansatz 2:
Der exakte *Fisher-Test* ergibt, dass die vorliegende (bzw. eine extremere) Verteilung auf der Basis der Unabhängigkeitsannahme eine Wahrscheinlichkeit von 0,02 hätte. Das tatsächliche Ergebnis ist (hinsichtlich der Unabhängigkeitshypothese) signifikant.

$$F(X \geqslant 20) = \sum_{i=20}^{31} \frac{\binom{31}{i}\binom{29}{30-1}}{\binom{60}{30}}$$

$$\approx 0,02$$

Lösungsansatz 3:
Im χ^2-*Test* (ein Freiheitsgrad), dem gängigen statistischen Verfahren zur Überprüfung einer Unabhängigkeitshypothese, ergibt sich die Teststatistik den Wert 5,406.
Das Ergebnis ist also mit der Irrtumswahrscheinlichkeit von 0,02 signifikant.

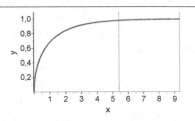

Beispiel 6.3. Drei Testvarianten mit gleicher Interpretation

6.8 Erkennen und beschreiben von Mustern mit stochastischen Modellen

Dass in der Variabilität von Daten Muster enthalten sind, begründet erst die Stochastik, die gerade Methoden bereitstellt, um Muster im Zufall zu beschreiben, unabhängig davon, ob diese in Richtung der Vergangenheit (Datenanalyse) oder in Richtung der Zukunft (Wahrscheinlichkeitsanalyse) geschieht.

Dass ein Muster erst im Großen sichtbar wird, während im Kleinen die Variabilität vorherrschend ist, kann, wenn beispielsweise der Inhalt einer M&M-Tüte dem Ergebnis der Sammlung in der ganzen Klasse gegenüber gestellt wird, ebenfalls bereits in der Grundschule als Phänomen erfahren und später im Zusammenhang mit dem empirischen Gesetz der großen Zahlen vertieft betrachtet werden (vgl. Abb. 6.2).

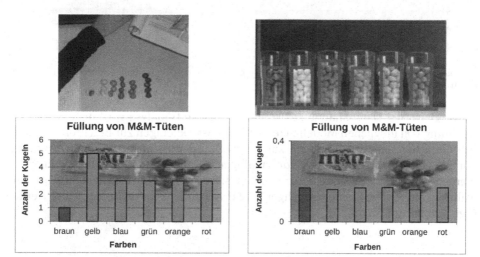

Abbildung 6.2. Füllung einer M&M-Tüte (links) und vieler M&M-Tüten (rechts), real auch für die Grundschule, simuliert für die Sekundarstufen

Tatsächlich ist in dem Beschreiben eines Musters in statistischen Daten durch ein stochastisches Modell der Übergang von der deskriptiven Datenanalyse hin zur prognostischen Wahrscheinlichkeitsanalyse angelegt. Wird etwa das Muster der Gleichverteilung in den M&M-Daten durch das Modell der Gleichverteilung beschrieben, so können auf der Basis dieses Modells Prognosen gemacht werden und später beurteilend mit neu erhobenen Daten analysiert werden. Solche Modelle und deren Beurteilung sind exemplarisch bereits oben an einem der zentralen Modelle der Stochastik, dem der Unabhängigkeit (vgl. Steinbring 1991), im Zusammenhang mit den Froschsprüngen dargestellt worden.

Der Begriff des Musters ist hier weit gefasst, er kann sich auf deskriptive Modelle eindimensionaler wie zweidimensionaler Datensätze oder sowohl auf deskriptive wie prognostische Modelle beziehen. Gemein ist dem Begriff allein, dass er stets in Bezug zu den Abweichungen von einem Muster oder Modell, die sich aus der Variabilität von Daten speisen, steht. Während etwa der Zusammenhang von Entfernung zur (Hoch-) Schule und der Zeit zur (Hoch-)Schule radfahrender Schülerinnen und Schüler (hier Studierender) durch das Modell einer Geraden beschrieben werden können, können später Muster in noch einmal erweiterter Form verwendet werden, um Im Zusammenspiel mit der Variabilität etwa Schätzungen im Sinne von Konfidenzintervallen zu motivieren, etwa zur möglichen Gewinnwahrscheinlichkeit einer Froschart.

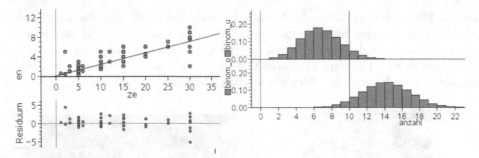

Abbildung 6.3. Muster in einer Punktwolke (links) und Bestimmung eines Konfidenzintervalls durch zwei Randverteilungen (rechts)

Im Vergleich der Datenanalyse zur Wahrscheinlichkeitsanalyse wird man bei der Betrachtung von möglichen Modellen feststellen, dass diejenigen zur Beschreibung deutlich einfacher sind, als diejenigen zur Prognose. So wird nicht umsonst gewöhnlich nur die einfachste aller Klassen von zufälligen Vorgängen, nämlich Bernoulliexperimente, betrachtet und Modelle bezogen auf diese Klasse von Vorgängen beschrieben, während alternative Klassen zufälliger Vorgänge häufig nicht mehr betrachtet werden (vgl. Eichler und Vogel 2013).

6.9 Übergreifende Gedanken zu einem verständnisorientierten Stochastikunterricht

Natürlich ist es nicht möglich, in einem kürzerem Beitrag wie diesem ein gesamtes Curriculum hinsichtlich eines aus meiner Sicht verständnisorientierten Stochastikunterrichts darzustellen. Illustriert werden sollten allerdings folgende Thesen:

These 1: Ein verständnisorientierter Stochastikunterricht muss sich an relevanten Fragestellungen entfalten. Diese müssen nicht zwingend gesellschaftlich brisant sein (können dies aber), sondern sollten vielmehr eine fortgesetzte eigene Datensammlung ermöglichen. Das heißt, dass verständnisorientiert gleichsam auch datenorientiert meint.

These 2: Der verständnisorientierte Stochastikunterricht folgt dem Primat der Fragen an die Realität nicht dem Primat der stochastischen Methoden. Letztere werden ein zentraler Unterrichtsinhalt, wenn mit Ihnen eine relevante Fragestellung bearbeitet werden kann. Das ist eine weitreichende These. Zum einen wird mir ihr ein Lernen auf Vorrat verneint. Etwa könnte man natürlich auch das harmonische Mittel als ein Konzept der Mitte (etwa neben Median und arithmetischem Mittel) behandeln. Das scheint aber nur sinnvoll, wenn man eine geeignete Fragestellung findet. Ebenso verbannt es die Kombinatorik mit Ausnahme des für das nutzbringende Modell der Binomialverteilung notwendigen Binomialkoeffizienten zumindest weitgehend aus dem Stochastikunterricht. Darüber hinaus könnte jeweils ausgelotet werden, ob es einfache, für Schülerinnen und Schüler zugängliche Methoden für ihre Fragestellungen gibt, also beispielsweise einfache Anpassungsgeraden statt der Regressionsgerade, Simulation statt den χ^2-Test, um zwei Merkmale auf Unabhängigkeit zu testen etc. Entscheidend dabei ist allein, dass die stochastische Idee befördert wird, während die Ausarbeitung von Methoden zu den später gängigen nicht notwendig bereits in der Schule geschehen muss.

These 3: Zu Beginn habe ich Bezug auf das genetische Lernen (vgl. Wagenschein 1991). Dennoch vertrete ich die Meinung, dass verständnisorientierter Stochastikunterricht nicht gleichzusetzen ist mit einem durchweg genetischen Aufbau. Ebenso scheint mir eine Gleichsetzung mit einer als konstruktivistisch bezeichneten Vorgehensweise nicht sinnvoll. Wie sollte man etwa – über grafische Darstellungen hinaus – auf Verfahren der Streuungsmessung wie die Varianz, Verfahren der Analyse von Zusammenhängen bivariater Daten oder auch ausgefeilteren Methoden der Exploration von Daten ohne direkte Intervention kommen? An dieser Stelle bin ich zunächst zutiefst skeptisch, ob die Propagierung einer strikt konstruktivistischen Vorgehensweise (vgl. z. B. Arnold 2004/2005) tragen kann, da es im Kern voraussetzt, dass Schülerinnen und Schüler in ihrer Schullaufbahn die Gedanken von Generationen nacherfinden können. Selbst exemplarisch (vgl. Wagenschein 1991) scheint das mitunter schwer zu realisieren, wenn man den genetischen Zugang auf die eingesetzten Methoden der Datenanalyse bezieht. Hier bezieht sich das genetische Vorgehen nicht notwendig auf die einzelnen stochastischen Methoden, sondern vielleicht vielmehr auf die Situationen und deren Bearbeitungsmöglichkeiten. Für das Einführen der Methoden oder auch prinzipielle Möglichkeiten, Fragen zu stellen, scheint mir die Imitation bzw. die Orientierung an ausgearbeiteten Beispielen (vgl. Renkl 1997) deutlich zielführender zu sein.

These 4: Für einen verständnisorientierten Stochastikunterricht eignen sich als Strukturierungshilfe die fünf Aspekte des statistischen Denkens (vgl. Wild und Pfannkuch 1999) als gleichsame fundamentale, prozessorientierte Ideen. Sie umfassen überinhaltlich die wesentlichen Ideen von Arbeitsschritten sowohl der Daten- als auch der Wahrscheinlichkeitsanalyse, selbst wenn die einzelnen Aspekte hinsichtlich der Daten- wie Wahrscheinlichkeitsanalyse ausgefüllt werden müssen.

These 5: Der Stochastikunterricht kann insbesondere dann im Rückblick Verständnis erreicht haben, wenn er über die gesamte Schulspanne den Bogen von der Beschreibung von Mustern selbst erhobener Daten über die auf diesen Modellen beruhenden Prognosen bis hin zu der Beurteilung der Modelle anhand neuer Daten gespannt hat.

Kehrt man noch einmal zu dem Anfang dieses Beitrags zurück, so lässt sich eine Aussage in ihrem Kern vielleicht noch deutlicher wahrnehmen: Eine Verständnisorientierung im Mathematikunterricht mag ein Konsens sein, der Weg zu einer solchen ist dagegen nicht vorgezeichnet oder unmittelbar klar, sondern besteht aus einer Fülle von Entscheidungen, die, da sie überwiegend theoretischer Natur (seltener empirisch belegbar) sind, angreifbar sind oder anders gesehen werden können. Dennoch ist es aus meiner Sicht stets eine lohnenswerte Aufgabe, für inhaltliche Leitideen wie übergreifende prozessorientierte Ideen Konzepte der Verständnisorientierung zu entwickeln.

Literatur

[Arnold 2004/2005] ARNOLD, Rold: Pädagogischer Konstruktivismus (Teil I, II und III). In: *GEW-Zeitung RLP, Sonderbeilage* (2004/2005), S. I–XII.

[Biehler u. a. 2003] BIEHLER, Rolf; KOMBRINK, Klaus; SCHWEYNOCH, Stefan: MUF-FINS: Statistik mit komplexen Datensätzen – Freizeitgestaltung und Mediennutzung von Jugendlichen. In: *Stochastik in der Schule* 23 (2003), Nr. 1, S. 11–25.

[Borovcnik 1997] BOROVCNIK, Manfred: Fundamentale Ideen als Organisationsprinzip in der Mathematik-Didaktik. In: *Schriftenreihe zur Didaktik der Mathematik der Österreichischen Mathematischen Gesellschaft (ÖMG)* (1997), Nr. 27, S. 17–25. http://www.oemg. ac.at/DK/Didaktikhefte/1997\%20Band\%2027/Borovcnik1997.pdf. Stand: 10. April 2013.

[Danckwerts und Vogel 2006] DANCKWERTS, Rainer; VOGEL, Dankwart: *Analysis verständlich unterrichten*. München u. a.: Spektrum Akademischer Verlag, 2006.

[Eichler 2006] EICHLER, Andreas: Individuelle Stochastikcurricula von Lehrerinnen und Lehrern. In: *Journal für Mathematikdidaktik* 27 (2006), Nr. 2, S. 140–162.

[Eichler 2007] EICHLER, Andreas: Geld weg – Arzt weg. Was ist dran am Ärzteprotest? *Praxis der Mathematik in der Schule* 13 (2007), Nr. 1, S. 20–26.

[Eichler 2009] EICHLER, Andreas: Zahlen aufräumen – Daten verstehen. In: *Praxis der Mathematik in der Schule* 51 (2009), Nr. 2, S. 1–7.

[Eichler und Vogel 2009] EICHLER, Andreas; VOGEL, Markus: *Leitidee Daten und Zufall*. Wiesbaden: Vieweg+Teubner, 2009.

[Eichler und Vogel 2010] EICHLER, Andreas; VOGEL, Markus: Datenerhebung – die Unbekannte in der Datenanalyse. In: *Stochastik in der Schule* 30 (2010), Nr. 1, S. 6–13.

[Eichler und Vogel 2011] EICHLER, Andreas; VOGEL, Markus: *Leitfaden Stochastik*. Wiesbaden: Vieweg+Teubner, 2011.

[Eichler und Vogel 2013] EICHLER, Andreas; VOGEL, Markus: Stochastik – Fit für die Zukunft. In: *Praxis der Mathematik in der Schule* 55 (2013), Nr. 1, S. 2–8.

[Engel und Vogel 2005] ENGEL, Joachim; VOGEL, Markus: Von M&Ms und bevorzugten Farben: ein handlungsorientierter Unterrichtsvorschlag zur Leitidee Daten & Zufall in der Sekundarstufe I. In: *Stochastik in der Schule* 25 (2005), Nr. 2, S. 11–18.

[Fischer und Malle 2004] FISCHER, Roland; MALLE, Günther: *Mensch und Mathematik. Eine Einführung in didaktisches Denken und Handeln*. München/Wien: Profil Verlag, 2004.

[Garfield und Ben-Zvi 2008] GARFIELD, Joan B.; BEN-ZVI, Dani (Hrsg.): *Developing students' statistical reasoning. Connecting research and teaching practice*. Dordrecht u. a.: Springer Netherlands, 2008.

[Heitele 1975] HEITELE, Dietger: An epistemological view on fundamental stochastic ideas. In: *Educational studies on mathematics* 6 (1975), Nr. 2, S. 187–205.

[Klauer 2006] KLAUER, Karl Josef: Situiertes Lernen. In: ROST, Detlef H. (Hrsg.): *Handwörterbuch Pädagogische Psychologie*. 3., überarb. u. erw. Aufl., Weinheim u. a.: Beltz PVU, 2006, S. 699–705.

[Moore 1997] MOORE, David S.: New pedagogy and new content: The case of statistics. In: *International Staistical Review* 65 (1997), Nr. 2, S. 123–137.

[Renkl 1997] RENKL, Alexander: Learning from worked-out examples : A study on individual differences. In: *Cognitive Science* 21 (1997), S. 1–29.

[Schweiger 1992] SCHWEIGER, Fritz: Fundamentale Ideen. Eine geisteswissenschaftliche Studie zur Mathematikdidaktik. In: *Journal für Mathematik-Didaktik* 13 (1992), Nr. 2/3, S. 199–214.

[Steinbring 1991] STEINBRING, Heinz: The theoretical nature of probability in the classroom. In: KAPADIA, Ramesh; BOROVCNIK, Manfred (Hrsg.): *Chance encounters: Probability in education*. Dordrecht u. a.: Kluwer, 1991, S. 135–168.

[Tietze u. a. 2000] TIETZE, Uwe-Peter; KLIKA, Manfred; WOLPERS, Hans (Hrsg.): *Mathematikunterricht in der Sekundarstufe II. Band 2: Didaktik der Analytischen Geometrie und Linearen Algebra*. 2., durchges. Aufl., Braunschweig u. a.: Vieweg, 2000.

[Vogel 2009] VOGEL, Markus: Experimentieren mit Papierfröschen. In: *Praxis der Mathematik in der Schule* 51 (2009), Nr. 2, S. 22–30.

[Vohns 2007] VOHNS, Andreas: *Grundlegende Ideen und Mathematikunterricht. Entwicklung und Perspektiven einer fachdidaktischen Kategorie*. Norderstedt: Books on Demand, 2007.

[Wagenschein 1991] WAGENSCHEIN, Martin: *Verstehen lernen: genetisch – sokratisch – exemplarisch*. 10. Aufl., Weinheim u. a.: Beltz, 1991.

[Wild und Pfannkuch 1999] WILD, Chris; PFANNKUCH, Maxine: Statistical Thinking in Empirical Enquiry. In: *International Statistical Review* 67 (1999), Nr. 3, S. 223–248.

[Winter 1995] WINTER, Heinrich: Mathematikunterricht und Allgemeinbildung. In: *Mitteilungen der Gesellschaft für Didaktik der Mathematik* 61 (1995), S. 37–46.

[Wolpers u. a. 2002] TIETZE, Uwe-Peter; KLIKA, Manfred; WOLPERS, Hans (Hrsg.): *Mathematikunterricht in der Sekundarstufe II. Bd. 3: Didaktik der Stochastik*. Braunschweig u. a.: Vieweg, 2002.

7 Stochastik lebt von guten Beispielen – Geburtstagsproblem und Münzwurf

Dankwart Vogel

Die Stochastik, seit vielen Jahren fest in den Lehrplänen, Schulbüchern und zuletzt auch in den zentralen Prüfungen verankert, wird nach wie vor von vielen Lehrenden (und Lernenden) gemieden. Das hat sie nicht verdient.

> „Wahrscheinlichkeitsrechnung ist, recht verstanden, die schönste Gelegenheit, Schüler erfahren zu lassen, wie man mathematisiert – sie ist nicht nur die schönste, sondern vielleicht nach dem elementaren Rechnen die erste und letzte Gelegenheit, nachdem schlecht begriffene Deduktivität andere Zweige der Mathematik überwuchert hat." (Freudenthal 1973, S. 536)

Dieser Beitrag will für eine „recht verstandene" Stochastik im Unterricht werben. Ziel ist es, exemplarisch zu zeigen

(1) wie eng der Wahrscheinlichkeitsbegriff mit der Realität verwoben und tief im Alltagsdenken angelegt ist;

(2) wie vielfältig die Bezüge der Stochastik zu den anderen Gebieten der Schulmathematik sind und damit kumulatives, sinnhaftes Lernen ermöglichen und unterstützen;

(3) wie modellbildende Aktivitäten von Anfang an den Stochastikunterricht bestimmen und Theorieentwicklung und Realitätsdurchdringung einander wechselseitig vorantreiben;

(4) wie das Bemühen um Anschaulichkeit neue Fragen aufwirft und das Verstehen und den forschenden Habitus (von Lehrenden und Lernenden) gleichermaßen herausfordert.

Wir beginnen mit einem Problem, das Richard von Mises (1883–1953) zugeschrieben wird (vgl. Feller 1968, S. 33, n. 5) und im Unterricht nicht fehlen sollte. Wegen seines überraschenden Ergebnisses ist es allgemein als Geburtstagsparadoxon bekannt.

7.1 Das Geburtstagsproblem

Sie stehen vor einem Kurs und wetten, dass zwei Schülerinnen/Schüler am gleichen Tag Geburtstag haben. Sie gewinnen – oder auch nicht, darauf kommt es nicht an – und fragen, ob dies Zufall sei. Die Diskussion führt schließlich auf die Frage:

Wie viele Teilnehmende muss ein Kurs mindestens haben, so dass mit Wahrscheinlichkeit von mehr als 50% mindestens zwei am gleichen Tag Geburtstag haben?

Bevor wir uns tiefer auf diese Frage einlassen, grenzen wir die Anzahl ein und ebnen den Lösungsweg:

Eingrenzen der Anzahl. Bei *einem* Teilnehmenden ist eine „Kollision von Geburtstagen" unmöglich, und ab 366 Teilnehmende ist sie sicher (Dirichletsches Schubfachprinzip; Lejeune Dirichlet, 1805–1859). Also liegt die gesuchte Anzahl irgendwo zwischen 2 und 365.

Lässt man Schülerinnen und Schüler die Anzahl schätzen, so tippen sie häufig auf die Mitte zwischen 2 und 365. Kaum einer tippt auf weniger als 50 und viele auf deutlich mehr. Wir werden noch sehen, warum dies so ist.

Hilft Simulieren weiter? Wer ein Zufallsexperiment simulieren will, egal mit welchen Mitteln, muss Annahmen treffen, wo und wie genau der Zufall hineinspielt. Insofern hilft die Aufforderung zur Simulation, das Denken der Schülerinnen und Schüler in die richtige Richtung zu lenken.

Lässt sich das Zufallsexperiment beispielsweise mit einem Würfel simulieren? Nun, nehmen wir an, es gäbe nur sechs und nicht 365 verschiedene Geburtstage und diese wären gleich wahrscheinlich, dann lautete die Frage:

Wie oft muss ein Würfel mindestens geworfen werden, damit dieser mit mehr als 50% Wahrscheinlichkeit mindestens zwei gleiche Augenzahlen zeigt?

Die Wendung „mindestens zwei" signalisiert, über das Gegenereignis, $\overline{A} :=$ „alle Augenzahlen sind verschieden" zu gehen. Damit die Wette vorteilhaft ist, muss die Wahrscheinlichkeit von $\overline{A}$ kleiner sein als $0,5$. Die Mindestzahl von Würfen ist leicht berechnet (vgl. Tabelle 7.1) – insofern erübrigt sich eine Simulation.

Anzahl der Würfe	$P(\overline{A})$
1	$\frac{6}{6} = 1$
2	$1 \cdot \frac{5}{6} = \frac{5}{6}$
3	$\frac{5}{6} \cdot \frac{4}{6} = \frac{5}{9}$
4	$\frac{5}{9} \cdot \frac{3}{6} = \frac{5}{18} < 0,5$

Tabelle 7.1. Wann sinkt die Wahrscheinlichkeit erstmals unter 50%?

Zum gewöhnlichen Jahr. Der Übergang von 6 auf 365 mögliche Geburtstage liegt jetzt auf der Hand – Gleichverteilung vorausgesetzt:

Für welches n ist die Wahrscheinlichkeit von $\overline{A}_n :=$ „alle Geburtstage sind verschieden"
erstmals kleiner als 0,5?

Das heißt, für welches n, $n = 1, 2, \ldots$, gilt erstmals

$$\frac{365}{365} \cdot \frac{364}{365} \cdot \frac{363}{365} \cdot \ldots \cdot \frac{365 - (n-1)}{365} = \frac{[364]_{n-1}}{365^{n-1}} < 0,5 \; ?$$

Die überraschende Antwort ist: Für $n = 23$. Man findet sie einfach und schnell *rekursiv*, ganz wie in Tabelle 7.1, ein einfacher Taschenrechner genügt.

Es bleibt die Frage, warum 23 so überraschend klein erscheint. Doch zunächst nutzen wir die Gelegenheit, die wichtige Methode des *Abschätzens* ins Spiel zu bringen, was im Schulunterricht leider selten geschieht. Danach vergewissern wir uns noch der *Güte unseres Modells*.

Eine Abschätzung. Die lästige Berechnung der fallenden Faktoriellen ist eine wunderbare Gelegenheit, an die Nützlichkeit der *Mittelungleichung* $\sqrt{a \cdot b} \leq \frac{a+b}{2}$, $a, b \geq 0$, zu erinnern, hier in der Form $a \cdot b \leq \left(\frac{a+b}{2}\right)^2$ (zu Beweis und Bedeutung vgl. etwa Vogel 2010).

So ist etwa in dem Produkt $364 \cdot 363 \cdot \ldots \cdot 344 \cdot 343$ die Summe von je zwei Faktoren, des ersten und letzten, des zweiten und vorletzten usw., stets gleich. Wenden wir auf die 11 entsprechenden Teilprodukte jeweils die Mittelungleichung an, erhalten wir die (übrigens sehr gute) Abschätzung

$$364 \cdot 363 \cdot \ldots \cdot 344 \cdot 343 \leq \left(\frac{707}{2}\right)^{2 \cdot 11}$$

und damit für die Wahrscheinlichkeit des Gegenereignisses

$$P(\overline{A}_{23}) = \frac{[364]_{22}}{365^{22}} \leq \left(\frac{707}{2 \cdot 365}\right)^{22} = 0,494 < 0,5.$$

Nun zur Frage der Güte unseres Modells.

Erste Anpassung des Modells. Unser Modell setzte voraus, dass jeder Geburtstag mit gleicher Wahrscheinlichkeit vertreten ist und niemand am 29. Februar Geburtstag hat. Können wir uns von diesen beiden Voraussetzungen befreien?

Liegt keine Gleichverteilung vor, bietet sich als Modell das Glücksrad an. Es habe 365 Felder (also noch keines für den 29. Februar), deren nicht notwendig gleiche Größe den Wahrscheinlichkeiten $p_1, p_2, \ldots, p_{365}$ der 365 möglichen Geburtstage entsprechen. (Z. B. häufen sich in den letzten beiden Kalendermonaten die Geburten.)

Wir drehen das Glücksrad 23-mal. Die Wahrscheinlichkeit, dass die 23 ausgelosten Felder verschieden sind, ist gleich der Summe

$$S = \sum_{1 \leq i_1 < i_2 < \ldots < i_{23} \leq 365} p_{i_1} \cdot p_{i_2} \cdots p_{i_{23}}.$$

Im Unterricht wird man S im Allgemeinen nicht in dieser Form anschreiben. Es genügt, eine klare Vorstellung von der Gestalt ihrer Summanden zu vermitteln (*zweite Pfadregel* und *Unabhängigkeit*).

Die Anzahl der Summanden von S ist gleich $\binom{365}{23}$ und somit größer als 10^{36}. Es erscheint daher hoffnungslos, ihren Wert mit dem obigen Ergebnis bei Gleichverteilung vergleichen zu wollen.

Und doch gibt es einen Weg – und wieder hilft die Mittelungleichung.

Intuitiv ist einsichtig, dass die Kollisionswahrscheinlichkeit wächst, wenn manche Geburtstage gehäuft auftreten, die Gegenwahrscheinlichkeit also kleiner wird. (Offensichtlich ist dies im Extremfall, dass ganze Tage für Geburten ausfallen.) Wir fragen daher, wie sich der Wert von S verändert, wenn wir zwei verschieden große Geburtstagswahrscheinlichkeiten, sagen wir p_1 und p_2, jeweils durch ihr arithmetisches Mittel $\frac{p_1 + p_2}{2}$ ersetzen.

Die Summanden der neuen Summe

$$S' = \sum_{1 \leq i_1 < i_2 < \ldots < i_{23} \leq 365} p'_{i_1} \cdot p'_{i_2} \cdots p'_{i_{23}}$$

mit $p'_1 = p'_2 = \frac{p_1 + p_2}{2}$ und $p'_k = p_k$ für $k = 3, 4, \ldots, 23$ sind unverändert, bis auf die mit den Faktoren p'_1 bzw. p'_2 bzw. p'_1 und p'_2. Zu jedem Summanden mit dem Faktor p'_1 gibt es genau einen mit dem Faktor p'_2 – und sonst jeweils gleichen Faktoren, und umgekehrt. Was der eine Summand durch den Austausch eines Faktors größer bzw. kleiner wird, wird der andere kleiner bzw. größer, so dass sich deren Beitrag zur Summe S' nicht ändert. Somit sind nur noch die Summanden von S' zu betrachten, in denen p'_1 und p'_2 vorkommen. Wenden wir auf die entsprechenden Produkte die Mittelungleichung an, so zeigt sich, dass wegen $p'_1 \cdot p'_2 > p_1 \cdot p_2$ die alte Summe S echt kleiner ist als S'.

Beachtet man noch, dass die Differenz $\left(\frac{a+b}{2}\right)^2 - a \cdot b$ umso größer ist, je mehr a von b abweicht, stützt dies unsere Vermutung, dass die Wahrscheinlichkeit keiner Kollision mit Annäherung an die Gleichverteilung zunimmt, die Wahrscheinlichkeit einer Kollision entsprechend abnimmt und bei Gleichverteilung schließlich minimal ist. (Vorsicht: Die Minimalität der Kollisionswahrscheinlichkeit bei Gleichverteilung ist damit nur plausibel gemacht.)

Wir halten fest: Im Einklang mit der Intuition ist die Wahrscheinlichkeit, dass von 23 Personen wenigstens zwei am gleichen Tag Geburtstag haben, größer, wenn die Geburtstage *nicht* gleichverteilt sind. Man kann dann mit größerer Gewinnerwartung darauf wetten.

Zweite Anpassung des Modells. Es bleibt der Fall des 29. Februars: Sind 366 statt 365 Lose in der Urne, wird die Wahrscheinlichkeit größer sein, 23 verschiedene Lose zu ziehen, doch bleibt sie unter 50 %. Dies gilt erst recht, wenn keine Gleichverteilung vorliegt.

Bedeutung des Geburtstagsproblems. Das Geburtstagsproblem illustriert den wichtigen Punkt, der im Folgenden noch deutlicher werden wird: *Etwas äußerst Unwahrscheinliches kann durchaus eintreten, wenn es nur hinreichend viele Realisierungsmöglichkeiten dafür gibt.*

Das Geburtstagsproblem gehört zur Klasse der *Besetzungszahlprobleme*: Im Modell sind k gleichartige Kugeln nach bestimmten Regeln auf n Fächer zu verteilen (im Geburtstagsproblem entsprechen die Tage den Fächern und die Personen den Kugeln). Gefragt ist die Wahrscheinlichkeit von Besetzungszahlen der Fächer (im Geburtstagsproblem geht es um die Wahrscheinlichkeit, dass die Besetzungszahl mindestens eines der Fächer mindestens zwei ist). Solche Wahrscheinlichkeiten sind häufig von Interesse, in der Physik etwa bei Besetzungszahlen von Energieniveaus, in der Epidemiologie bei Besetzungszahlen von geographischen Gebieten durch Krankheiten, in der Kryptologie bei Besetzungszahlen von Identifikationsnummern (vgl. Beispiel 7.2). Für weitere Beispiele siehe Winter (1992), die meines Wissens gründlichste Untersuchung des Geburtstagsproblems unter didaktischer Perspektive.

Doch zurück zur Beobachtung, dass die Wahrscheinlichkeit der Kollision zweier Geburtstage durchweg deutlich unterschätzt wird.

Warum wird die Kollisionswahrscheinlichkeit oft unterschätzt? Manch einer mag die Frage schlicht falsch auffassen und an die Wahrscheinlichkeit denken, dass sein eigener Geburtstag mit dem eines anderen kollidiert. Bei n Personen ist diese Wahrscheinlichkeit mit $1 - \left(1 - \frac{1}{365}\right)^{(n-1)}$ in der Tat erst ab 254 Personen größer als 50 %. Die, die diesem Missverständnis nicht aufsitzen, unterschätzen offenbar die Zahl der Kollisionsmöglichkeiten, bei 23 Personen immerhin $\binom{23}{2} = 253$. Unterstellt man deren stochastische Unabhängigkeit, so käme es bei 253 Möglichkeiten mit Wahrscheinlichkeit $\left(1 - \frac{1}{365}\right)^{253} = 0{,}4995$ zu keiner Kollision und mit Wahrscheinlichkeit $1 - 0{,}4995 > 0{,}5$ zu mindestens einer. Obwohl unsere letzte Rechnung von der nicht ganz richtigen Annahme stochastischer Unabhängigkeit der Kollisionen ausgeht, ist das Ergebnis erstaunlich genau. Außerdem hat sie zwei Vorzüge:

- Sie macht die krasse Unterschätzung der Kollisionswahrscheinlichkeit verständlich (bekannt als Geburtstags*paradoxon*), und

- sie weist einen weiteren Weg, diese Wahrscheinlichkeit nach unten abzuschätzen.

Erste Kollision beim Zahlenlotto. Zur Illustration des zweiten Vorzugs greifen wir eine dpa-Meldung vom 29.6.1995 auf (nach Henze 2012, S. 67):

Erstmals im Lotto dieselbe Zahlenreihe

Stuttgart (dpa/lsw). Die Staatliche Toto-Lotto GmbH in Stuttgart hat eine Lotto-Sensation gemeldet: Zum ersten Mal in der 40jährigen Geschichte des deutschen Zahlenlottos wurden zwei identische Gewinnreihen festgestellt. Am 21. Juni dieses Jahres kam im Lotto am Mittwoch in der Ziehung A die Gewinnreihe 15-25-27-30-42-48 heraus. Genau dieselben Zahlen wurden bei der 1628. Ausspielung im Samstagslotto schon einmal gezogen, nämlich am 20. Dezember 1986. Welch ein Lottozufall: Unter den 49 Zahlen sind fast 14 Millionen verschiedene Sechserreihen möglich.

Beispiel 7.1. Erstmals im Lotto dieselbe Zahlenreihe

Nach wie vielen Ausspielungen der Lottozahlen stehen die Chancen für eine Wiederholung der Zahlenreihe mindestens 50 zu 50?

Den 365 Tagen entsprechen die $N = \binom{49}{6}$ verschiedenen Zahlenreihen, den n Personen die M Ausspielungen mit $K = \binom{M}{2} = \frac{M(M-1)}{2}$ Kollisionsgelegenheiten. Mit Wahrscheinlichkeit $p = \left(1 - \frac{1}{N}\right)^K$ (Unabhängigkeit vorausgesetzt) kommt es während M Ausspielungen zu keiner Kollision.

Gesucht ist die kleinste Anzahl M der Ausspielungen, für die $p < 0,5$, d. h. $q = 1 - p > 0,5$ ist. (Man beachte, dass p wegen $\left(1 - \frac{1}{N}\right) < 1$ mit wachsendem M kleiner wird.)

Wir erinnern uns an die Abschätzung $1 + x < e^x$ der Exponentialfunktion nahe bei $x_0 = 0$, schätzen p durch

$$p = \left(1 - \frac{1}{N}\right)^K < \left(e^{-\frac{1}{N}}\right)^K \approx e^{-\frac{M^2}{2N}}$$

ab und erhalten für das gesuchte M den Schätzwert

$$M \approx \sqrt{-2N \ln p}.$$

Für die Mindestanzahl $M(q)$ der Lotto-Ausspielungen zu vorgegebener Kollisionswahrscheinlichkeit q ergibt sich demnach

$$M(q) \approx \sqrt{-2N \ln(1-q)} \qquad \text{mit } N = \binom{49}{6}.$$

Für $q = 0,5$ ist $M = 4403$, d. h. bei zwei Ausspielungen pro Woche kommt es innerhalb von 43 Jahren mit 50-prozentiger Wahrscheinlichkeit zur Wiederholung einer Zahlenreihe (vgl. Abb. 7.1). Bedenkt man, dass die Ziehung aus jeweils etwa 14 Millionen verschiedenen Zahlenreihen erfolgt, so wäre dies in der Tat erstaunlich – allerdings gibt es eben knapp 10 Millionen Kollisionsmöglichkeiten.

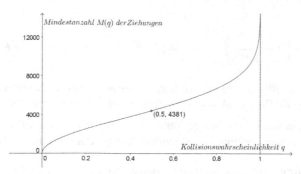

Abbildung 7.1. Mindestanzahl der Lotto-Ausspielungen in Abhängigkeit von der Kollisionswahrscheinlichkeit

---

Wie sicher ist der Globally Unique Identifier?

Der Globally Unique Identifier (GUID) ist eine Nummer, die der Identifikation von Dateien, Programmen, Industrieprodukten, Menschen dient, kurzum von allem und jedem. Wird beispielsweise eine Internetseite aufgesucht, so wird dem Browser eine GUID zugewiesen, die der Wiedererkennung dient.

GUIDs werden per Zufall erzeugt oder auch abhängig vom Inhalt eines Dokuments und sind 128 Bit lang.

Wegen ihrer großen Länge sind Kollisionen nahezu ausgeschlossen. Bei Gleichverteilung und stochastischer Unabhängigkeit liefert unsere Näherung $M \approx \sqrt{-2N \ln p}$ mit $N = 2^{128}$ zu vorgegebener Sicherheit p die Anzahl M kollisionsfreier GUIDs. Für $p = 0,99$ ist $M \approx 2,6 \times 10^{18}$, d. h. es könnten 1 Mio. Jahre lang in jeder Sekunde 100.000 GUIDs vergeben werden, und das Risiko einer Kollision läge bei 1 Prozent.

Beispiel 7.2. Wie sicher ist der Globally Unique Identifier?

Unwahrscheinlich oder nicht? Der Physiker James Jeans gab ein eindrucksvolles Beispiel für etwas ganz und gar Unwahrscheinliches (vgl. Weaver 1964, S. 188ff.), das sich dennoch laufend ereignet:

Nimm einen Atemzug. Ist es wahrscheinlich, dass unter den eingeatmeten Luftmolekülen eines ist, das Julius Caesar mit seinen letzten Worten „Auch du, Brutus" aushauchte?

Wir nehmen mit Jeans an, dass die Erdatmosphäre 10^{44} Moleküle hat und ein Atemzug 10^{22} und dass sich die von Caesar ausgeatmeten 10^{22} Moleküle mittlerweile perfekt mit den 10^{44} der Erdatmosphäre gemischt haben. Jetzt denken wir uns die 10^{22} Moleküle des fraglichen Atemzugs nacheinander aus einer entsprechenden Urne ohne Zurücklegen gezogen. (Die Zusammensetzung der Urne ändert sich dabei nicht merklich!) Die gesuchte Wahrscheinlichkeit, *nicht* jedes Mal *kein* Caesar-Molekül zu ziehen, ist dann

$$1 - \left(1 - \frac{10^{22}}{10^{44}}\right)^{10^{22}} \approx 1 - \left(e^{-10^{-22}}\right)^{10^{22}} = 1 - e^{-1} \approx 0,63.$$

Dieses Ergebnis ist überraschend groß. Es ist eben wenig wahrscheinlich, 10^{22} Mal hintereinander *kein* Caesar-Molekül zu ziehen. Manches Computer-Algebra-System gibt 0 als Wert des nicht genäherten Terms $\left(1 - 10^{-22}\right)^{10^{22}}$ an, eine Gelegenheit für die Einsicht: *Näherungsrechnen ist manchmal dem genauen Rechnen überlegen.*

Zusammenfassung. Das Geburtstagsproblem ist eine glänzende Gelegenheit zur Demonstration der Überlegenheit des reinen Denkens über das mechanische Rechnen (vgl. Halmos 1985, S. 103f.). Und es macht verständlich, warum Ereignisse mit verschwindend kleiner Wahrscheinlichkeit dennoch eintreten können. Darüber hinaus lässt sich an ihm erleben, dass der Übergang zum Gegenereignis oder auch die Annahme der Unabhängigkeit (selbst wenn sie nicht streng erfüllt ist) von erheblichem Vorteil sein kann. Und fast zwangsläufig blitzen viele Bezüge auf: zur Geometrie und Algebra (Mittelungleichung, Rekursion), zur Analysis (Exponentialfunktion, lokale lineare Näherung, Abschätzen), zur Numerik (Überlauf, Rundungsfehler) und zum Rest der Welt (Physik, Geographie, Kryptographie). Schließlich bietet das Geburtstagsproblem reichlich Gelegenheit, Schüler zu aktivieren: für Simulationen und systematische Berechnungen, für kleine Forschungsaufträge und zur Formulierung weitergehender Fragen (Anregungen bietet etwa Schrage 1990).

7.2   Der Münzwurf

Zwei verbreitete Fehlvorstellungen behindern das Lernen in der Stochastik. Es gilt, sie den Schülern bewusst zu machen und sie zu überzeugen – dies erweist sich allerdings als nicht immer leichte Aufgabe. Wir machen beide Fehlvorstellungen an der Münze bewusst.

Erste Fehlvorstellung.   Fragt man, wie der nächste Würfelwurf wohl ausgehen wird, wenn zuvor fünf Mal oder häufiger die Sechs fiel, teilen viele die feste Überzeugung, dass eine weitere Sechs immer unwahrscheinlicher wird. Dasselbe denken sie vom Münzwurf, wenn dieser auch nicht im gleichen Maße die Emotionen aktiviert. Sie sind damit in guter Gesellschaft, Jean d'Alembert (1717–1783) etwa dachte ebenso (vgl. Hauser 1997, S. 197, n. 407).

Hebt man die Fairness der Münze hervor und fordert dazu auf, sich die Münze durch eine Urne ersetzt zu denken mit einer Kugel für „Kopf" und einer für „Zahl", aus der mit Zurücklegen gezogen wird, so beginnen die Zweifel: Die Unabhängigkeit der Würfe kommt in den Blick. Allein, überzeugt sind einige nicht.

Die (ideale) Münze hat weder Gewissen noch Gedächtnis – doch wie kommt es dann zum Ausgleich zwischen den relativen Häufigkeiten von „Kopf" und „Zahl", wie im empirischen Gesetz der großen Zahlen beschrieben? Hier ist im Unterricht der Ort, sich die Aussage dieses Gesetzes genau zu vergegenwärtigen:

Wird ein Zufallsversuch (etwa der Münzwurf) wieder und wieder unter genau denselben Bedingungen wiederholt, so stabilisieren sich die relativen Häufigkeiten der Versuchsausgänge auf lange Sicht.

Das Gesetz macht weder eine Aussage über *absolute* Häufigkeiten, noch konkretisiert es die *lange Sicht*. Im Übrigen ist es ein *empirisches* Gesetz und reflektiert als solches lediglich Erfahrungswissen. Für verlässliche Prognosen bedarf es der Theorie. – Doch was sagt diese?

Bernoullis Gesetz der großen Zahlen. Theoretisches Gegenstück des *empirischen* Gesetzes der großen Zahlen ist das *mathematische* Gesetz der großen Zahlen, das auf Jakob Bernoulli (1654–1705) zurückgeht:

X_n bezeichne die Anzahl der Erfolge einer Bernoulli-Kette der Länge n mit Erfolgswahrscheinlichkeit p. Dann geht die Wahrscheinlichkeit, dass sich die relative Anzahl $\frac{X_n}{n}$ der Erfolge von der Erfolgswahrscheinlichkeit p um weniger als eine beliebig kleine positive Zahl ε unterscheidet, mit n → ∞ gegen 1:

$$P\left(\left|\frac{X_n}{n} - p\right| < \varepsilon\right) \to 1 \text{ für } n \to \infty.$$

Während Jakob Bernoulli seinen Satz noch mit großem technischen Aufwand allein aus der Binomialverteilung gewann, genügt es heute, die (relativ einfach zu begründende) Tschebyschow-Ungleichung für die Zufallsvariable $\frac{X_n}{n}$ hinzuschreiben und deren Erwartungswert p und Standardabweichung $p(1 - p)$ einzusetzen:

$$P\left(\left|\frac{X_n}{n} - p\right| < \varepsilon\right) > 1 - \frac{p(1-p)}{\varepsilon^2 n} \geq 1 - \frac{1}{4\varepsilon^2 n} \to 1 \text{ für } n \to \infty.$$

Jakob Bernoulli war sich der Bedeutung seines Resultats bewusst und schrieb stolz in sein Tagebuch:

> „Diese Entdeckung gilt mir mehr, als wenn ich gar die Quadratur des Kreises geliefert hätte; denn wenn diese auch gänzlich gefunden würde, so wäre sie doch sehr wenig nütze." (Zit. nach Henze 2012, S. 219.)

Zur Interpretation. Zunächst ist die Formel

$$P\left(\left|\frac{X_n}{n} - p\right| < \varepsilon\right) > 1 - \frac{1}{4\varepsilon^2 n}$$

eine Aussage über den Zahlenwert einer *Wahrscheinlichkeit* (linker Term). Wir können diese Wahrscheinlichkeit als Grad der *Gewissheit* deuten, mit der wir keinen Irrtum begehen, wenn wir beispielsweise behaupten, die relative Häufigkeit von „Kopf" liege bei $n = 10\,000$ Würfen weniger als $\varepsilon = 0,01$ von der Erfolgswahrscheinlichkeit p entfernt. (Mit eben diesem Gewissheitsgrad, nämlich 75 %, könnten wir auch behaupten, eine aus einer Urne mit drei weißen und einer schwarzen Kugel *blind* gezogene Kugel sei weiß.)

Die Sicherheit unserer Aussage ist umso größer, je größer die Anzahl n der Würfe und die Toleranz ε sind. Doch selbst bei beliebig kleiner Toleranz (größer null) können wir die Sicherheit unserer Aussage beliebig nahe an 100 % heran schieben, wenn wir nur n genügend groß wählen. Einzige Voraussetzung: Unabhängigkeit der Würfe und Konstanz der Erfolgswahrscheinlichkeit.

Zum Begriff der Wahrscheinlichkeit. Das mathematische Gesetz der großen Zahlen kann, schon in der Bernoullischen Fassung, als Bestätigung für die Deutung der Wahrscheinlichkeit als *relative Häufigkeit auf lange Sicht* genommen werden. Umgekehrt ist es Grundlage der Praxis, Wahrscheinlichkeiten über relative Häufigkeiten zu schätzen. Insofern reicht seine Bedeutung weit über den Münzwurf hinaus. Man beachte, dass in das Gesetz auch die stochastischen Begriffe *Unabhängigkeit, Erwartungswert und Varianz* eingehen.

Wir verwenden das Gesetz der großen Zahlen, um (Erfolgs-)Wahrscheinlichkeiten zu *messen*. Dabei machen wir gleich mehrfach vom Begriff der Wahrscheinlichkeit Gebrauch: Die Wahrscheinlichkeit ist einerseits die Größe, die wir mit gegebener Genauigkeit ε messen, andererseits ist sie Maß der Sicherheit, mit der unsere Messung gilt. Als solches gehorcht es ihrerseits dem Gesetz der großen Zahlen, womit eine weitere Wahrscheinlichkeit ins Spiel kommt, die Sicherheit der Sicherheit usw. Diesem unendlichen Regress können wir prinzipiell nicht entrinnen. Es ist ein Charakteristikum der Beziehung Theorie/Realität. Bei der Wahrscheinlichkeitstheorie ist dieses nur besonders offensichtlich, was ihren allgemeinbildenden Wert unterstreicht.

Da eine axiomatische Definition des Wahrscheinlichkeitsmaßes für den Unterricht nicht in Frage kommt, bleibt nur der Weg einer behutsamen Entwicklung seines inhaltlichen Verständnisses: gestützt auf die Vorerfahrungen der Schülerinnen und Schüler und einfache, unmittelbar verständliche stochastische Modelle – ganz im Sinne von (Freudenthal 1973, Bd. 2, Kap. 18). Dabei gilt es, das Wahrscheinlichkeitsmaß gegenüber verschiedenen, auch subjektiven Deutungen offen zu halten, um seine universelle Anwendbarkeit nicht von vornherein einzuengen.

Geometrische Deutung. Die Aussage des Grenzwertsatzes von Bernoulli ist für Schüler erfahrungsgemäß nicht leicht zugänglich. Eine geometrische Deutung kann entscheidend zum Verständnis beitragen. Sie bietet über einen Sprechanlass hinaus eine vertraute, griffige Sprache.

Man sehe selbst: Abbildung 7.2 stellt eine Serie von 30 Münzwürfen dar, beginnend mit 00101011110... ($p = 0,5$; 1 für „Kopf", 0 für „Zahl"; ein Wurf je Zeiteinheit). Gegen die Anzahl der Würfe bzw. Zeiteinheiten ist die relative Häufigkeit $\frac{X_n}{n}$ aufgetragen. Die 30 Punkte $(n, \frac{X_n}{n})$, $n = 1, 2, \ldots, 30$, bestimmen den zugehörigen *Pfad*. Wir deuten nun das Gesetz der großen Zahlen als Aussage über Pfade:

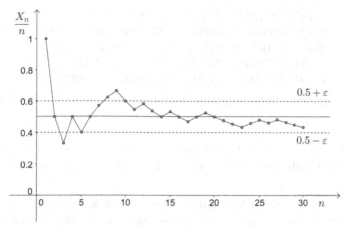

Abbildung 7.2. Pfad einer Münzwurfserie, $p = 0,5$, $n = 1, 2, \ldots, 30$

Zum Zeitpunkt n, $n = 1, 2, \ldots$, befindet sich der Pfad einer Wurfserie mit Wahrscheinlichkeit größer als $1 - \frac{p(1-p)}{\varepsilon^2 n}$ innerhalb des ε-Streifens um p.

Beachte: Der Satz macht eine Wahrscheinlichkeitsaussage über die Lage des Pfades zu einem Zeit*punkt*; über den Verlauf nach diesem Zeitpunkt sagt er nichts. Von den Pfaden, die sich zum Zeitpunkt n innerhalb des Streifen befinden, kann der eine oder andere diesen danach vorübergehend, wiederholt oder sogar ganz verlassen.

1909 interessierte sich Émile Borel (1871–1956) für das Verhalten der relativen Häufigkeit der Ziffern eines echten Dezimalbruches, wenn die Anzahl seiner Stellen über alle Grenzen wächst. Er stellte fest, dass die relative Häufigkeit jeder der 10 Ziffern gegen $\frac{1}{10}$ strebt (vgl. Girlich 1996). Auf den Münzwurf übertragen heißt dies, dass der obige Pfad schließlich *fast sicher* ganz innerhalb des Streifens verläuft. Dies ist das *starke Gesetz der großen Zahlen*, eine deutliche Verschärfung des *schwachen Gesetzes der großen Zahlen*. Das starke Gesetz der großen Zahlen setzt eine Ausdehnung des Wahrscheinlichkeitsmaßes auf den Raum aller 0-1-Folgen voraus. *Fast sicher* entspricht dem Wert dieses erweiterten Wahrscheinlichkeitsmaßes.

Lassen sich Münzwürfe fälschen? Ich schlage den Schülern ein Experiment vor (vgl. Gelman und Nolan 2005, S. 105f.): Die eine Hälfte des Kurses denkt sich eine möglichst echt wirkende Münzwurfserie der Länge 100 aus, während die andere Hälfte sie mit Hilfe eine Münze erzeugt. Derweil warte ich vor der Tür. Ein Protokollant schreibt beide Ergebnisse in Form einer 0-1-Folge an die Tafel, damit alle sie vergleichen können. Anschließend ruft er mich herein – und ich werde „mit einem Blick" die gefälschte Zufallsfolge identifizieren!

Tatsächlich klappt das mit großer Verlässlichkeit. Denn die Einsen der fingierten 0-1-Folge sind in der Regel gleichmäßiger verteilt (Mittelungsvorstellung des Zufalls; vgl. Abb. 7.3); insbesondere werden sich die Fälscher nicht getraut haben, eine oder gar mehrere Serien von fünf oder mehr gleichen Wurfergebnissen einzustreuen. Echte

```
0011100011001000100    01000101001100010100
0010001000100000001    11101001100011110100
0011001010110000111    01110100011000110111
1100110001010110100    10001001011011011100
1000100000011111001    01100100010010000100
```

Abbildung 7.3. Ist die linke oder die rechte Wurfserie gefälscht? (Vgl. Gelman und Nolan 2005, S. 106.)

Wurffolgen der Länge 100 enthalten aber eine Serie von fünf oder mehr gleichen Würfen mit einer Wahrscheinlichkeit von 97 % ($Q(100; 5) = P(99; 4) = 0,972$, vgl. Beispiel 7.3).

Zieht man statt der *Länge* der Serien deren *Anzahl S* als Kriterium heran, lassen sich die Fälschungen um den Preis des Auszählens von S noch sicherer identifizieren; es gilt nämlich $E(S) = 1 + \frac{n-1}{4}$ und $\sigma_S = \frac{1}{2}\sqrt{n-1}$ (vgl. etwa Engel 1987, S. 60).

Offenbar ist unsere Intuition wenig verlässlich, sobald Zufallsserien im Spiel sind. Es ist eben beispielsweise ein Unterschied, ob ein und dieselbe Münze 100-mal geworfen wird oder 100 Münzen auf einmal. Dies ist schon manchem Roulette-Spieler, der auf ein Ende einer Rouge-Serie setzte, und manchem Datenfälscher, der etwa bei seiner Steuererklärung Bendfords Gesetz über führende Ziffern missachtete, zum Verhängnis geworden. Umso wichtiger ist es, den Schülern ein fundiertes Verständnis des Gesetzes der großen Zahlen zu ermöglichen.

Zweite Fehlvorstellung. Je länger wir eine faire Münze werfen, umso wahrscheinlicher ist es, dass sich schließlich die gleiche Anzahl von „Kopf" und „Zahl" einstellt.

Tatsächlich ist das Gegenteil richtig: *Die Gleichheit der beiden Anzahlen wird mit jedem Wurf unwahrscheinlicher.*

Der Nachweis ist mit der Formel

$$n! \sim \left(\frac{n}{e}\right)^n \cdot \sqrt{2\pi n}$$

von James Stirling (1692–1770) (vgl. Tweddle 2003), leicht zu führen – und wohl der beste Weg, der Fehlvorstellung zu begegnen.

Wie wahrscheinlich sind Serien der Länge k?

$P(n,k)$ sei die Wahrscheinlichkeit, dass eine 0-1-Bernoulli-Kette der Länge n eine Serie von mindestens k Einsen enthält ($p = 0,5$). Wir bestimmen $P(n,k)$ rekursiv: *Entweder* eine solche Serie tritt bereits in den ersten $(n-1)$ Würfen auf *oder* sie kommt erst mit dem letzten Wurf zustande. Im zweiten Fall sind die k letzten Würfe Einsen, der $(n-k)$-te Wurf eine Null und die ersten $(n-k-1)$ Würfe ohne eine Serie von mindestens k Einsen. Somit gilt die Rekursionsgleichung

$$P(n,k) = P(n-1,k) + [1 - P(n-k-1,k)] \cdot \left(\frac{1}{2}\right)^{k+1}$$

mit den Randbedingungen

$$P(0,k) = P(1,k) = \ldots = P(k-1,k) = 0 \text{ und } P(k,k) = \left(\frac{1}{2}\right)^{k}.$$

Mit diesem Ergebnis lassen sich nun die $P(n,k)$, $n,k = 0,1,2,\ldots,k \leq n$, leicht berechnen (etwa mit Excel; die folgende Tabelle zeigt einen Ausschnitt).

		k							
		0	1	2	3	4	5	6	7
	20	1	1	0,983	0,787	0,478	0,25	0,122	0,058
	40	1	1	1	0,960	0,750	0,468	0,256	0,131
n	60	1	1	1	0,993	0,881	0,623	0,369	0,198
	80	1	1	1	0,999	0,943	0,732	0,465	0,260
	99	1	1	1	1	0,972	0,807	0,542	0,315
	100	1	1	1	1	0,973	0,810	0,546	0,318

$P(n,k)$

Wir führen schließlich die Wahrscheinlichkeit $Q(n,k)$, dass eine 0-1-Bernoulli-Folge der Länge n eine Serie von mindestens k Nullen oder Einsen enthält, auf $P(n,k)$ zurück, indem wir zwei aufeinander folgende Würfe zu einem Paar zusammenziehen. Für Paare mit gleichen Gliedern notieren wir eine Eins, für Paare mit ungleichen Gliedern eine Null. Ein Beispiel illustriere das Verfahren:

Wurfergebnis   1 1 1 0 0 1 0 1 1 0 0 0 0 1
Paartyp   1 1 0 1 0 0 0 1 0 1 1 1 0

Serien von Einsen der Länge $k-1$ in der Paartyp-Folge repräsentieren Serien gleicher Wurfergebnisse der Länge k in der Ausgangsfolge. Da zudem die Folge der Paartypen um eins kürzer ist als die Ausgangsfolge, gilt $Q(n,k) = P(n-1,k-1)$.
Dieses Beispiel findet sich etwa in Havil (2008).

Beispiel 7.3. Wie wahrscheinlich sind Serien der Länge k?

Die Schüler können sich von der Güte der Approximation ein Bild machen, indem sie für einige ausgewählte Werte von n den Quotienten beider Seiten berechnen (vgl. Tabelle 7.2). Danach spricht nichts mehr gegen ihre Verwendung, auch wenn ein Beweis der Formel die schulischen Möglichkeiten bei weitem übersteigt. Im Übrigen bietet sie Anlass zum Staunen: Wie kommen ausgerechnet e und π da hinein?

n	$n!$	$\frac{n}{e} \cdot \sqrt{2\pi n}$	$n! / \left(\frac{n}{e} \cdot \sqrt{2\pi n} \right)$
1	1	$0,922$	$1,084$
5	120	$118,019$	$1,017$
10	$3,63 \cdot 10^6$	$3,60 \cdot 10^6$	$1,008$
50	$3,041 \cdot 10^{64}$	$3,036 \cdot 10^{64}$	$1,002$

Tabelle 7.2. Leistungsfähigkeit der Formel von Stirling.

Nun zum Beweis der Behauptung: Da bei ungerader Wurfzahl Gleichstand ohnehin nicht eintreten kann, beschränken wir uns auf Wurffolgen der Länge $2n$. Die Anzahl von „Kopf" ist $(2n, \frac{1}{2})$-binomialverteilt, und es gilt

$$P(X_{2n} = n) = \frac{(2n)!}{(n!)^2} \left(\frac{1}{2} \right)^{2n} \sim \frac{\left(\frac{2n}{e} \right)^{2n} \sqrt{2\pi(2n)}}{\left(\frac{n}{e} \right)^{2n} 2\pi n} \left(\frac{1}{2} \right)^{2n} = \frac{1}{\sqrt{\pi n}}.$$

Daher geht in der Tat $P(X_{2n} = n)$ – die Wahrscheinlichkeit, dass „Kopf" und „Zahl" gleichhäufig fallen – gegen null, wenn n über alle Grenzen wächst.

Auf der Basis dieses Ergebnisses lässt sich eine weit schärfere Aussage treffen, eine Art Umkehrung des Gesetzes der großen Zahlen:

Die Anzahl X_n der Erfolge einer Bernoulli-Kette der Länge n mit Erfolgswahrscheinlichkeit p weicht mit Wahrscheinlichkeit gegen 1 vom Erwartungswert $E(X_n) = np$ um einen beliebig großen Wert k ab, wenn nur n genügend groß ist:

$$P(|X_n - np| > k) \to 1 \text{ für } n \to \infty.$$

Für den Beweis beschränke man sich im Unterricht wiederum auf den Fall $p = \frac{1}{2}$ und Länge $2n$ der Bernoulli-Kette: Das Gegenereignis $P(|X_{2n} - n| \leqslant k)$ tritt genau dann ein, wenn X_{2n} einen der $2k + 1$ Werte $n - k, n - k + 1, \cdots, n + k$ annimmt. Da die Wahrscheinlichkeit von $X_{2n} = n$ maximal und asymptotisch gleich $\frac{1}{\sqrt{\pi n}}$ ist, gilt

$$P(|x_{2n} - n| \leqslant k) < \frac{2k + 1}{\sqrt{\pi n}},$$

wenn n nur genügend groß ist. Ist k fest und wächst n über alle Grenzen, so strebt mit $(2k + 1)/\sqrt{\pi n}$ die Wahrscheinlichkeit von $P|X_{2n} - n| \leqslant k$ gegen 0 und somit die von $P(|X_{2n} - n| > k)$ gegen 1, was zu beweisen war.

Zusammenfassung. Menschen haben eine tiefe Sehnsucht, Sachverhalte nicht nur zur Kenntnis zu nehmen, sondern zu verstehen. Da sie sich die Stabilisierung der relativen Häufigkeiten nicht erklären können, schreiben sie dem Zufall Wirkungen zu, die er nicht hat.

Hätten die Schülerinnen und Schüler mehr Erfahrung im Umgang mit relativen Häufigkeiten und ihrem gewichteten Mittel (etwa aus der beschreibenden Statistik), so wüssten sie: Selbst eine lange Kette von „Kopf" kann durch eine folgende, dann weit längere Kette von Würfen ausgeglichen werden, in der „Kopf" mit einer relativen Häufigkeit nahe $0,5$ fällt. Nach dem Gesetz der großen Zahlen folgt aber eine solche Kette mit hoher Wahrscheinlichkeit, wenn sie nur genügend lang ist.

Aus frequentistischer Sicht ist das Gesetz der großen Zahlen das entscheidende Bindeglied zwischen Mathematik und Statistik, Theorie und Empirie. Für Lernende – und nicht nur für sie – kann es eine prägende Erfahrung sein, dass bereits etwas scheinbar so Einfaches wie der Münzwurf unsere Intuition auf eine harte Probe stellt.

Die Auseinandersetzung mit dem Münzwurf führte uns zu einer Rundreise durch die schulische Wahrscheinlichkeitstheorie: Unabhängigkeit, Bernoulli-Kette, Zufallsvariable, Binomialverteilung, Erwartungswert und Varianz, Tschebyschow-Ungleichung, Gesetz der großen Zahlen, stochastische Konvergenz, statistische Wahrscheinlichkeit, Wahrscheinlichkeit als Maß der Gewissheit, rekursive Berechnung von Wahrscheinlichkeiten unter Verwendung der beiden Pfadregeln, Formel von Stirling. Bezüge zur Analysis, zur Geometrie und Kombinatorik zeigten sich, und die Normalverteilung rückte in greifbare Nähe. Der Münzwurf hält viele weitere Überraschungen bereit (Feller 1968, chap. III). Einen kleinen Eindruck vermittelt das Beispiel 7.4 „Trügerische Intuition". Solche Beobachtungen könnten Neugier, Motivation und Entdeckerdrang nachhaltig wecken.

7.3 Ausblick

Die Stochastik ermöglicht den Schülerinnen und Schülern in der Oberstufe einen Neuanfang: Die Voraussetzungen an technischer Mathematik sind gering, die am Anfang stehenden mathematischen Modelle sind einfach und unmittelbar verständlich, die Nähe zur Alltagswelt motiviert, und die Bedeutung für Wissenschaft, Forschung und Entwicklung ist evident. Doch erweist es sich als hilfreich, wenn die Schülerinnen und Schüler hinreichende Vorerfahrungen aus der beschreibenden Statistik mitbringen (vgl. etwa Vogel und Wintermantel 2003).

Wir haben gesehen: Schulstochastik kann spannend und voller Überraschungen sein, mit vielen Bezügen zur übrigen Schulmathematik und zum Rest der Welt. Sie kann das genaue Hinschauen, Lesen, Hören und Sprechen fordern und fördern. Guter Mathematikunterricht lebt von anregenden, lehrreichen Aufgaben. Auch daran ist die elementare Stochastik reich (vgl. Engel 1987; Herget 2008). Geburtstagsproblem und Münzwurf sind nur zwei von vielen Fundgruben solcher Aufgaben. Anhand beider

Trügerische Intuition

Eine Münze ($p = 0,5$) werde fortgesetzt geworfen. Wie groß ist die Wahrscheinlichkeit, dass nach zwei, vier, sechs, ... Würfen „Kopf" und „Zahl" zum ersten Mal gleich oft gefallen sind? Es ist leicht zu sehen, dass diese Wahrscheinlichkeit rasch kleiner wird. Nach zwei Würfen beträgt sie $\frac{1}{2}$, nach vier $\frac{1}{8}$, nach sechs $\frac{2}{32}$, nach acht $\frac{5}{128}$ usw. Wir ahnen: Wenn der Gleichstand nicht bald erreicht wird, kann er sehr lange ausbleiben. Kommt es jedoch zum Gleichstand, so beginnt das Rennen von vorn: Langen Abschnitten ohne Gleichstand folgen Gleichstände in kurzer Folge und umgekehrt.

Nach dieser Vorbereitung fragen wir, wie oft die Führung im Laufe von Würfen wechselt. Bezeichnen wir diese Anzahl mit F_n, so fragen wir also nach der Verteilung dieser Zufallsvariablen. Da es zu einem Führungswechsel nur nach einem Gleichstand kommen kann, setzen wir n als ungerade voraus.

Es gilt der überraschend einfache Zusammenhang (den wir hier ohne Beweis mitteilen; vgl. Haigh 1999, S. 61):

$$P(F_n = k) = 2 \cdot P \text{ („Kopf" hat am Ende einen Vorsprung von } 2k + 1).$$

Die Antwort auf unsere Frage gibt daher die Binomialverteilung!
Um etwa die Verteilung von F_{101} zu berechnen, haben wir lediglich den Term

$$2 \cdot \binom{101}{51 + k} \left(\frac{1}{2}\right)^{101}$$

für $k = 0, 1, 2, \ldots, 50$ auszuwerten:

k	$P(F_n = k)$	$P(F_n \leqslant k)$
0	0,158	0,158
1	0,152	0,309
2	0,140	0,449
3	0,125	0,574
4	0,107	0,680
5	0,088	0,768
...	...	...

Die Wahrscheinlichkeiten nehmen mit größer werdendem k ab: Kein Führungswechsel ist stets am wahrscheinlichsten, gefolgt von einem Wechsel, zwei Wechseln usw. Dies gilt für alle Wurffolgen, egal wie lang. *Führungswechsel sind viel seltener, als die meisten Menschen glauben.*

Übrigens: Die Wahrscheinlichkeit, dass in einer Wurfserie der Länge n eine der beiden Münzseiten die ganze Zeit führt ($F_n = 0$), ist in guter Näherung $\frac{1}{\sqrt{\pi n}}$ und somit selbst für $n = 100$ noch über 5 %.

Beispiel 7.4. Trügerische Intuition

Aufgabenfelder wurde exemplarisch gezeigt, dass und wie der Stochastikunterricht der Oberstufe die vier eingangs formulierten didaktischen Postulate (Alltagsnähe, Beziehungsreichtum, Modellierungsanlässe, Forschungsimpulse) erfüllen kann.

Ein in diesem Sinne gelungener Stochastikunterricht kann für Lehrende und Lernende gleichermaßen zu einer prägenden Erfahrung und zum Leitbild des Mathematikunterrichts werden: Eine „recht verstandene" Stochastik gehört in den Mathematikunterricht!

Literatur

[Engel 1987] ENGEL, Arthur: *Stochastik*. Stuttgart: Klett, 1987.

[Feller 1968] FELLER, William: *An Introduction to Probability Theory and Its Applications*. Bd. 1. New York: Wiley, 1968.

[Freudenthal 1973] FREUDENTHAL, Hans: *Mathematik als pädagogische Aufgabe*. Bd. 2. Stuttgart. Klett, 1973.

[Gelman und Nolan 2005] GELMAN, Andrew; NOLAN, Deborah: *Teaching Statistics. A Bag of Tricks*. Oxford: Oxford University Press, 2005.

[Girlich 1996] GIRLICH, Hans-Joachim: Hausdorffs Beiträge zur Wahrscheinlichkeitstheorie. In: BRIESKORN, Egbert (Hrsg.): *Felix Hausdorff zum Gedächtnis*. Bd. 1: Aspekte seines Werkes. Braunschweig: Vieweg, 1996, S. 31–70.

[Haigh 1999] HAIGH, John: *Taking Chances. Winning with Probability*. Oxford: Oxford University Press, 1999.

[Halmos 1985] HALMOS, Paul R.: *I want to Be a Mathematican. An Automathography*. Berlin: Springer, 1985.

[Hauser 1997] HAUSER, Walter: *Die Wurzeln der Wahrscheinlichkeitsrechnung. Die Verbindung von Glücksspieltheorie und statistischer Praxis vor Laplace*. Stuttgart: Franz Steiner Verlag, 1997.

[Havil 2007] HAVIL, Julian: *Nonplused! Mathematical Proof of implausible Ideas*. Princeton: Princeton University Press, 2007.

[Havil 2008] HAVIL, Julian: *Impossible? Surprising Solutions to Counterintuitive Conundrums*. Princeton: Princeton University Press, 2008.

[Henze 2012] HENZE, Norbert: *Stochastik für Einsteiger. Eine Einführung in die faszinierende Welt des Zufalls*. Wiesbaden: Vieweg+Teubner, 2012.

[Herget 2008] HERGET, Wilfried: *Wege in die Stochastik*. Velber: Friedrich Verlag, 2008.

[Schrage 1990] SCHRAGE, Georg: Ein Geburtstagsproblem. In: *Mathematische Semesterberichte* 37 (1990), S. 251–257.

[Tweddle 2003] TWEDDLE, Ian: *James Stirling's Methodus Differentialis. As Annotated Translation of Stirling's Text*. Berlin: Springer, 2003.

[Vogel 2010] VOGEL, Dankwart: Maximal, minimal, optimal, ... In: *mathematik lehren* 159
       (2010), S. 4–13.

[Vogel und Wintermantel 2003] VOGEL, Dankwart; WINTERMANTEL, Gertrud: *Explorative Da-
       tenanalyse – Statistik aktiv lernen*. Stuttgart: Klett, 2003.

[Weaver 1964] WEAVER, Warren: *Die Glücksgöttin. Der Zufall und die Gesetze der Wahrschein-
       lichkeit*. München: Verlag Kurt Desch, 1964.

[Winter 1992] WINTER, Heinrich: Zur intuitiven Aufklärung probabilistischer Paradoxien. In:
       Journal für Mathematik-Didaktik 13 (1992), Nr. 1, S. 23–53.

8 Kurve, Kreis und Krümmung – ein Beitrag zur Vertiefung und Reflexion des Ableitungsbegriffs

Andreas BÜCHTER und Hans-Wolfgang HENN

Wenn Mathematik verstehensorientiert unterrichtet werden soll, dann müssen die Lernenden zu Aktivitäten angeregt werden, die anschauliche Vorstellungen zu den mathematischen Inhalten entstehen lassen, auf deren Basis eine tragfähige Begriffsbildung stattfinden kann. Dies ist im schulischen Kontext keineswegs selbstverständlich, da die ständige Präsenz von Leistungsbewertungen in der Regel zu einer Dominanz von gut trainierbaren Aufgaben führt. Daraus resultiert insbesondere in der gymnasialen Oberstufe häufig eine verfahrenslastige Aufgabenkultur, bei der größere Anforderungshöhen nicht durch tiefere konzeptionelle Betrachtungen oder den kreativen Umgang mit mathematischem Handwerkszeug, sondern durch die Erhöhung algebraischer Komplexität erreicht werden. Der flexible und verständige Umgang mit Mathematik setzt aber gerade bei Fragestellungen, die nicht von Lehrkräften oder Prüfungsentwicklern an die üblichen Bearbeitungsschemata angepasst wurden, tragfähige Begriffe und eine inhaltliche Theorieentwicklung voraus.

Der vorliegende Beitrag konkretisiert am Beispiel der Analysis die Zielsetzung eines verstehensorientierten Unterrichts am zentralen fachlichen Gegenstand „Ableitung" und problematisiert die Frage der Zielerreichung anhand erfasster Schülervorstellungen zum Tangentenbegriff. In einer konstruktiven Wendung wird anschließend eine typische Fragestellung aus dem Straßenbau („Mindestradius einer Kurve") genutzt, um alternative und tiefere Begriffsbildungen zum schulüblichen Ableitungsbegriff anzuregen, die kontextbedingt direkt die Krümmung einer Kurve mit in den Blick nehmen. Durch die Reflexion dieser Begriffsbildung können Schülerinnen und Schüler – aber auch Lehramtsstudierende und Lehrkräfte – einen im Sinne der Tragfähigkeit breiteren und mit Blick auf Verallgemeinerbarkeit tieferen Ableitungsbegriff entwickeln.

8.1 Analysis verständlich unterrichten

Analysis verständlich unterrichten ist der Titel eines Buchs, in dem Danckwerts und Vogel (2006) elementarmathematische und mathematikdidaktische Grundlagen für einen entsprechenden Mathematikunterricht praxisorientiert dargestellt haben; zugleich deutet dieses Ziel auf einen der größten Problembereiche des Faches hin, da vor allem die Differenzialrechnung durch einen zu beherrschenden Kanon von

Regeln und Funktionstypen, nicht aber durch eine tragfähige Begriffsentwicklung geprägt ist.

Für die Erarbeitung des zentralen Begriffs der Differenzialrechnung („Ableitung") werden in der Schule üblicherweise zwei Problemklassen genutzt (vgl. Danckwerts und Vogel 2006, S. 45ff.):

(1) das eher innermathematische geometrisch-anschauliche Tangentenproblem, das zumeist aus der Frage der Steigung eines Funktionsgraphen an einer Stelle hergeleitet wird (obwohl es auch geometrische Fragestellungen gibt, bei denen es direkt um die Konstruktion von Tangenten an Kurven geht), oder

(2) die anwendungsbezogene Frage nach der lokalen Änderungsrate bei einem funktionalen Zusammenhang zwischen zwei Größen.

Manchmal wird auch eine anwendungsbezogene Frage aus (2) herangezogen, um nach einer zügigen Mathematisierung und der geometrisch-anschaulichen Darstellung von Änderungsraten nur noch innermathematisch die Sichtweise, die für (1) typisch ist, einzunehmen – ohne Rückbezug des weiteren Vorgehens auf die ursprüngliche Realsituation. In allen Fällen ist das Vorliegen einer „hinreichend glatten" Funktion eine Voraussetzung für wohldefinierte Grenzübergänge (von den Sekantensteigungen zur Tangentensteigung oder von den mittleren Änderungsraten zur lokalen Änderungsrate). Diese lokale Linearität, die zugleich Anlass für die Idee der lokalen Linearisierung bietet, wird im Unterricht allerdings kaum thematisiert.

Für einen tragfähigen Ableitungsbegriff sind letztlich alle Aspekte wesentlich. Schülerinnen und Schüler sollten mit dem Begriff „Ableitung" sowohl anschauliche Vorstellungen zum Tangentenproblem als auch zur lokalen Änderungsrate als auch zur lokalen Linearität und Linearisierung verbinden. Möchte man die unterschiedlichen Aspekte von den Schülerinnen und Schülern vergleichen lassen und die Begriffbildung dadurch vertiefen, bieten sich u. a. historische Texte an, mit deren Hilfe etwa die Vorgehensweisen von Cauchy („Änderungsrate") und Weierstraß („lokale lineare Approximation") rekonstruiert und fruchtbar gemacht werden können (vgl. Danckwerts und Vogel 1991, S. 10ff.).

Aufgrund didaktischer Schwierigkeiten des in der Schule traditionell dominanten Tangentenproblems wird seitens der Mathematikdidaktik überwiegend der Einstieg in die Analysis über Änderungsraten vorgeschlagen (vgl. Danckwerts und Vogel 2006, S. 55f.). Bei einer Fehlrezeption dieses Konzepts besteht allerdings die Gefahr, dass die nach wie vor ebenfalls relevante Interpretation der Ableitung als Tangentensteigung auch zu späteren Zeitpunkten unberücksichtigt bleibt.

Die begrenzte Reichweite der heute schulüblichen Begriffsentwicklung lässt sich einfach beobachten: Im Rahmen einer empirischen Untersuchung (vgl. Büchter 2012) haben nahezu alle Schülerinnen und Schüler aus vier Mathematikkursen in der gymnasialen Oberstufe auch nach einer Einführung (und z. T. auch einer Vertiefung) der Differenzialrechnung die Frage „Was ist eine Tangente?" im Sinne einer globalen Stützgeraden, nicht aber im Sinne einer lokalen Schmieggeraden beantwortet (zu den Begriffen „Stützgerade" und „Schmieggerade" (vgl. Danckwerts und Vogel 2006,

S. 26). Typische Antworten auf die Frage enthielten Ausführungen über „genau einen gemeinsamen Punkt" und „die Berührende". Hieran zeigt sich einerseits eine Dominanz der Begriffsbildung „Tangente" im Rahmen der Kreisgeometrie in der Sekundarstufe I und der Koordinatengeometrie in der Sekundarstufe II (Tangenten an Parabeln), wo in der Regel nur die genannten Aspekte, nicht aber die lokale Linearität der Figuren thematisiert werden; andererseits scheint die anschließende Entwicklung des Ableitungsbegriffs nicht zur Verallgemeinerung des Tangentenbegriffs im Sinne der Differenzialrechnung beizutragen.

Eine vertiefte Betrachtung der lokalen Linearität von Kurven kann durch die allgemeinere Fragestellung der Approximation komplizierter Kurven durch einfachere Kurven erreicht werden. Als möglichst „einfache Kurven" stehen hierbei neben Geraden z. B. Kreise zur Verfügung, deren spezifische Eigenschaften (vor allem die konstante Krümmung) etwa bei der folgenden Problemstellung aus dem Straßenbau gewinnbringend angewendet werden.

8.2 Was ist der „Mindestradius" einer (Straßen-)Kurve?

Während auf deutschen Autobahnen erstaunlicherweise immer noch keine generelle Höchstgeschwindigkeit festgesetzt worden ist, muss man bei Autobahnkreuzen je nach Art der Abzweigung die Geschwindigkeit mehr oder weniger drosseln (und sollte dies auch tun). Auch auf Bundes- und Landstraßen sind immer wieder durch entsprechende Verkehrszeichen Höchstgeschwindigkeiten unterhalb der sonst überwiegend erlaubten 100 km/h festgesetzt. In jedem Fall geschieht dies vor „scharfen" Kurven. Abbildung 8.1 zeigt eine Rechtskurve auf der L578 zwischen Tauberbischofsheim und Würzburg, vor der die zulässige Höchstgeschwindigkeit auf 70 km/h beschränkt wird.

Abbildung 8.1. Geschwindigkeitsbeschränkung

v_e [km/h]	min R [m]
50	80
60	120
70	180
80	250
90	340
100	450
120	720

Abbildung 8.2. Mindestradius bei vorgegebener Geschwindigkeit

Wie werden diese Höchstgeschwindigkeiten festgesetzt? Ist das wirklich willkürlich, wie mancher unwillige Autofahrer denken mag? Nein, diese Geschwindigkeitsbeschränkungen werden aufgrund objektiver Messdaten festgelegt. Die fragliche Geschwindigkeitsbeschränkung wurde wohl nach der RAS-L („Richtlinie für die Anlage von Straßen, Teil Linienführung") eingerichtet, die bis vor Kurzem gültig war. Heute gelten die Nachfolgerichtlinien RAA („Richtlinie zur Anlage von Autobahnen") und RAL („Richtlinie zur Anlage von Landstraßen"). Aus der RAS-L stammt die Tabelle in Abbildung 8.2, die den zulässigen Mindestradius für eine gegebene Geschwindigkeit angibt. Zur Objektivierung der Geschwindigkeitsbeschränkungen geht man von einer kreisförmigen Fahrbahn aus, für die bestimmt wird, wie groß der Radius (Mindestradius) bei einer vorgegebenen Geschwindigkeit mindestens sein muss – natürlich unter Berücksichtigung weiterer Rahmen- und Sicherheitsbedingungen, wie Querneigung, Längsneigung, Wölbung, Fahrbahnbelag .... Wir betrachten im Folgenden aber nur den Zusammenhang zwischen Radius und maximaler Geschwindigkeit.

Bei 70 km/h ist nach der Tabelle ein minimaler Radius von 180 m vorzusehen. Was aber soll „Mindestradius" bei einer beliebigen nicht kreisförmigen Straßentrasse sein? Hier hilft ein Blick aus der Vogelperspektive auf unsere Straße, was heutzutage dank des Internets schnell erledigt ist (Abbildung 8.3 ist aus urheberrechtlichen Gründen einem Original in wesentlichen Details nachgeahmt).

Der schwarze Punkt markiert die ungefähre Lage des 70er Schildes von Abbildung 8.1. Die Straße scheint in erster Näherung aus zwei Geradenstückchen und einem Kreisstückchen zu bestehen. Diese präformale Beschreibung hat natürlich noch nichts mit dem konkreten Bau von Straßen zu tun. Dort kann man nicht einfach Geraden- und Kreisstückchen verbinden, sondern muss durch geeignete Übergangsbögen den Krümmungsdruck (vgl. Böer und Volk 1989; Büchter und Henn 2010, S. 273) vermeiden. In der Praxis verwendet man hierzu in der Regel die Klothoide (vgl. Lambert und Peters 2005). Die anschauliche Idee der Näherung durch zwei Geradenstückchen und ein Kreisstückchen untersuchen wir, indem wir Abbildung 8.3 (bzw. ein Original) als Hintergrundbild eines Arbeitsblatts einer Dynamische-Geometrie-Software (DGS) laden und zwei Strecken und einen Kreis, die den Straßenverlauf approximieren, einzeichnen. Beim Kreis geschieht dies durch die Markierung von drei geeigneten Punkten auf der Straße und Konstruktion des durch sie bestimmten Kreises. Abbildung 8.4 zeigt das Ergebnis.

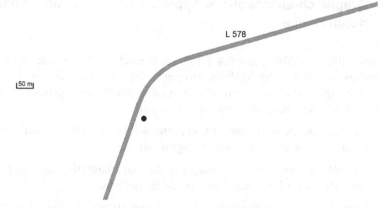

Abbildung 8.3. Straße L578 aus der Vogelperspektive

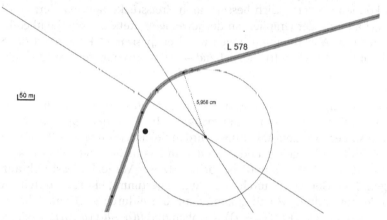

Abbildung 8.4. Approximation mit Strecken und Kreis

Die DGS misst den Radius des approximierenden Kreises zu $5,985$ cm (gemessen in Bildschirm-cm). Die Abbildung enthält den realen Maßstab, sodass man den realen Radius des Kreises leicht ausrechnen kann:

$$r = \frac{50\,\text{m}}{1,55\,\text{cm}} \cdot 5,38\,\text{cm} \approx 174\,\text{m}.$$

Ein Blick in die Tabelle von Abbildung 8.2 zeigt eine gute Übereinstimmung mit dem dort angegeben Mindestradius für 70 km/h.

8.3 Graphisch-anschauliche Approximation von Funktionsgraphen durch Kreise

Ein neuer Blick auf Abbildung 8.4 mit mathematischen Augen stellt neue Fragen: Normalerweise werden in der Analysis differenzierbare Funktionen und ihre Graphen mit der Ableitung beschrieben. Zum üblichen Ableitungsbegriff gehören – wie eingangs dargestellt wurde – u. a. die zwei folgenden Aspekte:

– Die Idee der Änderungsrate (was umgekehrt gedacht zur Summation von Änderungsraten und somit zum Integral führt).

– Die Idee der lokalen Linearität, d. h. die Approximation des Graphen einer differenzierbaren Funktion durch Geradenstückchen.

Abbildung 8.4 wirft die Frage auf, ob es Alternativen zur linearen Approximation gibt. Funktionsgraphen sind im Allgemeinen nicht linear, sondern gekrümmt. Daher können sie vermutlich besser durch Kreisstücke approximiert werden, da diese die Krümmung der Graphen an der jeweiligen Stelle augenscheinlich besser berücksichtigen. In Abbildung 8.4 haben wir drei „passende" Punkte auf die Straße gelegt und damit – visuell zufriedenstellend – den approximierenden Kreis gewonnen. Wie kann dieses Vorgehen zunächst anschaulich präzisiert und formalisiert werden? Den Ausgangspunkt bildet die Idee, zu einem beliebigen Punkt $P(a|b)$ eines geeigneten Funktionsgraphen einen Kreis zu finden, der den Funktionsgraphen an der fraglichen Stelle a möglichst „optimal" approximiert. Im Falle der Approximation durch Geraden, also der üblichen Ableitung, wurden Sekanten durch die Punkte $P(a|f(a))$ und $Q(a+h|f(a+h))$ gelegt und dann der anschauliche (und später präzisierte) Grenzübergang $h \to 0$ (mit $h \neq 0$) betrachtet. Dieses Vorgehen lässt sich auf Kreise übertragen. Eine Gerade ist durch zwei Punkte bestimmt, ein Kreis durch drei. Analog zu den Sekanten durch P und Q kann man Kreise durch P, Q und R betrachten, wobei $P(a|f(a))$ und $Q(a+h|f(a+h))$ wie oben und $R(a-h|f(a-h))$ gewählt werden. Der Grenzübergang $h \to 0$ (mit $h \neq 0$) sollte dann den am besten approximierenden Kreis ergeben (vgl. Büchter und Henn 2010, S. 277).

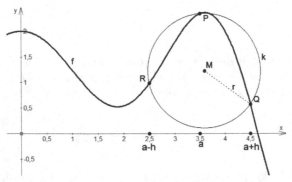

Abbildung 8.5. Kreis durch drei Punkte; $a = 3,5$; $h = 1$

Abbildung 8.5 verdeutlicht die Idee mithilfe einer DGS am Beispiel des Graphen einer Funktion f für $a = 3,5$ und $h = 1$, wobei der entstehende Kreis mit Mittelpunkt M und Radius r augenscheinlich noch keine gute Approximation des Graphen der Funktion f ist.

Bei der DGS lassen sich die Variablen a und h z. B. durch Schieberegler variieren, sodass die Idee, h gegen null gehen zu lassen, einfach ausgeführt werden kann. Die Abbildungen 8.6 und 8.7 zeigen die Situation mit $a = 3,5$ und $h = 0,1$ (Abb. 8.6) bzw. $h = 0,001$ (Abb. 8.7). Die Kreise in den Abbildungen 6 und 7 unterscheiden sich praktisch nicht mehr; zumindest für die betrachtete Situation deutet dies auf eine schnelle Konvergenz der Approximation durch Kreise hin.

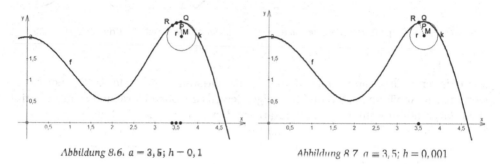

Abbildung 8.6. $a = 3,5$; $h = 0,1$　　　　Abbildung 8.7. $a = 3,5$; $h = 0,001$

Die Konvergenz des betrachteten Kreises gegen einen „optimalen" Kreis, den Schmiegkreis, bereitet anschaulich keine Schwierigkeit. In Analogie zum anschaulichen Zugang zur üblichen Ableitung (vgl. Büchter und Henn 2010) können wir etwa bei der obigen Funktion f den Radius des Kreises an der Stelle a für $h = 0,001$ als sehr gute Approximation für den Radius des Schmiegkreises $r(a)$ an der Stelle a betrachten; die Existenz des Schmiegkreises ist bei „vernünftigen" Funktionen, wie sie bei den meisten Anwendungen und in der Schule vorkommen, anschaulich klar.

Die Frage nach dem (Mindest-)Radius einer (Straßen-)Kurve aus Abschnitt 2 ist damit im Wesentlichen beantwortet. Aus allgemeinerer fachlicher Sicht bedeutet ein kleiner Radius in der Sprechweise der Krümmung (vgl. Büchter und Henn 2010, S. 276f.) aber eine große Krümmung („stark gekrümmt"). Daher verwendet man üblicherweise den reziproken Wert des Radius $\rho(a) = \frac{1}{r(a)}$ als Maß für die Krümmung und nennt dieses Maß selbst die „Krümmung der Funktion f an der Stelle a". Für dieses Maß gilt nun: Je größer der Wert ist, desto stärker ist die Kurve an der fraglichen Stelle gekrümmt. Wie bei der üblichen Ableitung hängt auch die Krümmung einer Funktion f von der jeweils betrachteten Stelle a ab, sodass hierdurch eine neue – im eigentlichen Sinne des Wortes „abgeleitete" – Funktion definiert wird: die Krümmungsfunktion ρ, die man anschaulich auch als „Kreisableitung" bezeichnen kann. Und wie man im Fall der üblichen Ableitung einer Funktion f die Ableitungsfunktion durch die Differenzenquotientenfunktion mit $\frac{f(x+h)-f(x)}{h}$ mit hinreichend kleinem h für praktische Zwecke in nahezu beliebiger Genauigkeit (und dank Computerhilfe sehr einfach) approximieren kann, lässt sich mit dem obigen Zugang auch die Krümmungsfunktion

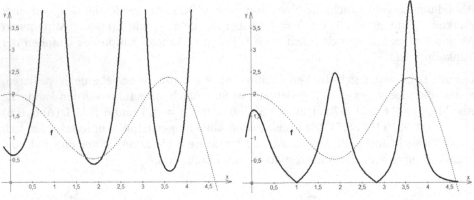

Abbildung 8.8. Graph des Schmiegkreisradius   *Abbildung 8.9.* Graph der Krümmungsfunktion

approximieren; ihr Graph kann z. B. mithilfe der Ortslinienoption der DGS gezeichnet werden. Die Abbildungen 8.8 und 8.9 zeigen jeweils die oben betrachtete (hier gestrichelt dargestellte) Funktion f und zusätzlich den Graphen des Radius des Schmiegkreises (Abb. 8.8) bzw. den Graphen der Krümmungsfunktion („Kreisableitung", Abb. 8.9). In Abbildung 8 deuten sich Polstellen an. An welchen besonderen Stellen der Funktion f liegen diese?

Bei der bekannten „Kurvendiskussion" (treffender wäre die Bezeichnung „Funktionsuntersuchung") unterscheidet man – selten anschaulich, meistens rechnerisch mithilfe der üblichen Ableitung – zwischen Rechts- und Linkskrümmung (vgl. Büchter und Henn 2010, S. 266f.). Die Graphen in den Abbildungen 8.8 und 8.9 codieren (ohne Orientierung) nur den Radius des Schmiegkreises bzw. die Krümmung, die Funktionswerte sind immer größer oder gleich null. Je nachdem, ob der Funktionsgraph an der betrachteten Stelle a rechts- oder linksgekrümmt ist, ist der obere oder der untere Halbkreis des Schmiegkreises approximierend. Dies lässt sich bei Bedarf durch Hinzunahme des Vorzeichens Plus oder Minus als Orientierung beim Radius bzw. der Krümmung ebenfalls codieren.

8.4   Rechnerische Bestimmung der „Kreisableitung"

Die obige Idee der „Kreisableitung" lässt sich mithilfe einer DGS mit beliebigen Funktionen durchführen – und sie führt bei „vernünftigen" Funktionen auch zu klaren Ergebnissen. Doch während sich der graphisch-anschauliche Zugang bei der üblichen Ableitung mit dem Übergang von den Sekanten zu den Tangenten gut mit schulischen Mitteln algebraisieren lässt, ist dies bei der „Kreisableitung" selbst bei einfachsten Funktionen zu kompliziert. Zwar kann man prinzipiell die zugehörigen Rechnungen (etwa mithilfe eines Computer-Algebra-Systems) durchführen, den Mittelpunkt und Radius des Kreises durch die Punkte $P(a|f(a))$, $Q(a+h|f(a+h))$ und $R(a-h|f(a-h))$

algebraisch fassen, den Grenzwert $h \to 0$ (mit $h \neq 0$) studieren und damit dann zu einer Krümmungsformel kommen. Dieser Weg verbietet sich jedoch zumindest für die Schule, da er von den wenigsten Schülerinnen und Schülern nachvollzogen werden könnte und er keinen inhaltlichen Mehrwert bringt.

Vor dem Hintergrund des graphisch-anschaulichen Zugangs der „Kreisableitung" ist aber eine Vertiefung der Betrachtungen zur Krümmung, die in der Oberstufe traditionell im Zusammenhang mit der zweiten Ableitung angestellt werden, vor allem im Leistungskurs möglich (aber nicht notwendig). Dort wird lediglich die qualitative Unterscheidung von Links- und Rechtskrümmung sowie die Vermeidung des Krümmungsrucks thematisiert. Die im Folgenden dargestellte weitergehende Analyse baut auf der üblichen Ableitung auf, führt mit einem relativ geringen formalen Aufwand zur Quantifizierung der Krümmung (Krümmungsformel) und kann auch von Schülerinnen und Schülern gut nachvollzogen werden.

Bei dieser Analyse wird vor dem Hintergrund der Erfahrungen aus dem graphisch-anschaulichen Zugang vorausgesetzt, dass es einen „optimalen" Schmiegkreis gibt; es geht also nicht mehr um seine Existenz, sondern seine konkrete Bestimmung – dieser Standpunkt wird in der Schule oft eingenommen! Problematisiert wird somit die Frage, ob man die qualitative Beschreibung der Krümmung eines Funktionsgraphen quantitativ erfassen kann. Wir verwenden hierzu die Informationen über den Graphen, den man über die übliche Ableitung kennt, also Tangente (via f') und Änderungsverhalten der Tangente (Links- bzw. Rechtskrümmung via f''); insbesondere setzen wir also die Existenz der zweiten Ableitung von f voraus.

Wir betrachten den Schmiegkreis im Punkt $P(a|f(a))$ des Graphen der Funktion f. Dieser Kreis ist durch seinen Radius r und seinen Mittelpunkt $M(x_M|y_M)$, also durch die drei reellen Zahlen r, x_M und y_M bestimmt. Die inhaltliche Bedeutung des Schmiegkreises und der Tangenten (Schmieggerade) an einer Stelle von f führt zu folgenden drei Gleichungen (vgl. auch Schuler 2000, S. 84):

− P liegt auf dem Schmiegkreis, also gilt

$$(a - x_M)^2 + (f(a) - y_M)^2 = r^2. \tag{8.1}$$

− Im Punkt P müssen Funktionsgraph und Schmiegkreis dieselbe Tangente haben, also gilt (durch Ableitung nach a)

$$2 \cdot (a - x_M) + 2 \cdot (f(a) - y_M) \cdot f'(a) = 0. \tag{8.2}$$

− Schließlich müssen die Tangente an den Funktionsgraphen und die Tangente an den Schmiegkreis dieselbe Änderungsrate haben, also gilt (durch erneute Ableitung nach a)

$$2 + 2 \cdot f'(a) \cdot f'(a) + 2 \cdot (f(a) - y_M) \cdot f''(a) = 0. \tag{8.3}$$

Damit haben wir drei Gleichungen für die drei Bestimmungsstücke r, x_M und y_M des Krümmungskreises an der Stelle a, mit denen wir weiter folgern:

Auflösen von (8.3) nach y_M ergibt

$$y_M = f(a) + \frac{1 + f'(a)^2}{f''(a)}.$$

Insbesondere muss also die zweite Ableitung an der Stelle a ungleich null sein. Setzt man dies in (8.2) ein und löst nach x_M auf, so erhält man

$$x_M = a - f'(a) \cdot \frac{1 + f'(a)^2}{f''(a)}.$$

Nun werden beide Werte x_M und y_M in (8.1) eingesetzt:

$$r^2 = \left(a - \left(a - f'(a) \cdot \frac{1 + f'(a)^2}{f''(a)} \right) \right)^2 + \left(f(a) - \left(f(a) + \frac{1 + f'(a)^2}{f''(a)} \right) \right)^2$$
$$= \frac{(1 + f'(a)^2)^3}{f''(a)^2}.$$

Hieraus folgen dann die gewünschten Formeln für den Radius des Schmiegkreises und die Krümmung an der Stelle a:

$$r = \frac{\sqrt{(1 + f'(a)^2)^3}}{f''(a)} \quad \text{und} \quad \rho = \frac{f''(a)}{\sqrt{(1 + f'(a)^2)^3}};$$

das Vorzeichen von r bzw. ρ entscheidet darüber, ob der Graph an der Stelle a rechts- oder linksgekrümmt ist.

Wie bei der üblichen Ableitung und der Tangente drehen wir jetzt den Spieß um: Beim Einstieg in die Differenzialrechnung führt die geometrisch-anschauliche Darstellung von Differenzenquotienten (mittleren Änderungsraten) als Sekanten mit immer kleineren Schrittweiten zur Idee des Grenzübergangs zur Tangente bzw. zum Differenzialquotienten (lokale Änderungsrate). Dabei wird die Ableitung aber nicht durch die Tangente definiert, sondern nur der Weg zur Ableitung anschaulich mithilfe der Tangentenvorstellung motiviert. Letztlich wird die Tangente an einen Funktionsgraphen (an einer Stelle a) mithilfe der Ableitung eindeutig definiert. Genauso definieren wir jetzt mit der Formel, die wir vor dem Hintergrund unseres anschaulich motivierten Vorgehens gewonnenen haben, den Radius r des Schmiegkreises bzw. die Krümmung ρ und hoffen dabei, dass diese Formeln stets das leisten, was wir wollen. (Dabei ist aufgrund des obigen Weges klar, dass die betrachteten Funktionen zweimal differenzierbar sein müssen.)

8.5 Didaktische Reflexion der Approximation von Funktionsgraphen durch Kreise

Die in diesem Beitrag vorgeschlagene Betrachtung einer typischen Fragestellung aus dem Straßenbau („Mindestradius einer Kurve") führt im Regelfall zur Untersuchung der Approximation von Kurven durch Kreise, die für Funktionsgraphen vertieft werden kann. Die betrachtete „Kreisableitung" kann einerseits die in der Differenzialrechnung übliche Begriffsbildung kontrastieren und vertiefen und andererseits im Bereich der Krümmung über die qualitative Unterscheidung zwischen Rechts- und Linkskrümmung hinaus zu einer Quantifizierung der Krümmung führen. Ein entsprechendes Unterrichtsvorhaben dürfte sich in der Schule aufgrund des Zeitbedarfs, der Tiefe der Betrachtungen und der angeregten Reflexionen für eine Vertiefung der Differenzialrechnung in Leistungskursen anbieten. Die Betrachtung der „Kreisableitung" und die Quantifizierung der Krümmung gehen dabei über die Obligatorik der aktuellen Lehrpläne hinaus, tragen aber zum tieferen Verständnis der verbindlich vorgegebenen fachlichen Gegenstände bei. Der wesentliche Teil der angeregten Mathematisierungen kann im Sinne gelenkter Erkundungen durch Schülerinnen und Schüler selbst geleistet werden (vgl. Henn 1997, S. 89ff.).

Insbesondere wenn für das vorgeschlagene Unterrichtsvorhaben genügend Zeit zur Verfügung steht, die für ausgiebige Schülerarbeitsphasen und anschließende Reflexionen im Sinne einer Balance von Konstruktion und Instruktion genutzt wird, hat dieses Thema ein enormes didaktisches Potenzial, das hier angedeutet wird:

— Es wird eine intensive Vernetzung der Differenzialrechnung mit der euklidischen Geometrie der Sekundarstufe I und der Koordinatengeometrie der Sekundarstufe II erreicht. Dies fängt bei der ersten anschaulichen Approximation der Kurve durch Kreise mithilfe einer DGS an und geht bis zur vertieften Nutzung von Koordinaten und geometrischen Eigenschaften in der abschließenden Analyse. Das Handwerkszeug aus der Einführung in die Differenzialrechnung wird dabei ebenfalls wiederholt und vertieft. Insgesamt gelangt man mit der Quantifizierung der Krümmung zu einer relevanten inhaltlichen Vertiefung der Differenzialrechnung.

— Die Frage nach dem Mindestradius führt direkt zu einer alternativen lokalen Approximation von komplizierten Kurven durch einfachere. Anstelle der linearen Approximation als einfachste Herangehensweise führt die inhaltliche Fragestellung hier zur Approximation mit den in gewisser Hinsicht nächstschwierigeren Kurven, nämlich Kreisen. Der für den Ableitungsbegriff wichtige Aspekt der lokalen Approximation und auch der Aspekt der Tangente (als Schmieggerade) an einen Funktionsgraphen werden hierbei aufgegriffen und vertieft. Insbesondere steht die Idee der Approximation, die in der Schule häufig zu kurz kommt, direkt im Vordergrund.

— Das Verhältnis von „Tangente" und „Ableitung" kann durch die Reflexion des konkret erfahrenen Vorgehens vertieft geklärt werden: Die Tangente an einen Funktionsgraphen kann ein heuristisches Werkzeug auf dem Weg zur Ableitung sein, sie wird aber erst durch die Ableitung eindeutig definiert. Genauso ist es bei der Bestimmung der Krümmungsformel. Allgemeiner kann erkenntnistheoretisch reflektiert werden, dass anschaulich bestimmte mathematische Objekte häufig zunächst als existent betrachtet und anschließend formal definiert werden; dieser Weg ist nicht nur für die Mathematik in der Schule typisch, wie man historisch leicht nachweisen kann.

– Mit Blick auf die Zielsetzungen eines allgemeinbildenden Mathematikunterrichts im Sinne Heinrich Winters (vgl. Winter 1995; Danckwerts und Vogel 2006, S. 5f.), dessen Konzept heute einen wesentlichen Bezugsrahmen der deutschsprachigen Mathematikdidaktik darstellt, kann man die Reichhaltigkeit des vorgeschlagenen Unterrichtsvorhabens erkennen:

Zu Grunderfahrung 1 (Mathematik als Anwendung): Die Anwendung auf eine Fragestellung aus dem Straßenbau erfordert im Sinne guten „Sachrechnens", bei dem auch über die Sache selbst etwas gelernt wird, zahlreiche Reflexionen: Welche weiteren Variablen für die Festlegung der Höchstgeschwindigkeit dürften relevant sein, bleiben aber außen vor? Welchen „Sicherheitsaufschlag" sollte man bei der Festlegung der Höchstgeschwindigkeit berücksichtigen? Wie stimmen Vorschriften und eigene Erkundungen an realen Straßen miteinander überein? ... Insgesamt führt dies zu einem intensiven Wechselspiel zwischen Mathematik und dem Rest der Welt, das auch zum Verstehen der uns umgebenden Welt beiträgt.

Zu Grunderfahrung 2 (Mathematik als Struktur): Die verschiedenen Aspekte und Vorstellungen zum Ableitungsbegriff werden thematisiert; insbesondere wird der Blick intensiv auf den Aspekt der Approximation gerichtet. Das Verhältnis von „Tangente" und „Ableitung" zueinander wird geklärt (s. o.) und dabei wird der Tangentenbegriff verallgemeinert. Darüber hinaus gelangt man auf der Basis des üblichen Ableitungsbegriffs und der traditionellen Betrachtungen zur Krümmung (im Zusammenhang mit der zweiten Ableitung) zu einer gefolgerten Formel für die Quantifizierung der Krümmung. Schließlich gerät in den Blick, dass der übliche Ableitungsbegriff nicht „gottgegeben" oder „alternativlos" ist, aber im Vergleich zur Alternative „Kreisableitung" besser handhabbar ist.

Zu Grunderfahrung 3 (Mathematik als kreatives und intellektuelles Handlungsfeld): Bei der graphisch-anschaulichen Approximation von Kurven durch Kreise und der anschließenden Herleitung der Krümmungsformel für Funktionsgraphen kommen vielfältige heuristische Betrachtungsweisen zum Einsatz, deren Durchführung zum Teil von den zur Verfügung stehenden Werkzeugen (Dynamische-Geometrie-Software) abhängt. Die Intensität dieser dritten Grunderfahrung hängt vor allem vom Grad der Lenkung der Erkundungen ab.

Die didaktische Reflexion des vorgeschlagenen Unterrichtsvorhabens deutet darauf hin, dass dieses für die Schule fakultative Thema ebenfalls ein großes Potenzial für die Ausbildung angehender Mathematiklehrkräfte hat. Je nach Studienordnung kann das Thema in elementarmathematischen Veranstaltungen zur Analysis oder in einer Didaktik der Analysis entfaltet werden.

Wir wollen nicht verschweigen, dass es – wie so oft – auch Problemzonen gibt:

Zunächst müsste für die „Kreisableitung" eigentlich ausgeschlossen werden, dass die drei ausgewählten Punkte auf einer Geraden liegen. Dies ist praktisch unproblematisch, da lineare Funktionen für die durchgeführte Untersuchung uninteressant sind und man bei anderen Funktionen nur wenige solcher Ausnahmekonstellationen finden wird. Dennoch sollte dies zum Gegenstand der Betrachtung gemacht werden. Die Frage, welche Krümmung eine Gerade hat, dürfte zu gegebener Zeit von den Schülerinnen und Schülern allerdings selbst aufgeworfen werden.

Wesentlicher ist sicherlich die Problematik des Grenzübergangs bei der Kreisableitung analog zur Problematik des Übergangs von den Sekanten zur Tangente (vgl. Danckwerts und Vogel 2006, S. 45ff.). Wenn aber die Einführung in die Differenzialrechnung primär über Änderungsraten stattgefunden hat und das Tangentenproblem erst im Anschluss thematisiert wurde, dürften die Schwierigkeiten, die vor allem mit dem Grenzübergang verbunden sind, hier kaum noch auftreten – oder sie können erneut bearbeitet werden.

Schließlich sei uns noch ein Blick auf das große Thema „Straßenbau" erlaubt: Aus diesem Bereich stammen viele herausfordernde – im Ursprung zumeist geometrische – Fragestellungen, die sich hervorragend zur Vertiefung der Differenzialrechnung eignen. Exemplarisch sei noch die „Kuppen- und Wannenausrundung" genannt, bei der sowohl Tangenten als auch Schmiegkreise von zentraler Bedeutung sind:

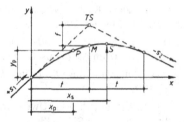

Kuppen- und Wannenausrundung. Sie erfolgt durch eine quadratische Parabel. Zur Berechnung werden die Gl. (8) bis (11) verwendet.

$$t = \frac{s_1 - s_1}{100} \cdot \frac{h}{2} \qquad (8) \qquad\qquad y_p = \frac{s_1}{100} \cdot x_p + \frac{x_p^2}{2 \cdot h} \qquad (9)$$

$$f = \frac{t}{4 \cdot} \frac{s_1 - s_1}{100} \qquad (10) \qquad\qquad x_s = \frac{s_1}{100} \cdot h \qquad (11)$$

h	Halbmesser des Schmiegkreises im Scheitel der Parabel (bei Wannen positives, bei Kuppen negatives Vorzeichen) in m
t	Tangentenlänge in m [...]
s_1, s_2	Längsneigung der Tangenten in % (Steigung positives, Gefälle negatives Vorzeichen)
x_p, y_p	Abszisse und Ordinate eines beliebigen Punkte P in m
x_s	Abszisse des Scheitelpunktes der Ausrundung in m
f	Bogenstich am Tangentenschnittpunkt in m

Beispiel: (Wetzell 1998, S. 1312ff.)

Insgesamt lohnt es sich, einen Blick in die entsprechenden Bücher und Sammlungen für Ingenieure zu werfen, wobei der folgende Hinweis von Lambert und Peters unbedingt beachtet werden sollte: „Trassierung von Straßen ist ein außerordentlich komplexes Gebiet: Im Bauingenieurstudium dauern entsprechende Veranstaltungen mindestens ein Semester. So ist es klar, dass bei einer Diskussion im Mathematikunterricht starke Vernachlässigungen realer Umstände unumgänglich sind." (Lambert und Peters 2005, S. 41) Bei einer Auseinandersetzung mit entsprechenden Themen steht aber ohnehin nicht im Vordergrund, dass Schülerinnen und Schüler oder angehende Mathematiklehrkräfte sich ingenieurwissenschaftliches Handwerkszeug aneignen sollen, sondern dass sie im Rahmen relevanter und durchaus auch komplexer Anwendungen die Differenzialrechnung vertiefen und reflektieren.

Literatur

[Böer und Volk 1989] Böer, Heinz; Volk, Dieter: *Trassierung von Autobahnkreuzen. Autogerecht oder.* 3. Aufl., Mülheim/Ruhr: Die Schulpraxis, 1989.

[Büchter 2012] Büchter, Andreas: Schülervorstellungen zum Tangentenbegriff. In: *Beiträge zum Mathematikunterricht* (2012). S. 169–172.

[Büchter und Henn 2010] Büchter, Andreas; Henn, Hans-Wolfgang: *Elementare Analysis. Von der Anschauung zur Theorie.* Heidelberg: Spektrum Akademischer Verlag, 2010.

[Danckwerts und Vogel 1991] Danckwerts, Rainer; Vogel, Dankwart: *Analysis für den Leistungskurs 12/13.* Stuttgart: J. B. Metzler, 1991.

[Danckwerts und Vogel 2006] Danckwerts, Rainer; Vogel, Dankwart: *Analysis verständlich unterrichten.* München u. a.: Spektrum Akademischer Verlag, 2006.

[Henn 1997] Henn, Rainer; Vogel, Hans-Wolfgang: *Realitätsnaher Mathematikunterricht mit DERIVE.* Bonn: Dümmler, 1997.

[Lambert und Peters 2005] Lambert, Anselm; Peters, Uwe: Straßen sind keine Splines. In: *mathematica didactica* 28 (2005), Nr. 1, S. 23–43.

[Schuler 2000] Schuler, Michael: Die Krümmung – eine Anregung für den Analysisunterricht. Teil 1: Möglichkeiten der Einführung des Krümmungsbegriffs. In: *Mathematik in der Schule* 38 (2000), Nr. 2, S. 80–84.

[Wetzell 1998] Wetzell, Otto W. (Hrsg.): *Wendehorst Bautechnische Zahlentafeln.* 28. Aufl., Stuttgart u. a.: B. G. Teubner, 1998.

[Winter 1995] Winter, Heinrich: Mathematikunterricht und Allgemeinbildung. In: *Mitteilungen der Gesellschaft für Didaktik der Mathematik* 61 (1995), S. 37–46.

9 Von der Vektorrechnung zum reflektierten Umgang mit vektoriellen Darstellungen

Andreas VOHNS

9.1 Zur Einführung

Gemäß der „Expertise zum Mathematikunterricht in der gymnasialen Oberstufe" kommt es beim Begriffsbilden auf eine „angemessene Mischung formaler und präformaler Arbeitsweisen" an, „wobei besonders darauf zu achten ist, dass Lernende adäquate *Grundvorstellungen* von den zentralen Begriffen und Methoden erwerben" (Borneleit u. a. 2001, S. 29). Für den Vektorbegriff stellen sich diesbezüglich etwa die Fragen, was Lernende sich unter diesem Begriff eigentlich vorstellen sollen, welches formale Niveau bei seiner Einführung anzustreben ist und nicht zuletzt, ob Schülerinnen und Schüler angesichts der curricularen Rahmenbedingungen eine Chance haben, den Vektorbegriff als eine *sinnvolle* Erweiterung ihrer mathematischen Denk- und Arbeitsmittel erfahren zu können.

9.1.1 Schwierigkeiten mit dem Vektorbegriff in der Schule

Zur Einführung des Vektorbegriffs werden in der deutschsprachigen Mathematikdidaktik im Wesentlichen zwei konkurrierende Konzepte diskutiert: Die Einführung als geometrische Objekte im ‚Pfeilklassenmodell' und die Auffassung von Vektoren als arithmetische Objekte im Modell ‚Vektoren als n-Tupel (Paare, Tripel, etc.) reeller Zahlen'. Mit Blick auf die schultypischen Anwendungen des Vektorbegriffs, die im Wesentlichen im Bereich der Analytischen Geometrie liegen, kann prinzipiell bei beiden Konzepten ein „Bruch zwischen Definition und Anwendungen" (Wittmann 2000, S. 136) auftreten: „Für das Lösen geometrischer Probleme genügt die intuitive Vorstellung eines Vektors als frei verschiebbarer Pfeil" (Wittmann 2000, S. 136). Die Problemlage ist zunächst durchaus mit der des Analysisunterrichts vergleichbar: Der klassische Aufgabenkanon in der Analytischen Geometrie lässt Überlegungen zur Formalisierung des Vektorbegriffs ebenso wenig notwendig erscheinen, wie ein sich auf ‚Kurvendiskussion' und ‚Extremwertaufgaben' beschränkender Kurs in Analysis eine Formalisierung des Grenzwert- oder Ableitungsbegriffs motivieren kann. Es gibt allerdings einen Unterschied: Für die Analysis wird ein Lösungsansatz darin gesehen, zunächst „konkretinhaltliche" (Tietze u. a. 2000, S. 109) Aspekte zu betonen, etwa: die Ableitung als lokale Änderungsrate in verschiedenen außermathematischen Kontexten, auf Basis eines zunächst intuitiven Grenzwertbegriffs. Anschließend können formalere „Kennzeichnungen als Ergebnis eines Exaktifizierungsprozesses" (Tietze u. a. 2000, S. 109) behandelt und als sinnstiftend erlebt werden. In diese Richtung geht beispielsweise der Vorschlag von Danckwerts und Vogel, den Folgen- und Grenzwertbegriff im Rahmen der Problematisierung der Vollständigkeit der reellen Zahlen zu präzisieren (vgl. Danckwerts und Vogel 2006, S. 33ff.). Ein ähnlicher Lösungsansatz scheint Tietze u. a. (2000) für die Analytische Geometrie nicht umsetzbar. Die Vektorraumtheorie erscheint ihnen als eine mögliche Exaktifizierungsebene für die Analytische Geometrie weitgehend ungeeignet, weil die „konkreten Begriffe der Analytischen Geometrie wie Gerade, Ebene, Koordinatensystem" an sich schon „ausreichend präzise sind. Ein Loslösen von der ontologischen Basis ist also problematisch" (Tietze u. a. 2000, S. 109).

Auch die Einführung von *Vektoren als n-Tupel reeller Zahlen* löst die Diskrepanz zwischen Einführung und Anwendungen nicht auf, solange gewisse curriculare Traditionen nicht aufgebrochen werden. In diesem Modell werden Vektoren und die Rechenoperationen mit Vektoren in Anwendungskontexten eingeführt, in denen Vektoren als Zusammenfassungen von Listen von Zahlen (Stücklisten, Datensätze) auftreten. Der Übergang zur Geometrie erfolgt dann dadurch, dass Punkte und Pfeile als mögliche Veranschaulichungen für Vektoren und die Rechenoperationen mit Vektoren aufgezeigt werden (vgl. Abschnitt 9.4). Wenn der curriculare Schwerpunkt allerdings auf Analytischer Geometrie liegt (wie an deutschen Gymnasien und österreichischen allgemeinbildenden höheren Schulen), so kann der arithmetische Charakter der Vektoren sehr bald in den Hintergrund treten. Auch bei diesem Zugang sind die Vorstellungen der Lernenden zum Vektorbegriff „weniger durch die Definition zu Beginn des Kurses geprägt, sondern weitaus stärker durch das anschließende Arbeiten mit Vektoren in der Analytischen Geometrie" (Wittmann 2000, S. 139) bestimmt.

Liegt die Zielsetzung der Einführung des Vektorbegriffs im Mathematikunterricht nicht von vornherein in der Behandlung einer anwendungsorientierten Linearen Algebra (etwa an wirtschaftlichen höheren Schulen (Österreich) oder im Gymnasiallehrbuch Artmann und Törner (1980), so kann die besondere Stärke dieses Vektorkonzepts sich eigentlich nur darauf beziehen, „wirklich eine verbindende Rolle zwischen Algebra und Geometrie" (Wittmann 2003, S. 399) einzunehmen. Das würde aber heißen, Übergänge von der Geometrie zur Algebra ebenso zu ermöglichen, wie Übergänge von der Algebra zur Geometrie (Algebraisieren und Geometrisieren). Wo sich das Curriculum weitgehend auf einen „Kanon von Standardaufgaben aus dem Bereich der Schnitt- und Abstandsbeziehungen" (Borneleit u. a. 2001, S. 38) vielfach bereits algebraisch aufbereiteter Konfigurationen des Anschauungsraums zusammenzieht, sind Algebraisieren und Geometrisieren als zentrale Ideen hinter den Kalkülen nicht mehr als solche erfahrbar und das arithmetisch-algebraische Vektorkonzept läuft dann Gefahr, in seiner Brückenfunktion zwischen Geometrie und Algebra letztlich nicht verstanden zu werden.

9.1.2 Orientierungspunkte: Zentrale Ideen

Für die folgenden Überlegungen gehe ich davon aus, dass nach Möglichkeiten zu suchen ist, wie im Mathematikunterricht der Sekundarstufe II ein hinreichender Erfahrungsraum geschaffen werden kann, in dem der Umgang mit Vektoren (als n-Tupel reeller Zahlen an und für sich ebenso wie als Beschreibungsmöglichkeit für Punkte und Pfeile) als sinnvolle Erweiterung des mathematischen Repertoires in der Algebra *und* der Geometrie für die Lernenden erfahr- und diskutierbar werden kann. Als Voraussetzung für einen solchen Erfahrungsraum betrachte ich, dass Unterricht zu vektoriellen Darstellungen und Methoden *Kohärenzerfahrungen* ermöglicht. Im Unterricht können diese Darstellungen und Methoden durchaus als in gewisser Hinsicht ‚logische‘ Fortsetzungsmöglichkeit des Rechnens mit Zahlen und (nicht vektoriellen) Variablen einerseits und als ‚logische‘ Fortsetzungsmöglichkeit elementargeometrischen Arbeitens andererseits angeboten werden. Es gibt allerdings auch relevante Unterschiede zwischen algebraischen Darstellungen, denen Vektoren zu Grunde liegen und solchen, bei denen dies nicht der Fall ist. Es gibt weiters relevante Unterschiede zwischen den Objekten, Methoden und Fragestellungen, die einem in der Elementargeometrie einerseits und der Analytischen Geometrie andererseits typischerweise begegnen. Solche potentiellen *Differenzerlebnisse* können aus bildungs- und lerntheoretischer Sicht genauso bedeutsam für den Erwerb neuer Begriffe und Methoden sein, wie die zuvor genannten Kohärenzerfahrungen (vgl. ausführlicher Vohns 2010).

Als *Kristallisationspunkte* lern- und bildungstheoretisch bedeutsamer Kohärenz- und Differenzerfahrungen formuliere ich ‚zentrale Ideen‘. Zentrale Ideen beschreiben Metakonzepte innerhalb eines Lernbereichs, die Einem bei verschiedenen Inhalten des Lernbereichs immer wieder begegnen und zu Fragen anregen können wie: „Warum funktioniert das ... so wie es funktioniert? Welchen Einfluss hat es auf die betroffenen Objekte? Welchen Zielsetzungen dient es, welchen Erkenntnisgewinn erlaubt es?" (Vohns 2010, S. 230). Der Fokus der folgenden Ausführungen liegt dabei auf Analytischer Geometrie in der Ebene, die im österreichischen Curriculum (Vektoren bereits ab der 9. Schulstufe) eine vermutlich höhere Bedeutung hat als in Deutschland. Ebene Problemstellungen bieten interessante Anknüpfungspunkte an die synthetische Geometrie in der Ebene. Zumindest die Suche nach räumlichen Analogien dürfte schließlich auch für das deutsche Curriculum interessant sein.

9.2 Algebraisierung: Symbolisch kommunizieren

Wie wird durch vektorielle Darstellungen das mathematische Repertoire erweitert und wieso kann diese Erweiterung interessant sein? Die kurze Antwort: Vektorielle Darstellungen stellen eine Form kontextnaher *Algebraisierung* geometrischer Eigenschaften und Beziehungen dar – mit begrenzter Reichweite.

Algebraisierung meint, symbolische Kommunikation über geometrische Sachverhalte zu ermöglichen. Sich mit dieser Idee auseinanderzusetzen bedeutet, sich systematisch mit der Möglichkeit auseinanderzusetzen, dass sich und wie sich Eigenschaften und Beziehungen geometrischer Konfigurationen (insbesondere Formeigenschaften und Lagebeziehungen) durch arithmetisch-algebraische Objekte und Strukturen (Zahlen, Variablen, Terme, Gleichungen, Vektoren, Vektorterme, Vektorgleichungen, Matrizen etc.) darstellen lassen. Es heißt zudem, sich damit auseinanderzusetzen, dass sich und wie sich geometrische Fragestellungen damit auf arithmetisch-algebraische Fragestellungen zurückführen und auf diesem Weg auch beantworten lassen. Es heißt schließlich, sich damit auseinanderzusetzen, warum man das möchte und wo das und in welchem Sinne das besonders „gut" (weil: besonders einfach, übersichtlich, allgemein, algorithmisierbar etc.) funktioniert.

Symbolische Kommunikation über geometrische Sachverhalte ist prinzipiell nicht auf die Analytische Geometrie, erst recht nicht auf vektorielle Darstellungen beschränkt; insofern gut geeignet, um Kohärenzen und Differenzen zur Elementargeometrie in den Blick zu nehmen. Wenn man die Winkelsumme im Dreieck als $\alpha + \beta + \gamma = 180°$ angibt, oder die Beziehung zwischen den Flächeninhalten der Quadrate über den Seiten eines rechtwinkligen Dreiecks als $a^2 + b^2 = c^2$, dann erhält man auch hier die Möglichkeit, symbolisch über geometrische Sachverhalte zu kommunizieren. Die Verwendung von Buchstaben/Symbolen ist dabei „äußerer Ausdruck der *Generalisierung*" (Fischer 2006b, S. 253), die ein Ziel solcher symbolischen Darstellungen ist. Die *Allgemeinheit* der Aussagen wird, anders als dies bei statischen Zeichnungen oder bei der Verwendung von konkreten Zahlenbeispielen der Fall wäre, durch die Verwendung von Buchstaben/Symbolen unmittelbarer wiedergegeben: Die angegebenen Beziehungen gelten *für alle* Dreiecke (bzw. *für alle* rechtwinkligen Dreiecke), unabhängig von konkreten Größen, die die einzelnen beteiligten Winkel bzw. Seitenlängen annehmen können.

Solche Darstellungen führen in der Folge zu einem „höheren Grad an *Beweglichkeit*" (Malle u. a. 2006, S. 139): Losgelöst vom geometrischen Kontext wird Operieren mit den Symbolen (Umformen einer Formel, Lösen einer Gleichung) möglich, z. B. kann man den aus Überlegungen über Flächeninhalte gewonnenen Satz des Pythagoras zu $c = \sqrt{a^2 + b^2}$ auflösen und als Anleitung lesen, wie man aus zwei Seitenlängen eines rechtwinkligen Dreiecks die dritte berechnen kann, auch ohne das Wurzelziehen konkret als geometrische Operation zu interpretieren. Analog dazu kann etwa die Bildung des Skalarprodukts auf beiden Seiten der Gleichung in Beispiel 9.1 zunächst erfolgen, ohne dass für diesen Rechenschritt eine geometrische Interpretation angegeben wird. Die Gleichung $(X - M) \cdot (P - M) = r^2$ muss man dann allerdings wieder als (ursprünglich gesuchte) Geradengleichung erkennen.

Ihren Namen verdankt die *Analytische* Geometrie ursprünglich einer ganz bestimmten Form der Erhöhung der Beweglichkeit, nämlich der ‚analytischen Kunst' im Sinne Viètes im Bereich der Geometrie zum endgültigen Durchbruch zu verhelfen. ‚Analytische Kunst' meint dabei eine Form des ‚Rückwärtsarbeitens', die in Kontrast zum sonst üblichen ‚Vorwärtsarbeiten' (aus dem Gegegeben durch eine Kette von wahren

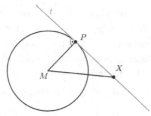

Eine Gleichung der Tangente im Punkt P eines Kreises mit dem Mittelpunkt M und dem Radius r erhält man durch folgende Überlegung: Ist X ein beliebiger Punkt auf t dann ist:

$$\vec{MX} = \vec{MP} + \vec{PX}$$

Wir multiplizieren diese Gleichung mit $\vec{MP}$ (Skalarprodukt):

$$\vec{MX} \cdot \vec{MP} = \vec{MP}^2 + \vec{PX} \cdot \vec{MP}$$

Wegen $\vec{PX} \perp \vec{MP}$ ist $\vec{PX} \cdot \vec{MP} = 0$ und somit erhalten wir:

$$\vec{MX} \cdot \vec{MP} = \vec{MP}^2$$

$$(X - M) \cdot (P - M) = r^2$$

Beispiel 9.1. Gleichung einer Kreistangente (nach: Malle u. a. 2006, S. 139)

Schlüssen das Gesuchte ableiten) der synthetischen Geometrie steht. Man versucht dabei „eine Aufgabe dadurch zu lösen, dass man das Gesuchte als bereits gefunden unterstellt und daraus Beziehungen ableitet, die das Gesuchte mit den Voraussetzungen verknüpfen" (Jahnke 2005, S. 645). Eine Realisierung dieser Methode besteht im Ansetzen und Auflösen von Gleichungen: „Wenn eine bestimmte Größe gesucht wird, dann tut man so, als habe man sie bereits gefunden und weist ihr ein Buchstabensymbol als Namen zu. Eine Gleichung verknüpft die unbekannte (und hypothetisch als bekannt unterstellte) Größe mit gegebenen oder bekannten Größen. Daraus wird sich im Allgemeinen die gesuchte Unbekannte ergeben." (Jahnke 2005, S. 645). Auf Beispiel 9.1 zurückbezogen: Man wählt einen Punkt X auf der (noch unbekannten) Tangente, nutzt Wissen über dessen Lage aus, um schließlich zu einer Gleichung für alle Punkte X auf der Tangente zu gelangen.

In der *Analytischen Geometrie* sucht man allgemein nach Möglichkeiten, geometrische Beziehungen durch Gleichungen zu repräsentieren. *Vektorielle* analytische Geometrie erweitert das Repertoire dabei gegenüber den (bereits in der Elementargeometrie und Trigonometrie verwendeten) symbolischen Repräsentationen auf der Basis von Längen- und Winkelgrößen, indem sie ‚Bündel' (Paare, Tripel) von Zahlen durch Buchstaben repräsentiert. Ein derartiges Zahlenbündel kann als ‚verallgemeinerte (Maß-) Zahl' aufgefasst werden: Die Länge der Strecke $\overline{AB}$ kann durch eine positive reelle Zahl, Länge und (orientierte) Richtung der Strecke können simultan durch einen Vektor $\vec{AB}$ aus dem $\mathbb{R}^2$ bzw. $\mathbb{R}^3$ erfasst werden[1].

---

[1] $\mathbb{R}^2$ und $\mathbb{R}^3$ werden dabei als *euklidische* Vektorräume (Standardskalarprodukt) vorausgesetzt.

(1) Genau dann, wenn $\overrightarrow{AB} = \overrightarrow{DC}$ ist $ABCD$ ein Parallelogramm.

    a. Inwiefern stimmt die Aussage, was wird dabei vorausgesetzt?

    b. Wie muss man die Aussage erweitern, um eine Raute zu erhalten?

    c. Was kann (selbe Voraussetzung wie in a) unterstellt) durch
$\overrightarrow{AB} = s \cdot \overrightarrow{DC}$ mit $s \in \mathbb{R}^+$ beschrieben werden?

(2) In Parallelogrammen halbieren die Diagonalen einander, in Rauten sind die Diagonalen zudem orthogonal zueinander.

    a. Die Eckpunkte $A(7|7)$, $B(11|8)$, $C(12|12)$, $D(8|11)$ bilden eine Raute. Wieso? Weise die beiden Diagonaleneigenschaften rechnerisch nach.

    b. Mit den Eckpunkten $A(-x|0)$, $B(0|-y)$, $C(x|0)$, $D(0|y)$ lässt sich eine ‚allgemeine‘ Raute beschreiben. Begründe, warum es sich um eine Raute handelt. Weise rechnerisch die beiden Diagonaleneigenschaften nach.

    c. Finde eine ähnliche Darstellung der Eckpunkte für ein ‚allgemeines‘ Parallelogramm. Führe auch hier einen rechnerischen Nachweis über dessen Diagonaleneigenschaft.

(3) Die Diagonaleneigenschaften aus Aufgabe 2) kann man auch koordinatenfrei nachweisen. Man wählt dazu: $\vec{u} = \overrightarrow{AB} = \overrightarrow{DC}$ und $\vec{v} = \overrightarrow{AD} = \overrightarrow{BC}$.

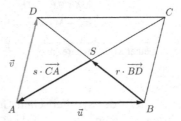

Für den Vektorzug im Bild gilt: $\vec{u} + r \cdot \overrightarrow{BD} + s \cdot \overrightarrow{CA} = \vec{0}$

    a. Drücke in der Gleichung oben $\overrightarrow{BD}$ und $\overrightarrow{CA}$ durch $\vec{u}$ und $\vec{v}$ aus. Klammere anschließend $\vec{u}$ und $\vec{v}$ aus.

    b. Wieso/unter welcher Voraussetzung (vgl. Aufgabe 1 a)) gilt dann $|r| = |s| = \frac{1}{2}$? Wieso folgt daraus, dass sich die Diagonalen halbieren?

    c. $ABCD$ soll nun ein Raute sein. Was weiß man dann zusätzlich über $\vec{u}$ und $\vec{v}$? Wie kann man dieses Wissen nutzen, um die Orthogonalität der Diagonalen zu zeigen?

Beispiel 9.2. Viereckslehre mit Koordinaten und Vektoren

Mit Vektoren als neuen Darstellungs- und Rechenobjekten lassen sich Beziehungen zwischen Punkten und Punktmengen, bei denen Längen- und Winkelinformationen (insbesondere Beziehungen zwischen beiden) relevant sind, vielfach einfacher, übersichtlicher oder einsichtiger beschreiben (d. h. in Termen und Gleichungen erfassen), als wenn man auf die Darstellung mit Einzelzahlen und auf ihnen beruhenden Termen und Gleichungen angewiesen wäre.

Beispiel 9.2 soll dies anhand einer Lernumgebung zur Viereckslehre erfahrbar machen. Aufgabe 1 behandelt zunächst die Möglichkeit, mit Vektoren die Form von Vierecken zu beschreiben, bzw. aus der vektoriellen Beschreibung Informationen über die Form des Vierecks zu rekonstruieren (Aufgabenteil 1 c)[2]). Beim Nachweis der Diago-

---

[2] Im Unterricht wird man die drei Aufgaben nicht unbedingt gleichzeitig austeilen; mit leichten Varianten ist auch eine arbeitsteilige Bearbeitung möglich, z. B. in einem Expertengruppensetting.

nalenschnittspunkteigenschaften von Parallelogramm und Raute erscheint das koordinatenfreie Vorgehen in Aufgabe 3 aus der Rückschau eleganter. Aus der Vorschau bietet die Kontrastierung mit Berechnungen an koordinatisierten Vierecken (Aufgabe 2) Reflexionschancen: Durch die Koordinatisierung werden Figuren hinsichtlich der Lage ihrer Eckpunkte zu einem (willkürlich gewählten) Koordinatensystem beschrieben. Damit sind diese Figuren automatisch in ihrer Lage fixiert – kongruenzgeometrisch ist die Lageinformation aber irrelevant. Der Beweis in Aufgabe 3 ist insofern näher am elementargeometrischen Vorgehen, als dieser Beweis nicht von einer bestimmten (günstigen) Lage der Figur im Koordinatensystem (Aufgabe 2) abhängt.

Das Vorgehen in Aufgabe 2 kann umgekehrt näher an den Aufgabenstellungen liegen, die einem im übrigen Unterricht zur Analytischen Geometrie begegnen, je nach curricularer Umgebung also durchaus als einfacher/überzeugender empfunden werden. Aufgabe 2 bietet auch die Chance darüber nachzudenken, inwiefern sich eine ‚allgemeine' Raute samt Diagonalen einfacher in ein (rechtwinkliges!) Koordinatensystem einpassen lässt, als ein entsprechendes Parallelogramm. Man braucht solche Beispiele, in denen unterschiedliche Verfahren – unabhängig von einer Beurteilung aus der Rückschau – zueinander in Beziehung gesetzt werden, wenn man die Lernenden selbst über Vor- und Nachteile der unterschiedlichen Algebraisierungsmöglichkeiten ins Gespräch bringen möchte (vgl. ausführlicher Tietze u. a. 2000, S. 61f.). Das kann auch deshalb lohnend sein, weil das koordinatenfreie Vorgehen prinzipiell Grenzen hat.

Man kann dies z. B. bei den Dreieckstransveralen thematisieren (Beispiel 9.3). Die Bestimmung des Schwerpunkts erfolgt im dargestellten Schulbuchauszug allgemein. Die Teilungseigenschaft des Schwerpunkts auf einer Seitenhalbierenden wird koordinatenfrei vektoriell erfasst. Durch Operieren auf der symbolischen Ebene gelangt man zu einem geschlossenen vektoriellen Term. Der Term lässt den Schwerpunkt als Mittelwert der den Eckpunkten zugeordneten Vektoren erscheinen, unabhängig von der Form und Lage des Dreiecks im Koordinatensystem. Hier gelangt man also tatsächlich unter Ausnutzung der durch die symbolische Beschreibung mit Vektoren erlangten höheren „Beweglichkeit" zu einer „allgemeinen Darstellung" des Schwerpunkts S *für alle* Dreiecke – wobei noch zu beweisen wäre (mit Vektoren möglich), dass sich in diesem Punkt *alle drei* Seitenhalbierenden treffen.

Ein ähnlich elegantes koordinatenfreies Vorgehen ist nicht für alle Transversalenschnittpunkte möglich. Die Bestimmung des Umkreismittelpunkts wird in Beispiel 9.3 anhand eines Ansatzes mit einem in konkreten Koordinaten gegebenen Dreieck durchgeführt. Dieser Ansatz mündet letztlich in einem linearen Gleichungssystem. Der *Ansatz* für das Gleichungssystem stellt eine Übertragung des aus der Elementargeometrie bekannten Konstruktionsalgorithmus in die Vektor-Sprache dar: Mittelpunkte von zwei Seiten bestimmen, orthogonale Gerade auf diesen errichten, Schnittpunkt bestimmen. Vereinfachungen gegenüber dem Konstruktionsalgorithmus ergeben sich allenfalls insofern, als für die Bestimmung von Mittelpunkten ($\frac{1}{2} \cdot (A + B)$) und das Errichten orthogonaler Geraden auf gewisse ‚Fertigprodukte' aus dem vorangegangenen Unterricht zurückgegriffen werden kann.

Stelle eine Formel für den **Schwerpunkt** S des Dreiecks ABC auf!
Lösung:
Der Schwerpunkt teilt die Seitenhalbierenden im Verhältnis $1:2$.
Somit gilt:

$$S = A + \frac{2}{3} \cdot \overrightarrow{AM} = A + \frac{2}{3}(M - A) = \frac{1}{3}A + \frac{2}{3}M$$

$$= \frac{1}{3}A + \frac{2}{3}\left[\frac{1}{2}(B+C)\right] = \frac{1}{3}A + \frac{1}{3}(B+C) = \frac{1}{3}(A+B+C)$$

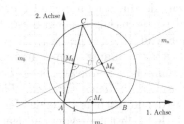

Berechne den **Umkreismittelpunkt** des Dreiecks ABC
mit $A = (0|0), B = (6|0), C = (2|8)$!
Lösung:

 – $\overrightarrow{AB} = (6|0) = 6 \cdot (1|0), \overrightarrow{AC} = (2|8) = 2 \cdot (1|4)$
 – Seitenmittelpunkte: $M_c = (3|0), M_b = (1|4)$
 – Gleichungen der Mittelsenkrechten:
   m_c geht durch M_c und hat den Normalvektor $\overrightarrow{AB}$:
   $$\begin{pmatrix}1\\0\end{pmatrix} \cdot \begin{pmatrix}x\\y\end{pmatrix} = \begin{pmatrix}1\\0\end{pmatrix} \cdot \begin{pmatrix}3\\0\end{pmatrix} \quad \Rightarrow \quad x = 3$$
   m_b geht durch M_b und hat den Normalvektor $\overrightarrow{AC}$:
   $$\begin{pmatrix}1\\4\end{pmatrix} \cdot \begin{pmatrix}x\\y\end{pmatrix} = \begin{pmatrix}1\\4\end{pmatrix} \cdot \begin{pmatrix}1\\4\end{pmatrix} \quad \Rightarrow \quad x + 4y = 17$$
 – Der Umkreismittelpunkt U ist der Schnittpunkt von m_c und m_b:
   $$\begin{cases} x & = & 3 \\ x + 4y & = & 17 \end{cases} \quad \Rightarrow \quad x = 3, y = 3,5 \quad \Rightarrow \quad U = (3|3,5)$$

Beispiel 9.3. Schwerpunkt und Umkreismittelpunkt (nach: Malle u. a. 2010, S. 228; 262)

Man erhält auf diesem Weg aber kein neues ‚Fertigprodukt', mit dem man in ähnlicher Weise wie für den Schwerpunkt künftig den Umkreismittelpunkt direkt aus den Koordinatenpaaren der Eckpunkte berechnen könnte. Man erhält allerdings einen wiederverwendbaren Lösungsplan für künftige Aufgabenstellungen, in denen die Lage des Umkreismittelpunkts zu bestimmen wäre. Ein solcher Lösungsplan ließe sich z. B. in einem Tabellenkalkulationsprogramm als dynamisches Arbeitsblatt realisieren, welches schließlich auch in der Lage ist, das zugehörige Gleichungssystem ‚allgemein' (in Abhängigkeit von in entsprechenden Tabellenzellen abgelegten Koordinaten) zu lösen (vgl. Vohns 2013, S. 40). Damit ließe sich ein Stück der gegenüber der koordinatenfreien Behandlung reduzierten Allgemeinheit des Lösungsplanes wieder zurückgewinnen. In jedem Fall ist die *Entwicklung* des Lösungsplanes für das Ziel, Algebraisierung als Ermöglichen symbolischer Kommunikation zu erfahren, ungleich wichtiger, als dessen *Ausführung* an zahlreichen Einzelfällen (die im Zweifel auch ein Computer vornehmen könnte).

Reflexion über Algebraisierung zuzulassen, würde für Beispiel 9.3 aber vor allem heißen, sich der vermeintlich ketzerischen Frage zu stellen: Warum macht man sich überhaupt die Mühe, die Schnittpunkte von Dreieckstransversalen rechnerisch zu bestimmen? Zum relevanten Reflexionswissen würde m.E. gehören, sich den ambivalenten Status der analytischen Methode für Begründungsfragen zu vergegenwärtigen:

> „In der Analytischen Geometrie rechnet man Eigenschaften ‚blind' aus. Das ist der Grund, weshalb diese Methode für den Computer wie gemacht ist. Wenn wir Menschen Mathematik machen, wollen wir aber ‚verstehen', wir wollen wissen, warum etwas richtig ist, und nicht nur konstatieren, dass es richtig ist. Ein solches Verständnis wird in der Regel durch Argumentationen mit Mitteln der euklidischen Geometrie erreicht." (Beutelspacher u. a. 2011, S. 122f.)

In diesem Zitat steckt der Gedanke der *maschinellen Verarbeitung* von Vektoren. Nur dann, wenn man ein sich häufig wiederholendes Interesse hat zu wissen, *wo* ein Umkreismittelpunkt liegt und nicht daran, dass und warum dieser für alle Dreiecke existieren muss, kann man überhaupt ein Interesse an Algorithmen haben. Hat man aber ein Interesse an Algorithmen, also an Verfahren, deren Entwicklung zwar Intelligenz und Kreativität erfordert, deren Abarbeitung dann aber letztlich sogar von etwas so dummen und unkreativen wie einem Computerprogramm übernommen werden kann – warum passiert gerade dieses Delegieren des Rechnens an den Computer dann im Mathematikunterricht eigentlich immer noch so selten?

Vektorielle Darstellungen bzw. die enge Anbindung Analytischer Geometrie an Lineare Algebra führen überdies auch dazu, dass man sich im Unterricht mit wenigen Ausnahmen auf lineare Gleichungen bzw. die durch sie gut beschreibbaren geometrischen Konfigurationen beschränkt – was Viètes und Descartes' ursprünglichen Anliegen ein Stück weit zuwiderläuft. In den ‚Anwendungen' spiegelt sich das bisweilen in einer erstaunlichen Dominanz von Bewegungsaufgaben nach dem Muster: ‚Ein Fahrzeug (Ebene) bzw. Flugzeug (Raum) startet im Punkt X und bewegt sich mit der (konstanten) Geschwindigkeit $\vec{v}$ über einen Zeitraum t. Ein anderes Fahrzeug bzw. Flugzeug startet in...'. Die in diesen Aufgaben angelegte, funktionale Interpretation der Geradengleichung, bei der dem Skalar t eine unmittelbare Bedeutung zukommt, ist ohne Frage eine wichtige Stützvorstellung für die Parameterform der Geradengleichung. Sie darf aber nicht über die Begrenztheit des hier zur Verfügung gestellten Mathematisierungsmusters hinwegtäuschen.

Insgesamt birgt eine Konzentration auf die isolierte Behandlung von Schnitt- und Abstandsproblemen die Gefahr, dass die Beherrschung der (algebraischen) Algorithmen an bereits vor-algebraisierten ‚geometrischen Objekten' die Algebraisierung zur blinden Rechnerei verkommen lässt. Wenn bereits grundsätzlich verstanden wurde, dass und wie sich die Inzidenz bestimmter geometrischer Objekte auf das Lösen linearer Gleichungssysteme zurückführen lässt, welchen Erkenntnisgewinn liefert dann die wiederholte Bestätigung dieser Erfahrung an immer neuen Einzelfällen? Die *systematische Nutzung von Technologie* im Unterricht zur Analytischen Geometrie könnte hier den Weg zu einer deutlichen Standpunktverschiebung ebnen – weg von der

Vektorrechnung, hin zur *Vektorisierung* geometrischer Sachverhalte. Leitende Frage beim Computereinsatz im Unterricht könnte dabei sein, wie und wie weit man geometrische Problemstellungen an eine ‚Rechenmaschine' delegieren kann und inwiefern vektorielle Darstellungen dabei hilfreich sind. Mit dem Computer sind schließlich auch ebene Kurven (etwa: Parameterkurven als Fortsetzung der Parametergleichung von Geraden, Polarkoordinaten als Alternative zu kartesischen Koordinaten) gut beherrschbar, deren ‚händische' Bearbeitung sich u. U. zu aufwändig gestaltet. Ein solcher Unterricht müsste den Schwerpunkt vom Abarbeiten gegebener algebraischer Algorithmen hin zu deren Entwicklung aus der Strukturierung der geometrischen Situation heraus verschieben. Das wäre eine Schwerpunktverschiebung, die mit Blick auf das von Danckwerts und Vogel beschriebene Spannungsfeld zwischen „Mathematik als Produkt (Vermittlung und Anwendung eines Kalküls)" und „Mathematik als Prozess (einsichtige Erarbeitung eines Kalküls)" (Danckwerts und Vogel 2006, S. 8) mehr als gerechtfertigt erscheint und überdies mit der von Schupp (1997) geforderten „Regeometrisierung der Schulgeometrie" konform ginge.

9.3 Kapselung: Über Zahlenlisten kommunizieren

Vektoren und vektorielle Darstellungen von Sachverhalten können sich nicht nur in der Geometrie durch eine besonders gute Passung zum Kontext auszeichnen:

> „Manche Sachverhalte lassen sich durch einzelne Zahlen nicht angemessen beschreiben, man braucht vielmehr ganze Listen von Zahlen, die man in Zeilen, Spalten oder auch in rechteckigen Zahlenschemata anordnet." (Kronfellner und Peschek 2000, S. 173)

Die Zusammenfassung einer Liste von Zahlen zu/in einem neuen Denkobjekt wird im Folgenden als *Kapselung* bezeichnet. Orientierung an der *Idee der Kapselung* bedeutet dann eine Auseinandersetzung damit, dass und wozu man solche Zahlenschemata (insbesondere Vektoren) als ‚verallgemeinerte (Maß-)Zahlen' auffassen kann, die simultan mehrere relevante Eigenschaften eines Sachverhaltes erfassen. Eine naheliegende *Kohärenzerfahrung* beim Übergang von Zahlen zu Vektoren lautet: Mit diesen neuen Objekten „kann man nicht nur viele mathematische und außermathematische Sachverhalte darstellen, man kann mit ihnen auch rechnen" (Kronfellner und Peschek 2000, S. 173). Auf ein unvermeidliches *Differenzerlebnis* weist Malle hin:

> „Vektoren sind primär *Darstellungsmittel* und nicht *Rechenmittel*. Bei einem Vektor in $\mathbb{R}^n$ werden n reelle Zahlen zu einem neuen Denkobjekt zusammengefasst und dieses wird mit einem *Symbol*, etwa A, bezeichnet. Dies erlaubt, *Rechenanweisungen* (Vektorterme) und *Beziehungen* (Vektorformeln) in knapper und übersichtlicher Form anzuschreiben, ohne alle Einzelschritte angeben zu müssen. Eine Rechenanweisung wie etwa $A + 2 \cdot (B + C)$ kann im Prinzip auch einem Rechner mitgeteilt werden, er führt dann für alle eingegebenen Vektoren A, B, C diese Rechnung ko-

ordinatenweise aus. Unter Umständen kann man einen Vektorterm zuerst vereinfachen, bevor die numerischen Rechnungen ausgeführt werden, wodurch man sich Rechenarbeit (Rechenzeit) erspart." (Malle 2005, S. 7)

Vektorielle Darstellungen haben also über die Geometrie hinaus den Vorteil, *allgemeine Rechenanweisungen*, die auf Listen von Zahlen anzuwenden sind, in besonders übersichtlicher Weise angeben zu können. Die eigentliche *Rechenarbeit für konkrete Zahlenlisten* muss dann aber letztlich auf Komponentenebene erfolgen. Dabei taucht im Zitat der Gedanke wieder auf, dass sich diese Rechenarbeit nach vektorieller Aufbereitung (und ggf. nach vorheriger Vereinfachung) besser an Rechenmaschinen delegieren lässt (vgl. Abschnitt 9.2).

Eine Beschäftigung mit Vektoren als *arithmetischen* Objekten legt nahe, den Übergang von den Zahlen zu den Vektoren didaktisch analog zu Zahlbereichserweiterungen zu durchdenken. Für Zahlbereichserweiterungen hat sich didaktisch als produktiv erwiesen, Zahl- und Operationsvorstellungen in den Blick zu nehmen, v. a. wird dem Wissen um notwendige „Vorstellungsumbrüche" bei der Erweiterung eines Zahlbereichs hohe Bedeutung für einen verstehensorientierten Unterricht zugewiesen (vgl. Hefendehl-Hebeker und Prediger 2006, S. 4). An den Anfang ihrer Betrachtungen stellen Hefendehl-Hebeker und Prediger allerdings die grundsätzliche Feststellung „Zahlbereichserweiterungen haben einen Sinn!" (Hefendehl-Hebeker und Prediger 2006, S. 2) – hier ergeben sich aufgrund curricularer Rahmenbedingungen bei arithmetischen Vektoren erste Schwierigkeiten (vgl. Abschnitt 9.1.1).

Im Schulbuch Malle u. a. (2010) werden Vektoren (im $\mathbb{R}^2$) und die Rechenoperationen von Vektoren aus arithmetischen Ausgangskontexten motiviert. Zur Einführung des Skalarprodukts findet sich etwa Beispiel 9.4. Eine erste Schwierigkeit kann man bei diesem Beispiel darin sehen, dass zu akzeptieren ist, dass es naheliegt/Sinn ergibt, sich bei zwei-elementigen Stückzahl- und Stückpreislisten Gedanken über Rechenverfahren für Listen von Zahlen zu machen. Das ist doch eher fraglich: Man gewinnt notgedrungen wenig zusätzliche Übersicht und Rechenarbeit spart man sich für isolierte Operationen mit konkreten Zahlenpaaren ohnehin nicht. Im gewählten Anwendungskontext wirkt eine Beschränkung auf zwei- oder drei-elementige Listen zunächst sachfremd und kontraintuitiv. Man sollte im Unterricht offen mit der Künstlichkeit der selbstauferlegten Einschränkung umgehen. Sinn kann sie erst dann ergeben, wenn Ebene und Raum als Vorstellungsmöglichkeiten die Selbstbeschränkung motivieren; Vorstellungsmöglichkeiten, die einem für den $\mathbb{R}^n$ mit $n > 3$ schlicht nicht mehr anschaulich, sondern allenfalls metaphorisch/durch Analogiebetrachtungen zur Verfügung stehen (vgl. Abschnitt 9.4).

Eine zweite Schwierigkeit ist bedeutender: Ausgerechnet für das Skalarprodukt relativ einseitig auf Kohärenz hinaus zu wollen, ist eine fragliche Entscheidung. Warum soll (muss?) man ein Produkt zweier Vektoren überhaupt so definieren, dass das Ergebnis einen Skalar und nicht wieder einen Vektor ergibt? Die Frage nach den *Gesamtkosten* ist im gegebenen Kontext zwar durchaus relevant; es läge aber nicht weniger nahe, sich für einen *Einzelkostenvektor* zu interessieren und ein Produkt analog zur Addition

1) Eine Firma kauft a Nägel zu b Euro pro Stück. Stelle eine Formel für die Gesamtkosten G auf!

2) Die Firma kauft a_1 Nägel zu b_1 Euro pro Stück und a_2 Schrauben zu b_2 Euro pro Stück. Stelle eine Formel für die Gesamtkosten G auf.

Lösung:
1) $G = $ Stückzahl $\cdot$ Stückpreis $= a \cdot b$
2) $G = a_1 \cdot b_1 + a_2 \cdot b_2$
In dieser Aufgabe liegt es nahe, den **Stückzahlvektor** $(a_1 | a_2)$ und den **Stückpreisvektor** $(b_1 | b_2)$ einzuführen und zu schreiben:

$$G = \text{Stückzahlvektor} \cdot \text{Stückpreisvektor}$$

[...]
Wir definieren also:
Definition:
Es seien $A, B \in \mathbb{R}^2$. Die reelle Zahl $A \cdot B = \begin{pmatrix} a_1 \\ a_2 \end{pmatrix} \cdot \begin{pmatrix} b_1 \\ b_2 \end{pmatrix} = a_1 \cdot b_1 + a_2 \cdot b_2$
heißt **skalares Produkt** bzw. **Skalarprodukt** der Vektoren A und B.

Beispiel 9.4. Skalarprodukt im wirtschaftlichen Kontext (Malle u. a. 2010, S. 211)

und Subtraktion einfach strikt komponentenweise zu definieren. Tatsächlich ist diese Art der Produktbildung in der Linearen Algebra als Hadamard- oder Schur-Produkt bekannt und etwa in der Wirtschaftsmathematik eine durchaus gebräuchliche Art der Produktbildung (vgl. Jensen 2011, S. 102).

Während man sich für Addition und Subtraktion noch eher auf den Standpunkt stellen kann, dass dabei weder in der rechnerischen Ausführung (strikt komponentenweise) noch bei den Operationsvorstellungen (vgl. Abschnitt 9.4) ein grundsätzliches Umdenken erforderlich wird, gerät bei der Multiplikation doch so einiges durcheinander: Es gibt verschiedene Produktbildungen, mindestens die Multiplikation mit einem Skalar und das Skalarprodukt. Bei beiden ist entweder ein Faktor oder das Produkt selbst kein Vektor. Für keines der beiden steht eine Umkehroperation (Division) zur Verfügung.

9.4 Geometrisierung: Visuell kommunizieren

Eine arithmetisch-algebraische Einführung von Vektoren legt nahe, den zur Algebraisierung umgekehrten Weg zu beschreiten: Man nutzt die Geometrie, um Operationsvorstellungen und Grundvorstellungen zu den Vektoren zu etablieren (Idee der *Geometrisierung*). Bei dieser Idee geht es in der Schule vor allem darum, arithmetisch-algebraische Sachverhalte der visuellen Kommunikation zugänglich zu machen. *Reflexion* über Geometrisierung heißt dann, sich den Fragen zu widmen, warum man prinzipiell an der Übertragung arithmetisch-algebraischer Sachverhalte in geometrische Darstellungen interessiert sein kann und welchen besonderen Wert vektorielle Darstellungen für diesen Übergang haben. Während die Stärken algebraischer Darstellungen im äußeren Ausdruck von Allgemeinheit und in der Möglichkeit symboli-

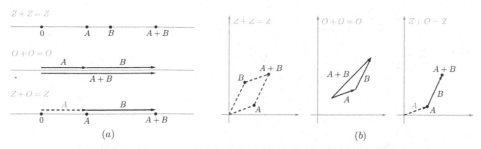

Abbildung 9.1. Addition von Zahlen und Vektoren (nach: Bürger u. a. 1980, S. 173f.)

scher und damit letztlich maschineller Verarbeitung gesehen werden können, liegen Stärken geometrischer Darstellungen in ihrer „Anschaulichkeit". Geometrie „liefert einen *anschaulichen Hintergrund*, eine Vorstellungsmöglichkeit für das algebraische Tun" (Fischer 2006a, S. 63). Bei Fischer heißt es dazu weiter: „In der Regel erhält man durch die Geometrie den zentralen Hinweis, wie man vorgehen kann, die effektive Lösung erfolgt dann rechnerisch. Man braucht also die Geometrie, um zu wissen, *wie* man rechnen soll." (Fischer 2006a, S. 57)

Analog zur Algebraisierung sind vektorielle Darstellungen nicht die einzige, auch nicht die erste Form von *Geometrisierung*, die einem im Laufe der Schulzeit begegnet: Dem Funktionsbegriff und auf ihm aufbauenden Begriffsbildungen in der Analysis liegen Geometrisierungen zu Grunde: Im Funktionsgraph einer reellen Funktion zeigt sich unterschiedliches Kovariationsverhalten zwischen irgendwelchen zwei Größen durch visuell wahrnehmbar unterschiedliche Verläufe, etwa mit unterschiedlichem Steigungs- und Krümmungsverhalten. Über Ableitungen lässt sich dies wieder arithmetisch erfassen und beschreiben, schließlich algebraisch zu abgeleiteten Funktionstermen zusammenfassen. In der Statistik werden Zusammenhänge zwischen Merkmalen im Streudiagramm untersucht und zusammenfassend durch approximierende Regressionsgeraden beschrieben, für die wieder ein arithmetisches Maß (Korrelationskoeffizient) angegeben wird, das die Güte der Anpassung erfassen soll.

Die für die Einführung der Vektorrechnung naheliegende Analogie besteht in der Repräsentation von Zahlen und Rechenoperationen am Zahlenstrahl/an der Zahlengerade (vgl. Abb. 9.1*a*). Spätestens mit Einführung der negativen Zahlen wird man nicht auf die Grundvorstellung von Zahlen als *Zuständen Z* (repräsentiert durch Punkte auf der Zahlengeraden) und/oder Änderungen bzw. *Operatoren O* (repräsentiert durch Pfeile an der Zahlengeraden) verzichten wollen (vgl. Kirsch 2004, S. 64f.). Diese Vorstellungen sind für Vektoren in arithmetisch-algebraischen Kontexten ebenso adaptierbar, wie die zugehörigen Intepretationsmöglichkeiten von z. B. Additionsaufgaben als Fällen $Z + Z = Z$, $O + O = O$ und $Z + O = Z$ (siehe Abb. 9.1*b*). Diese *Veranschaulichungen* der Rechenoperationen haben dabei einen anderen Charakter, als Pfeile im ‚Pfeilklassenmodell': Während man in der Analytischen Geometrie gewohnt ist, die geometrischen Objekte als eigentliche Studienobjekte, Koordinatenpaare als *eine* Beschreibungsmöglichkeit aufzufassen, werden hier Punkte bzw. Pfeile als un-

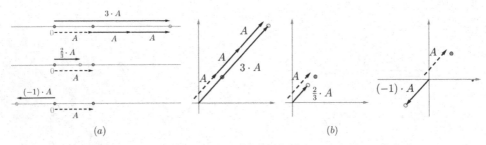

Abbildung 9.2. Multiplikation von Zahlen und Vektoren (mit einem Skalar)

terschiedliche Beschreibungsmöglichkeiten für arithmetisch-algebraische Objekte und die für sie definierten Rechenoperationen betrachtet. Es wird insofern für Vektoren derselbe Standpunkt eingenommen, wie für das Verhältnis von Größen und Zahlen im Sinne der „arithmetica universalis" (Hefendehl-Hebeker 1989, S. 11; vgl. Jahnke 2005, S. 643): Zahlen(tupel) können zur Beschreibung (gerichteter z. B. geometrischer) Größen bzw. von Beziehungen zwischen diesen Größen verwendet werden. Gerechnet wird mit den Zahlen(tupeln), nicht mit den Größen oder deren Repräsentanten. Das Ergebnis der Berechnung ist im Anschluss wieder auf den Kontext zurückzubeziehen, als Größe zu interpretieren (vgl. Bürger u. a. 1980, S. 172).

Formal kann man die *Subtraktion C − D* als Umkehroperation zur Addition betrachten, etwas weniger formal als Frage: Um welche Zahl *X* (im Bild: *B*) muss ich *D* (im Bild: *A*) ergänzen, um *C* (im Bild: *A + B*) zu erhalten? Anders gesagt: Mit der Subtraktion erzeugt man *Unterschiede*, sie ermöglicht *additives Vergleichen* der Zahlen *C* und *D*. Die Differenz *X = C − D* ist ein (gerichtetes) Maß des Unterschieds von *C* und *D*. Die ganzen Zahlen sind dabei der erste Zahlbereich, bei dem dieser Vergleich für alle Zahlen *C* und *D* möglich ist. Im obigen Modell ist nach einem Operator (Pfeil) *X* gesucht, der den Zustand (Punkt) *D* in den Zustand (Punkt) *C* überführt (auf diesen verschiebt) bzw. der durch Hintereinanderausführen mit dem Operator (Pfeil) *D* den Gesamtoperator (Pfeil) *C* erzeugt.

Eine epistemologische Hürde kann bei Addition und Subtraktion von Vektoren darin bestehen, dass z. B. für linear unabhängige Vektoren immer $|A + B| < |A| + |B|$ gilt, der resultierende Pfeil *A + B* ist kürzer, als die aneinandergelegten Pfeile *A* und *B* zusammen. Lernende verstehen Abbildungen häufig im kinematischen Sinne: „In solchen Schülerkonzepten ist der Bewegungsvorgang dominant" (vgl. Wittmann 2000, S. 136). Die Bewegungsvorgänge sind aber unterschiedlich, je nachdem, ob man zuerst dem Pfeil *A* und dann dem Pfeil *B* folgt oder direkt dem Pfeil *A + B*.

Eine für den Fall der *Multiplikation* mit einer natürlichen Zahl tragende Grundvorstellung ist „fortgesetztes Hinzufügen" (Hefendehl-Hebeker 2006, S. 5): Die Aufgabe $3 \cdot A$ wird im Sinne der Operatorvorstellung als $+A + A + A$ als dreimaliges Hinzufügen eines Pfeils aufgefasst, wobei der erste Operator und das Ergebnis alternativ auch wieder als Zustand (Punkt) interpretiert werden können (s. Abb. 9.2a). Der erste Faktor taucht dabei *nicht* als Pfeil auf, sondern gibt die Anzahl der Pfeile an. Für

Bruchzahlen muss man die Vorstellung der „kontinuierlichen Größenveränderung" (Hefendehl-Hebeker 2006, S. 5) aufbauen: Der erste Faktor ist ein Streckfaktor, mit dem der Pfeil gestreckt bzw. gestaucht wird. Die Festlegungen $(-) \cdot (+) = (-)$ und $(-) \cdot (-) = (+)$ für die Multiplikation mit negativen Zahlen erzwingen eine neuerliche Erweiterung der Operationsvorstellung auf eine *Streckspiegelung* mit Zentrum im Schaft des Pfeils. Auch hierbei handelt es sich um einen definitorischen Akt: Bislang war die Deutung der Multiplikation die Zusammenfassung mehrerer gleicher Änderungen zu einer Gesamtänderung (natürliche Zahlen) bzw. eine nur teilweise erfolgende Änderung (Bruchzahlen). Dass mit $\cdot(-1)$ nun die Umkehrung einer Änderung beschrieben werden soll, ist eine Setzung. Die Multiplikation mit anderen negativen Zahlen $\cdot(-2)$ ist wenn überhaupt nur noch als verkürzte Schreibweise der Handlungsfolge $\cdot 2 \cdot (-1)$ interpretierbar.

So wie mit Einführung der negativen Zahlen die Subtraktion als Rechenoperation (*nicht* die dahinter stehenden Vorstellungen!) redundant wird, weil man sie durch die Addition der Gegenzahl ersetzen kann, wird mit der Einführung der Bruchzahlen die *Division* redundant – im Vorgriff: so redundant, dass man sie bzgl. der Multiplikation mit einem Skalar in der Vektorrechnung gar nicht mehr als solche definiert. ‚Durch einen Bruch teilt man, indem man mit dem Kehrwert multizipliert' bleibt dennoch eine sehr eingeschränkte Operationsvorstellung, mit der man sich hoffentlich nicht zufrieden geben wird. Den unterschiedlichen Rollen der Faktoren bei der Multiplikation entsprechen bei der Division die Vorstellungen des *Teilens* (Verteilen) und des *Messens* (Aufteilen). Man *teilt* z. B. einen Stab der Länge 200 cm in vier gleich lange Stäbe, oder aber man überlegt sich, wie viele Stäbe der Länge 25 cm man durch *Aufteilen* aus einem Stab der Länge 200 cm erhält. Als Ergebnis der Division erhält man unterschiedliche Dinge. Das Ergebnis des *Teilens* ist wieder ein Stab einer bestimmten Länge (50 cm), das Ergebnis des *Aufteilens* ist hingegen eine Anzahl von Stäben, formaler ausgedrückt: ein Skalar.

Das *Aufteilen* kann man auch als *relatives Vergleichen* auffassen: Wie oft passt ein Repräsentant der Länge 25 cm in eine Länge von 200 cm? Relatives Vergleichen mit einer (willkürlich gewählten) Einheit ist die Grundlage nahezu jedes Messens (von physikalischen) Größen (vgl. Vohns 2012). Dabei ergeben sich allerdings deutliche Umbrüche beim Übergang zur Vektorrechnung: Es findet sich für einen Vektor B und einen Skalar x zunächst stets ein Vektor A, der $x \cdot A = B$ erfüllt, nämlich $A = x^{-1} \cdot B$. Das Problem des ‚Teilens' durch einen Skalar ist also lösbar. Es ist aber nur in Ausnahmefällen möglich, einen Vektor B in gleiche Teilvektoren A aufzuteilen, nämlich dann, wenn $A \parallel B$ bzw. ohne Rückgriff auf die Pfeilvorstellung: die jeweiligen Komponenten der Vektoren Gleichvielfache voneinander sind. Auf die Idee des *relativen Vergleichens* bezogen: Es ist bei Vektoren nicht möglich, jeden Vektor als Vielfaches desselben Einheitsvektors zu messen. Man *kann* aber den Standpunkt vertreten, dass das *Skalarprodukt* im Bereich der Vektoren u. a. die Funktion übernimmt, solche relativen Vergleiche zu ermöglichen.

Zunächst sei jedoch angemerkt, dass es mit dem „räumlich-simultanen Modell" (Krauthausen und Scherer 2007, S. 28) bereits für die natürlichen Zahlen eine wei-

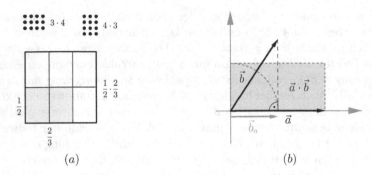

(a) (b)

Abbildung 9.3. Produkt von Zahlen und Skalarprodukt als Flächeninhalte

tere wichtige Grundvorstellung zur Multiplikation gibt. Dieses Modell findet für die Bruchzahlen seine Fortsetzung in der Vorstellung „von einem Produkt zweier Zahlen als Flächeinhalt eines Rechtecks" (Hefendehl-Hebeker 2006, S. 6; vgl. Abb. 9.3a). Bisweilen wird im Unterricht versucht, diese Vorstellung anhand einer Darstellung wie Abbildung 9.3b auf das Skalarprodukt zu übertragen. Diese Visualisierung ist allerdings mathematisch von gänzlich anderem Charakter als Abbildung 9.3a.

Während ‚Länge · Länge = Flächeninhalt' eine auf Erfahrungen zum Auslegen von Rechtecken mit Einheitsquadraten beruhende, verkürzende Beschreibung eines Meß- prozesses darstellt, ist das Skalarprodukt zweier Vektoren aus dem $\mathbb{R}^2$ streng genom- men eine Abbildung $\mathbb{R}^2 \times \mathbb{R}^2 \to \mathbb{R}$ – es erhöht also gerade nicht die Dimension des Produktes gegenüber den Faktoren, sondern setzt sie herab. Das Produkt ist unabhän- gig von der Dimension der Faktoren *immer* eindimensional.

Eine wichtige geometrische Eigenschaft des Skalarprodukts ist der Zusammenhang $\vec{a} \cdot \vec{b} = 0 \Leftrightarrow \vec{a} \perp \vec{b}$, welcher der Normalform der Geradengleichung zugrunde liegt. Beispiel 9.5 greift zu dessen Thematisierung den wirtschaftlichen Kontext aus Beispiel 9.4 auf, die angesprochene Künstlichkeit der Vektorverwendung wird dabei nicht pro- blematisiert. Das Beispiel zielt auf die Erkenntnis ab, dass es verschiedene Punkte (Sortenzusammenstellungen) gibt, die zu denselben Gesamtkosten führen und alle auf einer Geraden $g : b_1 \cdot x_1 + b_2 \cdot x_2 = c$ liegen. Daran anschließen kann zum einen die Feststellung, dass das Skalarprodukt *keine Umkehroperation* haben kann, weil es zu einem Vektor B und einem Skalar c mehrere (unendlich viele) Vektoren X gibt, die $X \cdot B = c$ erfüllen. Weiterarbeiten kann man zum anderen mit der Bedingung, dass sich beim Übergang von einer zulässigen Sortenzusammenstellung A zu jeder anderen zulässigen Zusammenstellung X der Preis nicht ändern darf, vektoriell geschrieben $(X - A) \cdot B = 0$ gelten muss. Trägt man nun noch $\overrightarrow{AX}$ und $\vec{B}$ als Pfeile ausgehend von A an, kann man erkennen, dass der Stückpreisvektor $\vec{B}$ senkrecht zur Mengenände- rung $\overrightarrow{AX}$ bzw. zur Geraden steht, auf der alle zulässigen Sortenzusammenstellungen liegen.

Eine Firma kauft $a_1 = 15$ Kisten Nägel der Sorte 1 zu $b_1 = 4$ Euro pro Kiste und $a_2 = 20$ Kisten Nägel der Sorte 2 zu $b_2 = 3$ Euro pro Kiste.

  a) Wie hoch sind die Gesamtkosten? Schreibe die zugehörige Rechnung mit Zahlen und als Skalarprodukt von Vektoren auf.

  b) Wie viele Kisten Nägel könnte die Firma für den selben Gesamtbetrag kaufen, wenn sie nur Kisten der Sorte 1 bzw. 2 kaufen würde? Wie lauten die zugehörigen Stückzahlvektoren?

  c) Trage die Stückzahlvektoren aus der Angabe und aus Aufgabenteil b) in ein Koordinatensystem ein (1. Achse: a_1, 2. Achse: a_2).

  d) Finde weitere Kombinatonen a_1, a_2 (samt Stückzahlvektoren), die zu denselben Gesamtkosten führen. Trage die zugehörigen Punkte ein. Was stellst Du fest?

Beispiel 9.5. Skalarprodukt und Geradengleichung (Fortsetzung von Beispiel 9.4)

Man kann, diesen Kontext verlassend, im Unterricht in der Folge weitere innergeometrische Überlegungen zum Skalarprodukt anstellen:

  a) Das Skalarprodukt induziert die *euklidische Norm*. Dem Vektor $\vec{a}$ lässt sich (als Pfeil gedacht) über den Betrag $|\vec{a}| = \sqrt{\vec{a} \cdot \vec{a}}$ eine *Länge*, Vektoren A, B (als Punkte) über $|A - B|$ ein *Abstand* zuordnen. Pfeile werden der Länge nach, Punkte dem Abstand nach *vergleichbar*. Die Vergleiche sind jeweils *ungerichtet*: Der Winkel zwischen den Pfeilen, die Lage der Punkte zueinander (rechts, links, oben, unten?) werden ausgeblendet.

  b) Der *Winkel* φ zwischen zwei Vektoren $\vec{a}, \vec{b}$ (Pfeile) beträgt $\cos\varphi = \frac{\vec{a} \cdot \vec{b}}{|\vec{a}| \cdot |\vec{b}|}$. Der Vergleich blendet die Länge der Pfeile aus, misst reine *Richtungsunterschiede*.

  c) Über die *Normalprojektion* $\vec{b}_a$ lässt sich für einen Vektor $\vec{b}$ (Pfeil) die Länge $|\vec{b}_a| = |\vec{a_0} \cdot \vec{b}|$ bestimmen, die er in Richtung des Vektors $\vec{a}$ verläuft. Für A und B (Punkte) ist $B_A = |A_0 \cdot B| \cdot A_0$ der Punkt der Ursprungsgeraden durch A, welcher von B den kleinsten Abstand hat. Ausgeblendet wird der Abstand von B von der Geraden bzw. der senkrecht zu $\vec{a}$ verlaufende Anteil von $\vec{b}$.

Als außermathematischer Kontext wird in der Schule häufig die physikalische Arbeit für die Normalprojektion thematisiert ($W = \vec{s} \cdot \vec{F}_s$, Arbeit ist Weg mal Kraft in Wegrichtung vgl. Abb. 9.4). Dieser Kontext hat den Vorteil, dass sich die Entscheidung inhaltlich rechtfertigen lässt, nur jene Komponente $\vec{F}_s$ der Kraft $\vec{F}$ zu berücksichtigen, die in Wegrichtung $\vec{s}$ wirkt, senkrecht dazu wirkende Kraftkomponenten hingegen herauszurechnen. Der Nachteil des Kontextes besteht darin, dass man die Situation zunächst geometrisch erfasst, erst anschließend algebraisiert. Wenn Vektoren zunächst arithmetische Objekte sein sollen, so wäre nach Kontexten zu suchen, in denen die primäre Mathematisierung arithmetisch erfolgt, eine anschließende Geometrisierung Einem dann weitere Erkenntnisse ermöglicht. In Linnemann u. a. (2009) finden sich Beispiele, die die (Un-)Angemessenheit der oben angegebenen Vergleichsmaßstäbe a), b), c) im Kontext der „Ähnlichkeit von Datensätzen" thematisieren (vgl. Linnemann u. a. 2009, S. 50f.). Heitzer behandelt u. a. die Frage, warum man für Datensätze grundsätzlich an der durch das Skalarprodukt realisierten „Dimensionsreduktion" interes-

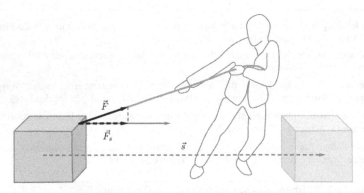

Abbildung 9.4. Ermittlung der Kraft in Wegrichtung ($\vec{F_s}$) über die Normalprojektion

siert sein kann (vgl. Heitzer 2012, S. 58f.). Während Rückinterpretationen vektoriell gewonnener Maße in physikalischen Zusammenhängen häufig sehr weitgehend möglich sind, ergibt sich bei Datensätzen ein erhebliches Reflexionsbedürfnis.

Im Beispiel 9.5 wäre schon der (euklidische) Abstand zwischen den Punkten nicht interpretierbar. Im Kontext sind nur in x_1- oder x_2-Richtung separat abgelesene Abstände (Unterschiede der Anzahlen a_1 bzw. a_2) interpretierbar – was ein diagonal gemessener Abstand hier bedeuten sollte, ist unklar. Ähnlich ist es um die „Dimensionsreduktion" bestellt: Will man Objekte, die Träger mehrerer relevanter Eigenschaften sind, in eine Rangfolge bringen, so bedeutet eine Normalprojektion auf einen vorgegebenen Vektor („Prototyp", Heitzer 2012, S. 58) stets, dass man sämtliche Informationen, die orthogonal zum Prototyp gemessen werden, für vernachlässigbar hält. Es ist aber nicht immer so klar zwischen relevanten und irrelevanten Komponenten des Datensatzes zu unterscheiden, wie bei der Ermittlung der Kraftkomponente in Wegrichtung. Zu entscheiden, welche Komponenten eines Datensatzes ‚Signal' und welche ‚Rauschen' sind, ist ein Grundproblem jeder statistischen Modellierung, letztlich immer eine normative Festlegung. Vektorielle Darstellungen liefern hier über die Geometrisierung u. U. neue Ideen dafür, wie man rechnen *könnte*. Ob man so rechnen *sollte*, ist eine Frage, die außerhalb der Geometrie zu verhandeln ist und nicht schon aufgrund der *Anschaulichkeit* der Geometrisierung oder der *Strenge* ihrer Algebraisierung gegeben ist.

Soll der arithmetische Charakter von Vektoren wachgehalten werden, wäre es wichtig, dass Vektoren im Unterrichtsverlauf immer wieder zur Beschreibung relevanter, außermathematischer Objekte genutzt werden. Es bleibt dann immer noch die curriculare Hürde, in der angewandten Linearen Algebra mit Vektortermen und -gleichungen allein, ohne *Matrizen* nicht sehr weit zu kommen – der reflektierte Umgang mit Matrizen böte allerdings Stoff für einen eigenen Beitrag.

Literatur

[Artmann und Törner 1980] ARTMANN, Benno; TÖRNER, Günther: *Lineare Algebra. Grund- und Leistungskurs*. Göttingen: Vandenhoeck & Ruprecht, 1980.

[Beutelspacher u. a. 2011] BEUTELSPACHER, Albrecht; DANCKWERTS, Rainer; NICKEL, Gregor; SPIES, Susanne; WICKEL, Gabriele: *Mathematik Neu Denken. Impulse für die Gymnasiallehrerbildung an Universitäten*. Wiesbaden: Vieweg+Teubner, 2011.

[Borneleit u. a. 2001] BORNELEIT, Peter; DANCKWERTS, Rainer; HENN, Hans-Wolfgang; WEIGAND, Hans-Georg: Expertise zum Mathematikunterricht in der gymnasialen Oberstufe. In: TENORTH, Heinz-Elmar (Hrsg.): *Kerncurriculum Oberstufe. Mathematik – Deutsch – Englisch*. Weinheim u. a.: Beltz, 2001, S. 26–53.

[Bürger u. a. 1980] BÜRGER, Heinrich; FISCHER, Roland; MALLE, Günther; REICHEL, Hans-Christian: Zur Einführung des Vektorbegriffs: Arithmetische Vektoren mit geometrischer Deutung. In: *Journal für Mathematik-Didaktik* 1 (1980), Nr. 3, S. 171–187.

[Danckwerts und Vogel 2006] DANCKWERTS, Rainer; VOGEL, Dankwart: *Analysis verständlich unterrichten*. München u. a.: Spektrum Akademischer Verlag, 2006.

[Fischer 2006a] FISCHER, Roland: Mathematik – ihre Rolle bei gesellschaftlichen Entscheidungen. In: FISCHER, Roland (Hrsg.): *Materialisierung und Organisation*. München u. a.: Profil Verlag, 2006, S. 51–86.

[Fischer 2006b] FISCHER, Roland: Offene Mathematik und Visualisierung. In: FISCHER, Roland (Hrsg.): *Materialisierung und Organisation*. München u. a.: Profil Verlag, 2006, S. 223–256.

[Hefendehl-Hebeker 1989] HEFENDEHL-HEBEKER, Lisa: Die negativen Zahlen zwischen anschaulicher Deutung und gedanklicher Konstruktion. In: *mathematik lehren* 35 (1989), S. 6–13.

[Hefendehl-Hebeker 2006] HEFENDEHL-HEBEKER, Lisa: Zahlbereichserweiterungen als neue Gedankenwelten – fachliche Klärungen. In: *Online Ergänzung zu Praxis der Mathematik in der Schule* 48 (2006), Nr. 11. http://www.aulis.de/newspapers/supplement/237. Stand: 13. Februar 2013.

[Hefendehl-Hebeker und Prediger 2006] HEFENDEHL-HEBEKER, Lisa; PREDIGER, Susanne: Unzählig viele Zahlen: Zahlbereiche erweitern – Zahlvorstellungen wandeln. In: *Praxis der Mathematik in der Schule* 48 (2006), Nr. 11, S. 37–41.

[Heitzer 2012] HEITZER, Johanna: *Orthogonalität und Approximation. Vom Lotfällen bis zum JPEG-Format – Von der Schulmathematik zu modernen Anwendungen*. Wiesbaden: Springer Spektrum, 2012.

[Jahnke 2005] JAHNKE, Hans-Niels: Arithmetik, universelle. In: JAEGER, Friedrich (Hrsg.): *Enzyklopädie der Neuzeit*. Bd. 1 (Abendland – Beleuchtung). Stuttgart: J. B. Metzler, 2005, S. 643–650.

[Jensen 2011] JENSEN, Uwe: *Wozu Mathe in den Wirtschaftswissenschaften? Eine Einführung für Studienanfänger*. Berlin: Springer, 2011.

[Kirsch 2004] KIRSCH, Arnold: *Mathematik wirklich verstehen*. 4. Aufl., Köln: Aulis Verlag Deubner, 2004.

[Krauthausen und Scherer 2007] KRAUTHAUSEN, Günter; SCHERER, Petra: *Einführung in die Mathematikdidaktik*. 3. Aufl., München u. a.: Spektrum Akademischer Verlag, 2007.

[Kronfellner und Peschek 2000] KRONFELLNER, Manfred; PESCHEK, Werner: *Angewandte Mathematik 1*. Wien: öbv&hpt, 2000.

[Linnemann u. a. 2009] LINNEMANN, Torsten; NÜESCH, Andreas; RÜEDE, Christian; STOCKER, Hansjürgen: *Vektoren. Raumvorstellung – Anwendungen – Kalkül*. Zürich: Orel Füssli, 2009.

[Malle 2005] MALLE, Günther: Von Koordinaten zu Vektoren. In: *mathematik lehren* 133 (2005), S. 4–7.

[Malle u. a. 2006] MALLE, Günther; RAMHARTER, Esther; ULOVEC, Andreas; KANDL, Susanne: *Mathematik verstehen 7*. Wien: öbv&hpt, 2006.

[Malle u. a. 2010] MALLE, Günther; KOTH, Maria; WOSCHITZ, Helge; MALLE, Sonja; SALZGER, Bernhard; ULOVEC, Andreas: *Mathematik verstehen 5*. Wien: öbv, 2010.

[Schupp 1997] SCHUPP, Hans: Regeometrisierung der Schulgeometrie – durch Computer? In: HISCHER, Horst (Hrsg.): *Computer und Geometrie. Neue Chancen für den Geometrieunterricht?* Hildesheim: Franzbecker, 1997, S. 16–25.

[Tietze u. a. 2000] TIETZE, Uwe-Peter; KLIKA, Manfred; WOLPERS, Hans (Hrsg.): *Mathematikunterricht in der Sekundarstufe II. Band 2: Didaktik der Analytischen Geometrie und Linearen Algebra*. 2., durchges. Aufl., Braunschweig u. a.: Vieweg, 2000.

[Vohns 2010] VOHNS, Andreas: Fünf Thesen zur Bedeutung von Kohärenz- und Differenzerfahrungen im Umfeld einer Orientierung an mathematischen Ideen. In: *Journal für Mathematik-Didaktik* 31 (2010), Nr. 2, S. 227–255.

[Vohns 2012] VOHNS, Andreas: Grundprinzipien des Messens – Erkunden, Vernetzen, Reflektieren. In: *mathematik lehren* 173 (2012), S. 20–24.

[Vohns 2013] VOHNS, Andreas: Algebraisierung erleben und reflektieren – Dreieckstransversalen und besondere Punkte. In: *Praxis der Mathematik in der Schule* 55 (2013), Nr. 49, S. 37–41.

[Wittmann 2000] WITTMANN, Gerald: Schülerkonzepte und epistemologische Probleme. In: TIETZE, Uwe-Peter; KLIKA, Manfred; WOLPERS, Hans (Hrsg.): *Mathematikunterricht in der Sekundarstufe II. Band 2: Didaktik der Analytischen Geometrie und Linearen Algebra*. 2., durchges. Aufl., Braunschweig u. a.: Vieweg, 2000, S. 132–148.

[Wittmann 2003] WITTMANN, Gerald: *Schülerkonzepte zur Analytischen Geometrie. Mathematikhistorische, epistemologische und empirische Untersuchungen*. Hildesheim u. a.: Franzbecker, 2003.

Beiträge zur Lehrerbildung

10 Die Grundschulprojekte Kira und PIK AS – Konzeptionelles und Beispiele

Daniela GÖTZE und Christoph SELTER

Im Rahmen des von der Deutschen Telekom Stiftung (DTS) geförderten Projekts *Mathematik Neu Denken* (vgl. Beutelspacher u. a. 2010) wurden Empfehlungen zur Neuorientierung der Lehrerbildung entwickelt, die in zehn Thesen für eine verbesserte Lehrerbildung kumulieren. In den Thesen 7 und 8 wird gefordert:

„7. Die fachdidaktische Ausbildung thematisiert primär die Aufgabe, mathematische Inhalte zugänglich zu machen; gleichzeitig setzt sie einen starken Akzent auf die Lerner-Perspektive und umfasst auch bildungstheoretische Aspekte.

8. Die fachdidaktische Ausbildung muss vermehrt Verständnis für das mathematische Denken von Kindern und Jugendlichen wecken und verstärkt das differenzierte und individualisierte Diagnostizieren und Fördern vermitteln." (Beutelspacher u. a. 2010, S. 9)

Hier setzen unsere, ebenfalls von der DTS geförderten Grundschul-Projekte *Kinder rechnen anders* (Kira) und *Prozess- und Inhaltsbezogene Kompetenzen – Anregung von Schulentwicklung* (PIK AS) an. In unserem Beitrag beschreiben wir zunächst, wie wir in Kira daran arbeiten, Studierenden und Lehrpersonen günstige Bedingungen für den Erwerb mathematikdidaktischer diagnostischer Kompetenzen zu verschaffen. Anschließend beschreiben wir beispielgestützt wesentliche konzeptionelle Elemente von PIK AS, eines Kooperationsprojekts mit dem Schulministerium NRW zur Bereitstellung von Unterstützungsleistungen und zur Entwicklung von Unterstützungsmaterialien zur Weiterentwicklung des Mathematikunterrichts in der Grundschule und der Lehrerbildung. Zuvor gehen wir jedoch auf gemeinsame Grundlagen beider Projekte ein.

10.1 Ein Beispiel: Zahl minus Umkehrzahl

Hierzu beginnen wir mit einem Beispiel aus dem Unterricht der Grundschule: In einem dritten Schuljahr bearbeiten die Schülerinnen und Schüler Aufgaben des Typs ‚Zahl minus Umkehrzahl' (Zehnerziffer größer Einerziffer). Von einer zweistelligen Zahl wird diejenige abgezogen, die durch Vertauschen der Zehner und Einer entsteht, also zum Beispiel 83 − 38, 91 − 19 oder 21 − 12. Die Lehrerin geht herum und sieht unter anderem die Bearbeitungen von Cenk (links), Lisa (mittig) und Timi (vgl. Abb. 10.1).

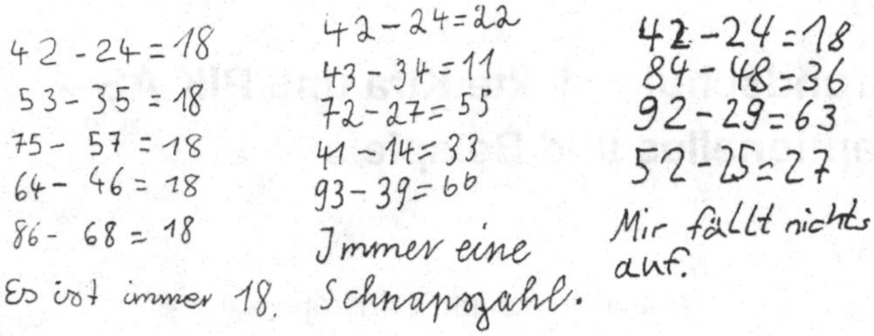

$$42 - 24 = 18$$
$$53 - 35 = 18$$
$$75 - 57 = 18$$
$$64 - 46 = 18$$
$$86 - 68 = 18$$

Es ist immer 18.

$$42 - 24 = 22$$
$$43 - 34 = 11$$
$$72 - 27 = 55$$
$$41 - 14 = 33$$
$$93 - 39 = 66$$

Immer eine Schnapszahl.

$$42 - 24 = 18$$
$$84 - 48 = 36$$
$$92 - 29 = 63$$
$$52 - 25 = 27$$

Mir fällt nichts auf.

Abbildung 10.1. Drittklässler bearbeiten die Aufgabe „Zahl minus Umkehrzahl"

Mit jedem der drei Schülerdokumente und Schülerdenkweisen (und noch vielen weiteren) muss die Lehrerin angemessen umgehen können. Wichtige diesbezügliche Kompetenzen erwirbt man sicherlich in der Zweiten (Referendariat) und der Dritten Ausbildungsphase (Weiterlernen im Beruf). Die Grundlage hierzu bildet die Ausbildung in der Ersten Phase an der Hochschule.

Daher verfolgen wir am Institut für Entwicklung und Erforschung des Mathematikunterricht der TU Dortmund das Ziel, ein anregendes Lernumfeld zu schaffen, damit möglichst viele Studierende spätestens am Ende des Studiums nicht nur die substanzielle Lernumgebungen wie beispielsweise ‚Zahl minus Umkehrzahl' kennen gelernt und mathematisch durchdrungen haben sowie diese didaktisch einordnen können, sondern auch verstehen, ...

- für welche Zahlen Cenks Vermutung gilt, und wissen, wie man ihn durch anspruchsvollere Aufgabenstellungen oder gezielte Fragestellungen geeignet herausfordern kann,

- wie Lisa gedacht hat, und wissen, wie man ihr bei der Überwindung ihres Denkfehlers weiterhelfen könnte, und

- wie Timi zu seiner Äußerung kommt, und wissen, wie man dazu beitragen kann, dass er – wie die anderen beiden Kinder – Auffälligkeiten entdecken kann.

10.2 Leitideen des Mathematikunterrichts

Die drei Beispiele und die an ihnen entfalteten Zielstellungen können als repräsentative Beispiele zur Illustration der Leitideen zeitgemäßen Mathematikunterrichts gelten. Diese lassen sich in aller Kürze durch die folgenden drei Begriffe charakterisieren (vgl. Selter 2006; Hußmann u. a. 2008).

Prozessorientierung: Mathematik gilt in den Augen vieler Personen als fest gefügtes System von klar voneinander abgegrenzten und auseinander hervorgehenden Begriffen, Regeln und Verfahren, die auf bestimmte Klassen von Aufgaben passgenau zugeschnitten sind. Mathematiklernen wird demzufolge als Rezipieren und Reproduzieren von vorgegebenen Wissenselementen und Handlungsanweisungen verstanden. Die Folgen dieses überholten, aber noch recht weit verbreiteten Mathematikbildes verdeutlichte Freudenthal bereits vor mehr als 40 Jahren:

> „Statt zu mathematisieren, lernt der Schüler fertige Mathematik, die er, wenn es darauf ankommt, nicht anwenden kann, denn er hat ja niemals am eigenen Leibe erfahren, daß und wie man zu einem nicht mathematischen Problem die Mathematik erschafft, mit der man es meistert." (Freudenthal 1971, S. 151f.)

Mathematik, so hat es Freudenthal im Gegensatz dazu immer wieder beschrieben, ist kein Fertigprodukt, keine bloße Ansammlung von Wissen und Können. Mathematik ist eine menschliche Aktivität, eine Tätigkeit, eine Geisteshaltung (vgl. Freudenthal 1982). Mathematiker sind produktiv – auch wenn sie nur die Endprodukte ihrer mathematischen Aktivität veröffentlichen. Schülerinnen und Schüler sollten es daher ebenfalls sein und so die Prozesshaftigkeit der Mathematik erfahren können (vgl. Wittmann 2003). Ausgehend von Cenks Lösung beispielsweise können sich Studierende im Rahmen von Lehrveranstaltungen damit befassen, dass als Ergebnis die 18 nur dann zu verzeichnen ist, wenn die Differenz der Zehner- und der Einerziffer 2 beträgt. Im Rahmen der weiteren Auseinandersetzung mit dem Problemfeld können die Studentinnen und Studenten zudem den Zusammenhang zwischen Zifferndifferenz und Ergebnis weiter erforschen und systematisieren

Kompetenz- bzw. Stärkenorientierung: Lernende – Kinder und Jugendliche – werden von Erwachsenen nicht selten als Unkundige angesehen, denen man das benötigte Wissen vermitteln muss. Äußerungen und Handlungen, die nicht mit den Erwartungen der Erwachsenen übereinstimmen, werden dann als fehlerhaft und unmittelbar korrekturbedürftig angesehen. Die Relativierung dieser defizitorientierten Sichtweise ist nicht zuletzt Piaget zu verdanken, wie es interessanter Weise auch ein Zitats Vygotskijs zum Ausdruck bringt:

> „Während das Denken des Kindes früher gewöhnlich nur negativ durch Fehler, Mängel und Minderleistungen bestimmt wurde, durch die es sich vom Denken des Erwachsenen unterscheidet, hat Piaget versucht, die qualitative Eigenart des kindlichen Denkens *positiv* zu charakterisieren. Früher interessierte man sich dafür, *was das Kind nicht hat* [. . .]. Nun wurde dasjenige in den Mittelpunkt gerückt, *was das Kind hat*, was sein Denken durch spezifische Eigenarten auszeichnet." (Vygotskij 1972, S. 17, Herv. DG/CS)

Auch wenn manche Theorien und Versuchsanordnungen Piagets aus der Distanz mehrerer Jahrzehnte kritisch beurteilt werden, so kommt ihm doch der Verdienst zu, einer anderen Sichtweise auf das Kind den Boden bereitet zu haben: Was könnten sie sich gedacht haben? Was können sie schon alles? Was sind die vernünftigen Hintergründe eines aus unserer Sicht falschen Vorgehens? Aus *stärkenorientierter* Sichtweise wird die Andersartigkeit ihres Denkens nicht als *Defizit*, sondern als authentische Ausdrucksform und damit als *Differenz* gesehen. In Lehrveranstaltungen können Studierende sich beispielsweise mit Lisas Lösung auseinandersetzen und den typischen Fehler identifizieren, dass jeweils die kleinere von der größeren Ziffer subtrahiert wird, unabhängig davon, ob diese Bestandteil des Minuenden oder des Subtrahenden ist. Die Studentinnen und Studenten können erkennen, dass Fehler in der Regel auf aus der Sicht der Kinder vernünftigen Fehlermustern beruhen, die es gilt zu diagnostizieren, um davon ausgehend weiterführende Lernangebote organisieren zu können.

Subjektorientierung: Unterricht wird bisweilen immer noch als Ort verstanden, in dem der Lernstoff – das fertig geordnete Gebäude der Mathematik – in Lern-Häppchen vorportioniert wird, die dann klein- und gleichschrittig zu vermitteln sind. Die Lernenden sind in solchem Unterricht die Objekte der Belehrung.

Dies kritisierte bereits zu Beginn dieses Jahrhunderts der Reformpädagoge Kühnel:

> „Beibringen, darbieten, übermitteln sind [...] Begriffe der Unterrichtskunst vergangener Tage und haben für die Gegenwart geringeren Wert [...]. Wohl soll der Schüler auch künftig Kenntnisse und Fertigkeiten gewinnen – wir hoffen sogar: noch mehr als früher – aber wir wollen sie ihm nicht beibringen, sondern er soll sie sich erwerben." (Kühnel 1925, S. 136)

Mehr Orientierung an den lernenden Subjekten sollte jedoch nicht mit *Subjektzentrierung* gleichgesetzt werden. Unterricht vorrangig von den Interessen und Vorerfahrungen der Lernenden aus zu denken, wäre ebenso verfehlt, wie die Lerninhalte oder zu erreichende Standards als Maß aller Dinge zu nehmen. Guter Mathematikunterricht profitiert hingegen vom produktiven Spannungsverhältnis aus *Offenheit* und *Struktur*. Er baut auf individuell unterschiedlich ausgeprägten Kompetenzen auf. Gleichzeitig ist er zielgerichtet und konzeptionell fundiert. Aber das Konzept ist *bottom up* angelegt, nicht *top down*. In Lehrveranstaltungen können Studierende Möglichkeiten entwickeln bzw. kennen lernen, auf diese Äußerung in geeigneter Weise zu reagieren. So könnte Timi von der Lehrerin zur weiteren Beispielproduktion oder zum Vergleich mit den Ergebnissen der Mitschülerinnen und Mitschüler angeregt werden. Ein nächster Schritt könnte darin bestehen, zusammenzutragen, welche Ergebnisse gefunden wurden. Außerdem könnten die einzelnen Aufgaben den gefundenen Resultaten zugeordnet werden, und der Blick könnte auf Gemeinsamkeiten und Unterschiede solcher zusammen gehöriger Aufgaben gelenkt werden.

10.3 Wissen und Bewusstheit

Diese drei Leitideen zeitgemäßen Mathematikunterrichts stehen nicht selten in Widerspruch zu den eigenen Erfahrungen und Sichtweisen vieler (angehender) Lehrerinnen und Lehrer:

– Mathematik wird als Fertigprodukt angesehen,

– Lernende werden als Unwissende und zu Belehrende aufgefasst und

– Unterricht wird als Ort geschickter Wissensvermittlung verstanden.

Der Bruch mit diesen Primärerfahrungen ist notwendig. Eine *adressatenbezogene* Lehrerbildung muss diese Diskrepanzen im Blick haben und in angemessener Weise thematisieren. Deren Einbeziehung ist zudem im Rahmen einer *berufs*bezogenen Lehrerbildung für die (spätere) Unterrichtstätigkeit erforderlich (vgl. Hefendehl-Hebeker 2005).

Denn Studien zur Lehrer-Professionalisierung (vgl. Bromme 1994; Cooney und Krainer 1996; Llinares und Krainer 2006; Voss u. a. 2011) zeigen auf, dass es in der Aus- und Fortbildung keineswegs nur um den Erwerb von wissenschaftlichem ‚Handwerkszeug‘, sondern wesentlich auch um die Entwicklung von wissenschaftlich fundierten Haltungen gehen sollte (vgl. Reusser u. a. 2011; Rösken 2009). Beides bietet die beständig wachsende Grundlage dafür, dass die Lehrerinnen und Lehrer ihre Qualifikationen vor dem Hintergrund von (unterrichtlichen) Anforderungssituationen kontinuierlich weiter entwickeln können (vgl. Becker und Selter 1996, S. 546ff.).

Zentrale Aufgaben der Lehrerbildung sind nach diesem Verständnis also zum ersten die Ermöglichung des Erwerbs des als notwendig bzw. hilfreich erachteten *Hintergrundwissens* und zum zweiten die Anregung zur theoriegeleiteten Reflexion der *eigenen Erfahrungen und Einstellungen* – mit anderen Worten: *Wissen* und *Bewusstheit* (vgl. Selter 1995). Für eine adressaten- und berufsbezogene Mathematiklehrerbildung ergeben sich daraus auch in Anlehnung an die Empfehlungen von Beutelspacher u. a. (2010) folgende Zielsetzungen.

— Erwerb berufsbezogenen Hintergrundwissens über mathematische Phänomene und Theorien sowie Entwicklung eines prozessorientierten Bildes von *Mathematik* (vgl. Müller u. a. 2004),

— Erwerb von Hintergrundwissen über das mathematische Denken von Kindern und über Methoden, diese (im Unterrichtsalltag) erheben und verstehen zu können sowie Entwicklung eines stärkenorientierten Bildes von *Lernenden* (vgl. Selter und Spiegel 1997) und

— Erwerb von Hintergrundwissen über die Didaktik und Methodik des Mathematikunterrichts sowie die Entwicklung eines subjektorientierten Bildes von *Unterricht* (vgl. Baum und Wielpütz 2003).

Die Projekte Kira und PIK AS fokussieren insbesondere den zweiten und dritten Punkt.

10.4 Das Projekt *Kinder rechnen anders*

Das Projekt Kira entwickelt und evaluiert praxisnahe Materialien am Beispiel der Grundschule, die dazu dienen, Studierende (aber auch Referendare und aktive Lehrkräfte) mit berufsbezogenem Hintergrundwissen zu versorgen. Es wurde von Januar 2008 bis Dezember 2011 von der Deutschen Telekom Stiftung unterstützt. Mit Ablauf des Projektes konnte, finanziert durch die Deutsche Telekom Stiftung, eine DVD (vgl.

KIRA 2011) mit den bis dahin auf der Website des Projekts www.kira.tu-dortmund.de
zur Verfügung gestellten Materialien (Stand Juli 2011) herausgegeben werden. Auch
nach Ablauf der Förderperiode versuchen wir, die Materialien kontinuierlich weiter
auszubauen. Aber zu welchem Zweck wurden bzw. werden diese Materialien produziert? Das Projekt verfolgt folgende Zielsetzungen in den drei Kompetenzbereichen:

Einstellungen: Angezielt ist hier die Erhöhung der bereits in Abschnitt 10.2 angedeuteten Sensibilität für die Andersartigkeit und Vernünftigkeit mathematischer Denk-
weisen von Kindern und der Bereitschaft, sich auch auf unverständliche Denkwege
einzulassen. Die Studierenden respektive Lehrkräfte sollen an praxisnahen Beispielen
erfahren, dass Kinder oft vernünftig wenngleich anders denken. Darüber hinaus soll
sich eine neue Einstellung Fehlern gegenüber entwickeln, denn Fehler sind integrale
Bestandteile des Lernprozesses. Mit ihnen muss gerechnet werden!

Wissen: Diesbezüglich geht es um den Ausbau der bereits in Abschnitt 10.3 erwähn-
ten Beurteilungs- und Handlungskompetenz durch den Erwerb von inhaltsbezogenem
Hintergrundwissen zu Vorgehensweisen und Fehlermustern von Schülerinnen und
Schülern bei zentralen Inhalten der Grundschularithmetik als unverzichtbare Hilfe für
die Vorbereitung, Durchführung und Auswertung von Unterricht. So muss eine gute
Lehrkraft im Unterricht möglichst schnell mögliche Denkwege bzw. Schwierigkeiten
von Kindern antizipieren können, um flexible sowie individuell auf die jeweiligen
Kinderdenkweisen reagieren zu können.

Können: Hiermit ist der Erwerb von Verfahren gemeint, um das mathematische Denken der eigenen Schülerinnen und Schüler systematisch und authentisch zu erheben
und zudem nicht nur Momentaufnahmen, sondern auch Lernentwicklungen zu doku-
mentieren.

Was bedeutet dies bezogen auf den
Mathematikunterricht konkret? Ein Beispiel aus der Praxis verdeutlicht die Be-
deutsamkeit dieser drei Kompetenzbe-
reiche. Drittklässlern wurde die Aufgabe
gestellt, die Summe von vier Zahlen eines 2 × 2-Ausschnittes des Tausenderbuches möglichst geschickt zu bestimmen
(vgl. www.kira.tu-dortmund.de/141; Götze und Lüling 2010).

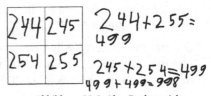

Abbildung 10.2. Alex Rechentrick

Im Unterricht kann man erleben, dass die Kinder ganz unterschiedliche Strategien zur
Berechnung der Summe wählen. Manche sind in den Augen Erwachsener schwer verständlich wenn auch sehr geschickt, andere würden wir als eher leicht verständlich
aber vielleicht auch als eher ungeschickt einstufen. Verstehen Sie z. B. wie Alex (vgl.
Abb. 10.2) gerechnet hat? Er hat erkannt, dass er gleiche Teilsummen erhält, wenn
er ‚über Kreuz' rechnet, d. h. er macht sich zunutze, dass die Summe von 244 + 255
die gleiche ist wie die Summe von 254 + 245. Diese Teilsummen muss er dann nur
noch verdoppeln. Seine Mitschülerin Anna wählt für den gleichen Ausschnitt einen
anderen Rechenweg (vgl. Abb. 10.3), der sicherlich für viele Erwachsene leicht verständlich erscheint, wenn auch deutlich aufwändiger als der von Alex ist. Sie hat die

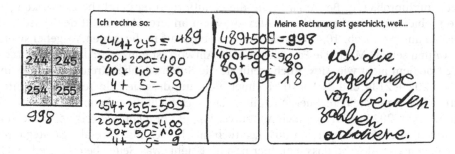

Abbildung 10.3. Annas Rechnung

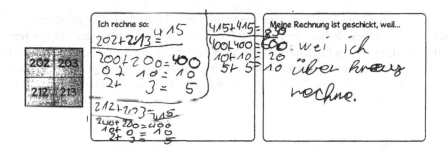

Abbildung 10.4. Annas neuer Rechenweg

Teilsummen in den Zeilen bestimmt. Dabei hat sie jeden Stellenwert einzeln addiert. Sie kann hierbei nicht wie Alex auf vorherige Ergebnisse zurückgreifen. Allerdings kann sie jede Summe im Tausenderbuch auf diese Art und Weise berechnen.

Eine Lehrkraft sollte beiden Vorgehensweisen mit der entsprechenden *Einstellung* begegnen und sie wertschätzen, denn Kinder sollen im Unterricht erfahren, dass sie ihre eigenen Lösungswege gehen dürfen. Zudem muss sie Alex Rechentrick nachvollziehen und erkennen können, dass Alex die Zahlbeziehungen in dem Ausschnitt wahrgenommen und geschickt ausgenutzt hat. Keinesfalls darf sie seinen Rechentrick als ‚zu kompliziert für die anderen Kinder' abtun.

Die Vorgehensweisen von Anna und Alex sind durchaus typisch und erwartbar. Dies sollte eine Lehrkraft *wissen*, wenn sie diese oder ähnliche Aufgaben im Mathematikunterricht stellt. Die Frage, die sich nach der Analyse der Kinderdokumente von Alex und Anna aufdrängt, ist die nach der weiteren Unterrichtsplanung. Eine gute Lehrkraft muss unterrichtliche Maßnahmen ergreifen *können*, um die Kinder in ihren Vorgehensweisen weiter anzuregen. So haben sich die Kinder in dieser dritten Klasse im Rahmen einer gemeinschaftlichen Reflexionsphase ihre unterschiedlichen Rechenwege vorgestellt. Sie wurden schriftlich an der Tafel fixiert. In der darauf folgenden Stunde wurden die Kinder aufgefordert, neue Rechenwege von anderen Kindern auszuprobieren. Bei Anna zeigte diese Aufforderung deutliche Auswirkungen. Sie probierte den Rechentrick von Alex an einem anderen Ausschnitt des Tausenderbuches aus (vgl. Abb. 10.4). Was sollte eine Lehrkraft in der neuen Vorgehensweise von Anna sehen? Macht sie Fortschritte? Die Antwort ist ganz klar: Ja. Aber sie rechnet trotzdem nicht wie Alex. Auch wenn sie die Summen ‚über Kreuz' bestimmt und somit $202 + 2134$ und $212 + 103$ rechnet, fällt auf, dass sie jede Teilsumme mittels ihrer alten Strategie berechnet. Auch nutzt sie noch nicht die Erkenntnis, dass sie die Summe von 202 und 213 einfach nur zu verdoppeln braucht. Sie rechnet beide Teilsummen ‚über Kreuz' komplett aus. Letztlich mischt sich also ihre alte Strategie mit der neuen von Alex, so dass man hier bestätigt sieht, was Selter betont: „Jede nicht selbst entwickelte Rechenstrategie ist für die Kinder immer auch Lernstoff und bedarf der wiederholten Übung. Und das auch über die Schuljahre hinweg" (Selter 2003, S. 40).

Um unsere Studierenden in diesen drei Kompetenzbereichen möglichst umfassend ausbilden zu können, haben wir in den folgenden vier Veranstaltungen für die zentralen Inhalte der Grundschularithmetik Möglichkeiten für die Studierenden geschaffen, um auf praxisnahe und praxisrelevante Weise durch die Reflexion und Einordnung von Primär-, Sekundär- und Tertiärerfahrungen (s. u.) ihre didaktischen Kompetenzen auszubauen.

– Grundlegende Ideen der Mathematikdidaktik (Vorlesung und Übung)

– Mathematik in den Klassen 1 bis 6 (Vorlesung und Übung)

– Mathematische Lehr- und Lernprozesse (Seminar)

– Arithmetikunterricht in der Primarstufe (Seminar)

Ein Großteil der Materialien wird aktuell auf www.kira.tu-dortmund.de teilweise passwortgeschützt zur Verfügung gestellt. Aktuell haben 105 lehreraus- und -fortbildende Institute auch über die Grenzen Deutschlands hinaus ein Passwort angefordert, um die Videomaterialien nutzen zu können. Die Website umfasst zur Zeit 60 Internetseiten zu zentralen Themen der Grundschulmathematik wie z. B. ‚halbschriftliche Addition', ‚Lernen, wie Kinder denken', ‚entdeckendes Lernen', ‚operatives Prinzip', ‚leistungsstarke Kinder', ‚Grundvorstellungen der Division' (. . .). Insbesondere der Themenkomplex zur Förderung der allgemeinen (prozessbezogenen) mathematischen Kompetenzen durch gute Aufgaben ist stark vertreten. Die Internetseiten befinden sich in ständiger Überarbeitung und werden – soweit es uns möglich ist – beständig erweitert.

An der TU Dortmund werden die dort befindlichen Materialien teilweise ganz unterschiedlich eingesetzt, wie im Folgenden gezeigt wird.

10.4.1 Tertiärerfahrungen mit Hilfe von Illustrationen

Die Studierenden lernen von Projektmitarbeitern produzierte, zusammengestellte und kommentierte Dokumente kennen, die zentrales, berufsbezogenes Hintergrundwissen illustrieren. Hierbei handelt es sich vielfach um Videodokumente oder auch Arbeitsblätter mit Kinderdokumenten. Diese werden entweder in den obigen Veranstaltungen präsentiert und gemeinsam analysiert oder auf der Projekt-Website für das Heimstudium genutzt.

10.4.2 Sekundärerfahrungen mit Hilfe von Analysen

Die Studierenden analysieren im Projekt produzierte bzw. zusammengestellte Dokumente. Dies geschieht im
Rahmen von Seminarsitzungen und
Vorlesungen, in denen derartige Dokumente gezeigt und anschließend
von den Studierenden selbst analysiert werden. Die Website übernimmt
hierbei eine ganz besondere Rolle.
Hier werden den Studierenden weitere Dokumente entweder zum Selbststudium bzw. zur Nachbereitung oder
zur (schriftlichen) Analyse als Vor-

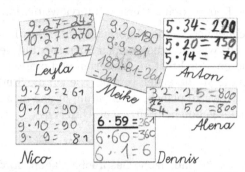

Abbildung 10.5. Kinderdokumente zur halbschriftlichen Multiplikation verfügbar unter www.kira.tu-dortmund.de

bereitung auf Seminarsitzungen bzw. Übungen bereitgestellt. Herausfordernde
Aufgaben- aber auch Hilfestellungen sind so aufbereitet, dass sie die Studierenden zur
eigenen, literaturgestützten Auseinandersetzung anregen. So werden die Studierenden z. B. auf der Seite „Halbschriftliche Multiplikation" aufgefordert, folgende Kinderdokumente (vgl. Abb. 10.5) den Hauptstrategien der halbschriftlichen Multiplikation
(vgl. Padberg und Benz 2011) zuzuordnen.

Bei derartigen Analyseseiten werden im Wesentlichen vier Formen von miteinander
kombinierbaren Dokumenten verwendet: Videoszenen, Transkripte, Beschreibungen
von Unterrichtsepisoden sowie schriftliche Dokumente der Kinder. Videoszenen und
schriftliche Dokumente stellen bisweilen jedoch den größten Anteil dar. Die Studierenden können sich hierbei mit der *Originalität* des mathematischen Denkens von
Kindern und der *Heterogenität* des mathematischen Denkens von Kindern befassen.
Dadurch sollen sie erfahren, dass Kinder anders als Erwachsene denken bzw. als Erwachsene es erwarten.

10.4.3 Primärerfahrungen mit Hilfe von Experimenten

Die Studierenden führen des Weiteren selbst mathematische Gespräche mit Kindern,
bei denen sie versuchen, das individuelle Denken des jeweiligen Kindes besser zu
verstehen und im Gesprächsverlauf flexibel darauf einzugehen. Sie analysieren diese
Interviews und präsentieren die Ergebnisse ihrer Analysen in Veranstaltungen. Hierzu
wurden im Projekt Materialien entwickelt, die die Studierenden dabei unterstützen,
die *Interviewtechnik* zu erlernen sowie gutes versus weniger gutes Interviewerverhalten voneinander zu unterscheiden. Außerdem sollen sie über ihr Gesprächsverhalten

reflektieren. Diese Materialien werden in vorbereitenden Seminarsitzungen gemeinsam analysiert und diskutiert.

Außerdem wurden exemplarische *Interviewleitfäden* erstellt, die von den Studierenden benutzt werden, wenn diese ihre ersten Interviews durchführen. Diese stehen auf der Website als Download zur Verfügung. Sie geben den Studierenden eine grobe Orientierung im Ablauf des Interviews und für mögliche weitere Impulsfragen, sodass die Komplexität der ersten Interviewsituation deutlich reduziert wird.

Schließlich wurden Informationen (schriftlicher Art, Videos, Checklisten, ...) entwickelt, wie die Studierenden *Interviews* auf der Grundlage der Literatur selbst konzipieren, durchführen, auswerten und präsentieren können. Diese werden im Seminar an die Studierenden verteilt. Wie wir die Studierenden dabei unterstützen, solche Interviews zu planen, durchzuführen und auszuwerten, wird im folgenden Abschnitt – in der gebotenen Kürze – beschrieben.

10.4.4 Diagnostische Gespräche planen, durchführen, auswerten

Zur Sammlung von Primärerfahrungen wurde das Diagnoseseminar *Mathematische Lehr-und Lernprozesse* als fester Bestandteil des Studiums auf der Grundlage der diesbezüglichen Dortmunder Tradition (vgl. Wittmann 1982; Selter und Spiegel 1997) weiterentwickelt. Es ist – wie es beispielsweise Helmke u. a (2003) fordern – nach dem Prinzip ‚Learning by doing' organisiert. Da ein alleiniges Studium von Literatur und Theorie nicht ausreicht, um diagnostische Kompetenzen zu erwerben (vgl. Helmke u. a. 2003, S. 28), führen die Studierenden selbstständig zwei Interviewserien mit je zwei Kindern durch und werten diese unter diagnostischen Aspekten aus (vgl. Götze und Höveler 2010).

Eine Interviewserie beschäftigt sich dabei vorrangig mit der Diagnose inhaltsbezogener Kompetenzen nämlich der informellen Fähigkeiten zur Multiplikation und Division, die andere eher mit der Diagnose prozessbezogener Kompetenzen beim Beschreiben und Begründen von Entdeckungen beim Aufgabenformat „Zahlengitter" (vgl. De Moor 1980; Selter 2004).

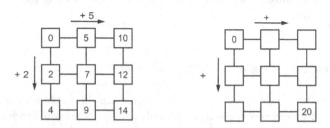

Abbildung 10.6. Zahlengitter – eine Aufgabe mit verschiedenen Variationsmöglichkeiten

Einem Zahlengitter (vgl. Abb. 10.6) liegt folgende Aufgabenvorschrift zugrunde: in das Feld oben links wird die Startzahl eingetragen. In diesem Fall wurde die 0 gewählt. Dann schreibt man in die fortlaufenden Felder die um die linke bzw. obere Pluszahl vermehrte Zahl, hier 2 und 5. Die Zahl in der Mitte heißt Mittelzahl, die Zahl unten rechts Zielzahl (vgl. Selter 2004). Je nachdem welche Zahlen im Zahlengitter vorgegeben werden, können unterschiedliche Aufgaben mit unterschiedlichen Anforderungen an die Kinder gestellt werden. Werden z. B. nur die Startzahl (z. B. 0) und die Zielzahl (z. B. 20) vorgegeben, können die Kinder unter anderem entdecken, dass es verschiedene Lösungen für dieses Zahlengitter gibt, und alle Lösungen etwas gemeinsam haben. So ist die Summe der Pluszahlen sowie die Mittelzahl immer 10 (vgl. Selter 2004). Diese Problemlöseaufgabe (Startzahl 0, Zielzahl 20) präsentieren die Studierenden den Grundschulkindern im Interview, um durch geschicktes Nachfragen mehr über die allgemeinen (prozessbezogenen) mathematischen Kompetenzen des jeweiligen Kindes zu erfahren.

Der Lernzuwachs der Studierenden erfolgt bei diesen beiden Interviewserien auf drei Ebenen:

— Erwerb von inhaltsbezogenem Hintergrundwissen zu Vorgehensweisen und Fehlermustern (Wissen)

— Aneignung von Verfahren zur systematischen und authentischen Erhebung und Analyse mathematischen Denkens (Können)

— Erhöhung der Sensibilität für mathematisches Denken von Kindern (Einstellungen)

Jede Interviewserie wird in Kleingruppen im Seminar vorbereitet und dann direkt nach der Vorbereitung (also während des Semesters) durchgeführt und – wenn möglich – gefilmt. Der erste Durchlauf des Seminars im Sommersemester 2008 diente dazu herauszufinden, welche Unterstützungsmaterialien die Studierenden bei der Planung, Durchführung und Auswertung der Interviews benötigen. So wurden zunächst in den ersten Seminarsitzungen Charakteristika und wesentliche Vorzüge der klinischen Methode gemeinsam erarbeitet, das Interviewerverhalten in einem diagnostischen Gespräch ausdiskutiert und festgehalten sowie Aspekte einer kompetenzorientierten Diagnose herausgestellt.

Die von den Studierenden anschließend durchgeführten Interviewserien und ausgewerteten Berichte zeigten allerdings, dass sie u. a. ...

— Probleme bei der Auswahl informativer Aufgaben hatten bzw. die Sachanalyse der Aufgaben nicht über die nötige Tiefe verfügte,

— Schwierigkeiten bei der Kontaktaufnahme mit Schulen zeigten und damit nur schwer Interviewkinder fanden,

— häufig im eigentlichen diagnostischen Gespräch – trotz der vorherigen Thematisierung der klinischen Methode – dazu neigten, das Kind zu belehren,

— Schwierigkeiten hatten, in der Interviewsituation passende Impulse zu finden,

— im Interview das Schweigen der Kinder häufig frühzeitig unterbrachen oder

Nach der Erläuterung und der Einführung in das neue Format der Zahlgitter, was ohne Probleme funktionierte, stellte ich Ian die Aufgabe, ein Zahlengitter zu finden mit der Zielzahl „20". Er wählte sofort als obere und seitliche Zielzahl jeweils die „5" aus und kam ohne Probleme auf das Ergebnis „20". Zunächst war ich mir unsicher, ob dies Zufall war, da die „5" eine gern genommene Zahl ist, um erstmal auszuprobieren. Aber als ich nach der Begründung für die „5" fragte, folgte sofort die Erklärung: „5 und 5, sind ja 10 und da (Zielzahl) hab ich ja immer das Doppelte, von dem, was ich genommen hab."

Beispiel 10.1. Auszug aus einem Seminarbericht vom SoSe 2009

– dazu tendierten, in ihren Berichten über die Erlebnisse aus den Gesprächen zu schreiben und somit eher eine Nacherzählung verfassten anstatt eine Analyse der Kompetenzen der Kinder zu betreiben (vgl. Beispiel 10.1).

Der in Beispiel 10.1 aufgeführte Auszug aus einem Seminarbericht aus dem SoSe 2009 ähnelt einem solchen „Erlebnisbericht". Es wird in einem recht nacherzählenden Stil *berichtet*, was im Interview passiert ist. Es werden dabei die jeweiligen Kompetenzen des Kindes nicht wahrgenommen und auch nicht in Bezug zu den Kompetenzerwartungen des Lehrplans gesetzt. Ein Großteil der Seminarberichte wurde zu dem Zeitpunkt in diesem Stil geschrieben.

Um den aufgeführten, durchaus nachvollziehbaren Problemen der Studierenden entgegenzuwirken bzw. eine effektivere Unterstützung zu ermöglichen, wurden im Projekt fortlaufend Unterstützungsmaterialien produziert. Diese werden in den jetzigen Durchläufen gemeinsam im Seminar oder auch im Heimstudium als Hausaufgabe betrachtet und analysiert. Die Analysen dienen der Vorbereitung der eigenen Planung, Durchführung und Auswertung der Interviewserie und verdeutlichen die wesentlichen Aspekte diagnostischer Kompetenzen.

Eine Vielzahl dieser Unterstützungsmaterialien wird zudem auf der Projekthomepage bereitgestellt. Unter www.kira.tu-dortmund.de befinden sich u. a. Videos zur Exploration guten und schlechten Interviewerverhaltens, in denen einmal ein im Sinne der klinischen Interviewmethode gelungenes diagnostisches Gespräch und einmal ein belehrendes Gespräch gezeigt werden. Die Studierenden werden aufgefordert, zu analysieren, in welchem der beiden Videos man mehr über die mathematischen Kompetenzen des Kindes erfährt und welche Ursachen dies vermutlich hat. Es werden darüber hinaus auch Videos und Kinderdokumente zu typischen Schülerstrategien und -fehlern aufgeführt, um zu verdeutlichen, dass diese Strategien und Fehler tatsächlich auftreten bzw. mit ihnen im Interview zu rechnen ist.

Nach den ersten Durchläufen des Seminars mit Hilfe dieser praxisnahen Unterstützungsmaterialien kann festgehalten werden, dass insgesamt die diagnostischen Gespräche an sich und vor allem auch die Analysen der Kompetenzen der Kinder in den Berichten qualitativ hochwertiger geworden sind. Beispiel 10.2 zeigt einen Bericht, der als Diagnosebericht bezeichnet werden kann. Die Studentin löst sich vom zeitlichen Ablauf des Interviews und nimmt sensibel Kompetenzen des Kindes in den Blick.

Der Bezug zu den Kompetenzerwartungen des Lehrplans wird deutlich. Es zeigt sich, dass die Studentin durch den geschickten Einbezug von Transkripten die Techniken wissenschaftlichen Arbeitens bereits gut beherrscht. Bemerkenswert ist, dass die Studentin schön subjektorientiert herausstellt, dass spezifische Kompetenzen nicht wahrgenommen wurden, da im Interview vergessen wurde danach zu fragen. Zahlreiche Berichte haben aktuell diese Qualität:

N: Das geht glaub ich gar nicht.

I: Ja und warum? Weißt du das?

N: Ja, also, weil ich hab jetzt schon eigentlich alle Zahlen ausprobiert und nie, wenn man das jetzt so zusammenrechnet, kommt man auf 25 . . . . Also wenn man jetzt die 10 mal nimmt und dann hat man die 20 und dann irgendwie, dann fehlen ja noch fünf und fünf kann man ja nicht durch zwei teilen. Also geht das dann nicht.

I: Also hast du da auch gemerkt, dass da (zeigt auf die vorherigen Zahlengitter mit Zielzahl 20) immer die 10 in der Mitte steht? Oder . . . .

N: Also da muss glaub ich 'ne Zahl, die sich durch zwei teilt, drinstehen.

Hier ist zu erkennen, dass Nele zunehmend systematisch alle möglichen Zahlen ausprobiert hat (vgl. MSW NRW 2008, S. 59). Ihre Vermutung über die Lösbarkeit dieser Aufgabe überprüfte sie dann noch einmal an dem Beispiel mit der 10 und bestätigte sie damit. So zeigte Nele weitere Argumentationskompetenzen, das „Überprüfen" und das „Folgern" sowie die Problemlösekompetenz „Reflektieren und Überprüfen" (vgl. MSW NRW 2008, S. 59f.). Da in dem Interview versäumt wurde zu fragen, warum nur durch Zwei teilbare Zielzahlen in einem 3 × 3-Gitter vorkommen können, kann man auch hier leider keine Aussagen über die Kompetenz des Begründens bei Nele machen.

Beispiel 10.2. Auszug aus einem Seminarbericht vom WiSe 11/12

Vermutlich liegt es daran, dass mittels der konkreten, praxisnahen Beispiele die Studierenden viel besser auf die für sie noch sehr komplexe Interviewsituation vorbereitet werden. Trotz allem ist es natürlich nur ein Anfang. Die diagnostischen Fähigkeiten müssen sich selbstverständlich im weiteren Verlauf des Studiums, in der Zweiten Ausbildungsphase und letztlich in der Berufspraxis weiter ausschärfen.

10.5 Das Projekt PIK AS

Um die Umsetzung in den Bildungsstandards und Lehrplänen zum Ausdruck kommende Gleichberechtigung der prozessbezogenen und der inhaltsbezogenen Kompetenzen in der Praxis zu unterstützen, wurde 2009 das interdisziplinäre Projekt „*PIK AS – Mathematikunterricht weiter entwickeln*" ins Leben gerufen. Maßgeblich gefördert wird das Projekt bis 2014 von der Deutsche Telekom Stiftung und dem Ministerium für Schule und Weiterbildung des Landes Nordrhein-Westfalen. PIK AS besteht aus zwei eng miteinander verzahnten Teilprojekten: dem Projekt PIK (Prozessbezogene und Inhaltsbezogene Kompetenzen) mit mathematikdidaktischem Schwerpunkt und dem Projekt AS (Anregung von fachbezogener Schulentwicklung) mit dem Schwerpunkt in Fragen der Schulentwicklung.

Im Weiteren werden wir aus Platzgründen nur kurz auf das PIK-Teilprojekt eingehen können. Weitere Informationen hierzu und zum AS-Teilprojekt findet man auf www.pikas.tu-dortmund.de. Alle im Rahmen des Projektes PIK AS entwickelten Materialien stehen auf der Website zum Lesen bzw. Download kostenfrei zur Verfügung. Strukturiert sind sie in den zehn PIK-Häusern (www.pikas.tu-dortmund.de/pik), die in jeweils drei Stockwerken Fortbildungs-, Unterrichts- und Informationsmaterial enthalten. Ausgewählte Beispiele des Unterrichtsmaterials sind in PIK AS (2012) publiziert.

Konzeptionelle Zielvorstellung ist ein Mathematikunterricht, der . . .

- sowohl prozess- als auch inhaltsbezogene Kompetenzen fördert (Haus 1),

- den langfristigen Kompetenzaufbau von der Vorschule bis in der Sekundarstufe im Blick hat (Haus 2),

- eine unterrichtsintegrierte Prävention, Diagnose und Förderung im Kontext von Rechenschwierigkeiten realisiert (Haus 3),

- Sprachförderung als eine zentrale Aufgabe auch des Mathematikunterricht ansieht (Haus 4),

- den Schülern ein Recht auf eigenes mathematisches Denken einräumt und gleichzeitig gewährleistet, dass vorgegebene Kompetenzerwartungen erreicht werden können (Haus 5),

- die Heterogenität der Lernstände von Schülerinnen und Schülern durch Konzepte wie natürliche Differenzierung produktiv nutzt (Haus 6),

- ergiebige Aufgaben verwendet, die Schülerinnen und Schüler herausfordern statt lediglich beschäftigen (Haus 7),

- es Schülerinnen und Schülern ermöglicht, den Unterricht und ihren Lernprozess aktiv und selbstverantwortlich mit zu gestalten (Haus 8),

- eine kontinuierliche und immer auch stärkenorientierte Lernstandsfeststellung als unverzichtbare Grundlage individueller Förderung ansieht (Haus 9) und

- prozessorientierte Leistungsbeurteilung und dialogische Leistungsrückmeldung auch im Fach Mathematik realisiert (Haus 10).

Zielsetzung von PIK ist die Bereitstellung von Unterstützungsleistungen und die Entwicklung von Unterstützungsmaterialien auf den verschiedenen Ebenen: Zunächst werden *Fortbildungsmaterialien* entwickelt, die von Mitgliedern der Kompetenzteams, den Fachleitern und anderen Multiplikatoren bei ihrer Aus- und Fortbildungstätigkeit genutzt werden können. Im Frühjahr 2013 liegen 32 Fortbildungsmodule vor (s. u.).

Auf dieser Grundlage wurden *Workshops* mit Multiplikatoren durchgeführt, um das entwickelte Fortbildungsmaterial vorzustellen und um sich über Schwerpunkte und Probleme der Fortbildungsarbeit auszutauschen.

Zudem wurden *Unterrichtsmaterialien* auf der Grundlage des neuen Lehrplans entwickelt und erprobt; hier existieren zum Zeitpunkt der Verfassung dieses Beitrags 34 Lernumgebungen. Außerdem wurde eine enge Zusammenarbeit mit Kooperationsschulen realisiert, in der die entwickelten Unterrichtsmaterialien erprobt und der Mathematikunterricht in der Praxis weiterentwickelt wurden.

Schließlich war die Erstellung von *Informationsmaterialien* ein weitere Schwerpunkt mit der Zielsetzung, Eltern und allen Interessierten die Entwicklung des Mathematikunterrichts und die Zielsetzungen des neuen Lehrplans zu verdeutlichen, etwa durch Informationsfilme, Informationstexte, Elternbriefe oder Links auf andere Websites.

Exemplarisch für das in PIK entstehende Material soll abschließend beschrieben werden, wie das Fortbildungsmaterial konzipiert worden ist. Dieses kann zum Selbststudium oder für die Fortbildung interessierter Personen genutzt werden. Die Einteilung erfolgt über Module, die teilweise aufeinander aufbauen. Größtenteils gibt es zu den einzelnen Fortbildungsmodulen passendes Unterrichtsmaterial, das parallel erstellt und erprobt wurde, um beispielhaft die Inhalte der Module anschaulich, aber vor allem praxisorientiert zu gestalten.

Das Fortbildungsmaterial umfasst zumeist *Sachinfos*, die fachdidaktische bzw. fachwissenschaftliche und zentrale mathematische Hintergründe des Themas zusammenfassen. Zusätzlich wird an geeigneter Stelle auch auf Informationstexte oder -videos im *PIK-Informationsmaterial* verwiesen. Beim Fortbildungsmaterial, das zur Durchführung einer Fortbildungsveranstaltung direkt oder für die eigenen Zwecke modifiziert eingesetzt werden kann, wird zwischen *Moderator-Material* und *Teilnehmer-Material* unterschieden.

Das *Moderator-Material* besteht in der Regel aus einer *PowerPoint*-Präsentation und einem Moderationspfad, der nicht nur wichtige Hintergrundinformationen zu den einzelnen Folien enthält, sondern auch die verdichteten Erfahrungen aus durchgeführten Veranstaltungen und den möglichen Verlauf wiedergibt. Zusätzlich stehen den Moderatorinnen und Moderatoren in einigen Fortbildungsmodulen weitere Materialien – z. B. Videos, Handouts oder Rückmeldebögen – zur Verfügung.

Das *Teilnehmer-Material* umfasst „Arbeitsaufträge" oder „Arbeitsblätter", die die Teilnehmer der Fortbildung zur aktiven Auseinandersetzung mit ausgewählten Themenschwerpunkten anregen sowie weitere Materialien, die für die vorgeschlagenen Arbeitsphasen eingesetzt werden können.

Exemplarisch für das im Teilprojekt PIK entwickelte Material sollen ein Informations- und ein Arbeitsblatt für Teilnehmer zum Thema „Sprachförderung im Mathematikunterricht" herangezogen werden (Modul 4.1 im Haus 4, vgl. www.pikas.tu-dortmund.de/ 154).

Ausgehend von den sprachlichen Anforderungen im Mathematikunterricht – wie sie z. B. im Lehrplan NRW formuliert sind – wird in diesem Modul auf die Besonderheiten der Sprache im Unterricht und die darauf bezogenen spezifischen sprachlichen Schwierigkeiten von Kindern nicht deutscher Herkunft im (Mathematik-) Unterricht eingegangen. Im Rahmen einer integrativen Sprachförderung werden allgemeine methodisch-didaktische Unterstützungsmaßnahmen in einem sprachsensiblen Unterricht aufgezeigt.

Eine denkbare Aktivität für die Teilnehmerinnen und Teilnehmer besteht darin, ihre Mathematikbücher vorrangig des 3. und 4. Schuljahres hinsichtlich möglicher Verständnisschwierigkeiten für die Schülerinnen und Schüler zu analysieren. Als Hilfe verteilt der Moderator hierzu ein Arbeitsblatt (Verständnisschwierigkeiten) mit sechs Folien aus der eingesetzten *PowerPoint*-Präsentation, die sprachliche Probleme benennen (etwa „In der türkischen Sprache entfällt das Possessivpronomen bei der Konjugation der Verben"). Die Teilnehmerinnen und Teilnehmer setzen sich mit dem Arbeitsauftrag auseinander, halten überzeugende Textbeispiele gesondert fest und hängen sie zur Ansicht aus oder lesen sie abschließend im Plenum vor.

Im Rahmen einer weiteren Aktivität zum Übungsformat „Zahlenmauern" sollen die Teilnehmer einen Wortspeicher als eine sprachliche Hilfe für das Verschriftlichen sowie für einen konkreten Forscherauftrag im Kontext einer Fünfer-Mauer mit den Basissteinen 1, 2, 3, 4 und 5 entwickeln. Als Unterstützung erhalten die Teilnehmer Arbeitsblatt 3 (Wortspeicher) und Arbeitsblatt 4 (Sprachhilfen; vgl. Ausschnitt zum Thema Zahlenmauern in Abb. 10.7) mit Folien aus der o. a. Präsentation.

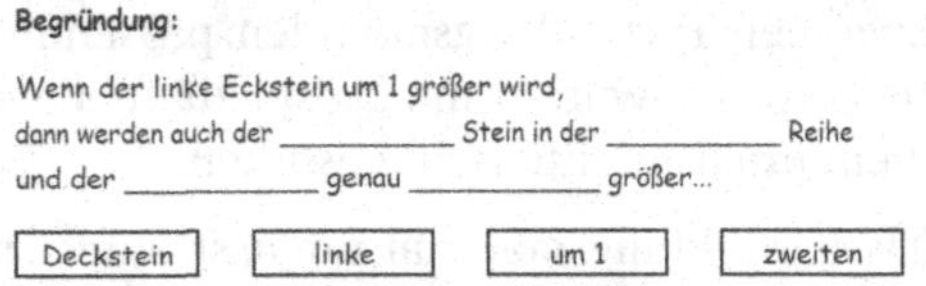

Begründung:

Wenn der linke Eckstein um 1 größer wird,

dann werden auch der _____ Stein in der _____ Reihe

und der _____ genau _____ größer...

Deckstein		linke		um 1		zweiten

Abbildung 10.7. Sprachhilfen zur Formulierung von Auffälligkeiten

10.6 Schlussbemerkung

In den Empfehlungen zur Neuorientierung der Lehrerausbildung wird gefordert, dass die Mathematikdidaktik die aktuellen Forschungs- und Entwicklungsansätze zum Lehren und Lernen von Mathematik in der universitären Lehre erfahrbar machen muss (vgl. Beutelspacher u. a. 2010, S. 33). Unsere beiden Projekte Kira und PIK AS folgen dieser Forderung bezogen auf die didaktische Ausbildung angehender Grundschullehrkräfte in besonderem Maße und gehen sogar noch darüber hinaus: Nicht nur angehende Mathematiklehrkräfte der Grundschule, sondern auch bereits im Berufsleben stehende Lehrkräfte bekommen durch unsere Projekte die Möglichkeit, das geforderte professionelle Lehrerwissen zu erlangen. So hoffen wir, dass möglichst viele Kinder im Mathematikunterricht eine Lehrerin erleben, die die individuellen Probleme und Potenziale der Kinder bei mathematischen Themengebieten versteht (Stärkenorientierung), die die Kinder dabei unterstützt, ausgehend davon zielbewusst weiter zu lernen (Subjektorientierung), und die es schafft, die Begeisterung für „Mathematik als eigene Tätigkeit" zu wecken (Prozessorientierung).

Literatur

[Baum und Wielpütz 2003] BAUM, Monika; WIELPÜTZ, Hans (Hrsg.): *Mathematik in der Grundschule. Ein Arbeitsbuch.* Seelze: Kallmeyer, 2003.

[Becker und Selter 1996] BECKER, Jerry; SELTER, Christoph: Elementary school practices. In: BISHOP, Alan; CLEMENTS, Ken; KEITEL-KREIDT, Christine; KILPATRICK, Jeremy; LABORDE, Colette (Hrsg.): *International Handbook of Mathematics Education.* Dordrecht: Kluwer, 1996, S. 511–564.

[Beutelspacher u. a. 2010] BEUTELSPACHER, Albrecht; DANCKWERTS, Rainer; NICKEL, Gregor: *„Mathematik Neu Denken". Empfehlungen zur Neuorientierung der universitären Lehrerbildung im Fach Mathematik für das gymnasiale Lehramt.* Bonn: Deutsche Telekom Stiftung, 2010.

[Bromme 1994] BROMME, Rainer: Beyond Subject Matter: A Psychological Topology of Teachers' Professional Knowledge. In: BIEHLER, Rolf; SCHOLZ, Roland W.; STRÄSSER, Rudolf; WINKELMANN, Bernard (Hrsg.): *Didactics of Mathematics as a Scientific Discipline.* Dordrecht: Kluwer, 1994, S. 73–88.

[Cooney und Krainer 1996] COONEY, Tom; KRAINER, Konrad: Inservice Mathematics Teacher Education: The Importance of Listening. In: BISHOP, Alan; CLEMENTS, Ken; KEITEL-KREIDT, Christine; KILPATRICK, Jeremy; LABORDE, Colette (Hrsg.): *International Handbook of Mathematics Education.* Dordrecht: Kluwer, 1996, S. 1155–1185.

[De Moor 1980] DE MOOR, Ed: *Wiskobus bulletin. Leerplanpublikatie 11.* Utrecht: IOWO, 1980.

[Freudenthal 1971] FREUDENTHAL, Hans: Die neuen Tendenzen im Mathematik-Unterricht. In: *Neue Sammlung* 11 (1971), Nr. 2, S. 146–153.

[Freudenthal 1982] FREUDENTHAL, Hans: Mathematik – eine Geisteshaltung. In: *Grundschule* 14 (1982), Nr. 4, S. 140–142.

[Götze und Höveler 2010] GÖTZE, Daniela; HÖVELER, Karina: Diagnostische Gespräche planen, durchführen, auswerten. In: *Beiträge zum Mathematikunterricht* (2010). S. 345–348.

[Götze und Lüling 2010] GÖTZE, Daniela; LÜLING, Cornelia: „Ich habe anders gerechnet, weil ich jetzt mehr gelernt habe." – Flexible Rechenwege entwickeln. In: *Die Grundschulzeitschrift* (2010), Nr. 240, S. 38–43.

[Hefendehl-Hebeker 2005] HEFENDEHL-HEBEKER, Lisa: Perspektiven für einen künftigen Mathematikunterricht. In: BAYRHUBER, Horst; RALLE, Bernd; REISS, Kristina; VOLLMER, Helmut (Hrsg.): *Konsequenzen aus PISA – Perspektiven der Fachdidaktiken.* Innsbruck: Studienverlag, 2005, S. 141–189.

[Helmke u. a. 2003] HELMKE, Andreas; HOSENFELD, Ingmar; SCHRADER, Friedrich-Wilhelm: Diagnosekompetenz in Ausbildung und Beruf entwickeln. In: *Karlsruher Pädagogische Beiträge* (2003), Nr. 55, S. 15–34.

[Hußmann u. a. 2008] HUSSMANN, Stephan; PREDIGER, Susanne; NÜHRENBÖRGER, Marcus; SELTER, Christoph: *Studieren am Institut für Entwicklung und Erforschung des Mathematikunterricht.* Dortmund, 2008. http://www.mathematik.tu-dortmund.de/ieem/cms/de/lehre/lehrkonzept.html. Stand: 22. Februar 2013.

[KIRA 2011] KIRA-TEAM: *Kinder rechnen anders. Materialien für die Grundschullehrer-Ausbildung.* DVD, 2011.

[Kühnel 1925] KÜHNEL, Johannes: *Neubau des Rechenunterrichts.* Bd. I.. Leipzig: Klinkhardt, 1925.

[Llinares und Krainer 2006] LLINARES, Salvador; KRAINER, Konrad: Mathematics (student) te-
achers and teacher educators as learners. In: GUTIÉRREZ, Angel; BOERO, Paolo (Hrsg.):
*Handbook of Research on the Psychology of Mathematics Education. Past, Present and
Future.* Rotterdam u. a.: Sense Publishers, 2006, S. 429–459.

[MSW NRW 2008] MINISTERIUM FÜR SCHULE UND WEITERBILDUNG DES LANDES NRW: *Lehrplan
Mathematik für die Gesamtschulen des Landes NRW.* Frechen: Ritterbach, 2008.

[Müller u. a. 2004] MÜLLER, Gerhard N.; STEINBRING, Heinz; WITTMANN, Erich Ch. (Hrsg.):
Arithmetik als Prozess. Seelze: Kallmeyer, 2004.

[Padberg und Benz 2011] PADBERG, Friedhelm; BENZ, Christiane: *Didaktik der Arithmetik. Für
Lehrerausbildung und Lehrerfortbildung.* 4., erw., stark überarb. Aufl., München: Spektrum Akademischer Verlag, 2011.

[PIK AS 2012] PIK AS-TEAM (Red.): *Mathe ist Trumpf – Materialien zum kompetenzorientierten
Mathematikunterricht aus dem Projekt PIK AS.* Berlin: Cornelsen, 2012.

[Reusser u. a. 2011] REUSSER, Kurt; PAULI, Christine; ELMER, Anneliese: Berufsbezogene Überzeugungen von Lehrerinnen und Lehrern. In: TERHART, Ewald; BENNEWITZ, Hedda;
ROTHLAND, Martin (Hrsg.): *Handbuch der Forschung zum Lehrerberuf.* Münster: Waxmann, 2011, S. 478–495.

[Rösken 2009] RÖSKEN, Bettina: *Die Profession der Mathematiklehrenden – Internationale
Studien und Befunde von der Theorie zur Empirie. Expertise Mathematik entlang
der Bildungskette.* Duisburg, 2009. http://www.telekom-stiftung.de/dtag/cms/contentblob/
Telekom-Stiftung/de/1258754/blobBinary/Lehrkr\%25C3\%25A4fte+.pdf. Stand: 22. Februar 2013.

[Selter 1995] SELTER, Christoph: Entwicklung von Bewußtheit – eine zentrale Aufgabe der
Grundschullehrerbildung. In: *Journal für Mathematik-Didaktik* 16 (1995), Nr. 1/2,
S. 115–144.

[Selter 2003] SELTER, Christoph: Flexibles Rechnen – Forschungsergebnisse, Leitideen, Unter-
richtsbeispiele. In: *Sache, Wort, Zahl* 31 (2003), Nr. 57, S. 45–50.

[Selter 2004] SELTER, Christoph: *Mehr als Kenntnisse und Fertigkeiten. Basispapier zum Modul 2: Erforschen, entdecken und erklären im Mathematikunterricht der Grundschule.* Dortmund, 2004. http://www.sinus-grundschule.de/fileadmin/Materialien/Modul2.pdf.
Stand: 22. Februar 2013.

[Selter 2006] SELTER, Christoph: Adressaten- und Berufsbezug in der Lehrerbildung. Konzep-
tionelles und Beispiele aus der Mathematik. In: *Journal für Lehrerinnen- und Lehrerbildung* (2006), Nr. 2, S. 57–64.

[Selter und Spiegel 1997] SELTER, Christoph; SPIEGEL, Hartmut: *Wie Kinder rechnen.* Leipzig
u. a.: Klett, 1997.

[Voss u. a. 2011] VOSS, Thamar; KLEICKMANN, Thilo; KUNTER, Mareike; HACHFELD, Axinja:
Überzeugungen von Mathematiklehrkräften. In: KUNTER, Mareike; BAUMERT, Jürgen;
KLUSMANN, Uta; KRAUSS, Stefan; NEUBRAND, Michael (Hrsg.): *Professionelle Kompetenz
von Lehrkräften. Ergebnisse des Forschungsprogramm COACTIV.* Münster: Waxmann,
2011, S. 235–258.

[Vygotskij 1972] VYGOTSKIJ, Lev S.: *Denken und Sprechen.* Mit einer Einl. von Thomas Luck-
mann. Hrsg. von Johannes Helm. Übers. von Gerhard Sewekow. 4., korr. Aufl., Frankfurt a. M.: Fischer, 1972.

[Wittmann 1982] WITTMANN, Erich Ch.: *Mathematisches Denken bei Vor- und Grundschulkindern. Eine Einführung in psychologisch-didaktische Experimente.* Braunschweig u. a.: Vieweg, 1982.

[Wittmann 2003] WITTMANN, Erich Ch.: Was ist Mathematik und welche pädagogische Bedeutung hat das wohlverstandene Fach auch für den Mathematikunterricht in der Grundschule? In: BAUM, Monika; WIELPÜTZ, Hans (Hrsg.): *Mathematik in der Grundschule. Ein Arbeitsbuch.* Seelze: Kallmeyer, 2003, S. 18–46.

11 Mathematisches Fachwissen für angehende Lehrpersonen der Sekundarstufe I – in welchem Umfang erwerben, auf welche Art?

Reinhard HÖLZL

Ein Axiom in der Ausbildung von Mathematiklehrerinnen und Mathematiklehrern besagt, dass zur kompetenten Ausübung des ins Auge gefassten Berufszieles eine gediegene Kenntnis des Faches, seiner Methoden und Inhalte notwendig sind. Dieser Grundsatz – unbestritten für das Lehramt an Gymnasien – gilt zwar auch für andere Schulformen, ist dort aber schon nicht mehr so konturiert erkennbar. „Wie viel Mathematik muss es sein?" ist beileibe keine einfach zu beantwortende Frage, zumindest dann nicht, wenn man nicht von vorneherein davon ausgeht, dass die eigenen, berufsbiographisch geprägten Vorlieben empirische Fakten bereits ersetzen. Im Grunde ist die Frage meines Erachtens auch falsch gestellt, sie müsste besser lauten: „Welcher Umgang mit Mathematik sollte es sein?" An der Pädagogischen Hochschule Luzern haben wir uns deshalb in der Ausbildung von Mathematiklehrkräften der Sekundarstufe I dem Motto verschrieben[1]: Das Fach mit didaktischen Augen sehen, die Didaktik mit fachlichen. Daraus entstanden sind sogenannte „fachintegrative Module", in denen vom Schulstoff ausgegangen wird, lokal aber stets „fachliche Tiefenbohrungen" vorgenommen werden. Stärken und Schwächen dieses Modells sind nun, nach achtjähriger Erprobungsphase, einigermaßen ersichtlich und werden in diesem Beitrag diskutiert.

11.1 Das Professionswissen angehender Lehrpersonen

In den zurückliegenden Jahren ist im Zuge der großen Schülerleistungsstudien, namentlich TIMSS und PISA, auch ein erhöhtes Interesse an der Wirksamkeit von Aus- und Weiterbildung von Lehrpersonen, ihrem Professionswissen und -verständnis erwachsen. Insbesondere Studien wie TEDS-M (vgl. Blömeke u. a. 2010) oder COACTIV (vgl. Krauss u. a. 2008) versuchen, eingebettet in einen größeren Kontext, das Professionswissen angehender Lehrpersonen sowohl in fachlicher wie fachdidaktischer Ausprägung zu erfassen. Dabei sind insbesondere die Ergebnisse der COACTIV-Studie aufschlussreich, weil hier neben der Konzeptualisierung von fachlichem und fachdidaktischem Wissen auch deren Wirkungszusammenhänge (in verschiedenen Schulformen) genauer studiert werden. Es zeigt sich, dass gymnasiale Lehrpersonen – nicht überra-

---

[1] An der PH Luzern wird in Mathematik keine (Teil-)Ausbildung für das gymnasiale Lehramt angeboten, da an der hiesigen Universität keine mathematisch-naturwissenschaftliche Fakultät vorhanden ist.

schend – über deutlich mehr Fachwissen verfügen wie Real- und Hauptschullehren-
de; dass im Mittel aber auch ihr fachdidaktisches Wissensniveau höher ist und dieses
stärker durch das Fachwissen bestimmt ist als bei ihren Kolleginnen und Kollegen in
den anderen Schulformen. Andererseits zeigte sich in einer kleinen nicht-gymnasialen
Gruppe, dass selbst mit sehr niedrigem Fachwissen ein überdurchschnittliches fachdidaktisches Niveau erreicht werden kann. Grundsätzlich aber stützt die COACTIV-
Studie den „Voraussetzungscharakter" des Fachwissens als Grundlage auf der fachdidaktische Beweglichkeit entsteht (vgl. Baumert und Kunter 2006). Gesondert zu
erwähnen ist, dass COACTIV „Fachwissen" nicht als rein universitäres Stoffwissen
konzeptualisiert und erfasst, sondern auf der Ebene fachlich überhöhter Inhalte des
Sekundarstufen-Curriculums. Negativ ausgedrückt liefert COACTIV also keine empirisch begründeten Aussagen über den Einfluss rein universitärer Fachinhalte auf die
Fähigkeit, schulische Lehr- und Lernprozesse gestalten zu können.

11.2   Das fachintegrative System an der PH Luzern

Die Tertiarisierung der Lehrerinnen- und Lehrerausbildung an eigens dafür geschaffe-
nen Pädagogischen Hochschulen ist in der Schweiz ein relativ junges Phänomen. Zuvor wurden Lehrpersonen für den Kindergarten und die Primarschule in städtischen
wie kantonalen Seminaren herangebildet, die direkt an die obligatorische Schule an-
schlossen. Die Voraussetzung beispielsweise eines Abiturs (CH: Matur) als Regelfall
für eine Zulassung zum Lehrberuf auf der Primarstufe ist eine Folge dieser Tertiarisierung und bildungspolitisch bis heute nicht unumstritten. Lehrpersonen für die Sekundarschule, vergleichbar mit deutschen Realschulen, studierten dagegen eine Auswahl
von Fächern, selektiv und typischerweise mit sprachlicher oder naturwissenschaftlicher Ausrichtung, an den Universitäten, ergänzt um erziehungswissenschaftliche,
allgemein- und fachdidaktische Angebote. Dagegen führt der Weg zum gymnasialen Lehramt heute, wie schon in der Vergangenheit, über ein regulär durchlaufenes
Fachstudium, ergänzt um ein sogenanntes (eher allgemeindidaktisch ausgerichtetes)
„Diplom für das Höhere Lehramt".

Für die S1-Studiengänge an den Pädagogischen Hochschulen in der Schweiz stellt
sich die Frage, wie sie eine fundierte fachwissenschaftliche Ausbildung garantieren
können. Die drei größten Pädagogischen Hochschulen der Schweiz sind die PH Bern,
die PH Zürich und der Verbund der Fachhochschule Nordwestschweiz (FHNW) mit
Standorten z. B. in Aarau, Basel und Solothurn. An Standorten, die auch Universitäts-
standorte sind, wird die fachwissenschaftliche Ausbildung in der Regel über universitäre Veranstaltungen geleistet. In der Region Zentralschweiz dagegen, mit Luzern
als Zentrum, ist aufgrund des eingeschränkten universitären Angebots die fachwissenschaftliche Komponente des Studiums durch die Pädagogische Hochschule selbst
zu leisten. Aufgrund der erzwungenen Nähe von eher fachdidaktisch oder fachwis-
senschaftlich ausgerichteten Dozenten oder Dozentinnen (manchmal auch in Perso-
nalunion) begünstigt dieses Konstrukt jedoch eine größere Kohärenz von fachwissen-

schaftlicher und fachdidaktischer Ausbildung. Dass dies von universitärer Seite auch mit einer gewissen Skepsis hinsichtlich der fachwissenschaftlichen Stärke und Tiefe der Ausbildung gesehen wird, ist nicht überraschend.

11.2.1 Rahmenbedingungen

Die angesprochene Kohärenz von fachwissenschaftlicher und fachdidaktischer Ausbildung an der PH Luzern gewinnt in der Mathematikausbildung für die Sekundarstufe I noch eine zusätzliche Facette, indem in manchen der Ausbildungsmodule keine Trennung vorgenommen wird zwischen fachdidaktischen und fachwissenschaftlichen Inhalten – anders als in den meisten anderen Unterrichtsfächern, die in Luzern studiert werden können.

Auf der folgenden Seite ist der Studienplan Mathematik abgebildet, der für die Regelstudierenden derzeit gilt (vgl. Abb. 11.1). Regelstudierende besitzen eine gymnasiale Matur (D: Abitur) und wählen für das S1-Studium *vier* von 13 Fächern aus. Der Wahlmodus lässt einige Freiheiten in der Zusammenstellung der Fächer, trägt aber auch den Interessen der Sekundarschulen Rechnung, die auf gewisse „klassische" Fächerkombination angewiesen sind.

Die Entwicklungslogik dieses Studienplans lässt sich kurz so umreißen: Das erste Jahr ist ein Grundjahr, indem vor allem erziehungswissenschaftliche und allgemeindidaktische Grundlagen gelegt werden. In den Fächer sind „Akzess"-Module vorgesehen, die einen Überprüfungs- und Orientierungscharakter besitzen. Zum einen wird zur Auseinandersetzung mit unterrichtsnahen fachlichen Aspekten angeregt, zum anderen werden erste fachdidaktische Kompetenzen angebahnt. Mit dem Akzess beginnt auch ein längerer Prozess des „berufsbiografischen Umlernens" über Ausrichtung und Inhalt eines zeitgemäßen Mathematikunterrichts, da die Erfahrungen der eigenen Schulzeit in der Regel einer kritischen Aufarbeitung bedürfen.

Im Bachelorstudium werden die fachlichen und fachdidaktischen Grundlagen gelegt, um Unterricht kompetent planen, durchführen und auswerten zu können. Eigenständiges Lernen soll erfahren und reflektiert werden. Da Geometrie und Algebra ausgedehnte Stoffgebiete sind, die quer über die gesamte Sekundarstufenzeit laufen, ist fachliche und fachdidaktische Sattelfestigkeit hier unerlässlich, um in den begleitenden Berufspraktika bestehen zu können. Die Module zu Funktionen und funktionales Denken sowie zur Raumgeometrie setzen den fachlich-fachdidaktischen Aufbau aus dem vorhergehenden Studienjahr fort, sind jedoch als Blended-Learning-Module konzipiert und zielen auf den selbständigen Erwerb weiterer fachlicher wie fachdidaktischer Kompetenzen.

Erweiterte Lehr- und Lernformen, realisiert als mathematischer Problemlöseunterricht, aktuelle eidgenössische Entwicklungen wie Lehrplan 21, HarmoS und kompetenzorientierte Aufgabendiagnostik sind der Fokus im 6. Semester. Mit Abschluss des Bachelorstudiums ist damit die Grundlage für eigenständiges Unterrichten gelegt.

1. Jahr *Grundjahr*	**1. Semester** Modul: PLU.MAAK SR A **Akzess Mathematik I** Überprüfung der Studierfähigkeit anhand ausgewählter Kernideen des Mathematik-Curriculums SEK I.	
	2. Semester Modul: PLU.MAAK SR B **Akzess Mathematik II** Überprüfung der Studierfähigkeit anhand ausgewählter Kernideen des Mathematik-Curriculums SEK I.	
2. Jahr *Bachelorstudium*	**3. Semester** Modul: PLU.MAAR S1 **Arithmetik als Prozess** Fachlich: Zahlbereichserweiterung und Elemente der Zahlentheorie. Didaktisch: Arithmetische Grundvorstellungen. Produktives Üben, substanzielle Lernumgebungen.	Modul: PLU.MAGM S1 A **Ebene Geometrie I** Fachlich: Grundlagen, Figuren und Konstruktionen. Geometrisches Denken und Problemlösen. Didaktisch: Stufen im Lernprozess, Operatives Prinzip. Entdeckendes Lernen im Geometrieunterricht.
	4. Semester Modul: PLU.MAAL S1 **Von Zahlen zu Variablen** Fachlich: Tätigkeiten und Ziele der Algebra; Anwendungen. Algebra der Geometrie. Didaktisch: Entwicklung algebraischen Denkens, Termumformungen und Fehler im Algebraunterricht.	Modul: PLU.MAGM S1 B **Ebene Geometrie II** Fachlich: Flächeninhalte. Ähnlichkeit. Berechnungen in der Ebene. Teilungsprobleme und Goldener Schnitt. Didaktisch: Empirisches Überprüfen, inhaltlich-anschauliches Argumentieren, exaktes Beweisen.
3. Jahr *Bachelorstudium*	**5. Semester** Modul: PLU.MAFK S1 **Funktionale Abhängigkeiten** Fachlich: Ausprägungen des Funktionsbegriffs. Proportionalität und lineare Funktionen. Wachstum und Zerfall – Modellbildung. Didaktisch: Grunderfahrungen und Grundvorstellungen zum Funktionsbegriff. Funktionales Denken.	Modul: PLU.MAGR S1 **Räumliche Geometrie** Fachlich: Prismen. Pyramide und Cavalieri. Platonische Körper. Kegel und Zylinder. Kegelschnitte. Geometrie auf der Kugel. Didaktisch: Schulung des Vorstellungsvermögens. Körperwahrnehmung und -darstellung. Kopfgeometrie.
	6. Semester Modul: PLU.MAKO S1 **Kompetenzorientierter Mathematikunterricht** Kompetenzorientierung und Bildungsstandards Aufgabenentwicklung, Rechnen in Sachsituationen Modul: PLU.MABP SR **Bachelorprüfung Mathematik** Mündliche Prüfung über Schwerpunktthemen.	Modul: PLU.MAPB S1 **Problemlösen – Denken in heuristischen Bahnen** Mathematische Erkenntnis planmässig erwerben? Steuerung von Problemlöseprozessen. Strategien.
4. Jahr *Masterstudium*	**7. Semester** Modul: PLU.MAVS SR - *Entfällt in Variante Master B* **Videostudien zum Mathematikunterricht** Aspekte qualitativer Unterrichtsforschung. Videoanalysen von Mathematikunterricht.	Modul: PLU.MAST S1 **Stochastik - Die Zähmung des Zufalls** Modellbildung in zufallsbehafteten Realsituationen. Grundlegende Wahrscheinlichkeitsverteilungen.
	8. Semester Modul: PLU.MACU S1 **Computereinsatz im Mathematikunterricht** Grundlagen und Beispiele.	Modul: PLU.MAZK S1 **Komplexe Zahlen** Komplexe Folgen und Funktionen. Visualisierungen.
5. Jahr *Masterstudium*	**9. Semester** Modul: PLU.MADG S1 **Differenzialgleichungen in physik. Modellen** Kooperation Mathematik und Naturwissenschaften. Modul: PLU.MAMP S1 **Masterprüfung Mathematik** Schwerpunkte aus MAKO, MAST, MAZK.	

Abbildung 11.1. Modulplan Mathematik S1

Im Masterstudium (Dauer: 3 Semester) soll in fachlicher Hinsicht die Mathematik als modellbildende Wissenschaft erfahren werden, in fachdidaktischer Optik das Klassenzimmer als mikroethnografisches Feld. Der Ausbildungsakzent verlagert sich damit stärker zu fachlich geprägten Eigenerfahrungen: Die Studierenden sollen den modellbildenden Charakter der Mathematik in der Auseinandersetzung mit unterschiedlichen Themensträngen und auch fächerübergreifenden Lernsettings erfahren (Stochastik, Komplexe Zahlen, Differenzialgleichungen in physikalischen Modellen). Die didaktischen Ausbildungsanteile sind im Masterstudium etwas zurückgefahren, haben insofern ein anspruchsvolleres Design als der Reflexion gegenüber der Instruktion noch stärker der Vorzug gegeben wird: Das Modul Computereinsatz im Mathematikunterricht hat Werkstattcharakter und lotet den Einsatz neuer Technologien im Klassenzimmer anhand von kleinen bis mittleren Projekten aus. Das Modul Videostudien zum Mathematikunterricht leitet zur mikroethnografischen Erkundung des alltäglichen Mathematikunterrichts an.

11.2.2 Fachintegrative Modulinhalte exemplarisch

Damit der fachintegrative Charakter unserer Module leichter fassbar ist, gebe ich im Folgenden zwei Beispiele, und zwar je eines aus dem Arithmetik bzw. Geometrie-Modul des drittes Semesters.

Beispiel Arithmetik. Im Modul Arithmetik wird beispielsweise im Themenstrang „Teilbarkeit" an die Division mit Rest erinnert: Zu zwei natürlichen Zahlen a und b mit $b \neq 0$ gibt es genau ein Paar natürlicher Zahlen q und r, so dass $a = q \cdot b + r$ mit $0 \leq r < b$ gilt. Diese Gleichheit drückt aus, wie oft sich beispielsweise an einen Stab der Länge a, ein Stab der Länge b anlegen lässt (nämlich q-mal), bis nur noch ein „Überstand" (Rest) der Länge r resultiert. Für $r = 0$ heißt a ein Vielfaches von b oder b Teiler von a.

In unserem Arithmetik-Modul betten wir die Division mit Rest gerne in Sachkontexten ein, die auf Gesetzmäßigkeiten im Zusammenhang mit den bei der Division entstehenden Resten hinführen, beispielsweise in der Lernumgebung „Kalender" des Lehrmittels mathbu.ch für die 7. Klasse (vgl. Abb. 11.2).

Die Studierenden werden aufgefordert, solche Aufgaben unter bestimmten Leitfragen zu betrachten: Beispielsweise auf welche Muster/Regelmäßigkeiten sollen die Schülerinnen und Schüler stoßen? Wie lassen sich diese auf verschiedenen Niveaus begründen?

Auffälligkeiten ergeben sich sowohl zeilen- als auch spaltenweise. So wachsen in allen vier Streifen die Reste gleichmäßig additiv an, wobei die Folge nach der 7. Spalte zyklisch von vorne beginnt. Ein analoges Bild zeigt sich spaltenweise.

Diese additiven Strukturen lassen sich auch multiplikativ ausdrücken, z. B. ist der 7er-Rest von $1 \cdot 367$ gleich 3 und deshalb der 7er-Rest von $5 \cdot 367$ gleich dem 7er-Rest von $5 \cdot 3$ und damit gleich 1. Verallgemeinert und symbolisch ausgedrückt: Der

⑦ Übertrage diese Tabelle ins Heft. Du kannst sie ausfüllen, ohne zu rechnen.

Zahl	$1 \cdot 365$	$2 \cdot 365$	$3 \cdot 365$	$4 \cdot 365$	$5 \cdot 365$	$6 \cdot 365$	$7 \cdot 365$	$8 \cdot 365$	...
7-er Rest									

Zahl	$1 \cdot 366$	$2 \cdot 366$	$3 \cdot 366$	$4 \cdot 366$	$5 \cdot 366$	$6 \cdot 366$	$7 \cdot 366$	$8 \cdot 366$	...
7-er Rest									

Zahl	$1 \cdot 367$	$2 \cdot 367$	$3 \cdot 367$	$4 \cdot 367$	$5 \cdot 367$	$6 \cdot 367$	$7 \cdot 367$	$8 \cdot 367$	...
7-er Rest									

Zahl	$1 \cdot 371$	$2 \cdot 371$	$3 \cdot 371$	$4 \cdot 371$	$5 \cdot 371$	$6 \cdot 371$	$7 \cdot 371$	$8 \cdot 371$	...
7-er Rest									

Beschreibe und begründe deine Feststellungen.

Abbildung 11.2. Reststreifen (vgl. Affolter u. a. 2002, S. 15)

7er-Rest von $a \cdot b$ ist gleich dem a-fachen des 7er-Rests von b. Die Arbeit mit den 7er-Streifen führt zwar zur Entdeckung von additiven bzw. multiplikativen Mustern, ist aber noch etwas in sich gekehrt. Die Wahl der Zahlen 365 und 7 weist aber darauf hin, dass ein außermathematischer Anwendungskontext miterschlossen werden soll. Ein „normales" Jahr, Gemeinjahr genannt, hat bekanntlich 365 Tage, die wir in unserem Kulturkreis zyklisch in je 7 Wochentage von Montag bis Sonntag unterteilen. Wegen $365 = 52 \cdot 7 + 1$ hat das zur Folge, dass sich der Wochentag eines Datums um einen Tag nach rechts verschiebt: Der 1. Januar 2013 ist ein Dienstag, der Neujahrstag des Jahres 2014 wird ein Mittwoch sein; bei Schaltjahren sind die Wochentage eines Datums nach dem 29. Februar um zwei Tage verschoben: Der 24. März 2011 war ein Donnerstag, dagegen ein Samstag in 2012. Schon aus solch vergleichsweise elementaren Betrachtungen lassen sich für den Mathematikunterricht gehaltvolle Lerngelegenheiten schmieden. Anregungen dazu finden sich in der oben erwähnten mathbu.ch-Lernumgebung „Kalender" oder dem erwähnenswerten Beitrag von Winter (2004).

In unserem Seminar bauen wir den Einstieg anhand der 7er-Reststreifen noch in einer anderen Richtung aus. Die bislang letzte papierene Agenda, die ich führte, enthielt einen sogenannten „Ewigen Kalender", mit dem sich der Wochentag eines Datums im Rahmen einer bestimmten Geltungsdauer bestimmen ließ (vgl. Abb. 11.3). Die Funktionsweise am willkürlichen Beispiel des 7. November 2012 demonstriert: Die Zeile des betreffenden Jahres aufsuchen und in der Monatsspalte die zugehörige „Berechnungszahl" auswählen (4). Diese zum Datum aufaddieren, $7 + 4 = 11$, und das Ergebnis in der unteren Tabelle der Wochentage aufsuchen. Der 7.11.12 war demnach ein Mittwoch.

Ewiger Kalender

1829 – 2064

I. Jahre / **II. Monate**

1829 – 1900			1901 – 2000				2001 – 2064			J	F	M	A	M	J	J	A	S	O	N	D
29	57	85		25	53	81		9	37	4	0	0	3	5	1	3	6	2	4	0	2
30	58	86		26	54	82		10	38	5	1	1	4	6	2	4	0	3	5	1	3
31	59	87		27	55	83		11	39	6	2	2	5	0	3	5	1	4	6	2	4
32	60	88		28	56	84		12	40	0	3	4	0	3	5	0	3	6	1	4	6
33	61	89	1	29	57	85		13	41	2	5	5	1	3	6	1	4	0	2	5	0
34	62	90	2	30	58	86		14	42	3	6	6	2	4	0	2	5	1	3	6	1
35	63	91	3	31	59	87		15	43	4	0	0	3	5	1	3	6	2	4	0	2
36	64	92	4	32	60	88		16	44	5	1	2	5	0	3	5	1	4	6	2	4
37	65	93	5	33	61	89		17	45	0	3	3	6	1	4	6	2	5	0	3	5
38	66	94	6	34	62	90		18	46	1	4	4	0	2	5	0	3	6	1	4	6
39	67	95	7	35	63	91		19	47	2	5	5	1	3	6	1	4	0	2	5	0
40	68	96	8	36	64	92		20	48	3	6	0	3	5	1	3	6	2	4	0	2
41	69	97	9	37	65	93		21	49	5	1	1	4	6	2	4	0	3	5	1	3
42	70	98	10	38	66	94		22	50	6	2	2	5	0	3	5	1	4	6	2	4
43	71	99	11	39	67	95		23	51	0	3	3	6	1	4	6	2	5	0	3	5
44	72	00	12	40	68	96		24	52	1	4	5	1	3	6	1	4	0	2	5	0
45	73		13	41	69	97		25	53	3	6	6	2	4	0	2	5	1	3	6	1
46	74		14	42	70	98		26	54	4	0	0	3	5	1	3	6	2	4	0	2
47	75		15	43	71	99		27	55	5	1	1	4	6	2	4	0	3	5	1	3
48	76		16	44	72	00		28	56	6	2	3	6	1	4	6	2	5	0	3	5
49	77		17	45	73	1	29	57		1	4	4	0	2	5	0	3	6	1	4	6
50	78		18	46	74	2	30	58		2	5	5	1	3	6	1	4	0	2	5	0
51	79		19	47	75	3	31	59		3	6	6	2	4	0	2	5	1	3	6	1
52	80		20	48	76	4	32	60		4	0	1	4	6	2	4	0	3	5	1	3
53	81		21	49	77	5	33	61		6	2	2	5	0	3	5	1	4	6	2	4
54	82		22	50	78	6	34	62		0	3	3	6	1	4	6	2	5	0	3	5
55	83		23	51	79	7	35	63		1	4	4	0	2	5	0	3	6	1	4	6
56	84		24	52	80	8	36	64		2	5	6	2	4	0	2	5	1	3	6	1

III. Wochentage

SO	1	8	15	22	29	36
MO	2	9	16	23	30	37
DI	3	10	17	24	31	
MI	4	11	18	25	32	
DO	5	12	19	26	33	
FR	6	13	20	27	34	
SA	7	14	21	28	35	

Beispiel: 7.11.2012

Berechnungszahl: 4

$7 + 4 = 11 \Rightarrow MI$

Abbildung 11.3. Ewiger Kalender

In der Analyse der Funktionsweise erscheint den Studierenden die Anordnung der Berechnungszahlen in der Monatstabelle etwas willkürlich, es handelt sich aber offenbar um 7er-Reste. Ganz so chaotisch ist die Entwicklung jedoch nicht, denn welcher 7er-Rest seinem linken Nachbarn folgt, ist durch die Anzahl Tage des vorhergehenden Monats bestimmt. Zum Oktober 2012 beispielsweise gehört die Berechnungszahl 1. Da der Oktober 31 Tage besitzt und 31 den 7er-Rest 3, lautet die Berechnungszahl für November 2012: $1 + 3 = 4$. Die Berechnungszahlen in der Monatstabelle spiegeln also genau die Wochentagsverschiebungen von Monat zu Monat wieder. Es ist also nur die Berechnungszahl für den 1. Januar eines Ausgangsjahren richtig zu justieren, die restlichen Zahlen ergeben sich in eindeutiger Weise. (Schaltjahre sind entsprechend zu berücksichtigen.)

Es liegt nahe, aus solchen exemplarischen Untersuchungen das Konzept der „Restgleichheit" zu entwickeln und auszubauen. Studierende erleben so, dass die *Genese mathematischer Begriffe* an die *Auseinandersetzung mit Problemen* gebunden ist. Im Kontext unseres Kalenders zieht die Gleichheit zweier Reste die Übereinstimmung zweier Wochentage nach sich, Restgleichheit ist daher ein Schlüsselbegriff in der Untersuchung von Kalendereigenschaften. In unserer Veranstaltung binden wir diesen Begriff nur lose an die Theorie der Restklassen an, d. h. wir führen zwar die Schreibweise $a \equiv b \pmod{d}$ ein, arbeiten mit dieser auch, knüpfen aber nicht an Äquivalenzrelationen, Restklassengruppen oder -ringe an. Stattdessen kreieren wir Lernsituatio-

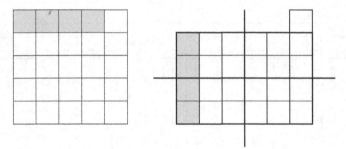

Abbildung 11.4. Ikonischer Beweis

nen, in denen konzeptspezifische Vergleiche zwischen Abstraktionsniveaus veranlasst werden.

Beispielsweise hinterlässt eine ungerade Quadratzahl immer den Rest 1, wenn man sie durch 8 teilt (vgl. Courant und Robbins 1992). Die Studierenden sollen diese vergleichsweise einfache zahlentheoretische Aussage zunächst an Beispielen überprüfen und anschließend eine Begründung dieses Sachverhalts geben. Die jeweiligen Begründungsversuche werden miteinander verglichen und im Hinblick auf ihre Abstraktionsebene diskutiert. Mit Abbildung 11.4 ist beispielsweise ein inhaltlich-anschaulicher Beweis (vgl. Wittmann und Müller 1988) gegeben: Der obere markierte Streifen in der linken Figur, bestehend aus einer geraden Anzahl von Quadraten, wird an der Seite des Quadrates angesetzt (rechte Figur). Die entstandenen *vier* Teilrechtecke enthalten eine *gerade* Anzahl an Quadraten (weil es sich um $n \times (n+1)$-Rechtecke handelt). Der „Überstand" (= Rest) von einem Quadrat ist damit ersichtlich. Es liegt auf der Hand, dass man dem allgemeinen Gültigkeitscharakter dieser Umstrukturierung in der anschließenden Diskussion noch besondere Beachtung schenken muss.

Der algebraische Ansatz $(2n + 1)^2 = 4n^2 + 4n + 1 = 4n(n + 1) + 1$ spielt auf einer elementaren symbolischen Ebene. Da entweder n oder $n+1$ eine gerade Zahl ist, muss das Produkt aus beiden Zahlen stets gerade sein, somit ist $4n(n+1)$ stets ein Vielfaches von 8. Ikonische und algebraische Repräsentation der Begründung lassen sich gut in Übereinstimmung bringen. (Dies muss aber in der Veranstaltung explizit eingefordert werden.)

Als Drittes ein Beweis mittels Kongruenzen. Eine ungerade Zahl n geteilt durch 8 muss zwingend einen ungeraden Rest hinterlassen, andernfalls wäre sie ja gerade. D. h. modulo 8 betrachtet gilt $n \equiv 1$ oder $n \equiv 3$ oder $n \equiv 5$ oder $n \equiv 7$. Mit der Multiplikationsregel für Kongruenzen folgt jeweils $n^2 \equiv 1 \pmod 8$. Ein nicht unerheblicher Teil der Studierenden lässt sich von der Eleganz dieser Argumentation durchaus beeindrucken, und es ist in unseren Augen eine fruchtbare Erfahrung, wenn Lehramtsstudierende erkennen, wie ein konzeptuell-abstrahierender Mehraufwand („Restgleichheit", „modulo", Rechengesetze) sich dadurch auszahlt, dass er schlankere Problemlösungen erlaubt – oder diese ggf. sogar erst ermöglicht.

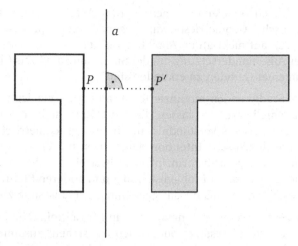

Abbildung 11.5. (Abstands-)Variation der Achsenspiegelung: $d(P, a) = 2d(P', a)$

Wie schon erwähnt, entwickeln wir keine systematische Theorie der Restklassen oder binden diese in übergeordnete Konzepte der Algebra ein (Gruppen, Ringe, Körper), sondern verfahren stark opportunistisch, wobei der praktizierte Opportunismus von didaktischen Belangen und Betrachtungsweisen gesteuert ist: Wie entsteht mathematisches Wissen? Aus welchen Problemen erwachsen Begriffsbildungen? Was ist deren Reichweite, Abstraktionsniveaus etc.?

Rein fachlich reichen die lokalen Tiefbohrungen auf diesem zahlentheoretischen Gelände in unserer Veranstaltung bis zum Kleinen Fermat'schen Satz und seiner Anwendung beim RSA-Verschlüsselungsverfahren.

Beispiel Geometrie. Auch im Modul Geometrie 1 ist wie in der Arithmetik die inhaltliche Struktur durch traditionelle Themen des S1-Geometriecurriculums bestimmt. Beispielsweise erfolgt die Auseinandersetzung mit dem Lernfeld Achsensymmetrie unter folgenden unterrichtsrelevanten Gesichtspunkten: Achsensymmetrie herstellen, erkennen und unterscheiden; durch Symmetrisieren geometrische Probleme lösen sowie Beziehungen zwischen Punkt und symmetrischem Punkt untersuchen. Aus Letzterem geht die Achsenspiegelung hervor und damit exemplarisch auch der Begriff der geometrischen Abbildung. Hier kommt die Verzahnung mit fachwissenschaftlichen Ansätzen wieder zum Vorschein, da wir in der Veranstaltung zu Verallgemeinerungen der Achsenspiegelung auffordern und deren Eigenschaften mithilfe dynamischer Geometriesoftware, beispielsweise *GeoGebra*, untersuchen lassen. So ließe sich die Achsenspiegelung dadurch verallgemeinern, in dem man auf darauf verzichtet, dass der Originalpunkt P und sein Bildpunkt P' gleich weit von der Achse entfernt liegen müssen (vgl. Abb. 11.5) – axiale Streckungen sind die Folge – oder dass die Verbindungsstrecke zwischen P und P' senkrecht zur Achse liegt – woraus Schrägspiegelungen resultieren.

In beiden Fällen entstehen sogenannte achsenaffine Abbildungen, deren Eigenschaften sich mit dynamischer Geometriesoftware besonders gut explorieren lassen. Selbst Verallgemeinerungen auf nicht-affine Abbildungen sind im Übungsprogramm vorgesehen, etwa in der Auseinandersetzung mit der Spiegelung am Kreis (deren Analogien zur Spiegelung an einer Geraden zu erkunden sind).

Indem wir unsere Studierenden modifizierte Varianten der curriculumsüblichen Abbildungen experimentell erkunden lassen (flankiert durch deduktive Überlegungen), erhoffen wir uns ein besseres Verständnis für abbildungsgeometrische Zugänge zur Schulgeometrie. Die didaktische Intention dahinter ist mit einem „Verfremdungseffekt" vergleichbar, einem „Kontrastprinzip", dem Bestreben nicht unähnlich, sich mit dem Rechnen oder elementaren Problemstellungen in anderen Stellwertsystemen zu beschäftigen, um das Verständnis für das gewohnte Dezimalsystem zu fördern.

Es ist doch merkwürdig, wenn auch heute noch in Lehrmitteln die Eigenschaften der Achsenspiegelung durch „Merksätze" oder „Theoriekästchen" zusammengefasst werden, in denen zu lesen steht, dass die Achsenspiegelung eine längen- und winkel-, geraden- und kreistreue Abbildung ist. Aus Schülersicht muss das wie selbstverständlich klingen, handelt es sich doch um die alltägliche Erfahrung im Umgang mit einem ebenen Spiegel! Warum also noch groß hervorheben? Erst wenn man die Ausrichtung der Abbildungsgeometrie erkannt hat, durch das Studium der Invarianten einer Abbildung diese zu ordnen, zu klassifizieren, und erst wenn man auch mit solchen Abbildungen Erfahrungen gesammelt hat, die nicht mehr selbstverständliche Eigenschaften besitzen, erschließt sich einem die Bedeutung solcher „Merksätze" (vgl. Hölzl 2001).

„Lokale Tiefenbohrungen" in die Schichten der Schulmathematik vorzunehmen, dient jedoch neben dem Ziel einer inhaltlichen Anreicherung des Lehrerwissens immer auch dem Zweck, explorative Erfahrungen „im Kleinen" zu ermöglichen. Es ist ermutigend zu sehen, dass für Ansätze dieser Art von Mathematiklehrerbildung das Blickfeld nicht nur auf nicht-gymnasiale Schulstufen beschränkt bleibt, sondern auch für Maturitätsschulen konzeptualisiert wird (vgl. Beutelspacher u. a. 2010).

11.3 Diskussion

Die PH Luzern hat im Herbst 2003 ihren Studienbetrieb aufgenommen. Bis heute (Herbst 2012) haben ca. 240 Studierende das im 2. Abschnitt skizzierte Modulprogramm der S1-Ausbildung durchlaufen. Aufgrund von Modulevaluationen und Rückmeldungen durch die Studierenden erhalten wir erste Anhaltspunkte zu den Stärken und Schwächen dieses fachintegrativen Ausbildungsmodells. Ein erkennbarer Pluspunkt dieses Modells ist die hohe Akzeptanz und Wertschätzung bei den Studierenden, temporäre „Sinnkrisen" aufgrund fachlicher Überhöhungen treten weniger häufig auf und verlaufen, wie es scheint, weniger ausgeprägt als in einem Ausbildungsprogramm, das die fachwissenschaftliche Ausbildung alleine universitären Kursen überantwortet. Dies gilt umso mehr, falls die universitäre Fachausbildung keine spezifischen Angebote für Lehramtsstudierende vorsieht und nicht Personal stellt, das wenigstens im Besitz basaler didaktischer Fähigkeiten für die Erwachsenenbildung ist. Eine weitere Stärke des fachintegrativen Modells ist die didaktische Brille auf mathematische Sachverhalte: Sie erlaubt es, verschiedene Zugangsweisen zu mathematischen Sachverhalten multiperspektiv zu diskutieren: ideengeschichtlich, epistemologisch, kognitionspsychologisch. Analoges gilt für die Abstraktionsniveaus, auf denen mathematische Sachverhalte formuliert (und reflektiert) werden können. Die Verzahnung von Fach und Fachdidaktik in einer Veranstaltung erlaubt es beispielsweise, Vergleiche zwischen Abstraktionsniveaus einer Begründung, eines Beweises herzustellen oder über konzeptspezifische Repräsentationsformen nachzudenken.

Solchen, aus meiner Sicht, Stärken stehen aber auch Schwächen gegenüber, die nicht übersehen werden sollten. Studierende melden zurück, dass ihnen die Abgrenzung schwer fällt, „was jetzt nun didaktisch und was fachlich ist". Aus Sicht der Dozierenden mag es ja gerade ein Vorteil des Modells sein, dass diese Abgrenzungen keine klaren Schnittstellen aufweisen, sondern teils fließend ineinander übergehen; für Studierende am Anfang ihrer Ausbildung, der ständigen Bewährungsprobe in den Praktika ausgesetzt, weist diese Durchmischung jedoch ein beträchtliches Verunsicherungspotential auf. Nicht zu vergessen ist auch, dass der *Exemplarität!* unserer fachwissenschaftlichen Ausbildungsinhalte auch die *Exemplaritat?* gegenübersteht, die ein eher fragmentiertes mathematisches Wissen begünstigt (inklusive sprachlicher Aspekte). Wie am Beispiel der Arithmetik in Abschnitt 11.2.2 (vgl. S. 193) beschrieben, sind lokale Tiefenbohrungen zahlentheoretischer Natur Teil des Moduls, aber es wäre vermessen, damit auch ein nur annähernd systematisch vernetztes Wissen über zahlentheoretische Gesetzmäßigkeiten erreichen zu wollen, wie es eine eigens dafür gedachte Vorlesung mit entsprechenden Übungsangeboten vermitteln könnte.

Gibt es neben diesen erfahrungsbezogenen Einschätzungen über unser fachintegratives Modell auch empirisch härtere Fakten über seine Wirksamkeit? Angesichts bestehender Forschungsdesiderate zur Wirksamkeit von Lehrerinnen- und Lehrerausbildung generell mag die Antwort „Nein" nicht überraschen, immerhin aber lässt sich aus unseren Ergebnissen in der Untersuchung von TEDS-M (vgl. Blömeke u. a. 2010) in gebotener Vorsicht entnehmen, dass das fachintegrative Modell anderen Modellen in der Deutschschweiz zumindest nicht unterlegen ist. TEDS-M ist die erste international vergleichende empirische Studie zur Wirksamkeit der Lehrerausbildung, welche die Ausbildung für den Unterricht im Fach Mathematik auf der Primar- und Sekundarstufe I untersucht. Im Frühjahr 2008 wurden mehr als 20 000 angehende Lehrpersonen aus 17 Ländern getestet, mit mehr als 1000 Studierenden aller Lehrerbildungsinstitutionen der Deutschschweiz. Eine der Kernfragen von TEDS-M ist, über welche mathematischen und mathematikdidaktischen Kompetenzen angehende Lehrpersonen am Ende ihrer Ausbildung verfügen. Zudem erfasst die Studie auch, wie sich die Lerngelegenheiten von Lehramtsstudierenden gestalten, über welche handlungsleitenden Überzeugungen zum Lehren und Lernen von Mathematik sie verfügen und welche Praxiserfahrungen vorkommen.

Die Ergebnisse der PH Luzern für die Sekundarstufe 1 entsprechen denen der Deutsch-schweiz, die mit 531 Punkten für mathematische Kompetenz und 549 Punkten für die mathematikdidaktische Kompetenz erkennbar über dem internationalen Durchschnitt von 500 Punkten liegt. Im Vergleich zu Deutschland beispielsweise ergeben sich aber keine signifikanten Abweichungen (dort 519 bzw. 540 Punkte), allerdings kommen für die Deutschschweiz, anders als in Deutschland *keine* angehenden Gymnasiallehr-kräfte in der Stichprobe vor.

Die Frage also, ob wir genügend empirisch valide Anhaltspunkte haben, um die Inte-gration von Fach- und Fachwissenschaft als Modell empfehlen zu können (falls denn überhaupt eine Wahl bestünde), könnte zum gegenwärtigen Zeitpunkt nicht bejaht werden. Seinen großen Reiz bezieht es aber aus dem Grundgedanken, dass Lehrper-sonen letztlich, auf welche Stufe auch immer, im Klassenzimmer authentische Vertre-terinnen von beidem sein müssen.

Literatur

[Affolter u. a. 2002] AFFOLTER, Walter; HOLLIGER, Marcel; GUBLER, Brigitte; SCHMASSMANN, Margret; TREMP, Stephanie; UHR, Peter: *mathbu.ch 7 – Mathematik im 7. Schuljahr für die Sekundarstufe 1*. Bern, Zug: Schulverlag BLMV und Klett und Balmer, 2002.

[Baumert und Kunter 2006] BAUMERT, Jürgen; KUNTER, Mareike: Stichwort: Professionelle Kompetenz von Lehrkräften. In: *Zeitschrift für Erziehungswissenschaft* 9 (2006), Nr. 4, S. 469–520.

[Beutelspacher u. a. 2010] BEUTELSPACHER, Albrecht; DANCKWERTS, Rainer; NICKEL, Gregor: *Mathematik Neu Denken. Empfehlungen zur Neuorientierung der universitären Lehrer-bildung im Fach Mathematik für das gymnasiale Lehramt*. Bonn: Deutsche Telekom Stif-tung, 2010.

[Blömeke u. a. 2010] BLÖMEKE, Sigrid; KAISER, Gabriele; LEHMANN, Rainer (Hrsg.): *TEDS-M 2008. Professionelle Kompetenz und Lerngelegenheiten angehender Mathematiklehrkräfte für die Sekundarstufe I im internationalen Vergleich*. Münster: Waxmann, 2010.

[Courant und Robbins 1992] COURANT, Richard; ROBBINS, Herbert: *Was ist Mathematik?* 4., unveränd. Aufl., Berlin u. a.: Springer, 1992.

[Hölzl 2001] HÖLZL, Reinhard: Using Dynamic Geometry Software to Add Contrast to Geome-tric Situations? A Case Study. In: *International Journal of Computers for Mathematical Learning* 6 (2001), Nr. 1, S. 63–86.

[Krauss u. a. 2008] KRAUSS, Stefan; NEUBRAND, Michael; BLUM, Werner; BAUMERT, Jürgen; BRUNNER, Martin; KUNTER, Mareike; JORDAN, Alexander: Die Untersuchung des pro-fessionellen Wissens deutscher Mathematik-Lehrerinnen und -Lehrer im Rahmen der COACTIV-Studie. In: *Journal für Mathematik-Didaktik* 29 (2008), Nr. 3/4, S. 223–258.

[Winter 2004] WINTER, Heinrich: Die Umwelt mit Zahlen erfassen: Modellbildung. In: MÜLLER, Gerhard N.; STEINBRING, Heinz; WITTMANN, Erich Ch. (Hrsg.): *Arithmetik als Prozess*. Seelze: Kallmeyer, 2004, S. 107–124.

[Wittmann und Müller 1988] WITTMANN, Erich Ch.; MÜLLER, Gerhard N.: Wann ist ein Beweis ein Beweis? In: BENDER, Peter (Hrsg.): *Mathematikdidaktik: Theorie und Praxis. Fest-schrift für Heinrich Winter*. Berlin: Cornelsen, 1988, S. 237–257.

12 Alles nur Formelkram? Konzept einer Algebra für Lehramtsstudierende

Albrecht BEUTELSPACHER

12.1 Einleitung und Problemaufriss

Kaum eine mathematische Disziplin prägt das Bild der Mathematik so sehr wie die Algebra, und zwar positiv wie negativ. Auf der einen Seite wird die Algebra als die Hilfsdisziplin gesehen, in der traditionell Algorithmen eingeübt werden, um Berechnungen mit Zahlen durchführen zu können: Schon in der Schule werden den Schülerinnen und Schülern unter anderem Verfahren zu Multiplikation, zur Wurzelberechnung, zu Termumformungen und zum Lösen von Gleichungen beigebracht. An der Universität geht es weiter mit Gleichungssystemen, dem euklidischen Algorithmus und Determinantenberechnungen.

Die allgemeine Geringschätzung dieser Verfahren kommt in mindestens zwei Aspekten zum Ausdruck: Zum einen sagt man, dass all dies heute überflüssig sei, weil es ja „der Computer" viel besser könne („Wie viel Termumformung braucht der Mensch?" Hischer (1993)), zum anderen sind diese schulischen Fähigkeiten fast die einzigen, die an der Universität von den Studierenden vorausgesetzt werden; alles andere wird – im Prinzip und manchmal im Eilverfahren – noch einmal eingeführt.

Andererseits gilt die Präzision der Algebra und ihre unbestreitbaren Erfolge, insbesondere in der Frage des Gleichungslösens, als ein Musterbeispiel dafür, wie Mathematik sein soll: eine perfekte, maßgeschneiderte Sprache, mit Hilfe derer sich Probleme fast automatisch lösen. Nicht zuletzt deshalb bildet die Algebravorlesung einen Grundpfeiler der Lehramtsausbildung, der sich allerdings manchmal als kaum zu überwindende Hürde für die Studierenden erweist.

Meiner Beobachtung nach sehen viele Studierende die Präsentation der Algebra als Zerrbild der von Winter für den allgemeinbildenden Mathematikunterrichts beschriebenen Grunderfahrungen (vgl. Winter 1995), wenngleich sie das nicht so ausdrücken.

(1) Die Algebravorlesung nimmt die „Erscheinungen der Welt um uns" anscheinend nicht einmal zur Kenntnis. Weder werden Strukturen der äußeren Welt aufgenommen und mit algebraischen Methoden beschrieben, noch wird gezeigt, wie Algebra angewandt werden kann.

(2) Die Welt der Algebra wird zwar als eine „deduktiv geordnete Welt eigener Art"
erlebt, aber doch so, dass diese ein autonom ablaufender Mechanismus ist, zu
dem kein Zugang möglich scheint.

Es könnte sein, dass Thomas Mann eine Mitschrift einer Algebra-Vorlesung vor
Augen hatte, als er in *Königliche Hoheit* schrieb:

> „Griechische Schriftzeichen waren mit lateinischen und mit Ziffern
> in verschiedener Höhe verkoppelt, mit Kreuzen und Strichen durch-
> setzt, ober- oder unterhalb waagrechter Linien zeltartig überdacht,
> durch Doppelstrichelchen gleichgewertet, durch runde Klammern zu
> großen Formelmassen vereinigt. Einzelne Buchstaben, wie Schildwa-
> chen vorgeschoben, waren rechts oberhalb der umklammerten Grup-
> pen ausgesetzt. Kabbalistische Male, unverständlich dem Laiensinn,
> umfaßten mit ihren Armen Buchstaben und Zahlen, während Zah-
> lenbrüche ihnen voranstanden und Zahlen und Buchstaben ihnen zu
> Häupten und Füßen schwebten. Sonderbare Silben, Abkürzungen ge-
> heimnisvoller Worte, waren überall eingestreut, und zwischen den
> nekromantischen Kolonnen standen geschriebene Sätze und Bemer-
> kungen in täglicher Sprache, deren Sinn gleichwohl so hoch über al-
> len menschlichen Dingen war, dass man sie lesen konnte, ohne mehr
> davon zu verstehen als von einem Zaubergemurmel." (Mann 1960,
> S. 242)

(3) „Problemlösefähigkeiten, die über die Mathematik hinausgehen" werden nicht
erworben, da schon die Probleme der Algebra unüberwindlich erscheinen.

Dabei könnte das Gegenteil wahr werden: Algebra hat das Potential, die drei Grunderfahrungen von Winter in geradezu idealtypischer Weise – auch in der Lehrerbildung –
zu verwirklichen:

(1) Schon vor Tausenden von Jahren hat der Mensch seine Welt durch Zahlen wahrgenommen, strukturiert und zu beherrschen versucht. So geht zum Beispiel die
Zeiterfahrung mit der Entwicklung des Zählens und damit mit der Entdeckung
der natürlichen Zahlen einher.

Die Weiterentwicklung neuer Zahlenbereiche und deren Entdeckung und Erforschung ist eng an reale Probleme geknüpft: Die rationalen Zahlen entstanden
aus dem Bedürfnis heraus, Größen in beliebig viele gleich große Teile zu teilen,
die irrationale Zahlen wurden an einfachen geometrischen Objekten (wie etwa
der Diagonale eines Quadrats) entdeckt und imaginäre Zahlen stellten sich als
notwendig heraus, wenn man Gleichungen allgemein lösen wollte.

Hier bietet sich die Algebra zum einen als attraktives Feld an, in dem die Genese
einer Wissenschaft beobachtet werden kann. Zum anderen können mit Hilfe der
Algebra auch ihre Anwendungsfelder in der Welt erschlossen werden, etwa in
der Kodierungstheorie.

(2) Die Algebra ist eine mathematische Welt, die die Menschen mit Begriffen, Strukturen und Sätzen in vorbildlicher Weise zu strukturieren und damit zu erkennen gelernt haben. Diese Erfahrung einer mathematischen, deduktiv geordneten Welt ist in der Algebra mindestens so gut zu machen wie in der Analysis. Viele Studierende können sich auch dem Reiz des präzisen Arbeitens, das durch wunderbare Begriffe in die richtigen Bahnen gelenkt wird, und der Begegnung mit den großen Ideen aus der Geschichte der Mathematik nicht entziehen. Man denke hier zum Beispiel daran, dass man mit dem Begriff einer Gruppe und dem sehr einfach zu beweisenden Satz von Lagrange über die Ordnung von Elementen und Untergruppen einer endlichen Gruppe zu weit reichenden und verblüffenden Aussagen kommt. So kann man damit zum Beispiel ganz einfach nachweisen, dass jede Gruppe von Primzahlordnung zyklisch, und das heißt insbesondere eindeutig ist.

(3) In der Algebra kann die Kompetenz des Problemlösens wie in kaum einer anderen Disziplin erworben werden: Die Vorstrukturierung eines komplexen Gedankengangs, die Aufteilung in Teilprobleme, die Durchsichtigkeit und Nachvollziehbarkeit der Argumentation und nicht zuletzt das befriedigende Gefühl, wenn die Aufgabe erledigt ist – das alles kann in der Algebra auf mannigfache Weise erfahren und gelernt werden.

Die klassische Algebravorlesung ist durch den Dreiklang „Gruppen, Ringe, Körper" gekennzeichnet; ihr ultimatives Ziel ist der Satz über die Nichtauflösbarkeit der allgemeinen Gleichung fünften oder höheren Grades. So bedeutend dieser Satz ist, so viele Nachteile handelt man sich ein, wenn man dieses Ziel so verfolgt, dass der Satz am Ende des Semesters lückenlos bewiesen ist. Es bleibt nämlich kaum Zeit für anderes. Gravierende Nachteile sind aus meiner Sicht die folgenden:

— In der Schule findet Algebra in der Unter- und Mittelstufe statt. Dort geht es um Teilbarkeitslehre, um die Zahlbereiche $\mathbb{N}$, $\mathbb{Q}$ und $\mathbb{Z}$, sowie um Verfahren zur Lösung von gewissen Gleichungen. Da für die Durchdringung des entsprechenden Stoffs in der Vorlesung kaum Zeit bleibt, werden die Studierenden fachlich unvorbereitet in die Schule entlassen.

— Es bleibt kaum Zeit für moderne Aspekte der Algebra, insbesondere für ihre Anwendungen. Dabei bieten sich insbesondere Codes und moderne Verschlüsselungsverfahren an. Das Schöne an diesen Anwendungen der Algebra ist, dass diese auch auf dem Niveau eines Lehramtsstudiums (und zu großen Teilen sogar auf Schulniveau) verstanden werden können. Das zeichnet sie unter anderem vor vielen anderen echten Anwendungen der Mathematik aus, bei denen man entweder sehr detaillierte Kenntnisse des Anwendungsgebiets braucht oder die zugehörige Mathematik außerordentlich schwierig ist

— Schließlich ist es – schon aus Zeitgründen – kaum möglich, den Studierenden einen konstruktiven Zugang zur Algebra zu ermöglichen. Dabei bietet gerade die Algebra an vielen Stellen die Möglichkeit, sich selbständig Mathematik zu erarbeiten und nicht nur über den Frontalvortrag in der Vorlesung aufzunehmen. Das liegt zum einen daran, dass der Stoff wirklich konkret ist, zum anderen daran, dass man nur sehr wenige Vorkenntnisse aus anderen Vorlesungen (Lineare Algebra und Analysis) braucht.

12.2 Konzept einer Algebravorlesung für Lehramtsstudierende

Im Folgenden wird ein Konzept für eine „Algebra für Lehramtskandidaten" vorgestellt. In diese Vorlesung ist ein Teil der elementaren Zahlentheorie integriert. Nicht nur ist die Struktur der ganzen Zahlen Motivation für viele algebraische Begriffe und Sätze, sondern historisch gesehen waren Algebra und Zahlentheorie über viele Jahrhunderte nicht getrennt. Bei der Planung der Vorlesung ging ich von folgenden Forderungen aus:

(1) Professionelle Bildung. Die Vorlesung soll die Studierenden für ihren zukünftigen Beruf vorbereiten, und zwar in einer spezifisch benennbaren und – zumindest partiell – in einer für die Studierenden einsehbaren Weise.

(2) Stoff. Der Algebrastoff der Schule wird aus höherer Sicht präsentiert und verstanden. Dieser „höhere Standpunkt" hat das Ziel, den Studierenden zu zeigen, welche Strukturen, welche Erweiterungen und welche Probleme dem Schulstoff zugrunde liegen.

(3) Startpunkte. Die Vorlesung bemüht sich, bei jedem Thema vom vorhandenen Wissen (das heißt, dem Schulstoff, auszugehen und dieses zu erweitern. Schlagwortartig ausgedrückt: Zuerst ein Beispiel, dann die Definition.

(4) Tiefe der Mathematik. Es soll immer wieder deutlich gemacht werden, wie die Instrumente der Algebra mit ihren klärenden Begriffen und erhellenden Sätzen zu Ergebnissen führen, die man ohne diese Begriffe und Sätze nicht oder nur sehr schwer erhalten hätte. Die Studierenden sollen „Tiefe" nicht dadurch erfahren, dass sie die Vorlesung nicht verstehen – im Gegenteil „Tiefe" bedeutet tiefes, grundlegendes, echtes Verstehen.

(5) Breite der Mathematik. Durch die reiche Geschichte und die Verzahnung mit anderen Gebieten der Mathematik, bietet es sich immer wieder an, kleine Ausblicke und größere Exkurse einzufügen. Dieser Aspekt gibt auch dem Dozenten mehr Freiheit: er muss sich nicht auf die Sätze beschränken, die er im Rahmen der Vorlesung beweisen kann, sondern hat die Möglichkeit, Brücken in andere Gebiete der Mathematik zu schlagen und Verbindungen herzustellen. Naheliegend sind die Verbindungen zur Geometrie, wo die geometrischen Abbildungen häufig Gruppen bilden und man mit Hilfe von Sätzen der Algebra weit reichende und sehr befriedigende Erkenntnisse gewinnen kann.

(6) Anwendungen. Da die Algebra, insbesondere die Zahlentheorie in den letzten Jahrzehnten außerordentlich bemerkenswerte Anwendungen in Codierungs-

theorie und Kryptographie erfahren hat, von denen wesentliche Teile auch schon auf Schulniveau verstanden werden können, ist es eine Verpflichtung jeder Algebra-Veranstaltung, auf diese Anwendungen einzugehen.

(7) Form der Veranstaltung. Natürlich ist der Großteil der Vorlesung nach wie vor ein Vortrag des Dozenten. Aber man kann auf vielfältige Weise die Studierenden mit einbeziehen, um ihnen einen konstruktiven Wissenserwerb zu ermöglichen. Das reicht von Übungsanteilen in der Vorlesung bis zu speziell entwickelten Übungsaufgaben.

Die Übungen haben neben der Einübung der Begriffe und Techniken vor allem die Aufgabe, die Studierenden selbst Mathematik entdecken zu lassen. Deshalb wurde Wert auf „geöffnete Aufgaben" gelegt. Also nicht: „Zeigen Sie, dass $\sqrt{3}$ irrational ist", sondern „Verallgemeinern Sie den Beweis für die Irrationalität von $\sqrt{2}$ auf andere Zahlen" oder „Wie viele irrationale Zahlen gibt es?"

Dieses Konzept wurde schon in Beutelspacher u. a. (2011) angesprochen, es soll hier etwas ausführlicher und konkreter dargestellt werden.

Den Aufbau einer Algebra für Lehramtsstudierende kann man sich inhaltlich in drei große Themenkreise gegliedert vorstellen:

– Natürliche Zahlen und Teilbarkeitslehre. Dies ist der Teil, der auch „elementare Zahlentheorie und ihre Anwendungen" heißen könnte.

– Irrationale Zahlen. Dieses Thema ist nicht nur historisch von großer Wichtigkeit, sondern führt auch in sehr natürlicher Weise zu den algebraischen Zahlen und damit zur Körpertheorie.

– Gleichungen. Dieses zentrale Gebiet der Algebra kann aus historischer Sicht, aus Sicht der Schulmathematik und aus Sicht der modernen Algebra behandelt werden.

Im Folgenden wird dieses Programm etwas ausführlicher dargestellt. Obwohl dies ein an den Inhalten orientierter Durchgang ist, werden immer wieder Bezüge zu den hier vorgestellten Thesen angedeutet. Die Ausführungen werden durch, zum Teil größere Übungsaufgaben erweitert, anhand derer die Studierenden „automatisch" in die entsprechenden Themen eindringen.

12.2.1 Natürliche Zahlen und Teilbarkeitslehre

Die natürlichen Zahlen sind die Grundlage aller algebraischer Untersuchungen. Diese wurden schon vor tausenden von Jahren unreflektiert benutzt, und dann beginnend mit der griechischen Mathematik intensiv untersucht. Die formale Erfassung der natürlichen Zahlen geschah aber erst durch die Peanoschen Axiome 1889.

Bei einem mathematischen Aufbau der Vorlesung wird man im Zusammenhang der natürlichen Zahlen – anders als im gegenwärtigen Schulunterricht – auch gleich die ganzen Zahlen einführen. Dadurch, dass auch die negativen ganzen Zahlen zur Verfügung stehen, kann großzügiger gerechnet werden.

Aus der Tatsache, dass in $\mathbb{Z}$ de facto keine Division möglich ist, ergibt sich fast zwangsläufig der Teilerbegriff mit seinen elementaren Eigenschaften, insbesondere der Division mit Rest (inklusive größten gemeinsamen Teiler und euklidischem Algorithmus) – ein großes Themenfeld mit vielfältiger Möglichkeit, die Studierenden auch an neue Begriffe heranzuführen. Die Division mit Rest zeigt sich immer wieder in neuem Gewand. Die erste Anwendung ist der euklidische Algorithmus zur Berechnung des ggT, der durch Iteration der Division mit Rest entsteht. Die Übungsaufgabe in Beispiel 12.1 über Untergruppen von $\mathbb{Z}$ behandelt die Division mit Rest in anderem Gewand.

Die folgende Eigenschaft ist außerordentlich nützlich, wenn man die Untergruppen von $\mathbb{Z}$ (bezüglich der Addition) untersuchen möchte: Sei U eine Untergruppe, und sei $a \in U$. Dann sind auch $a + a = 2a$, $a + a + a = 3a$, $4a$, $5a$, ... Elemente von U, ebenso wie $a - a = 0$, $a - a - a = -a$, $-2a$, $-3a$, ... (Warum ist dies richtig?)

Sei im Folgenden stets U eine Untergruppe von $\mathbb{Z}$.

   (1) Angenommen, es gilt $1 \in U$. Was ist U?

   (2) Angenommen, U enthält die Zahlen 5 und 12. Was ist U?

   (3) Angenommen, U enthält die Zahl 3. Was ist U?

   (4) Angenommen, U enthält die Zahl 6. Was könnte U sein?

   (5) Angenommen, U enthält die Zahlen 12 und 30. Was könnte U sein?

   (6) Seien $a, b \in U$, und sei $a = bq + r$. Was lässt sich über r im Verhältnis zu U sagen?

   (7) Seien $a, b \in U$. Was lässt sich über $\mathrm{ggT}(a, b)$ im Verhältnis zu U sagen?

   (8) Sei 6 die kleinste positive Zahl, die U enthält. Was ist U?

   (9) Sei a die kleinste positive Zahl, die U enthält. Was ist U?

  (10) Formulieren Sie einen Satz, der die additiven Untergruppen von $\mathbb{Z}$ beschreibt.

Beispiel 12.1. Division mit Rest

Eine erste Erschließung der natürlichen bzw. ganzen Zahlen geschieht dadurch, dass man Eigenschaften von Zahlen bzw. die zugehörigen Teilmengen betrachtet. Man kann einen historischen Einstieg wählen und wie die Pythagoräer gerade und ungerade Zahlen, Dreieckszahlen und Quadratzahlen behandeln. Die griechischen Mathematiker haben diese Zahlen als „figurierte Zahlen" dargestellt (d. h. mit Steinchen gelegt) und so deren Eigenschaften (zu Beispiel „ungerade plus ungerade ist gerade") einsichtig gemacht. Man kann hier mit den Studierenden sehr schön den Weg von materieller Darstellung über eine verbale Beschreibung bis hin zu einer formalen Erfassung gehen.

Zum Beispiel kann man von folgender konkreten Anordnung ausgehen:

Dieses Bild könnte dann erfasst werden als „wenn man zu einer Quadratzahl eine ungerade Zahl addiert, erhält man eine Quadratzahl", oder, präziser beobachtet: „die Summe aus der n-ten Quadratzahl und der $(n+1)$-ten ungeraden Zahl ist die $(n+1)$-te Quadratzahl". Von da aus ist es nur noch ein Schritt bis zur formalen Formulierung $n^2 + (2n+1) = (n+1)^2$.

Die Primzahlen bilden sicherlich die wichtigste Klasse natürlicher Zahlen. Neben Definition und dem Sieb des Eratosthenes gehören dazu ganz wesentlich der Hauptsatz der elementaren Zahlentheorie und der Satz über die Unendlichkeit der Primzahlen, eventuell mit verschiedenen Beweisvarianten. Als Ausblick bietet sich in jedem Fall der Primzahlsatz an. Natürlich ist das Thema historisch außerordentlich dankbar: Man kann auf den Ishango-Knochen eingehen, eine der ersten Zahlendarstellungen der Welt (ca. 20000 v. Chr.), auf dem die Zahlen 11, 13, 17, 19 dargestellt sind; obwohl man keinerlei Informationen darüber hat, wozu diese Zahlen notiert wurden, kann man sich der Versuchung kaum entziehen, diese als Primzahlen zu interpretieren.

Sehr interessant ist es, die Formulierung des Satzes über die „Unendlichkeit der Primzahlen" bei Euklid vorzustellen und die Besonderheit dieser Formulierung zu diskutieren. Euklid vermeidet hier peinlich – wie übrigens durchgängig in den *Elementen* – die Verwendung des Begriffs „unendlich".

Als Anwendung des bisher Erarbeiteten kann man die Berechnung des größten gemeinsamen Teilers über die Primfaktorzerlegung besprechen und diese mit der Berechnung mit dem euklidischen Algorithmus vergleichen. Hier bietet sich ein Ausblick auf die moderne Forschung im Bereich Primfaktorzerlegung an, wobei auch der aktuelle Weltrekord (Zerlegung einer „RSA-Zahl") erwähnt werden kann.

Der nächste Abschnitt handelt von Stellenwertsystemen. Nach einem historischen Einstieg (60er System in Mesopotamien ca. 2000 v. Chr., 20er System bei den Maya vor 2000 Jahren, Erfindung unseres Dezimalsystem in Indien ca. 600 n. Chr.) werden Stellenwertsysteme zu einer beliebigen Basis $b > 1$ eingeführt.

Dem Binärsystem gebührt aufgrund seiner Anwendungen besondere Aufmerksamkeit. Historisch ist es so, dass Leibniz dieses nicht als erster erfunden hat, ihm war aber wohl als erstem die Bedeutung dieser Art der Zahlendarstellung klar. Er schreibt hellsichtig: „Das Addieren von Zahlen ist bei dieser Methode so leicht, daß diese nicht schneller diktiert als addiert werden können." (Zit. nach Eyßell 2010, S. 8)

Daran schließt sich fast zwangsläufig die Behandlung der Teilbarkeitsregeln (Endstellenregeln und Quersummenregeln) im Dezimalsystem an. Die Regeln selbst sind Schulstoff, ihre Begründungen sind aber den meisten Lehrerinnen und Lehren nicht geläufig. Daher sollten Begründungen und Beweise an dieser Stelle ausführlich dargestellt werden. Sowohl die Endstellenregeln als auch die Quersummenregeln können beispielgebunden oder ikonisch mit einer Stellentafel gezeigt werden (siehe Müller u. a. 2004, S. 183f.). Auf der symbolischen Ebene kann man sie entweder mit Induktion beweisen oder so, dass sich die Regeln aus der Tatsache ableiten, dass für jede natürliche Zahl n und ihre Quersumme $Q(n)$ gilt: $n - Q(n)$ ist durch 9 teilbar.

Ein tieferes Verständnis kann auch dadurch erzeugt werden, dass man versucht, die Regeln zu verallgemeinern. Die Studierenden haben in den Übungen Gelegenheit, die Regeln auf Stellenwertsysteme mit einer anderen Basis zu übertragen. Hier könnten folgende Fragen gestellt werden: Kann man einer Binärzahl ansehen, ob sie gerade oder ungerade ist? Welche Teilbarkeiten einer Zahl kann man an der Endstelle der Zahl im 12er System ablesen? Wie muss man die Basis eines Stellenwertsystems wählen, dass man an der Endstelle die Teilbarkeit durch 15 sehen kann?

Eine wunderschöne und mathematisch außerordentlich einfache Anwendung sind die Strichcodes und andere fehlererkennende Codes, die im Wesentlichen nur auf der Division durch 10 mit Rest beruhen. Das besondere ist, dass man mit einfachen und sehr gut verständlichen Mitteln sehr starke Anwendungen erzielen kann (siehe Beutelspacher 2013, S. 54–56).

An diesem Beispiel kann man die Thesen aus Abschnitt 12.2 gut veranschaulichen. Das Thema „Codes" bzw. „Strichcodes" ist den Studierenden aus ihrem täglichen Leben bekannt. Das Ziel dieser Codes ist es, falsches Lesen oder Eintippen zu erkennen. Das mathematische Grundmodell ist das der Quersumme: Man fügt zur eigentlichen Produktnummer eine Ziffer hinzu, und zwar so, dass die Quersumme der gesamten Zahl durch 10 teilbar ist. Es kann dann einfach nachgewiesen werden, dass mit diesen Codes alle Einzelfehler (Fehler an nur einer Stelle) erkannt werden. Damit kann man allerdings keine „Vertauschungsfehler" erkennen (37 wird „siebenunddreißig" gesprochen und dann „73" geschrieben). Diese Fehler können dadurch beherrscht werden, dass man aufeinander folgende Stellen mit verschiedenen „Gewichten" belegt. Beim Strichcode auf den Lebensmitteln werden die Stellen abwechselnd mit 1 und 3 multipliziert; die Ergebnisse werden addiert und die Prüfziffern dann so bestimmt, dass diese Summe plus Prüfziffer eine Zehnerzahl ist. Man kann sich schließlich auch fragen, ob man die Zahl „10" auch durch andere Zahlen ersetzen kann und inwiefern dies zu bessern Codes führt und welche Zahlen sich dazu besonders eignen.

Dieses Thema hat neben dem offensichtlichen Anwendungsbezug auch noch den Vorteil, dass es sich in besonderer Weise dazu eignet, dass die Studierenden selbständig Begriffe, Sätze und Beweise erarbeiten und so einen intensiven Zugang zu diesem Thema erhalten. Ein Beispiel hierfür in einem historischem Kontext ist die „Neunerprobe" (vgl. Übungsaufgabe in Beispiel 12.2). Die Neunerprobe besteht – modern ausgedrückt – darin, dass aus $a + b = c$ beziehungsweise $a \cdot b = d$ folgt, dass auch $a^* + b^* = c^*$ beziehungsweise $a^* \cdot b^* = d^*$ gilt, wobei a^* der Neunerrest der Zahl a

In dem folgenden Text beschreibt Adam Ries (1492–1559) anhand des Beispiels
$7869 + 8796 = 16665$ die so genannte „Neunerprobe".

> „Mach ein creutz zum ersten, also [*ein schräges Kreuz, in das man links und
> rechts, oben und unten jeweils eine Zahl schreiben kann*]
> Nimm die prob von der obern [= *ersten*] Zal, also von 7869
> Setz die in ein veld des creutz [*in das linke Feld*]
> Nun nimm die proba von der andern Zal,
> das ist von 8796 ist auch 3;
> setz uff das ander veldt neben vber, also [*in das rechte Feld*]
> Addier nun zusammen $3 + 3$ wirtt 6, setz obenn wi hi [*in das obere Feld*]
> Nime alsdann prob auch von dem, das so auß dem addirnn komen ist, das ist
> [...] 16665.
> Nim hinweg 9, so offt du magst, pleibn 6 übrig, die setz vnden in das ledige
> feltt [*in das freie Feld unten*]
> So weniger oder mer komen wer, so hattest du im nicht recht gethan."
> (Frei nach Wussing 2009b, S. 70).

(1) Zeichnen Sie das Kreuz und versuchen Sie die Neunerprobe an diesem Beispiel
nachzuvollziehen. (Laut lesen hilft.)

(2) Überzeugen Sie sich von der Richtigkeit der Neunerprobe (die übrigens auch bei
Subtraktion und Multiplikation funktioniert) durch ein weiteres Beispiel.

(3) Was versteht Ries unter „prob" (oder „proba").

(4) Können Sie die Neunerprobe in heutiger mathematischer Sprache formulieren?

(5) Auf welcher Eigenschaft beruht die Neunerprobe?

(6) Könnte man auch eine „Achterprobe" machen?

(7) Warum eignet sich die Neunerprobe so gut (besser als die Achterprobe!) für das
praktische Rechnen?

(8) Was leistet die „Zehnerprobe"? Können Sie das ausdrücken, indem Sie das Wort
„Endziffer" (oder „Einerziffer") verwenden?

Beispiel 12.2. Die Neunerprobe

sein soll. Das bedeutet, dass die Richtigkeit der Gleichungen der Neunerreste eine
notwendige Bedingung für die Richtigkeit der Originalgleichungen ist.

Als letzter Abschnitt des ersten Teils wird die „modulo-Rechnung behandelt. Neben
der Einführung der Bezeichnung „$a \bmod n$" geht es vor allem um Restklassen und
das Rechnen mit diesen. Da die Menge der Restklassen zu einer natürlichen Zahl n
der Prototyp einer zyklischen Anordnung ist, bietet es sich an dieser Stelle an, sich
das Zählen beziehungsweise die Zeiterfassung durch zyklische Vorgänge bewusst zu
machen: Die Stunden innerhalb eines Tages wiederholen sich ebenso zyklisch wie die
Tage der Woche oder die Monate des Jahres. Nur die Abfolge der Jahre ist bei uns (im
Gegensatz zu den Maya) linear und nicht zyklisch.

In der Übungsaufgabe im Beispiel 12.3 wird von der Zeiterfassung ausgehend ein allgemeineres Restklassenmodell erschlossen. Die Aufgabe kann unmittelbar nach der Behandlung der Restklassen gestellt werden. Man kann sie aber auch – mit leichten Anpassungen vor der Einführung der Restklassen bearbeiten.

Stellen Sie sich eine analoge Uhr (mit Zeiger) vor, die nicht 12 Stunden hat, sondern eine beliebige Anzahl n von Stunden; wir nummerieren die Stunden von 0 bis $n - 1$.

(1)   Skizziere Sie eine solche Uhr und beschriften Sie die entsprechenden Stellen mit $0, 1, 2, 3, \ldots, n - 2, n - 1$.

(2)   Nun zählen wir die Stunden der Reihe nach. Wenn wir bei $n - 1$ angekommen sind, zählen wir einfach weiter: $n, n + 1, n + 1$. (so wie wir an der normalen Uhr auch 13 Uhr, 1 Uhr usw. sagen) Schreiben Sie diese Zahlen an die entsprechenden Stellen. Wir können auch rückwärts zählen: $2, 1, 0, -1, -2, \ldots$
Schreiben Sie auch diese Zahlen an die entsprechenden Stellen.

(3)   Können Sie sich vorstellen, welche noch größeren Zahlen an der Stelle „1" stehen? Welche stehen an der Stelle „2"? Welche bei „0"? Welche an der Stelle „$n - 1$"?

(4)   Machen Sie sich klar, dass die Zahlen, die an einer Stelle stehen, eine Restklasse im Sinne der Vorlesung ist. Interpretieren Sie die Zahl $a \bmod n$ in der Sprache der Uhr.

(5)   Rechnen mit Restklassen. Man kann die Summe $[a] + [b]$ der Restklassen $[a]$ und $[b]$ so erklären: Gehe auf der Uhr an die Stelle a und zähle um b weiter.
Zeigen Sie, dass damit die Addition von Restklassen wohldefiniert ist.

(6)   Sind die Restklassen zusammen mit dieser Addition eine Gruppe?

Beispiel 12.3. Restklassen

Nachdem man sich klar gemacht hat, dass $\mathbb{Z}_n$ ein Ring ist (dass man also vernünftig addieren und multiplizieren kann), zeigt man, dass eine Restklasse $[a] \in \mathbb{Z}_n$ genau dann multiplikativ invertierbar ist, wenn $\mathrm{ggT}(a, n) = 1$ ist. Daraus ergibt sich dann, dass $\mathbb{Z}_n$ genau dann ein Körper ist, wenn n eine Primzahl ist.

An dieser Stelle kann man zwanglos die Begriffe Ring und Körper einführen beziehungsweise wiederholen. Auch der Begriff Gruppe bietet sich an, wenn man zeigt, dass sowohl $(\mathbb{Z}_n, +)$ als auch $\mathbb{Z}_n^* = \{[a] \in \mathbb{Z}_n | [a] \text{ multiplikativ invertierbar}\}$ Gruppen sind. Themen, die in diesem Abschnitt zur Gruppentheorie vorkommen, sind Untergruppen und Nebenkassen, der Satz von Lagrange, zyklische Gruppen und Ordnung von Elementen.

Daran schließt sich der Satz von Euler-Fermat an, den man elementar nach der Methode von Euler zeigen kann oder sehr elegant mit Hilfe des Satzes von Lagrange über die Ordnung der Untergruppen einer endlichen Gruppe. Der Satz besagt, dass für jeder natürliche Zahl $a < n$, die teilerfremd zu n ist, die Gleichung $a^{\varphi(n)} \bmod n = 1$ ist, wobei $\varphi(n)$ die Anzahl der zu n teilerfremden Zahlen $< n$ ist. Beim ersten Beweis muss man zunächst zeigen, dass die Abbildung $x \to ax \bmod n$ eine bijektive Abbildung der zu n teilerfremden Zahlen $x < n$. Dadurch folgt dann mit einer weiteren, trickreichen Gleichungsumformung die Behauptung. Beim zweiten Beweis reicht es, entspannt den Satz zu zitieren, dass man ein Element einer Gruppe nur mit der Gruppenordnung potenzieren muss, um das neutrale Element zu erhalten.

Eine sehr populäre Anwendung dieses Satzes ist der RSA-Algorithmus, der erste public-key-Verschlüsselungsalgorithmus, der in wunderbarer Weise zeigt, wie ein Stückchen klassische Mathematik, richtig angeschaut, zur Lösung eines Problems führen kann, welches für unlösbar gehalten wurde.

12.2.2 Irrationalität

Die erste irrationale Zahl (besser gesagt: das erste inkommensurable Streckenverhältnis), dessen sich die Menschheit bewusst wurde, war der „goldene Schnitt", der als Schnittpunkt der Diagonalen eines regelmäßigen Fünfecks auftritt. Ob diese Entdeckung des Hippasos von Metapont (ca. 500 v. Chr.) das Weltbild der Pythagoräer wirklich erschüttert hat, ist historisch nicht zweifelsfrei festzustellen (vgl. zu möglichen Aufgaben Beutelspacher u. a. 2011, S. 62–68). Sicher ist aber, dass schon bald danach irrationale Zahlen, wie etwa die Länge der Diagonale im Einheitsquadrat, bekannt waren und mit wissenschaftlicher Gründlich und Nüchternheit untersucht wurden. Jedenfalls ist in den *Elementen* des Euklid (ca. 300 v. Chr.) eine ausführliche Proportionenlehre enthalten.

In der Veranstaltung werden zunächst rationale Zahlen (Bruchzahlen) eingeführt und behandelt. Insbesondere wird Wert auf den Unterschied zwischen einem Bruch und der zugehörigen Bruchzahl gelegt. Für die Studierenden ist als Hintergrundwissen wichtig, dass jede Bruchzahl prinzipiell eine unendliche Menge äquivalenter Brüche „ist", beziehungsweise zu dieser in einer eindeutigen Beziehung steht. Daher muss bei allen über Brüchen (also Repräsentanten) definierten Operationen $(+, \cdot, \leqslant)$ stets die Wohldefiniertheit nachgewiesen werden. Bei der Behandlung der Ordnungsrelation sollte auf die Erkenntnis Wert gelegt werden, dass zwischen je zwei Bruchzahlen eine weitere Bruchzahl, also unendlich viele Bruchzahlen liegen.

Danach werden Irrationalitätsbeweise präsentiert und insbesondere festgestellt dass die Quadratwurzel einer natürlichen Zahl entweder eine natürliche Zahl oder irrational ist. Daran lassen sich auch weiterführende Übungsaufgaben anschließen (vgl. Übungsaufgabe in Beispiel 12.4). Hier tritt zu ersten Mal virulent die Frage nach der „Existenz einer Zahl" auf, die heutige Studierende bei den natürlichen und rationalen Zahlen nicht stellen: $\sqrt{2}$ existiert als Streckenlänge – aber wie kann man mit ihr als Zahl umgehen? Und wie steht es bei Zahlen wie $\sqrt[3]{2}$, $\sqrt[17]{237}$ u. ä., die man nicht konstruieren, sondern sich nur noch vorstellen kann („Kantenlänge eines Würfels vom Volumen 2")?

Als Ausblick bietet sich an dieser Stelle ein Hinweis auf transzendente Zahlen an. Die Sätze von Cantor zeigen, dass die reellen Zahlen überabzählbar sind, die algebraischen Zahlen jedoch nur abzählbar. Also gibt es überabzählbar viele transzendenten Zahlen, ja man kann sagen, dass „fast alle" reellen Zahlen transzendent sind. Dieses kontraintuitive Ergebnis muss seiner Bedeutung entsprechend betont und gewürdigt werden; es darf nicht auf die Präsentation des Diagonalverfahrens reduziert werden.

Kann man nach dem Modell des pythagoräischen „ungerade plus ungerade gleich gerade"
auch entsprechende Gesetze über rationale und irrationale Zahlen formulieren? Genauer
gefragt:

rational	+	rational	$= \square$		rational	$\cdot$	rational	$= \square$
rational	+	irrational	$= \square$		rational	$\cdot$	irrational	$= \square$
irrational	+	irrational	$= \square$		irrational	$\cdot$	irrational	$= \square$

Wurzel aus irrational $= \square$

Beantworten Sie diese Fragen mit r (immer rational), i (immer irrational) oder mit ?
(kann rational oder irrational sein). Geben Sie in den Fällen „r? und „i" ein Argument an
und im Fall „?" für beide Fälle ein Beispiel.

Bemerkung. Bis heute sind die Probleme, ob $\pi + e$, $\pi - e$, $\pi \cdot e$ oder $\frac{\pi}{e}$ irrational sind,
ungelöst.

Beispiel 12.4. irrationale Zahlen

Um mit irrationalen Zahlen – jedenfalls den bislang behandelten – besser umgehen
zu können, führt man den Begriff „algebraische Zahl" ein: Eine Zahl ist „algebraisch",
wenn sie Nullstelle einer Gleichung mit rationalen (beziehungsweise ganzzahligen)
Koeffizienten ist.

Spätestens hier ist ein Abschnitt über Polynome sinnvoll. Neben $\mathbb{Z}$ und $\mathbb{Z}_n$ ist $K[x]$, der
Ring der Polynome über einem Körper K (und $\mathbb{Z}[x]$) ein weiterer wichtiger Ring, den
die Studierenden kennen lernen sollten. Sie sollten die zahlreichen Gemeinsamkeiten
dieser Ringe, aber auch ihre Unterschiede erfahren.

Themen sind die Gradformel für die Multiplikation von Polyomen, Polynomdivision,
sowie als zentrales und neues Thema die Irreduzibiltät von Polynomen. Im Zusammenhang der Untersuchung von algebraischen Zahlen ist die Erkenntnis wichtig, dass
ein normiertes Polynom f, das eine Zahl a als Nullstelle hat, genau dann das Minimalpolynom von a ist, wenn f irreduzibel ist.

Dies wirft die Frage nach Irreduziblititskriterien auf. Daher schließen sich an dieser
Stelle das Lemma von Gauß und das Irreduzibilitätskriterium von Eisenstein an. Da-
mit kann man dann insbesondere zeigen, dass für jede natürliche Zahl a ihre n-te
Wurzel $\sqrt[n]{a}$ entweder ganzzahlig oder eine irrationale Zahl ist.

Wenn man die Struktur der Menge der algebraischen Zahlen beschreiben will, ist es
fast unausweichlich, Erweiterungen des Körpers $\mathbb{Q}$ der rationalen Zahlen zu untersuchen. Daher bietet sich an dieser Stelle der Anfang der Körpertheorie an (Adjunktion
einer Zahl, algebraische Körpererweiterungen, Gradsatz), damit man beweisen kann,
dass die algebraischen Zahlen einen Körper bilden.

Ein Thema, bei dem die Kraft der algebraischen Werkzeuge besonders gut zum Ausdruck kommt, ist das Thema „Konstruktionen mit Zirkel und Lineal". Trotz der groß-

artigen Erfolge der euklidischen Geometrie in der griechischen Antike blieben einige Probleme offen, insbesondere die so genannten „ungelösten Probleme der Antike": Verdoppelung des Würfels, Dreiteilung des Winkels und Quadratur des Kreises.

Nach der Einführung der analytischen Geometrie durch Descartes war man in der Lage, Konstruktionsprobleme von der Geometrie in die Algebra zu verlagern. Man konnte von konstruierbaren Zahlen sprechen und vor allem die Konstruktionsprozesse (Schnitte von Geraden und Kreisen) algebraisch beschreiben. Mit einfachen Überlegungen kommt man damit zu dem Satz, dass eine Zahl höchstens dann konstruierbar ist, wenn (sie algebraisch ist und) ihr Minimalpolynom einen Grad der Form 2^n hat. Damit kann vergleichsweise einfach gezeigt werden, dass die klassischen Probleme nicht nur ungelöst waren, sondern unlösbar sind. Ein Exkurs könnte die Konstruktion regulärer n-Ecke mit Zirkel und Lineal sein, insbesondere der Satz von Gauß.

Als Ausblick bietet sich an dieser Stelle eine Betrachtung der Zahl π an, deren Transzendenz man für den Beweis der Unmöglichkeit der Quadratur des Kreises voraussetzen muss.

Auf ein Problem sollte man in diesem Kontext hinweisen: Alle „Zahlen", die wir betrachten, sind reelle Zahlen. Dazu können – im Rahmen einer Algebra-Vorlesung – zwei Standpunkte eingenommen werden: Entweder sagt man: Die reellen Zahlen wurden in der Analysis konstruiert, also wissen wir, dass es diese gibt. Oder man wiederholt die Konstruktion der reellen Zahlen in der Algebra, sozusagen unter dem allgemeinen Gesichtspunkt der Konstruktion von Zahlbereichen insgesamt: $\mathbb{Z}$ aus $\mathbb{N}$, $\mathbb{Q}$ aus $\mathbb{Z}$ und $\mathbb{R}$ aus $\mathbb{Q}$.

12.2.3 Gleichungen

Gleichungen und die Frage nach ihren Lösungen ist ein Thema, das die gesamte Geschichte der Mathematik durchzieht. Deshalb bietet sich bei diesem Themenkreis ein historischer Einstieg besonders an. Anhand von ausgearbeiteten Quelleninterpretationen aus dem Umfeld der Mathematikgeschichte kann auf die Methoden aus Mesopotamien und Ägypten eingegangen und die geometrischen Verfahren zur Lösung von linearen und quadratischen Gleichungen beschrieben werden (vgl. etwa Wussing 2009a, Kapitel 3).

Auch bei den algebraischen Verfahren wird man zunächst historisch vorgehen und quadratische Gleichungen (u. a. den Satz von Vieta) behandeln. Ein reiches Feld für mathematikhistorische und elementarmathematische Betrachtungen bieten dann Gleichungen dritten Grades. Dabei ist die Erkenntnis wichtig, dass komplexe Zahlen unvermeidlich sind, da sie auch bei der Lösung von Gleichungen, deren Lösungen reell sind, als Zwischenergebnisse auftreten können. Die Lösbarkeit und die Lösungsformeln für Gleichungen vierten Grades wird man in der Regel nur streifen.

An dieser Stelle sollte deutlich gemacht werden, welch grundsätzlicher Unterschied zwischen der Lösbarkeit einer Gleichung an sich und der Lösbarkeit durch Wurzelausdrücke besteht.

Die Vorzeichenregel von Descartes stellt einen Zusammenhang zwischen der Anzahl der positiven Nullstellen und der Anzahl der Vorzeichenwechsel eines Polynoms her. Genauer gesagt bezeichnen wir für ein Polynom $f = a_n x^n + a_{n-1} x^{n-1} + \ldots + a_1 x + a_0 \in \mathbb{R}[x]$

- mit vw(f) die Anzahl der Vorzeichenwechsel in der Folge $(a_n, a_{n-1}, \ldots, a_1, a_0)$, wobei wir Koeffizienten, die gleich Null sind, ignorieren,

- mit pos(f) die Anzahl der positiven reellen Nullstellen von f.

Beispiel: Das Polynom $x^2 - 2$ hat einen Vorzeichenwechsel und eine positive Nullstelle

(1) Füllen Sie folgende Tabelle aus.

f		vw(f)	pos(f)
$x - a$	$(a > 0)$		
$x - a$	$(a < 0)$		
$(x-a)(x-b)$	$(a, b > 0)$		
$(x-a)(x-b)$	$(a > 0, b < 0)$		
$(x-a)(x-b)$	$(a, b < 0)$		

(2) Machen Sie sich klar, dass sich bei der Multiplikation des Polynoms $x^2 + px + q$ mit $x - a, a > 0$ die Anzahl der Vorzeichenwechsel um eine ungerade Zahl ändert.

(3) Können Sie allgemein einen Zusammenhang zwischen vw(f) und pos(f) formulieren? Wie hängen die beiden Größen bezüglich $\leqslant$ von einander ab? Gibt es einen arithmetischen Zusammenhang der beiden Größen hinsichtlich ihrer Eigenschaft gerade oder ungerade zu sein?

Beispiel 12.5. Die Vorzeichenregel von Descartes

Bei der Frage nach der *Lösbarkeit im Allgemeinen* wird man zunächst auf das Abspalten einer Nullstelle eingehen, um daraus den Satz von Descartes zu folgern, dass ein Polynom vom Grad n höchsten n Nullstellen hat. Die Übungsaufgabe in Beispiel 12.5 kann dies vorbereiten.

Dann steuert man auf den Fundamentalsatz der Algebra zu, formuliert diesen präzise und geht auf seine Geschichte ein. Es empfiehlt sich, auch die Variante zu erwähnen, dass sich jedes reelle Polynom in irreduzible reelle Polynome vom Grad 1 und Grad 2 zerlegen lässt. An dieser Stelle wird man auch von $\mathbb{C}$ als algebraisch abgeschlossenen Körper sprechen.

Anschließend muss man die *Lösbarkeit durch Wurzelausdrücke* („*Radikale*") behandeln. Die Vorstellung eines „Wurzelausdrucks" ergibt sich aus der Cardanoschen Formel für die Lösung der kubischen Gleichungen; man sollte allerdings auch präzise definieren, was ein Wurzelausdruck (eine „Lösung durch Radikale") ist. Historisch sind hier Abel, Galois und ihre Sätze ein Muss. Ob man die Galoistheorie im Rahmen einer Algebra für Lehramtsstudierende so weit entwickeln will und kann, dass der Zusammenhang zwischen Lösbarkeit durch Radikale und der Galoisgruppe deutlich wird, ist eine Frage der Schwerpunktsetzung innerhalb der Vorlesung. Man sollte in jedem Fall im Rahmen eines ausführlichen Exkurses auf diese für die Entwicklung der Mathematik so wichtige Erkenntnis eingehen.

Die Übungesaufgabe in Beispiel 12.6 kann bei der Reflexion der Inhalte dieses Kapitels helfen:

Auf eine reelle Zahl kann man die Begriffe „algebraisch", „konstruierbar", „rational", „Wurzelausdruck" anwenden. Machen Sie sich noch einmal klar, was diese Begriffe bedeuten und ordnen sie diese dann in einer logischen Reihenfolge.

Beispiel 12.6. Eigenschaften reeller Zahlen

12.3 Eigene Erfahrungen

Ich habe die Vorlesung „Algebra für Lehramtsstudierende" mittlerweile zwei Mal gehalten, und zwar mit großem Erfolg. Obwohl die Algebra eine Wahlpflichtvorlesung ist, wurde diese jeweils vom gesamten Jahrgang besucht. Die Studierenden haben eine sinnerfüllte Beziehung zum Inhalt entwickelt und auch die Lernformen gerne wahrgenommen.

Die Vorlesung wurde, etwas unkonventionell, in einem vierstündigen Block gehalten. Dieses Modell hatte schon äußerlich den Vorteil, dass jede Sitzung ein in sich abgeschlossenes Thema hatte. Die Studierenden konnten sich die Folien der Vorlesung schon vorab herunterladen. Jede Sitzung war so organisiert, dass in den ersten beiden Stunden der jeweilige Stoff im üblichen Vorlesungsstil präsentiert wurde. In der dritten Stunde hatten die Studierenden die Gelegenheit, (leichte) Übungsaufgaben zu bearbeiten, die direkt zum „Verdauen" des Stoffs der ersten Stunden dienten. Nach einer kurzen Besprechung der Aufgaben wurde dann in der vierten Stunde weiterführender und vertiefender Stoff präsentiert.

Es gab zwei „paradoxe Schwierigkeiten". Zum einen galt die Vorlesung als „leicht". Meiner Einschätzung nach lag das daran, dass die meisten Begriffe und Ergebnisse über Beispiele eingeführt wurde, so dass sich dann die eigentliche Definition „fast automatisch" ergab. Die übliche Anstrengung in der Mathematik, die Definitionen und Sätze auswendig zu lernen, entfiel und die sinnerfüllten Begriffe wurden wie selbstverständlich aufgenommen.

Zum anderen wurde die Möglichkeit, sich während der Vorlesungszeit in einer Übungsphase den Stoff klar zu machen, nur von einem Teil der Hörerinnen und Hörer positiv aufgenommen. Insbesondere dann, wenn diese Übungsphase mit der Vorlesungspause kombiniert war, verlängerten einige Studierende schlicht die Pause.

Ich selbst habe diese Vorlesungen außerordentlich gerne gehalten. Ich empfand große Befriedigung über die Tatsache, dass diese Veranstaltung wirklich etwas ist, was den

Studierenden für ihren zukünftigen Beruf in einem sehr umfassenden Sinne „etwas bringt". Ich habe versucht, eine Balance zu finden zwischen den explizit geäußerten, manchmal naiven Wünschen der Studierenden („wir wollen den Schulstoff erklärt haben") und den Ansprüchen einer mathematischen Allgemeinbildung im Sinne der Winterschen Thesen, die meiner Ansicht nach jede Mathematiklehrerin und jeder Mathematiklehrer haben sollte.

Literatur

[Beutelspacher 2013] BEUTELSPACHER, Albrecht: *Zahlen. Geschichte, Gesetze, Geheimnisse*. München: C. H. Beck, 2013.

[Beutelspacher u. a. 2011] BEUTELSPACHER, Albrecht; DANCKWERTS, Rainer; NICKEL, Gregor; SPIES, Susanne; WICKEL, Gabriele: *Mathematik Neu Denken. Impulse für die Gymnasiallehrerbildung an Universitäten*. Wiesbaden: Vieweg+Teubner, 2011.

[Eyßell 2010] EYSSELL, Manfred: Der Erfinder des Computers: Konrad Zuse (Teil 1). In: *GWDG Nachrichten* (2010), Nr. 1. S. 6–20. http://www.gwdg.de/fileadmin/inhaltsbilder/Pdf/GWDG-Nachrichten/gn1001.pdf. Stand: 28. April 2013.

[Hischer 1993] HISCHER, Horst: Einleitung: Wieviel Termumformung braucht der Mensch? In: HISCHER, Horst (Hrsg.): *Wieviel Termumformung braucht der Mensch? – Fragen zu Zielen und Inhalten eines künftigen Mathematikunterrichts angesichts der Verfügbarkeit informatischer Methoden*. Bericht über die 10. Arbeitstagung des Arbeitskreises „Mathematikunterricht und Informatik" in der Gesellschaft für Didaktik der Mathematik e. V. vom 25. bis 27. September 1992 in Wolfenbüttel. Hildesheim: Franzbecker, 1993, S. 8–11.

[Mann 1960] MANN, Thomas: „Königliche Hoheit". In: MANN, Thomas (Hrsg.): *Gesammelte Werke*. Bd. II. Frankfurt a. M.: Fischer, 1960.

[Müller u. a. 2004] MÜLLER, Gerhard N.; STEINBRING, Heinz; WITTMANN, Erich Ch. (Hrsg.): *Arithmetik als Prozess*. Seelze: Kallmeyer, 2004.

[Winter 1995] WINTER, Heinrich: Mathematikunterricht und Allgemeinbildung. In: *Mitteilungen der Gesellschaft für Didaktik der Mathematik* 61 (1995), S. 37–46.

[Wussing 2009a] WUSSING, Hans: *6000 Jahre Mathematik. Eine kulturgeschichtliche Zeitreise*. Bd. 1.: Von den Anfängen bis Leibniz und Newton. Berlin u. a.: Springer, 2009.

[Wussing 2009b] WUSSING, Hans: *Adam Ries*. Mit einem aktuellen Anhang; mit Beiträgen von M. Folkerts, R. Gebhardt, A. Meixner, F. Naumann, M. Weidauer, H. Wussing. 3., bearb. u. erw. Aufl., Leipzig: Ed. am Gutenbergplatz, 2009.

13 Aufgaben zur Vernetzung von Schul- und Hochschulmathematik

Christoph ABLEITINGER, Lisa HEFENDEHL-HEBEKER und Angela HERRMANN

13.1 Leitideen

Das Problem der „doppelten Diskontinuität" im gymnasialen Lehramtsstudium (vgl. Klein 1908) ist in den letzten Jahren wieder verstärkt in das Zentrum der Aufmerksamkeit gerückt und zum Gegenstand hochschuldidaktischer Projekte und Diskussionen geworden (vgl. Bauer und Partheil 2009; Bauer 2012; Beutelspacher u. a. 2011).

Das Projekt *Mathematik Neu Denken* der Universitäten Gießen und Siegen (vgl. Beutelspacher u. a. 2011) begegnete dem Diskontinuitätsproblem erfolgreich mit einer Restrukturierung des Grundstudiums unter der Leitidee, universitär-fachwissenschaftliche, elementarmathematische und fachdidaktische Ausbildungsanteile explizit aufeinander abzustimmen und miteinander zu vernetzen. Jedoch war dieses Projekt drittmittelgefördert und beanspruchte finanzielle und personelle Ressourcen, die mathematischen Fachbereichen nicht ohne weiteres zur Verfügung stehen.

Deshalb verfolgt das Projekt *Mathematik besser verstehen* (vgl. Ableitinger u. a. 2010) der Universität Duisburg-Essen das Anliegen, Lehramtsstudierende im ersten Studienjahr durch Begleitmaßnahmen bei der Bewältigung der fachlichen Anforderungen zu unterstützen ohne in die Studienstruktur einzugreifen. Zu den Maßnahmen gehören auch Übungsaufgaben, die Brücken zwischen Schul- und Hochschulmathematik schlagen, dabei ähnliche Ziele verfolgen wie die „Schnittstellenmodule" der Universität Marburg (vgl. Bauer und Partheil 2009; Bauer 2012) und damit einer Erfahrung entgegen wirken, die Danckwerts schon vor über 30 Jahren in dem folgenden Zitat auf den Punkt brachte:

> „Häufig kennt ein Lehramtskandidat einen mathematischen Begriff aus seiner eigenen Schulzeit [...], wird mit demselben Begriff während seines Mathematikstudiums auf hohem Niveau erneut konfrontiert [...], erkennt keinen inneren Zusammenhang und vergibt die Chance einer fachdidaktischen Analyse. Es liegt auf der Hand und ist durch die Praxis belegt, daß sich dieser Mangel auf seine didaktische Kompetenz als Referendar und später als Lehrer auswirkt." (Danckwerts 1979, S. 201)

Von Brückenschlägen zwischen Schul- und Hochschulmathematik sind zwei Wirkrichtungen anzunehmen (vgl. Bauer 2012):

(1) Bezüge zur Schulmathematik können helfen, die Hochschulmathematik besser zu verstehen, indem sie

 – Beziehungen zu bekannten elementaren Beispielen herstellen,

 – anschauliche Grundlagen für die betrachteten Begriffe, Strukturen und Verfahren heranziehen und bewusst machen und

 – damit auch eine genetische Komponente in den Lernprozess einbringen.

(2) Umgekehrt kann die hochschulmathematische Perspektive helfen, die Schulmathematik besser zu verstehen, indem sie

 – vertiefendes und Kohärenz stiftendes Wissen über schulmathematische Inhalte bereit stellt,

 – formale Gemeinsamkeiten zwischen Wissensbeständen aufzeigt

 – und damit auch ein Bewusstsein von Stufen der Abstraktion und Strenge in Bezug auf Begriffsbildungen und Begründungsnotwendigkeiten erzeugt.

Diese Perspektive hat einen unmittelbaren unterrichtspraktischen Nutzen, wenn zum Beispiel Lösungsmöglichkeiten für eine Aufgabe schneller überblickt und kontrolliert werden können.

In den folgenden Ausführungen werden wir dieses Konzept an zwei ausgewählten Beispielen ausführlich demonstrieren.

13.2   Erkunden lokaler Extremstellen mittels Taylorpolynom

13.2.1 Motivation

Das Thema „Extremstellenberechnung mittels Differentialrechnung" ist für Funktionen in einer Variablen fixer Bestandteil des Mathematikunterrichts in der Oberstufe. An der Hochschule taucht das Thema sowohl für Funktionen in einer Variablen wie auch für Funktionen der Form $f : \mathbb{R}^n \to \mathbb{R}$ auf. Hier ergibt sich in natürlicher Weise eine Brücke zwischen der Schul- und der Hochschulmathematik, die von den meisten Studierenden wohl nicht automatisch geschlagen werden kann. Durch die im nächsten Abschnitt formulierte Aufgabe wollen wir bei Lehramtsstudierenden eine entsprechende fachdidaktische Analyse anregen.

Bei der Untersuchung von Funktionen $f : \mathbb{R} \to \mathbb{R}$ auf lokale Extremstellen wird im Schulunterricht in der Regel mit folgendem hinreichenden Kriterium argumentiert:

Hinreichendes Kriterium (eindimensional): Sei $f : \mathbb{R} \to \mathbb{R}$ zweimal stetig differenzierbar und sei $a \in \mathbb{R}$ eine kritische Stelle[1], also $f'(a) = 0$. Gilt dann

- $f''(a) > 0$, so besitzt f an der Stelle a ein lokales Minimum.

- $f''(a) < 0$, so besitzt f an der Stelle a ein lokales Maximum.

- $f''(a) = 0$, so kann mit diesem Kriterium keine Aussage über die Art der kritischen Stelle gemacht werden.

In der Veranstaltung Analysis II werden Studierende dann mit der Verallgemeinerung des Kriteriums für Funktionen der Form $f : \mathbb{R}^n \to \mathbb{R}$ konfrontiert:

Hinreichendes Kriterium (mehrdimensional): Sei $f : \mathbb{R}^n \to \mathbb{R}$ zweimal stetig differenzierbar und sei $a \in \mathbb{R}^n$ ein kritischer Punkt von f, also $f'(a) = 0$. Ist dann die Hesse-Matrix $f''(a)$

- positiv definit, so besitzt f im Punkt a ein lokales Minimum.

- negativ definit, so besitzt f im Punkt a ein lokales Maximum.

- indefinit, so besitzt f im Punkt a einen Sattelpunkt.

- semidefinit, so kann mit diesem Kriterium keine Aussage über die Art des kritischen Punktes gemacht werden.

Aufgaben der Form „Bestimmen Sie alle Punkte, in denen die Funktion f ein lokales Extremum annimmt, und entscheiden Sie, ob es sich dabei um ein lokales Minimum oder Maximum handelt" werden sowohl auf Schul- als auch auf Universitätsniveau oft rein kalkülhaft bearbeitet. Dabei besteht die Gefahr, dass kein tieferes Verständnis für die Bedeutung dieser hinreichenden Kriterien entwickelt wird. Ein verstehensorientierter Zugang zum hinreichenden Kriterium für Funktionen in einer Variablen führt z. B. über die Untersuchung des Krümmungsverhaltens der Funktion an den kritischen Stellen. Das liefert eine gute Anschauung, ist aber nicht der einzige Begründungszusammenhang, der hier in den Blick genommen werden kann. Durch die folgende Aufgabe wollen wir einen Verstehensprozess bei den Studierenden anstoßen, der auf die Idee der *besten lokalen Approximation* abzielt. Dadurch wird eine neue Sicht auf ein aus der Schule bekanntes Phänomen ermöglicht. Die Idee ist, eine Funktion in einer Variablen lokal um eine kritische Stelle durch eine *geeignete* Parabel anzunähern, von der man einfacher entscheiden kann, welches Verhalten sie an der kritischen Stelle zeigt. Umgekehrt nutzt die Aufgabe bewusst Bezüge zur Schulmathematik, um komplexe Inhalte der Universitätsmathematik mit elementaren Veranschaulichungen zu unterfüttern.

---

[1] Üblicherweise werden Punkte, an denen die erste Ableitung einer Funktion in mehreren Variablen verschwindet, als kritische Punkte bezeichnet. Um die Parallelität zu Funktionen in einer Variablen deutlich zu machen, verwenden wir hier den Begriff „kritische Stelle".

13.2.2 Die Aufgabe

Die hinreichenden Kriterien bedeuten inhaltlich, dass sich eine zweimal stetig differenzierbare Funktion in der Nähe eines kritischen Punktes qualitativ so wie das zugehörige Taylorpolynom zweiten Grades verhält (solange keine Semidefinitheit vorliegt). Diesen Zusammenhang sollen die Studierenden in der folgenden Aufgabe erkennen und nutzen. Letztlich ist das die Kernidee des Beweises des hinreichenden Kriteriums für Funktionen $f : \mathbb{R}^n \to \mathbb{R}$. Diese Idee lässt sich natürlich auch auf Funktionen in einer Variablen übertragen. Der zentrale Gedanke ist also, eine Funktion $f : \mathbb{R} \to \mathbb{R}$ lokal um eine kritische Stelle x_0 bestmöglich durch eine Parabel p anzunähern und aus den Eigenschaften dieser optimalen[2] Parabel auf Eigenschaften der Funktion zu schließen. Wir folgen damit einer immer wieder geäußerten Forderung von Danckwerts, wonach die Idee der lokalen Approximierung eine zentrale Rolle bei der Behandlung der Differenzierbarkeit spielen solle (vgl. Danckwerts 1979; Danckwerts 1980; Danckwerts und Vogel 2006). Die Aufgabe schlägt eine Brücke zu dem aus der Schule bekannten hinreichenden Kriterium für Funktionen $f : \mathbb{R} \to \mathbb{R}$. Dabei gehen wir ganz bewusst vom höheren Niveau aus, um im zweiten Aufgabenteil eine einfache Schulaufgabe aus einer hochschulmathematischen Perspektive betrachten zu können.

Berechnen Sie die kritischen Punkte der jeweiligen Funktion und stellen Sie die Taylorpolynome zweiten Grades in diesen kritischen Punkten auf!

a) $f(x,y) = x^3 + 2xy + y^2$

b) $g(x) = x^2 e^x$

- Lesen Sie (wenn möglich) aus der Gestalt der Taylorpolynome ab, ob es sich bei den kritischen Punkten um lokale Maxima, lokale Minima oder Sattelpunkte der Funktion handelt! Wann ist das nicht möglich?
- Fertigen Sie zu b) auch eine geeignete Grafik an!
- Was berechtigt dazu, die Art des kritischen Punktes auf diese Weise zu bestimmen?
- Wie lässt sich diese Aufgabe in Verbindung zu dem aus der Schule bekannten hinreichenden Kriterium für Extremstellen bringen?

Aufgabe 1. Art kritischer Punkte

Wir werden im Folgenden die wichtigsten Lösungsschritte darstellen und dabei eine didaktisch-reflektierende Haltung einnehmen. Die kritischen Punkte lassen sich in a)

---

[2] Das Taylorpolynom zweiten Grades um den kritischen Punkt ist insofern die bestapproximierende Parabel durch den kritischen Punkt, als dass sie die einzige solche Parabel ist, für die der vertikale Approximationsfehler $f(x) - p(x)$ für $x \to x_0$ schneller gegen Null geht als $(x - x_0)^2$ (vgl. dazu auch die Ausführungen über die bestapproximierende Gerade bei Danckwerts und Vogel 2006).

durch Nullsetzen des Gradienten von f berechnen. Es ergeben sich die beiden Punkte $a = (0,0)$ und $b = (\frac{2}{3}, -\frac{2}{3})$. Die Hesse-Matrix berechnet sich zu

$$f''(x,y) = \begin{pmatrix} 6x & 2 \\ 2 & 2 \end{pmatrix}.$$

Setzen wir die Koordinaten des kritischen Punktes a ein, erhalten wir:

$$f''(0,0) = \begin{pmatrix} 0 & 2 \\ 2 & 2 \end{pmatrix}.$$

Als Taylorpolynom zweiten Grades errechnen wir

$$T_2 f(a+h) = f(a) + f'(a) \cdot \begin{pmatrix} h_1 \\ h_2 \end{pmatrix} + \frac{1}{2} \begin{pmatrix} h_1 & h_2 \end{pmatrix} \cdot f''(a) \begin{pmatrix} h_1 \\ h_2 \end{pmatrix} = h_2(2h_1 + h_2).$$

Die Frage ist nun, ob dieses Taylorpolynom im Punkt a (also für $h = (0,0)$) ein (globales) Extremum oder aber einen Sattelpunkt besitzt. Entweder man kann nachweisen, dass das Polynom ausgehend von a entlang jeder beliebigen Kurve wächst bzw. fällt oder – wie im vorliegenden Fall – man findet eine Kurve, entlang derer das Polynom ausgehend von a wächst und eine Kurve, entlang derer es fällt. Dieses Suchen nach passenden Kurven kann zu einer im positiven Sinne herausfordernden Aktivität werden, bei der ein Gespür für die Struktur des Ausdrucks $h_2(2h_1 + h_2)$ entwickelt werden muss.

Wir wählen als erste Kurve z. B. die Gerade $\gamma_1(t) = a + t \cdot \begin{pmatrix} 1 \\ -3 \end{pmatrix}$ mit $t \in \mathbb{R}$.
Damit ist

$$T_2 f(a + t \cdot \begin{pmatrix} 1 \\ -3 \end{pmatrix}) = -3t(2t - 3t) = 3t^2 > 0 = T_2 f(a)$$

für alle $t \neq 0$. Das Taylorpolynom wächst also ausgehend von a entlang der Geraden γ_1. Als zweite Kurve wählen wir z. B. $\gamma_2(t) = a + t \cdot \begin{pmatrix} 1 \\ -1 \end{pmatrix}$ mit $t \in \mathbb{R}$. Damit ist

$$T_2 f(a + t \cdot \begin{pmatrix} 1 \\ -1 \end{pmatrix}) = -t(2t - t) = -t^2 < 0 = T_2 f(a)$$

für alle $t \neq 0$. Das bedeutet, dass das Taylorpolynom ausgehend von a entlang γ_2 fällt. Also ist $a = (0,0)$ Sattelpunkt des Polynoms und damit auch Sattelpunkt der Funktion f. Diese Übertragbarkeit der Art eines kritischen Punktes ist durch den Beweis des hinreichenden Kriteriums abgesichert, der in der Vorlesung vorgestellt wurde[3].

Das Taylorpolynom um den Entwicklungspunkt b errechnet sich zu:

$$T_2 f(b + h) = -\frac{4}{27} + h_1^2 + (h_1 + h_2)^2.$$

---

[3] Aus Platzgründen kann der Beweis hier nicht abgedruckt werden. Er lässt sich aber z. B. in Forster (2010) nachlesen.

Hieran erkennen wir, dass es sich bei b um ein lokales Minimum des Taylorpolynoms und damit auch der Funktion f handelt, denn für jedes $(h_1, h_2) \neq (0,0)$ liefert das Taylorpolynom einen größeren Wert als für $(h_1, h_2) = (0,0)$. Eine Veranschaulichung dazu liefert Abbildung 13.1. Der Graph des Taylorpolynoms ist ein Paraboloid, das im Punkt $(b, f(b))$ genau in den Funktionsgraphen von f „eingepasst" ist.

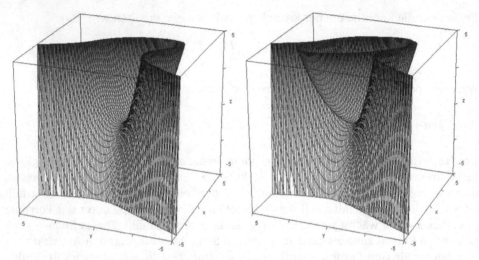

Abbildung 13.1. Links die Funktion f, rechts die Funktion f und das lokal um b approximierende Taylorpolynom zweiten Grades (erstellt mit Derive)

Bevor wir nun Aufgabenteil b) in Angriff nehmen, wollen wir klar machen, welche Ziele er verfolgt. Wir beziehen uns dabei auf die in den Leitideen dargelegten Wirkrichtungen von Brückenschlägen (vgl. S. 218) und konkretisieren sie hier für unsere Aufgabe:

— *Wirkrichtung 1:* Wir führen die in Teil a) vollzogenen Bearbeitungsschritte nun für eine Funktion in einer Variablen durch. Die Parallelität dieser Aufgabenbearbeitungen wird dadurch unterstrichen, dass wir bewusst einander entsprechende Objekte gegenüberstellen (Funktion in einer Variablen – Funktion in zwei Variablen, kritischer Punkt – kritische Stelle, Paraboloid – Parabel, etc.). Dadurch werden Beziehungen zu bereits bekannten Begriffen der Schulmathematik hergestellt, die beim Verstehen der Universitätsmathematik helfen sollen.

— *Wirkrichtung 2:* Umgekehrt nutzen wir die in Teil a) gewonnenen Einsichten, um vertraute Inhalte der Schulmathematik aus einer neuen Perspektive zu sehen. Das Einpassen eines Taylorpolynoms zweiter Ordnung an einem kritischen Punkt wird im Falle einer Variablen zum Einpassen der bestapproximierenden Parabel an eine kritische Stelle. Das Vorzeichen der zweiten Ableitung bestimmt darüber, ob diese Parabel nach oben oder unten geöffnet ist, und erhält auf diese Weise eine neue Interpretationsmöglichkeit[4].

---

4   Die gängigere Interpretationsmöglichkeit ist, dass das Vorzeichen der zweiten Ableitung über das Krümmungsverhalten der Funktion an der kritischen Stelle entscheidet.

Im Aufgabenteil b) erfolgt die Berechnung der kritischen Stellen durch Nullsetzen der ersten Ableitung von g. Das liefert die beiden Stellen $c = 0$ und $d = -2$. Wollten wir jetzt das eindimensionale hinreichende Kriterium verwenden, so würden wir die kritischen Stellen 0 und -2 in die zweite Ableitung einsetzen und entsprechend der Vorzeichen entscheiden, welche Art von kritischer Stelle vorliegt. Wir gehen nun aber analog zu Teil a) vor, um die Verbindungen zwischen den beiden Aufgabenteilen so explizit wie möglich zu machen. Durch das Ausbilden von Beziehungen zum elementaren Beispiel sollen die Objekte und Begriffe der Hochschulmathematik ein anschauliches Fundament bekommen.

Wir fragen daher nach den Taylorpolynomen um die beiden kritischen Stellen und überlegen, welche Information man aus ihrer Gestalt über die Art der kritischen Stellen erhält:

Das Taylorpolynom zweiten Grades um die Entwicklungsstelle $c = 0$ lautet

$$T_2 g(c + h) = g(c) + g'(c)h + \frac{1}{2}g''(c)h^2 = 0 + 0 + \frac{1}{2} \cdot 2h^2 = h^2.$$

Im Falle der Funktion in zwei Variablen haben wir uns an dieser Stelle gefragt, ob das Polynom entlang jeder beliebigen Kurve wächst bzw. fällt oder ob man sowohl eine Kurve findet, entlang derer das Polynom ausgehend vom kritischen Punkt wächst, als auch eine Kurve, entlang derer es fällt. Im vorliegenden Fall hat man dazu eigentlich nur eine einzige Richtung zu untersuchen. Ausgehend von c kann man sich ja nur entlang der x-Achse (also entlang der Kurve $\gamma_3(t) = c + t$ mit $t \in \mathbb{R}$) von der kritischen Stelle c entfernen.

Es gilt: $T_2 g(c + t) = T_2 g(t) = t^2 > 0$ für $t \neq 0$. Das Polynom wächst also ausgehend von c, egal, ob wir uns auf der x-Achse nach rechts oder nach links[5] entfernen. An der Stelle $c = 0$ liegt demnach ein Minimum von $T_2 g$ vor.

Selbstverständlich kann man sich diese ausführliche Überlegung auch ersparen. Man erkennt sofort, dass $T_2 g(h) = h^2$ eine nach oben geöffnete Parabel ist, die an ihrer Scheitelstelle $c = 0$ ein striktes Minimum annimmt. Die Funktion g besitzt also nach dem hinreichenden Kriterium an der Stelle c ein lokales Minimum. Letztlich hat darüber das Vorzeichen des Koeffizienten von h^2 im Taylorpolynom entschieden. Dieses wiederum wird durch das Vorzeichen der zweiten Ableitung an der Stelle c festgelegt (siehe Taylorformel). Neben dem Krümmungsverhalten der Funktion liefert diese Beobachtung eine weitere inhaltliche Begründung dafür, dass das Vorzeichen der zweiten Ableitung darüber bestimmt, welche Art von Extremstelle vorliegt.

Das Taylorpolynom zweiten Grades um $d = -2$ ist

$$T_2 g(d + h) = \frac{4}{e^2} + 0 - \frac{1}{2} \cdot \frac{2}{e^2} \cdot h^2.$$

---

[5] Vorsicht: Natürlich ist die Funktion $t \mapsto t^2$ auf $(-\infty, 0]$ streng monoton *fallend*. Wir versetzen uns nun aber in die Lage, ausgehend von $c = 0$ nach *links* am Funktionsgraphen „entlang zu wandern". Und dieser Weg führt bergauf.

Es nimmt für $h = 0$ ein striktes Maximum an (wieder wegen des Vorzeichens des quadratischen Terms), daher besitzt die ursprüngliche Funktion g an der Stelle $d = -2$ ein lokales Maximum. In Abbildung 13.2 findet man die Funktion und die beiden Taylorpolynome graphisch dargestellt.

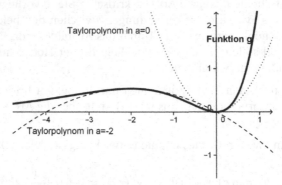

Abbildung 13.2. Die Funktion g mit den beiden Taylorpolynomen um die Entwicklungsstellen c und d (erstellt mit *GeoGebra*)

Das Betrachten der Aufgabe durch die hochschulmathematische Brille kann folgende Einsicht liefern: Nähert man eine Funktion lokal um eine kritische Stelle durch die bestapproximierende Parabel an, so kann man an ihrem Verlauf schon auf die Art der kritischen Stelle rückschließen. Zusammenfassend lässt sich festhalten: Ist die zweite Ableitung einer Funktion an einer kritischen Stelle ungleich Null, leistet ihr Vorzeichen zweierlei:

- Es entscheidet vermöge des hinreichenden Kriteriums darüber, welche Art von Extremum vorliegt.

- Es legt das Vorzeichen des quadratischen Terms der bestapproximierenden Parabel (sofern diese existiert) an der kritischen Stelle fest und entscheidet damit, ob die Parabel nach oben oder nach unten geöffnet ist (d. h. ob ihr Scheitelpunkt ein Minimum bzw. ein Maximum ist).

Die Aufgabe vermittelt also neben einem anschaulichen Bezug zur Schulmathematik (1. Wirkrichtung) ein einprägsames Bild für die Rolle des Vorzeichens der zweiten Ableitung im hinreichenden Kriterium und ermöglicht so ein vertieftes Verständnis schulmathematischer Inhalte (2. Wirkrichtung).

13.3 Projektionen

13.3.1 Motivation

Im Folgenden soll eine Aufgabe vorgestellt werden, die den anschaulichen Begriff „Projektion" der Schule mit dem eher abstrakten Begriff „Projektion" der Vorlesung

Lineare Algebra verknüpft. Projektionen werden im Unterricht, wenn überhaupt, nur am Rande thematisiert. Dabei gehen Lehrwerke häufig auf das perspektivische Zeichnen ein und unterscheiden die beiden Projektionsarten Parallelprojektion und Zentralprojektion (vgl. Kroll u. a. 1997, S. 141–145; Baum u. a. 2000, S. 158–165; Griesel u. a. 2011, S. 267–268). Dennoch erscheint uns das Thema Projektion als sehr fruchtbar, um Verknüpfungen zwischen der Linearen Algebra der Schule und Hochschule herzustellen und Anschauungen zu den abstrakten Begriffen der Vorlesung aufzubauen.

Grundvorstellung zur Wirkungsweise einer Projektion: Ein räumlicher Gegenstand wird mit Hilfe eines Strahlenbündels auf eine ebene Fläche projiziert. Das Bild P' eines Punktes P ist dabei der Schnittpunkt des durch P verlaufenden Projektionsstrahls mit der Projektionsfläche. Diese Grundvorstellung wird in Anwendungsaufgaben zur vektoriellen analytischen Geometrie der Oberstufe genutzt:

Ein Gebäude ist in einem Koordinatensystem durch die folgenden Punkte modellhaft angegeben: $A(0|0|0)$, $B(6|0|0)$, $C(6|8|0)$, $D(0|8|0)$, $E(0|0|3)$, $F(6|0|3)$, $G(6|8|3)$, $H(0|8|3)$, $P(3|0|6)$, $Q(3|8|6)$. Dabei beschreibt die Strecke $\overrightarrow{PQ}$ den Dachfirst.

Die Sonnenstrahlen fallen parallel zum Vektor $\vec{v_1} = \begin{pmatrix} 0 \\ 1 \\ 1 \end{pmatrix}$ ein. Ermittle den Schatten des Gebäudes in der $x_1 x_2$-Ebene und zeichne ihn ein.

Beispiel 13.1. Schattenwurf (Gekürzt aus: Griesel u. a. 2011, S. 374)

In der Linearen Algebra wird eine Projektion P als idempotenter Vektorraumendomorphismus erklärt und somit durch die formale Abbildungsgleichung $P^2 = P$ definiert[6]. Hierzu gibt es dann Übungsaufgaben der folgenden Art:

Sei f eine lineare Abbildung eines Vektorraums in sich mit $f^2 = f$. Zeigen Sie, dass 0 und 1 die einzigen möglichen Eigenwerte von f sind.

Der Zusammenhang zwischen diesen beiden Aufgaben ist auf den ersten Blick nicht erkennbar. Die Projektaufgabe, die wir hier vorstellen wollen, dient als „Vermittler" zwischen solch verschiedenen Aufgaben. Wir werden zunächst die Aufgabe und ihre Lösung präsentieren. Anschließend wollen wir erläutern, inwiefern es dieser Aufgabe gelingt, eine Brücke zwischen Schul- und Universitätsmathematik zu schlagen.

---

[6] Die Zentralprojektion ist damit im Sinne dieser Definition keine Projektion.

13.3.2 Die Aufgabe

Wir wollen Projektionen aus dem $\mathbb{R}^3$ untersuchen und dazu eine geometrische Anschauung gewinnen.

Gegeben sei eine Abbildung $P : \mathbb{R}^3 \to \mathbb{R}^3$ durch die Matrix $\begin{pmatrix} 1 & 0 & 0 \\ 0 & 1 & \frac{1}{3} \\ 0 & 0 & 0 \end{pmatrix}$.

(a) Zeigen Sie, dass P eine Projektion ist!

(b) Bestimmen Sie Kern(P) und Bild(P)! Um welche geometrischen Objekte handelt es sich?

(c) Betrachten Sie nun für einen beliebigen Vektor $v \in \mathbb{R}^3$ die Gerade $H_v := \{v + \lambda b \mid \lambda \in \mathbb{R}\}$, wobei b ein Basisvektor von Kern(P) sei. Bestimmen Sie das Bild des Vektors v und den Schnittpunkt der Geraden H_v mit dem Bild(P)! Was beobachten Sie? Beschreiben Sie auf dieser Grundlage, wie man das Bild eines Vektors unter der Projektion P geometrisch konstruieren könnte.

Aufgabe 2. Geometrische Interpretation von Projektionsabbildungen

Lösung zu Teil (a): Wir beweisen, dass $P^2 = P$ gilt, indem wir für alle $v = \begin{pmatrix} x_1 \\ x_2 \\ x_3 \end{pmatrix} \in \mathbb{R}^3$

zeigen, dass $P(P(v)) = P(v)$ gilt:

$$\begin{pmatrix} 1 & 0 & 0 \\ 0 & 1 & \frac{1}{3} \\ 0 & 0 & 0 \end{pmatrix} \left[\begin{pmatrix} 1 & 0 & 0 \\ 0 & 1 & \frac{1}{3} \\ 0 & 0 & 0 \end{pmatrix} \begin{pmatrix} x_1 \\ x_2 \\ x_3 \end{pmatrix} \right] = \begin{pmatrix} 1 & 0 & 0 \\ 0 & 1 & \frac{1}{3} \\ 0 & 0 & 0 \end{pmatrix} \begin{pmatrix} x_1 \\ x_2 + \frac{1}{3}x_3 \\ 0 \end{pmatrix}$$

$$= \begin{pmatrix} x_1 \\ x_2 + \frac{1}{3}x_3 \\ 0 \end{pmatrix}$$

$$= \begin{pmatrix} 1 & 0 & 0 \\ 0 & 1 & \frac{1}{3} \\ 0 & 0 & 0 \end{pmatrix} \begin{pmatrix} x_1 \\ x_2 \\ x_3 \end{pmatrix}.$$

Sicher hätten wir an dieser Stelle auch einfach mit Hilfe der Matrizenmultiplikation nachweisen können, dass $P^2 = P$ gilt und P somit eine Projektion ist. Wir haben hier bewusst den ausführlicheren Weg gewählt, um das Augenmerk auf die intuitiv einleuchtende Eigenschaft von Projektionen zu lenken, dass die Projektionsfläche auf sich selbst abgebildet wird.

Lösung zu Teil (b): Wir ermitteln zu Kern und Bild Basen (auf den Lösungsweg verzichten wir der Übersicht halber):

$$\text{Kern}(P) = \left\langle \begin{pmatrix} 0 \\ 1 \\ -3 \end{pmatrix} \right\rangle; \qquad \text{Bild}(P) = \left\langle \begin{pmatrix} 1 \\ 0 \\ 0 \end{pmatrix}, \begin{pmatrix} 0 \\ 1 \\ 0 \end{pmatrix} \right\rangle.$$

Damit handelt es sich beim Kern um eine Gerade durch den Ursprung und beim Bild um die $x_1 x_2$-Ebene.

Lösung zu Teil (c): Das Bild eines beliebigen Vektors $v = \begin{pmatrix} x_1 \\ x_2 \\ x_3 \end{pmatrix}$ haben wir schon be-

rechnet: $P(v) = \begin{pmatrix} x_1 \\ x_2 + \frac{1}{3}x_3 \\ 0 \end{pmatrix}$. Bestimmen wir nun also den Schnittpunkt der Geraden

H_v mit dem Bild(P): Sei $w \in H_v \cap \text{Bild}(P)$ beliebig, dann gilt einerseits

$w - \begin{pmatrix} x_1 \\ x_2 \\ x_3 \end{pmatrix} \mid \lambda \begin{pmatrix} 0 \\ 1 \\ -3 \end{pmatrix}$ und andererseits hat w die Form $\begin{pmatrix} y_1 \\ y_2 \\ 0 \end{pmatrix}$. Daraus folgt:

$$y_1 = x_1, \ y_2 = x_2 + \lambda \text{ und } 0 = x_3 - 3\lambda.$$

Also ist $\lambda = \frac{1}{3}x_3$ und damit

$$w = \begin{pmatrix} x_1 \\ x_2 \\ x_3 \end{pmatrix} + \lambda \begin{pmatrix} 0 \\ 1 \\ -3 \end{pmatrix} = \begin{pmatrix} x_1 \\ x_2 + \frac{1}{3}x_3 \\ x_3 - x_3 \end{pmatrix} = \begin{pmatrix} x_1 \\ x_2 + \frac{1}{3}x_3 \\ 0 \end{pmatrix}.$$

Es fällt auf, dass $w = P(v)$ ist und dann $H_v \cap \text{Bild}(P) = \{P(v)\}$ gilt. Das liefert nun aber eine Konstruktionsmöglichkeit für die Projektion von v (vgl. Abb. 13.3): Wir fassen v als Ortsvektor auf und zeichnen durch dessen Spitze eine Parallele zum Kern der Projektion. Diese Parallele schneiden wir mit dem Bild der Projektion (hier also mit der $x_1 x_2$-Ebene), dabei entsteht ein Schnittpunkt S. Der Vektor v wird dann auf den Ortsvektor $\overrightarrow{OS}$ projiziert.

13.3.3 Didaktische Analyse

Wir wollen nun untersuchen, wie die Aufgabe dazu beiträgt, eine Brücke zwischen Schul- und Universitätsmathematik zu schlagen. Dabei orientieren wir uns an den beiden Wirkrichtungen, die in Abschnitt 1 beschrieben sind.

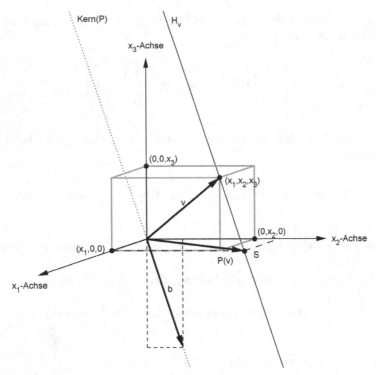

Abbildung 13.3. Skizze zur Projektionsabbildung (erstellt mit *GeoGebra*)

Eine hochschulmathematische Perspektive auf die Schulmathematik:

Die Definition einer Projektion als lineare Abbildung, die der Abbildungsgleichung $P^2 = P$ genügt, ist knapp und lapidar. Der Blick auf den phänomenologischen Reichtum, der in ihr steckt, ist verdeckt und muss erst erarbeitet werden. Die Projektaufgabe bezweckt unter anderem, genau diese phänomenologischen Wurzeln der Definition wieder freizulegen. Die Aufgabe führt zu der Einsicht, dass die betrachtete Abbildung P geometrisch interpretiert genau so funktioniert, wie es in der Abbildung aus dem Unterrichtswerk dargestellt ist. Der Kern der Abbildung bestimmt die Richtung der Projektionsstrahlen, die jedem Vektor seinen „Schatten" in der Bildebene zuordnen. Damit wird auch deutlich, dass unterrichtssprachlich (und manchmal auch alltagssprachlich) gefasste Sachverhalte in den formalen Definitionen mit inbegriffen sind, auch wenn dies auf den ersten Blick nicht immer sichtbar ist.

Die formale Begriffsdefinition umfasst natürlich viel mehr Abbildungen als nur die schrägen Parallelprojektionen des dreidimensionalen Raumes auf eine Ebene. Große Klassen von Objekten werden durch gemeinsame Eigenschaften charakterisiert und in knappen formalen Definitionen zusammengefasst. Damit liegt ein wesentlicher Nutzen dieser Vorgehensweise der Hochschulmathematik in der Effektivität, mit der die Objekte untersucht und behandelt werden können. Man braucht dann nicht auf die

Besonderheiten einzelner Objektbereiche einzugehen, sondern kann aus einer über-
geordneten Perspektive mit einheitlichen und oft sehr ökonomischen Methoden operieren. Ein Vergleich möglicher Lösungswege für die eingangs formulierte Schulbuch-
aufgabe macht das deutlich und zeigt zugleich, welchen Vorteil es für Lehrkräfte hat,
wenn sie auch den universitären Lösungsweg kennen.

Mit Schulmethoden lässt sich die Aufgabe wie folgt lösen: Man stellt die Gleichungen der Geraden durch die Eckpunkte des Hauses mit Richtungsvektor $\vec{v_1}$ auf und
berechnet dann jeweils deren Schnittpunkt mit der $x_1 x_2$-Ebene. Wir führen dies ex-
emplarisch am Punkt $G(6|8|3)$ durch:

Die Geradengleichung $h : \vec{x} = \begin{pmatrix} 6 \\ 8 \\ 3 \end{pmatrix} + \lambda \cdot \begin{pmatrix} 0 \\ 1 \\ 1 \end{pmatrix}$ beschreibt die zu g parallele Gerade
h. Diese Gerade schneiden wir mit der $x_1 x_2$-Ebene

$$E : \vec{x} = \mu \cdot \begin{pmatrix} 1 \\ 0 \\ 0 \end{pmatrix} + \nu \cdot \begin{pmatrix} 0 \\ 1 \\ 0 \end{pmatrix}.$$

Da der Schnittpunkt G' sowohl auf h als auch in der Ebene E liegt, lässt sich sein
Ortsvektor auf zwei Arten ermitteln:

$$(1) \quad \overrightarrow{OG'} = \begin{pmatrix} 6 \\ 8 \\ 3 \end{pmatrix} + \lambda \cdot \begin{pmatrix} 0 \\ 1 \\ 1 \end{pmatrix},$$

$$(2) \quad \overrightarrow{OG'} = \mu \cdot \begin{pmatrix} 1 \\ 0 \\ 0 \end{pmatrix} + \nu \cdot \begin{pmatrix} 0 \\ 1 \\ 0 \end{pmatrix}.$$

Durch Gleichsetzen erhalten wir das lineare Gleichungssystem:

$$6 = \mu$$
$$8 + \lambda = \nu$$
$$3 + \lambda = 0.$$

Daraus folgt $\lambda = -3$, $\mu = 6$, $\nu = 5$ und wir erhalten $\overrightarrow{OG'} = \begin{pmatrix} 6 \\ 5 \\ 0 \end{pmatrix}$ als Ortsvektor

von G'. Nun kann man den Eckpunkt $G' = (6|5|0)$ des Schattens einzeichnen. Für
die anderen Punkte würde die Berechnung analog erfolgen. Bei dieser Methode wird
implizit vorausgesetzt, dass geradlinige Strecken wieder auf geradlinige Strecken projiziert werden. Anschaulich und bezogen auf die Alltagserfahrung zum Schattenwurf
ist diese Eigenschaft intuitiv klar. Formal gesehen beruht sie auf der Linearität der
betrachteten Projektion.

Eine hochschulmathematische Lösungsmöglichkeit wäre, eine Abbildungsmatrix auf-
zustellen, indem man die Bilder der Standardbasisvektoren unter der Projektion wie

oben ermittelt. Wobei man sich hier schnell überlegen kann, dass die ersten beiden Standardbasisvektoren, die gerade die $x_1 x_2$-Ebene aufspannen, auf sich selbst abgebildet werden. Es wäre also nur noch das Bild des dritten Standardbasisvektors zu bestimmen. Er wird auf $\begin{pmatrix} 0 \\ -1 \\ 0 \end{pmatrix}$ abgebildet. Wir erhalten so die Abbildungsmatrix

$P' = \begin{pmatrix} 1 & 0 & 0 \\ 0 & 1 & -1 \\ 0 & 0 & 0 \end{pmatrix}$. Mit Hilfe dieser Matrix lassen sich die anderen Schattenpunkte leicht berechnen. Beispielsweise wäre

$$\overrightarrow{OG'} = P' \cdot \overrightarrow{OG} = \begin{pmatrix} 6 \\ 5 \\ 0 \end{pmatrix}.$$

Der höhere Standpunkt, der hier eingenommen wurde, hilft demnach, Aufgaben zu konstruieren und schnell zu lösen.

Anschauung zu Grundbegriffen der Linearen Algebra:

Die Projektaufgabe versucht die Anschauung, wie sie in der Schulaufgabe vorliegt, nutzbar zu machen. Es werden Anschauung und formale Strenge überein gebracht, indem zu den formalen, universitären Methoden eine geometrische Vorstellung aufgebaut wird. Diese Vorstellung kann dann helfen, die Aussage der Hochschulaufgabe anschaulich plausibel zu machen.

Wir wollen nun noch darlegen, zu welchen Begriffen der Linearen Algebra diese Aufgabe und denkbare Fortsetzungen Anschauung bereitstellen können. Die Aufgabe und ihre Lösung bedient sich dreier verschiedener Darstellungsarten bei der Beschreibung der linearen Abbildung (geometrische Konstruktion, Abbildungsvorschrift und Matrix). Diese drei Darstellungsweisen müssen gedanklich verknüpft werden. Auch dazu kann die Aufgabe durch einen flexiblen Umgang mit ebendiesen beitragen.

Eng verknüpft mit dem Begriff „lineare Abbildung" sind Kern und Bild, die man in der Aufgabe auch anschaulich ermitteln kann. So ist beispielsweise aus Abbildung 13.3 ersichtlich, dass der Kern nur aus den Vielfachen des Vektors $\begin{pmatrix} 0 \\ 1 \\ -3 \end{pmatrix}$, der die Richtung der Projektion beschreibt, bestehen kann. Das Bild der Projektion ist gleich der Projektionsfläche (der $x_1 x_2$-Ebene), denn die Bilder von Vektoren unter der Projektion liegen alle in der $x_1 x_2$-Ebene und jeder Vektor aus dieser Ebene lässt sich als Bild seiner selbst unter der Projektion auffassen.

Als eine Fortsetzung der Aufgabe ließe sich auch der Bezug zur Hochschulaufgabe aus Abschnitt 13.3.1 herstellen. Anhand von Abbildung 13.3 kann man die Eigenwerte und zugehörigen Eigenvektoren der Projektion anschaulich ermitteln. Bei Eigenvektoren handelt es sich um vom Nullvektor verschiedene Vektoren, die auf ein Vielfaches ihrer selbst abgebildet werden. Es ist erkennbar, dass Vektoren v aus dem Kern auf $0 \cdot v$ abgebildet werden[7]. Des Weiteren bleiben Vektoren w der $x_1 x_2$-Ebene durch die Projektion unverändert, sie werden also auf $1 \cdot w$ abgebildet. Für alle anderen Vektoren sieht man, wie am Beispiel des in Abbildung 13.3 eingezeichneten Vektors, dass der Vektor und sein Bild keine Vielfachen voneinander sind.

Sicherlich können Projektionen noch in weiteren Zusammenhängen betrachtet werden. Da der Vektorraum als direkte Summe von Kern und Bild dargestellt werden kann[8], der Kern gerade der Eigenraum zum Eigenwert 0 und das Bild der Eigenraum zum Eigenwert 1 ist und es keine weiteren Eigenwerte gibt, handelt es sich bei Projektionen um diagonalisierbare Abbildungen.

Uns erscheint es somit lohnenswert, Projektionen immer wieder im Laufe der Vorlesung zur Visualisierung diverser Begriffe heranzuziehen. So können Verknüpfungen zur Schulmathematik hergestellt und es kann eine Balance zwischen formaler Strenge und Anschaulichkeit gewahrt werden. Das Verhältnis zwischen Anschaulichkeit und Strenge wird in der Hochschule dennoch, sicherlich unbestritten, eine höhere Gewichtung auf der Seite der formalen Strenge besitzen. Für das grundlegende Verständnis sind aber auch anschauliche Vorstellungen unabdingbar.

13.4 Resümee

Die beiden vorgestellten Übungsaufgaben sollen verdeutlichen, in welcher Weise wir im Projekt *Mathematik besser verstehen* Brücken zwischen der Schul- und der Hochschulmathematik schlagen wollten. Exemplarisch haben wir das an je einer Aufgabe zur Analysis (lokale Extremstellen) bzw. zur Linearen Algebra (Projektionen) expliziert. Durch die Bearbeitung dieser und ähnlicher Aufgaben soll bei den Studierenden eine reflektierende Haltung angeregt werden, die sie ganz allgemein zu einem analytischen Blick auf Gemeinsamkeiten und Zusammenhänge zwischen Schul- und Hochschulmathematik befähigen soll. Brückenschläge stellen im besten Fall eine Bereicherung für beide Seiten dar: Einerseits trägt der Rückgriff auf Inhalte der Schulmathematik die Chance in sich, komplexe Zusammenhänge und Begriffsbildungsprozesse in der universitären Mathematik zunächst an bekannten, elementaren Objekten zu motivieren und diese als Anschauungsreferenzen zu nutzen. Wie oben demonstriert kann beispielsweise der anschaulich-geometrische Begriff der Projektion dazu beitragen, eine neue Stufe des Verständnisses von wichtigen Begriffen der Linearen Algebra vorzubereiten. Umgekehrt kann das inhaltliche Verständnis bekannter Objekte aus der Schulmathematik dadurch erweitert und vertieft werden, dass Zusammenhänge aus einer hochschulmathematischen Perspektive neu interpretiert werden. Im Aufsatz haben wir etwa einen neuen Einblick in das hinreichende Kriterium für Extremstellen

---

[7] Diese Erkenntnis lässt sich allgemein auf lineare Abbildungen übertragen: Hat eine Abbildung einen von $\{0\}$ verschiedenen Kern, so ist 0 ein Eigenwert und alle Vektoren des Kerns (bis auf den Nullvektor) sind Eigenvektoren zu diesem Eigenwert.

[8] Auch dies ließe sich anhand von Abbildung 13.3 verdeutlichen.

von Funktionen in einer Variablen gewonnen, indem wir auf Parallelen zum Kriterium für Funktionen in zwei Variablen aufmerksam gemacht und entsprechende Erkenntnisse auf den elementaren Fall übertragen haben.

Insgesamt erhoffen wir uns durch diese Projektaktivität eine Sensibilisierung der Studierenden für das Erkennen und das bewusste Suchen von Brücken zwischen Inhalten der Schul- und der Universitätsmathematik. Auch wenn eine umfassende Behandlung aller möglichen Brückenschläge im Studium nicht möglich ist, so soll doch zumindest ein Bewusstsein dafür geschaffen werden, dass es viele Berührungspunkte zwischen beiden Bereichen gibt und dass diese für ein vertieftes Verständnis der neu zu erlernenden Begriffe an der Universität wie auch für die später an der Schule zu unterrichtenden Inhalte nutzbar gemacht werden können.

Literatur

[Ableitinger u. a. 2010] ABLEITINGER, Christoph; HEFENDEHL-HEBEKER, Lisa; HERRMANN, Angela: Mathematik besser verstehen. In: *Beiträge zum Mathematikunterricht* (2010). S. 93–94.

[Bauer und Partheil 2009] BAUER, Thomas; PARTHEIL, Ulrich: Schnittstellenmodule in der Lehramtsausbildung im Fach Mathematik. In: *Mathematische Semesterberichte* 56 (2009). S. 85–103.

[Bauer 2012] BAUER, Thomas: *Analysis-Arbeitsbuch. Bezüge zwischen Schul- und Hochschulmathematik, sichtbar gemacht in Aufgaben mit kommentierten Lösungen.* Wiesbaden: Springer Spektrum, 2012.

[Baum u. a. 2000] BAUM, Manfred; LIND, Detlef; SCHERMULY, Hartmut; WEIDIG, Ingo; ZIMMERMANN, Peter: *Lambacher Schweizer: Lineare Algebra mit analytischer Geometrie. Mathematisches Unterrichtswerk für das Gymnasium – Grundkurs.* Stuttgart: Klett, 2000.

[Beutelspacher 2010] BEUTELSPACHER, Albrecht: *Lineare Algebra. Eine Einführung in die Wissenschaft der Vektoren, Abbildungen und Matrizen.* Wiesbaden: Vieweg+Teubner, 2010.

[Beutelspacher u. a. 2011] BEUTELSPACHER, Albrecht; DANCKWERTS, Rainer; NICKEL, Gregor; SPIES, Susanne; WICKEL, Gabriele: *Mathematik Neu Denken. Impulse für die Gymnasiallehrerbildung an Universitäten.* Wiesbaden: Vieweg+Teubner, 2011.

[Danckwerts 1979] DANCKWERTS, Rainer: Strukturelle Grundgedanken zum Linearisierungsaspekt bei der Differentiation. In: *mathematica didactica* 2 (1979), Nr. 3, S. 193–201.

[Danckwerts 1980] DANCKWERTS, Rainer: Ein leistungskursgerechter genetischer Zugang zur Taylor-Formel. In: *Didaktik der Mathematik* 8 (1980), Nr. 1, S. 58–64.

[Danckwerts und Vogel 2006] DANCKWERTS, Rainer; VOGEL, Dankwart: *Analysis verständlich unterrichten.* München u. a.: Spektrum Akademischer Verlag, 2006.

[Griesel u. a. 2011] GRIESEL, Heinz; GUNDLACH, Andreas; POSTEL, Helmut; SUHR, Friedrich: *Elemente der Mathematik. NRW. Qualifikationsphase Grund- und Leistungskurs.* Braunschweig: Schroedel, 2011.

[Forster 2010] FORSTER, Otto: *Analysis 2.* 9., überarb. Aufl., Wiesbaden: Vieweg+Teubner, 2010.

[Huppert und Willems 2006] HUPPERT, Bertram; WILLEMS, Wolfgang: *Lineare Algebra*. Wiesbaden: Teubner, 2006.

[Klein 1908] KLEIN, Felix: *Elementarmathematik vom höheren Standpunkte aus. Teil I: Arithmetik, Algebra, Analysis*. Zitiert nach der handschriftlichen Urfassung unter http://openlibrary.org; ID-Nr. OL20450315M. Leipzig: Teubner, 1908.

[Kroll u. a. 1997] KROLL, Wolfgang; REIFFERT, Hans Peter; VAUPEL, Jürgen: *Analytische Geometrie/Lineare Algebra – Grund- und Leistungskurs*. Bonn: Dümmler, 1997.

14 Schulmathematik und universitäre Mathematik – Vernetzung durch inhaltliche Längsschnitte

Thomas BAUER

14.1 Mit Schnittstellenaufgaben der doppelten Diskontinuität begegnen

Dass Lehramtsstudierende im Fach Mathematik den Übergang von der Schule zur Universität (am Beginn ihres Studiums) und den Übergang von der Universität zur Schule (am Ende ihres Studiums) als Bruchstellen erleben, ist seit langem erkannt und wurde bereits vor fast 90 Jahren von Felix Klein mit dem Schlagwort der *doppelten Diskontinuität* beschrieben (vgl. Klein 1924). In den letzten Jahren ist die Aufmerksamkeit auf die Problematik, die aus diesen Bruchstellen für das Mathematikstudium resultiert, stark gewachsen (vgl. Hefendehl-Hebeker 2013 und Beutelspacher u. a. 2011). Insbesondere steigt das Bewusstsein, dass sich bei vielen Studierenden die gewünschten Bezüge zwischen Schulmathematik und universitärer Mathematik nicht von alleine einstellen, sondern dass hierfür geeignete Aktivitäten innerhalb der universitären Ausbildung benötigt werden. In Bauer und Parteil (2009) und Bauer (2013) wird beschrieben, wie der Autor dieser Herausforderung mit einem als Schnittstellenmodul konzipierten Analysis-Modul begegnet: Durch *Schnittstellenaufgaben* werden gezielt Bezüge zwischen Schulmathematik und universitärer Mathematik hergestellt. Ihr Ziel ist es, bei den Studierenden stabile Verknüpfungen zwischen den schulischen Vorerfahrungen und den neu zu erarbeitenden Gegenständen der Hochschulmathematik aufzubauen. Die Materialien hierzu sind im Arbeitsbuch Bauer (2012) bereitgestellt.

Im vorliegenden Text möchte der Autor zeigen, wie im Rahmen von Schnittstellenaufgaben sogar *inhaltliche Längsschnitte* gebildet werden können, die von der 5. Jahrgangsstufe bis zu vertiefenden Mathematikvorlesungen reichen: Eine mathematische Fragestellung/Idee kann in den verschiedenen Lernstufen in unterschiedlicher Weise bearbeitet werden – Änderungen im Abstraktionsgrad und in den verfügbaren mathematischen Werkzeugen verändern die Reichweite und Tiefe der Untersuchung, während sich in den Arbeitsweisen durchaus viele Übereinstimmungen finden (siehe hierzu Abschnitt 14.4).

Die Motivation, solche Längsschnitte für die Lehramtsausbildung nutzbar zu machen, verdanke ich L. Hefendehl-Hebeker, die anhand eines in mehreren Stufen ausgestalteten Beispiels aus der Algebra gezeigt hat, welche inhaltlichen und prozeduralen

Möglichkeiten sich Lehramtsstudierenden eröffnen, die sich solcher Stufungen und der auftretenden Stufenübergänge bewusst sind (vgl. Hefendehl-Hebeker 1995).

Zur Organisation dieses Artikels: Ich beschreibe in Abschnitt 14.2 ein Beispiel aus Geometrie und Analysis, das einen fachlichen Längsschnitt im genannten Sinne bildet. In Abschnitt 14.3 wird dessen Umsetzung in eine Schnittstellenaufgabe vorgestellt, die sich an Studierende der Analysis wendet und vom Verfasser im Rahmen der Analysis-Übungen eingesetzt wird.

14.2 Vom Rechtecksumfang zur isoperimetrischen Ungleichung – ein fachlicher Längsschnitt

Stufe 1: Elementargeometrie und elementare Algebra in der Schule

Rechteck und Quadrat sind die ersten geometrischen Figuren, an denen in der Sekundarstufe I die Begriffe *Umfang* und *Flächeninhalt* erarbeitet werden (vgl. z. B. Feuerlein u. a. 2009, Abschnitt 10 und 11). Bekannt sind auch die Konstruktionsaufgaben, die dazu auffordern, nur unter Verwendung von Zirkel und Lineal ein Rechteck in ein flächengleiches Quadrat zu verwandeln („Quadratur von Rechtecken", vgl. z. B. Feuerlein und Distel 2007, Abschnitt 6.3). Wenn Erfahrung mit verschiedenen Formen von Rechtecken gesammelt ist, liegen Extremwertfragen nahe:

(R1) Gibt es bei gegebenem Flächeninhalt ein Rechteck vom größtem Umfang?

(R2) Gibt es bei gegebenen Umfang ein Rechteck von größtem Flächeninhalt?

Beispiel 14.1. Extremwertfragen bei Rechtecken

Zu (R1): Das Nachdenken über diese Frage ist eine gute Übung der geometrischen Vorstellung, denn es ist hier erforderlich, sich Rechtecke jenseits der praktischen Zeichenmöglichkeiten vorzustellen – z. B. ein Rechteck, dessen eine Seite „von hier bis nach Paris" reicht. Es hat großen Umfang, aber sein Flächeninhalt kann sehr klein sein, wenn die zweite Seite klein ist. Anhand der Flächenformel $A = pq$ lässt sich erhärten, dass man in der Tat erreichen kann, dass bei gegebenem Flächeninhalt der Umfang so groß wird, *wie man möchte*, wenn man nur eine der Rechtecksseiten *genügend klein* macht.[1] Nach diesen Überlegungen wird deutlich, dass es ein extremales Rechteck, wie es in (R1) gesucht wird, nicht gibt.

Zu (R2): Diese Frage führt zur Sonderstellung des Quadrats als extremalem Rechteck. Wir gehen kurz auf verschiedene mögliche Bearbeitungs- und Lösungswege ein:

---

[1] Es handelt hierbei natürlich um den Kern der ε-δ-Formulierung einer Grenzwertaussage. In Konkretisierungen der folgenden Art kann dieser Gedanke bereits in frühen Lernstufen erscheinen: „Von Marburg nach Paris sind es 500 Kilometer. Wie schmal muss ein Rechteck sein, dessen Flächeninhalt nur 1 cm² beträgt, damit es von Marburg bis nach Paris reicht? Wie schmal muss es sein, damit es bis nach New York reicht?"

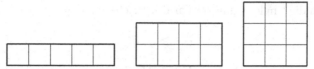

Abbildung 14.1. Extremwertaufgabe elementargeometrisch: Endlich viele Möglichkeiten bei ganzzahligen Seitenlängen und gegebenem Umfang. Die „Flächenausbeute" ist umso geringer, je flacher das Rechteck ist.

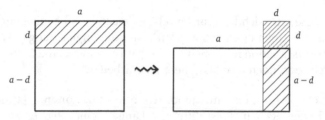

Abbildung 14.2. Extremwertaufgabe elementargeometrisch: Umbau eines Quadrats in ein umfangsgleiches Rechteck. Der Flächeninhalt verringert sich um d^2.

(1) Experimentelles Vorgehen. Beschränkt man sich bei der Untersuchung (stufengemäß) auf ganzzahlige Seitenlängen, so existieren zu gegebenem Quadrat nur endlich viele Rechtecke gleichen Umfangs – die Frage lässt sich dann experimentell beantworten, indem bei gegebenem Umfang alle Möglichkeiten (zeichnerisch oder mit geeignetem Legematerial) durchprobiert werden (siehe Abb. 14.1). Diese Aktivität fördert bereits die Intuition, dass die „Flächenausbeute" umso geringer ist, je flacher das Rechteck ist.

(2) Geometrisches Umbau-Argument. Baut man ein Quadrat nach dem in Abbildung 14.2 angedeuteten Verfahren in ein umfangsgleiches Rechteck um (vgl. hierzu Hefendehl-Hebeker 2002, Abschnitt 3.1.3; Stowasser 1976), so wird der Flächeninhalt durch den Umbau offenbar verkleinert. Diese geometrische Einsicht enthält bereits den Kern eines stichhaltigen Arguments, das die Extremalität des Quadrats beweist – zur Vervollständigung der Argumentation überlegt man sich noch, dass man *jedes* zum Quadrat umfangsgleiche Rechteck durch einen solchen Umbau erreichen kann.[2]

(3) Algebraisches Argument mit der Ungleichung vom arithmetischen und geometrischen Mittel. Hat ein Rechteck die Seitenlängen p und q, so hat ein umfangsgleiches Quadrat die Seitenlänge

$$a = \tfrac{p+q}{2}.$$

Für die Flächeninhalte A_R und A_Q von Rechteck bzw. Quadrat gilt dann

$$A_R = pq \quad \text{und} \quad A_Q = a^2 = \tfrac{1}{4}(p+q)^2.$$

---

[2] Umbauargumente dieser Art gibt es in verschiedenen Varianten – sie haben eine lange Tradition, die bis zu Euklids Elementen zurückreicht (vgl. Rademacher und Toeplitz 1930, S. 9ff.; Danckwerts und Vogel 1997; Danckwerts und Vogel 2006, S. 177ff.).

Kennt man nun die Ungleichung vom arithmetischen und geometrischen Mittel,

$$\frac{p+q}{2} \geqslant \sqrt{pq}, \qquad\qquad (*)$$

so folgt daraus unmittelbar die zu zeigende Ungleichung

$$A_Q \geqslant A_R.$$

In der Tat ist diese offensichtlich zur Mittel-Ungleichung $(*)$ äquivalent und kann als deren geometrischer Inhalt gesehen werden[3]. Falls die Ungleichung $(*)$ in einer vorliegenden Unterrichtssituation noch nicht verfügbar ist, so bietet die Extremwertaufgabe einen inhaltlich begründeten Anlass, diese zu erarbeiten[4].

(4) Algebraisches Argument mit quadratischen Funktionen. Ist der Umfang U eines Rechtecks vorgegeben, so ist durch die Länge p einer Rechtecksseite die Länge der anderen als $q = \frac{U}{2} - p$ festgelegt und der Flächeninhalt somit gleich $p(\frac{U}{2} - p)$. Es geht bei (R2) also darum, das Maximum der quadratischen Funktion

$$f : \mathbb{R}^+ \to \mathbb{R}, \qquad x \mapsto x(\tfrac{U}{2} - x)$$

zu bestimmen. Da sie eine nach unten geöffnete Parabel darstellt, hat sie ein Maximum im Scheitelpunkt. Dessen x-Koordinate ist der Mittelpunkt der beiden Nullstellen 0 und $\frac{U}{2}$, also gleich $\frac{U}{4}$. Die Seitenlängen des gesuchten Rechtecks sind somit $p = \frac{U}{4}$ und $q = \frac{U}{2} - p = \frac{U}{4}$, es handelt sich also um ein Quadrat.

Möglichkeiten zum Weiterarbeiten. Auf dieser Stufe sind selbstverständlich viele weitere Aktivitäten möglich: Man kann weitere Extremalaufgaben zu Rechtecken bearbeiten, wie es etwa in Stowasser (1976) vorgeschlagen wird. Und man kann beginnen, räumliche Situationen zu erkunden und dort Oberfläche und Volumen von Quadern und weiteren Körpern betrachten (vgl. Hefendehl-Hebeker 2002, Abschnitt 3.1.4). Als Vorstufe hierzu – und generell zum Trainieren der Raumvorstellung – kann zum Beispiel der Soma-Würfel zum Einsatz kommen (vgl. z. B. Bildungsserver Hessen 2012). Ferner ist es sehr natürlich, analog zu den in (R1) und (R2) formulierten Problemen auch die Fragen nach *minimalem* Umfang bzw. Flächeninhalt zu stellen und ihre Beziehung zu den Maximum-Fragen zu diskutieren. Zu weiteren Extremwertproblemen bietet das Themenheft von Danckwerts und Vogel (2001) eine Reihe von Anregungen und Vorschlägen.

---

[3] So auch bei Rademacher und Toeplitz, die die Mittel-Ungleichung als Übersetzung des genannten geometrischen Ergebnisses der griechischen Mathematik in die algebraische Formelsprache auffassen (vgl. Rademacher und Toeplitz 1930, S. 11).
[4] Die verwendete Version (für nur zwei Variablen) folgt direkt aus der Ungleichung $(x - y)^2 \geqslant 0$ durch Anwenden der binomischen Formel und Ersetzen von x und y durch $\sqrt{p}$ bzw. $\sqrt{q}$. Dagegen ist die hier nicht benötigte Version für mehr als zwei Variablen im Beweis aufwendiger.

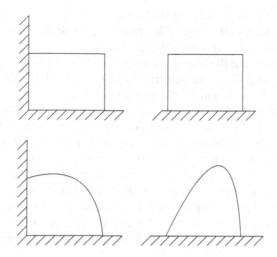

Abbildung 14.3. Extremwertaufgaben „mit Wänden". Oben: zwei Varianten der „Hühnerhof-Aufgabe" aus Lambacher-Schweizer (vgl. Buck u. a. 2001, S. 104) – Unten: zwei Varianten des Dido-Problems nach Andelfinger und Oettinger 1976, S. 74.

Stufe 2: Analysis in der Schule

Quadrate und Rechtecke. Die Oberstufenanalysis eröffnet eine weitere Lösungsmöglichkeit für das Extremwertproblem (R2). In der Tat dient dieses dort als bekanntes Standardbeispiel und findet sich in verschiedensten Einkleidungen, wie etwa in der „Hühnerhofaufgabe" aus dem Unterrichtswerk Lambacher-Schweizer von 2001 (vgl. Buck u. a. 2001, S. 104): Mit einem Zaun von gegebener Länge soll ein Hühnerhof rechteckig eingezäunt werden. Dabei soll die Form des Hofs so gewählt werden, dass der Flächeninhalt möglichst groß wird. Zur Lösung lässt sich die in Abschnitt 14.2 betrachtete quadratische Funktion

$$f : \mathbb{R}^+ \to \mathbb{R}, \qquad x \mapsto x(\tfrac{U}{2} - x) = -x^2 + \tfrac{U}{2} \cdot x \,,$$

die den Flächeninhalt des Hofs in Abhängigkeit von der Länge einer Seite angibt, mit den Mitteln der Differentialrechnung auf Extrema untersuchen: Die Stelle $\frac{U}{4}$ ist rasch als Maximum ermittelt, da die Ableitung f' dort ihre einzige Nullstelle hat und f'' dort negativ ist.

Varianten. Zu dieser klassischen Aufgabenstellung gibt es Varianten, z. B. wird in einer Aufgabe aus Danckwerts und Vogel (2006) eine Mindestlänge für eine der beiden Seiten vorgeschrieben, wodurch eine Reflexion des analytischen Kalküls herausgefordert wird (vgl. Danckwerts und Vogel 2006, S. 211). Bekannt sind auch Varianten „mit Wänden": Beim Einzäunen (im Kontext der obigen Aufgabe) sollen eine oder zwei Wände als Begrenzungen verwendet werden (Abb. 14.3 oben).

In Andelfinger und Oettinger (1976) findet sich eine sehr interessante Aufgabenva-
riante: Zunächst wird als Information der mathematische Satz vorgegeben, dass unter allen geschlossenen Kurven gleichen Umfangs der Kreis die größte Fläche einschließt. (Wir kommen auf die hier zugrundeliegende *isoperimetrische Ungleichung* in
Abschnitt 14.3 zurück.) Der Arbeitsauftrag ist dann in der Einkleidung des *Problems
der Dido* formuliert, bei dem ein Stück Land an der Küste so abgegrenzt werden soll,
dass eine möglichst große Fläche eingeschlossen wird (Abb. 14.3 unten; Andelfinger
und Oettinger 1976, S. 74). Die Herausforderung in der Aufgabe liegt darin, dass die
Kurve von den Schülern nicht durch Rechnung oder Konstruktion bestimmt werden
kann. Vielmehr findet man sie argumentativ – und zwar durch Rückführung des Problems auf eine Aufgabenstellung „ohne Wand": Aus der mitgeteilten Extremalaussage
für geschlossene Kurven kann man auf die Fälle mit einer oder zwei Wänden rückschließen[5]. Die Aufgabenstellung bietet daher eine sehr interessante Bildungschance
im logischen Argumentieren – die zur Wirkung kommt, obwohl der Ausgangspunkt
(Extremaleigenschaft des Kreises) außerhalb der Reichweite dieser Lernstufe ist[6].

Kreise und Ellipsen.   Nach etwas Erfahrung mit Ellipsen kann man Fragen formulieren, die in Analogie zu Quadraten und Rechtecken naheliegen. Zu (R1) und (R2)
entsprechend findet man:

(E1) Gibt es unter allen Ellipsen von gegebenem Flächeninhalt eine mit größtem Umfang?

(E2) Gibt es unter allen Ellipsen von gegebenen Umfang eine mit größtem Flächeninhalt?

Beispiel 14.2. Extremwertfragen bei Ellipsen

Mit schulmathematischen Mitteln sind hierzu zwar keine vollständig durchgeführten
Lösungen erreichbar, aber die Fragen geben einen guten Ausgangspunkt für wichtige
mathematische Aktivitäten: Vermutungen aufstellen, experimentieren, Plausibilitäts-
argumente finden und formulieren.

Zu (E1):   In Analogie zur Situation bei Rechtecken kann man sich leicht sehr flache
Ellipsen vorstellen, die „bis nach Paris" reichen – bei vorgegebenem Flächeninhalt
müsste man also große Umfänge erreichen können. Erhärten lässt sich dies, wenn
man für den Flächeninhalt A einer Ellipse mit den Halbachsen a und b die Formel

$$A = ab\pi$$

zur Verfügung hat und begründet, dass für den Umfang U die Ungleichung

$$U \geqslant 4a \qquad\qquad (*)$$

---

[5]   Die Kernidee dabei ist: Mit doppelter bzw. vierfacher Länge lässt sich eine *geschlossene* Kurve herstellen,
die den doppelten bzw. vierfachen Flächeninhalt hat.

[6]   Die oben beschriebene klassische Aufgabe zu Rechtecken an vorgegebenen Wänden lässt sich in derselben Weise rein argumentativ lösen. Allerdings darf man vermuten, dass die vorherige analytische Behandlung des Falls ohne Wände die Schüler eher zu einer rechnerischen Lösung leitet.

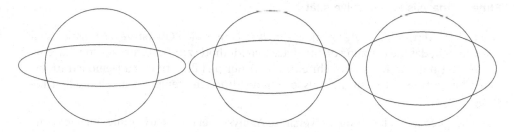

Abbildung 14.4. Vergleich des Flächeninhalts bei umfangsgleichen Ellipsen. Je mehr sich die Ellipse der Kreisform nähert, desto größer wird ihr Flächeninhalt.

gilt (unabhängig von b). Damit folgt, dass jeder vorgegebene Flächeninhalt A mit beliebig großem Umfang U erreichbar ist: Man wählt zunächst a so groß, dass ein vorgegebener Umfang überschritten wird und wählt anschließend b passend, um einen vorgegebenen Flächeninhalt A zu erreichen. Es bleibt zu klären, wie man zur Ungleichung (∗) gelangen kann.

– In Stufe 3 lässt sie sich analytisch finden und beweisen (siehe nachfolgender Teilabschnitt).
– In der vorliegenden Stufe 2 kann sie bereits heuristisch gefunden und plausibel gemacht werden:

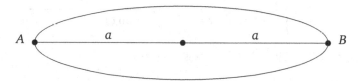

Der Weg auf der Ellipse vom Punkt A zum Punkt B ist mindestens so lang wie der geradlinige Weg auf der Strecke von A nach B. Diese auf dem Prinzip „Strecken sind die kürzesten Verbindungen" beruhende Aussage führt zur Ungleichung $\frac{U}{2} \geqslant 2a$.

Zu (E2):   Durch die bisherigen Überlegungen wird die folgende Analogie-Vermutung sehr plausibel: *Die Kreise spielen unter den Ellipsen dieselbe Rolle spielen wie die Quadrate unter den Rechtecken.* Die Antwort auf (E2) sollte also „Kreis" lauten. Durch optischen Vergleich an vorgegebenen Bildern (Abb. 14.4) lässt sich diese Analogie-Vermutung empirisch bestärken. Ein *Beweis*, dass unter allen umfangsgleichen Ellipsen der Kreis tatsächlich am flächengrößten ist, liegt zwar nicht prinzipiell über den Möglichkeiten der Schulanalysis, jedoch würde der Autor ihn aufgrund des technischen Anspruchs eher in einer universitären Analysis-Vorlesung verorten (siehe nachfolgender Teilabschnitt).

Stufe 3: Analysis an der Universität

Das Extremwertproblem (R2) kann wie in der gymnasialen Oberstufe als Einstiegsbeispiel dienen, das die Nutzung der analytischen Methode zur Bestimmung von Extrema an einem (in dieser Lernstufe sehr einfachen) Beispiel illustriert. Zu Demonstrations- und Übungszwecken kann dies zusätzlich zur direkten elementar-algebraischen Lösung sinnvoll sein.

Neue Möglichkeiten bietet die universitäre Analysis bei der Bearbeitung der Probleme (E1) und (E2) zu Ellipsen und Kreisen – die auf dieser Lernstufe intensivere konzeptuelle Durchdringung bringt erweiterte Handlungsmöglichkeiten: Nach Erarbeiten der Begriffe *rektifizerbare Kurve*, *Bogenlänge*, der Integralformel für Bogenlängen (im Falle stückweise stetig differenzierbarer Kurven) und der Monotonieeigenschaften des Integrals können stichhaltig begründete Antworten auf die Fragen (E1) und (E2) gegeben werden.

Zu (E1):   Für eine durch

$$f : [0, 2\pi] \to \mathbb{R}^2$$
$$t \mapsto (a\cos t, b\sin t)$$

parametrisierte Ellipse mit den Halbachsen a und b drückt die Integralformel für Bogenlängen den Umfang durch das Integral

$$U = \int_0^{2\pi} \left\| f'(t) \right\| dt = \int_0^{2\pi} \sqrt{a^2(\sin t)^2 + b^2(\cos t)^2}\, dt$$

aus, das traditionell auch in die alternative Form

$$U = 4a \int_0^{\frac{\pi}{2}} \sqrt{1 - \left(1 - \frac{b^2}{a^2}\right)(\cos t)^2}\, dt$$

gebracht wird und als *elliptisches Integral* bekannt ist. Durch Abschätzen des Integranden erhält man (unter Ausnutzung der Monotonie des Integrals) die Ungleichung

$$U \geqslant 4a \int_0^{\frac{\pi}{2}} \sin t\, dt = 4a\,,$$

und diese beantwortet, wie im vorigen Teilabschnitt erläutert, Frage (E1).

Bemerkung: Vielleicht ist es von Nutzen, kurz darauf einzugehen, warum ein solcher Nachweis der Ungleichung $U \geqslant 4a$ über das in Stufe 2 Gesagte hinaus überhaupt notwendig ist: Das dort zur Argumentation herangezogene Prinzip „Strecken sind die kürzesten Verbindungen" lässt sich auf Grundlage des in der Schule verwendeten intuitiven Kurvenbegriffs kaum weiter begründen. Man müsste dazu klären (durch Definition), was eine Kurve (als Konzept für „Verbindung") ist; dazu wiederum wäre eine Diskussion des Stetigkeitsbegriffs notwendig, um dann Bogenlängen einführen und handhaben zu können.

Zu (E2): Das elliptische Integral ist ein berühmtes Beispiel eines Integrals, das nicht mit Hilfe elementarer Funktionen auswertbar ist. Diese zunächst ungünstig erscheinende Lage lässt sich als Gelegenheit nutzen, einer eventuell zu starken Kalkülorientierung bei den Lernenden entgegenzuwirken: Obwohl sich das Integral nicht formelmäßig auswerten lässt, erweist es sich als Schlüssel zur argumentativen Lösung von (E2). Die Idee hierzu besteht darin, die Ungleichung

$$U \geqslant 2\pi\sqrt{ab} \qquad\qquad (*)$$

für den Ellipsenumfang zu beweisen. Aus dieser folgt, dass Kreise maximalen Flächeninhalt unter allen umfangsgleichen Ellipsen haben. Bei der Ungleichung (∗) handelt es sich um einen Spezialfall der *isoperimetrischen Ungleichung* (die im folgenden Teilabschnitt näher beleuchtet wird). Sie lässt sich unter Nutzung des elliptischen Integrals beweisen (siehe dazu Beispiel 14.4). Interessant ist, dass der naheliegende Ansatz, das Integral mittels der Standardabschätzung zu behandeln, nicht direkt zum Erfolg führt. Das raffinierte Argument, zum dem die Anleitung führt, ist stattdessen vom Beweis der isoperimetrischen Ungleichung adaptiert (siehe Beispiel 14.5, Aufgabenteil 3, S. 247).

Möglichkeiten zum Weiterarbeiten. Auch auf dieser Stufe sind viele weitere Aktivitäten möglich. Zum einen bietet es sich an, wie bereits auf Stufe 1, zusätzlich zu den in (R1) und (R2) bzw. (E1) und (E2) formulierten Problemen, die nach einem Maximum fragen, auch die Frage nach *Minima* zu bearbeiten. Ferner können drei- oder höherdimensionale Versionen der Probleme angegangen werden.

Stufe 4: Weiterführende Mathematik an der Universität

Die Fragen (R1) und (R2) sowie (E1) und (E2) finden eine Fortsetzung und Verallgemeinerung in der Differentialgeometrie. Was lässt sich sagen, wenn man anstelle von Rechtecken oder Ellipsen „beliebige" Kurven in Betracht zieht? Gibt es eine Kurve, bei der die „Umfangsausbeute" bzw. „Flächenausbeute" am größten ist? Wir fragen also:

(K1) Gibt es unter allen geschlossenen Kurven in der Ebene, die einen gegebenen Flächeninhalt einschließen, eine von größter Länge?

(K2) Gibt es unter allen geschlossenen Kurven in der Ebene, die eine gegebene Länge haben, eine, die den größten Flächeninhalt einschließt?

Beispiel 14.3. Extremwertfragen bei Kurven

Frage (K1) ist rasch beantwortet, da sich bereits durch Rechtecke und Ellipsen beliebig große Umfänge bei konstantem Flächeninhalt realisieren lassen. Dagegen ist Frage (K2) tiefgehend und weitreichend: Sie ist als *isoperimetrisches Problem* bekannt und ihre Antwort liegt in der *isoperimetrischen Ungleichung*, einem der vermutlich ältesten globalen Sätze der Differentialgeometrie (vgl. Do Carmo 1983).

Zur genaueren Betrachtung ist zunächst zu klären, was in (K1) und (K2) unter einer „Kurve" überhaupt verstanden werden soll. Verschiedene Teilgebiete der Mathematik haben hierfür substantiell verschiedene Begriffe entwickelt, die den Fragestellungen und Methoden des jeweiligen Gebiets angepasst sind:

- In Topologie und Analysis spielt die Parametrisierbarkeit der betrachteten Punktmenge durch eine stetige bzw. durch eine stückweise stetig differenzierbare Funktion eine entscheidende Rolle und wird zur definierenden Eigenschaft erhoben (vgl. z. B. Forster 2011).

- In der Algebraischen Geometrie verzichtet man auf die Existenz einer Parametrisierung und fordert stattdessen, dass sich die Punktmenge als Nullstellenmenge von Polynomfunktionen beschreiben lässt (vgl. z. B. Fischer 1994).[7]

Die isoperimetrische Ungleichung entstammt der Differentialgeometrie und bezieht sich daher auf den analytischen Kurvenbegriff, speziell auf *einfach geschlossene* Kurven (bei denen Überkreuzungen nicht erlaubt sind). Sie besagt, dass für solche Kurven stets die Ungleichung

$$\ell^2 \geqslant 4\pi A$$

zwischen Länge ℓ und eingeschlossenem Flächeninhalt A besteht. Gleichheit gilt genau dann, wenn es sich bei der Kurve um einen Kreis handelt (für den Beweis vgl. Do Carmo 1983, Abschnitt 1.7). Damit folgt, dass der Kreis die Lösung des Extremwertproblems (K2) ist.

Dass Erkenntnisse auf höherer Stufe fruchtbare Rückwirkungen auf frühere Stufen haben können (vgl. Hefendehl-Hebeker 1995, Abschnitt 2), zeigt zum Beispiel die Aufgabenstellung zum Dido-Problem aus Abschnitt 14.2.2, die eine Wirkung *Stufe 4 → Stufe 2* darstellt. Der Nachweis der Ungleichung (∗) im vorigen Teilabschnitt ist ein Beispiel für eine Wirkung *Stufe 4 → Stufe 3*.

Möglichkeiten zum Weiterarbeiten: Es gibt eine Reihe von (auch mehrdimensionalen) Verallgemeinerungen des isoperimetrischen Problems, z. B. auf Hyperflächen in $\mathbb{R}^n$. Diese liegen für $n \geqslant 3$ hinsichtlich der Beweise und des begrifflichen Vorlaufs auf einer nochmals höheren Stufe (vgl. z. B. Osserman 1978 oder Chavel 2001).

14.3   Erarbeitung des Längsschnitts in einer Schnittstellenaufgabe zur Analysis

Wir betrachten nun eine Schnittstellenaufgabe zur Analysis, die zur Erarbeitung des im vorigen Abschnitt vorgestellten Längsschnitts anregt. Der Autor setzt diese in den Übungen zur Analysis-Vorlesung ein. Ein wesentliches Ziel der Aufgabe ist es, Bewusstsein dafür zu schaffen, dass eine mathematische Idee in ihrem Kern von der

---

[7]   Die beiden Perspektiven überlappen sich dort, wo glatte Kurven als 1-dimensionale Mannigfaltigkeiten aufgefasst werden.

5. Jahrgangsstufe bis zu weiterführenden Mathematikvorlesungen im Studium von Bedeutung sein kann. Naturgemäß werden in der vorliegenden Aufgabe nicht alle denkbaren Aspekte „abgearbeitet". Ein Teil der Arbeitsaufträge wird als Basisaufgabe gestellt (in Abschnitt 3.1 des Arbeitsbuchs Bauer (2012) mit vollständiger kommentierter Lösung), weitere Teile sind zum Weiterarbeiten vorgesehen und so gekennzeichnet.

Einordnung und Kontext: Die Aufgabe richtet sich an Studierende, die im Rahmen ihrer Analysis-Ausbildung die folgenden Vorkenntnisse erworben haben:

— die Begriffe Maximum, Minimum, Supremum, Infimum für reellwertige Funktionen,
— die Methoden der Bestimmung von Extrema mit den Mitteln der Analysis.

Zwei Aspekte werden als Lernziele vorab bekannt gegeben:

— Die Studierenden üben den Einsatz analytischer Methoden in einer elementargeometrischen Situation und lernen alternative Argumentationswege mit elementaren algebraischen Mitteln kennen.
— Sie erleben, wie elementargeometrische Fragestellungen schrittweise zu tiefergehenden Fragestellungen der Analysis und Differentialgeometrie führen können.

In der Kategorisierung aus Bauer (2012) bzw. Bauer (2013) handelt es sich um eine Aufgabe, die sich primär Kategorie C („Mit hochschulmathematischen Werkzeugen Fragestellungen der Schulmathematik vertieft verstehen") zuordnen lässt (vgl. Bauer 2013, Abschnitt 2).

Es folgen nun Kommentare zu den Aufgabenstellungen a) bis e) sowie zu den vier Arbeitsaufträgen 1) bis 3), die in Bauer (2012) unter der Überschrift „Zum Weiterarbeiten" gegeben werden. Die Aufgabenstellungen selbst sind in Kästen angegeben.

Aufgabe: Beschränkte Funktionen und Extrema in der Geometrie

a) **Rechtecke mit gegebenem Flächeninhalt.** Für eine gegebene reelle Zahl $c > 0$ betrachten wir die Menge M_c aller Rechtecke in der Ebene $\mathbb{R}^2$, deren Flächeninhalt gleich c ist. Die Funktion $U : M_c \to \mathbb{R}$ ordne jedem solchen Rechteck seinen Umfang zu. Ist U nach oben beschränkt?

b) **Rechtecke mit gegebenem Umfang.** Nun betrachten wir für eine gegebene Zahl $c > 0$ die Menge N_c aller Rechtecke in $\mathbb{R}^2$, deren Umfang gleich c ist. Die Funktion $A : N_c \to \mathbb{R}$ ordne jedem solchen Rechteck seinen Flächeninhalt zu. Ist A nach oben beschränkt? Was ist ggf. das Supremum dieser Funktion? Ist es ein Maximum?

Arbeiten Sie zwei Lösungswege aus: eine Lösung mit den Methoden der Analysis (Bestimmung von Extrema mittels Ableitungen) und eine Lösung, die mit Methoden der gymnasialen Mittelstufe (quadratische Funktionen) auskommt.

Beispiel 14.4. Beschränkte Funktionen und Extrema in der Geometrie

Aufgabenteil a): Rechtecke mit gegebenem Flächeninhalt. *(Stufe 1)* Die Frage nach der Beschränktheit von Umfang bei gegebenem Flächeninhalt in a) bzw. Flächeninhalt bei gegebenem Umfang in b) entsprechen den Fragen (R1) und (R2) und sollen die nachfolgenden Aufgabenteile in die angemessene Perspektive bringen. Sie dienen dazu, die geometrischen Abhängigkeiten der beteiligten Größen aufzuzeigen und die geometrische Intuition zu stärken. Insbesondere lässt sich so vielleicht der Gefahr vorbeugen, dass Lernende Flächenverwandlungsaufgaben (wie z. B. die in Abschnitt 14.2 erwähnte Quadraturaufgabe) angehen, ohne ein Bewusstsein dafür zu haben, ob man intuitiv oder begründet erwarten kann, dass solche Verwandlungen überhaupt möglich sind.

Aufgabenteil b): Rechtecke mit gegebenem Umfang. *(Stufen 1 und 2)* Diese Standardaufgabe aus der Oberstufenanalysis wird, wie in Abschnitt 14.2 erläutert, als Illustrationsbeispiel einer einfachen Extremwertaufgabe gestellt. Neben einer analytischen Lösung (Stufe 2) wird explizit auch eine elementar-algebraische Lösung mit quadratischen Funktionen (Stufe 1) gefordert, um die argumentative Beweglichkeit der Studierenden zu fördern.

---

c) **Kreise.** Formulieren Sie die zu (a) und (b) analogen Fragen zu Kreisen statt Rechtecken. Warum sind diese Fragen nicht sinnvoll/interessant?

d) **Ellipsen.** Formulieren Sie analoge Fragen zu Ellipsen. Welche Antworten würden Sie intuitiv erwarten?

e) **Elliptisches Integral.** Verwenden Sie die Integralformel für Bogenlängen (vgl. Forster 2011, §4, Satz 1), um zu zeigen, dass sich der Umfang einer Ellipse mit den Halbachsen a und b durch das Integral

$$\int_0^{2\pi} \sqrt{a^2(\sin t)^2 + b^2(\cos t)^2}\, dt$$

ausdrücken lässt. Zeigen Sie, dass dieses gleich dem sogenannten *elliptischen Integral*

$$4a \int_0^{\frac{\pi}{2}} \sqrt{1 - (1 - \frac{b^2}{a^2})(\cos t)^2}\, dt$$

ist. (Es lässt sich nicht durch elementare Funktionen darstellen.) Nutzen Sie eine der Integraldarstellungen, um zu zeigen, dass es bei gegebenem Flächeninhalt Ellipsen von beliebig großem Umfang gibt.

Beispiel 14.4. Beschränkte Funktionen und Extrema in der Geometrie (Fortsetzung)

Aufgabenteil c): Kreise.   (*Stufe 1*) Vom höheren Standpunkt mag diese Frage banal erscheinen. Sie dient aber wie a) dazu, die nachfolgende Aufgabenstellung angemessen einzuordnen – hier in Bezug auf die vorhandenen „Freiheitsgrade" für eine Extremwertbildung[8]. Vielleicht erkennen Studierende an dieser Stelle auch bereits, dass Kreise sich zu Ellipsen wie Quadrate zu Rechtecken verhalten und dass die zu a) und b) analogen Fragen für Kreise aus demselben Grund nicht sinnvoll sind wie sie auch für Quadrate nicht sinnvoll wären.

Aufgabenteil d): Ellipsen.   (*Stufe 2*) Die Aufgabenstellung fordert zum eigenständigen Verallgemeinern auf und will die Lernenden dazu anleiten, selbst die Fragen (E1) und (E2) zu stellen. Daher wurde das Formulieren von Fragen und intuitiven Erwartungen hier bewusst als eigenständiger Aufgabenteil konzipiert – es soll vermittelt werden, dass diese nicht Beiwerk, sondern zentrale mathematische Aktivitäten sind.

Aufgabenteil e): Elliptisches Integral.   (*Stufe 3*) Dieser Teil, in dem Frage (E1) gestellt wird, lässt sich im Anschluss an die Integrationstheorie bearbeiten. Auf der technischen Ebene übt er den Umgang mit Parametrisierungen und die Integralformel für Bogenlängen. Als Aspekt mathematischer Bildung macht er die Lernenden mit dem elliptischen Integral vertraut. Die Tatsache, dass sich aus dem nicht elementar ausweitbaren Integral dennoch Nutzen ziehen lässt, zeigt, dass Integrale mehr sind als ihr numerischer Wert.

---

1) **Nach unten beschränkt?** In der Aufgabe wurde untersucht, ob die auftretenden Umfangs- und Flächenfunktionen nach *oben* beschränkt sind, und ggf. nach dem *Supremum/Maximum* gesucht. Ebenso natürlich ist es zu fragen, ob diese Funktionen nach *unten* beschränkt sind, und nach *Infimum/Minimum* zu suchen. Bearbeiten Sie diese Fragen.

2) **Drei- und höherdimensionale Versionen.** Spannend ist es auch, dreidimensionale Versionen der in dieser Aufgabe betrachteten Fragen zu untersuchen. Dabei kommen u. a. folgende Begriffe zum Einsatz:

Rechteck	⤳	Quader
Umfang	⤳	Oberfläche
Flächeninhalt	⤳	Volumen

Formulieren Sie solche Fragen und versuchen Sie, einige davon zu beantworten. Erkunden Sie auch, wie sich die Situation in höheren Dimensionen ($n > 3$) darstellt.

Beispiel 14.5. Beschränkte Funktionen und Extrema in der Geometrie – Zum Weiterarbeiten

---

[8] Der im zugehörigen kommentierten Lösungsvorschlag in Bauer (2012) angedeutete Gesichtspunkt, ob noch ein „Parameter frei bleibt", findet beispielsweise in der algebraischen Geometrie eine Vertiefung bei sogenannten „Dimensionszählungen": Man vergleicht dabei die Dimension des fraglichen Parameterraums mit der Anzahl der in der Situation gestellten Bedingungen.

Zum Weiterarbeiten, Teil 1: Nach unten beschränkt?   (*Stufen 1–4*) Diese Teilaufgabe fordert auf, Überlegungen zu Infima/Minima selbst anzustellen. Die Leistung liegt hier sowohl im Ausformulieren des zugehörigen Arbeitsplans als auch in der eigentlichen Durchführung.

Zum Weiterarbeiten, Teil 2: Drei- und höherdimensionale Varianten.   (*Stufen 2 und 3*) Hier wird der Lernende dazu angeregt, selbst über mögliche höherdimensionale Versionen der bearbeiteten Fragestellungen nachzudenken. Der Auftrag ist so offen gehalten, dass auf verschiedenen Niveaustufen sinnvolle Aktivitäten möglich sind: Man kann nur den dreidimensionalen Fall betrachten oder aber beliebige n-dimensionale Situationen; man kann von Rechtecken auf Quader in $\mathbb{R}^n$ oder von Ellipsen auf Ellipsoide verallgemeinern.

---

3) **Ellipsen mit gegebenem Umfang.** In Aufgabenteil d) wurde die Erwartung formuliert, dass unter allen Ellipsen mit gegebenem Umfang genau die Kreise den maximalen Flächeninhalt haben. Überlegen Sie sich, dass dies gezeigt ist, sobald man die nachfolgende Ungleichung für den Umfang einer Ellipse mit Halbachsen a und b gezeigt hat:

$$U \geqslant 2\pi\sqrt{ab}$$

Beweisen Sie dann diese Ungleichung. Hier ist ein Vorschlag für eine dazu mögliche Vorgehensweise:

(1) Wir gehen aus von der in Aufgabenteil e) gefundenen Formel

$$U = \int_0^{2\pi} \sqrt{a^2\sin(t)^2 + b^2\cos(t)^2}\,dt$$

und beginnen mit dem Trick einer *Eins-Ergänzung*: Multiplizieren Sie den Ausdruck unter der Wurzel mit $\sin^2 + \cos^2$ und zeigen Sie dann, dass er durch $(a\sin^2 + b\cos^2)^2$ nach unten abgeschätzt werden kann.

(2) Nutzen Sie die gewonnene Abschätzung, um zu folgern, dass gilt

$$U \geqslant \int_0^{2\pi} a\sin(t)^2 + b\cos(t)^2\,dt\,.$$

(3) Berechnen Sie nun das letztere Integral, um so zur behaupteten Ungleichung zu gelangen. (Tipp: Für beliebige nichtnegative Zahlen a, b gilt $a + b \geqslant 2\sqrt{ab}$)

Beispiel 14.5. Beschränkte Funktionen und Extrema in der Geometrie – Zum Weiterarbeiten (Fortsetzung)

Zum Weiterarbeiten, Teil 3: Ellipsen mit gegebenem Umfang.   (*Stufe 3*) Hier wird der in Abschnitt 14.2 erläuterte Spezialfall der isoperimetrischen Ungleichung bewiesen, der (E2) beantwortet. Dazu gibt die Aufgabe einen Vorschlag für eine mögliche Vorgehensweise in drei Schritten vor. Diese sind vom Beweis der isoperimetrischen Ungleichung wie etwa bei Do Carmo motiviert (vgl. Do Carmo 1983, Abschnitt 1.7)

– in der Tat enthält er die Kernidee der Abschätzungen, die für deren Beweis notwendig sind. Der Aufgabenteil bietet die Gelegenheit, den Studierenden einen Aspekt mathematischen Arbeitens aufzuzeigen (z. B. bei der Diskussion der Aufgabe im Tutorium unter der Leitfrage „Woher kommen die Ideen für die in (1)–(3) beschriebene Vorgehensweise?"): Viele der heute verfügbaren Ideen und Methoden in der Mathematik wurden im Laufe vieler Jahre oder Jahrzehnte gefunden bzw. entwickelt. Man erwartet als Mathematiker nicht, diese auf die Schnelle selbst nochmals zu erfinden, sondern lernt aus dem bereits Verfügbaren, um es selbst in neuen Situationen nutzen zu können. Vorlesungen zur Analysis bieten viele Beispiele für dieses Vorgehen: Zum Beispiel erleben Analysis-Lernende die Anwendung der Standardabschätzung

$$\left| \int_a^b f(x)\,dx \right| \leqslant (b - a) \cdot \sup |f|$$

in so vielen Beweisen, dass sie sie „reflexartig" in analogen Situation anwenden werden, wo sie in der Tat oft zum Erfolg führt.

---

4) **Die isoperimetrische Ungleichung.** Dass Kreise den maximalen Flächeninhalt bei gegebenem Umfang haben, gilt erstaunlicherweise nicht nur unter allen Ellipsen, sondern sogar, wenn man „beliebige" Kurven in Betracht zieht – es gilt die *isoperimetrische Ungleichung*:

Satz. *Sei C eine einfach geschlossene ebene Kurve mit Länge ℓ, und sei A der Flächeninhalt des von C berandeten Gebiets. Dann gilt*

$$\ell^2 \geqslant 4\pi A,$$

und Gleichheit gilt genau dann, wenn C ein Kreis ist.

Einen Beweis dieses Satzes (und eine Erklärung der verwendeten Begriffe) finden Sie in Do Carmo (1983). Die oben für Ellipsen gefundene Ungleichung $U \geqslant 2\pi\sqrt{ab}$ ist ein Spezialfall der isoperimetrischen Ungleichung.

Beispiel 14.5. Beschränkte Funktionen und Extrema in der Geometrie – Zum Weiterarbeiten (Fortsetzung)

Zum Weiterarbeiten, Teil 4: Die isoperimetrische Ungleichung. (*Stufe 4*) Dieser letzte Aufgabenteil gibt einen Ausblick in die Differentialgeometrie, der (K2) betrifft. Da sich nur ein kleiner Teil der Lehramtsstudierenden mit diesem Gebiet im Rahmen ihres Studiums befassen wird, nutzt die Aufgabe die Gelegenheit, Anregungen zu geben und Orientierungswissen zur Existenz eines solchen Resultats zu vermitteln.

14.4 Abschließende Bemerkungen

Die Bearbeitung eines solchen Längsschnitts wird hier mit der Absicht angeregt, bei den Lernenden Bewusstsein dafür zu schaffen, dass dieselbe mathematische Idee in ihrem Kern in verschiedenen Stufen von Bedeutung ist und in jeweils angepasster Tiefe und Weite untersucht werden kann. Die elementaren Stufen sind wichtig für die Motivation und das Verstehen der weitergehenden Stufen, während umgekehrt die höheren Stufen den Blick auf die elementaren Stufen in nützlicher Weise verändern und bereichern können. Bei der konkreten Umsetzung in eine Schnittstellenaufgabe waren dem Verfasser neben den fachlich-inhaltlichen Bezügen zwischen den verschiedenen Stufen auch die methodischen Bezüge wichtig: Dieselben professionstypischen Arbeitsweisen spielen auf verschiedenen Stufen des Mathematiktreibens eine wichtige Rolle – gleichgültig, ob sie auf elementarer Ebene oder in einer Forschungssituation angewendet werden: Experimentieren, Fragen stellen, Vermutungen aufstellen, Begründungen suchen (vgl. Bauer 2012, Kap. 5). Nach Meinung des Autors lohnt sich der Versuch, in der Lehramtsausbildung Schul- und Hochschulmathematik auch unter diesem Aspekt in Verbindung zu bringen. Lehramtsstudierenden ist diese Perspektive nicht unbedingt selbstverständlich – häufig findet man stattdessen die Vorstellung einer Zuordnung

$$\text{Schulmathematik} \quad \longleftrightarrow \quad \text{Rechnen}$$
$$\text{Hochschulmathematik} \quad \longleftrightarrow \quad \text{Beweisen}$$

Die gemeinsamen Arbeitsweisen und das Bewusstsein für sie auszubilden war daher ein weiteres Ziel bei der Konzeption der Aufgabe. Die damit angestrebten Fähigkeiten der Studierenden lassen sich anhand der vorliegenden Aufgabe so konkretisieren:

(1) **Fragen stellen.** Studierende können auch in einfachen Fällen wie bei der Extremwertaufgabe zu Rechtecken die Existenz von Extrema in analytischen Begriffen (Grenzwert, Infimum, Supremum, beschränkte Funktion) ausdrücken, diese begründen, die Aufgabenstellung variieren und analoge Extremwertfragestellungen für Ellipsen selbst formulieren. Dies erfordert Fähigkeiten des Denkens in Begriffen der Analysis und in der präzisen Verwendung der Fachsprache.

(2) **Intuition entwickeln.** Die Studierenden entwickeln mathematische Intuition, die ihnen ermöglicht, zutreffende Erwartungen zu formulieren. Solche Intuition kann von mathematischer Erfahrung mit verwandten Situationen herrühren – hier etwa von früheren Analogieerfahrungen zwischen gerad- und krummlinigen Figuren.

(3) **Bewusstsein für mathematische Wahrheitsfindung.** Den Studierenden ist bewusst, dass für den Übergang von Intuition zu mathematischer Wahrheit Argumente innerhalb eines deduktiven Theoriegebäudes erforderlich sind, um die als Erwartung formulierten Aussagen nachzuweisen. Dies erfordert das Wissen, welche Schlussweisen in der Mathematik wahrheitsübertragend sind, d. h. wie in dieser Wissenschaft Wahrheit generiert/etabliert wird.

(4) **Mathematische Argumentationen durchführen.** In der vorliegenden Aufgabe bedeutet dies die Fähigkeit, nach einer gegebenen Argumentationsanleitung einen vollständigen Beweis der formulierten Aussage auszuführen. Auf der tech-

nischen Ebene erfordert dies Sicherheit beim Arbeiten mit Integralen und im elementar-algebraischen Rechnen, auf der motivationalen Ebene die Bereitschaft und das Interesse, aus den in der Anleitung enthaltenen Ideen Nutzen zu ziehen – für die aktuelle Aufgabe und für weitere Problemstellungen. Bei anderen Aufgaben könnte an dieser Stelle der Wunsch stehen, dass die Studierenden den Beweis vollständig selbst entwickeln. Welche Erwartung jeweils (im Durchschnitt der Studierenden) angebracht ist, ist selbstverständlich problemabhängig.

In (1) und (2) liegt der Schwerpunkt in Intuitions- und Kreativitätsleistungen sowie in der Nutzung der mathematischen Fachsprache, während (3) und (4) auf das Verstehen und Durchführen typisch mathematischer Argumentation abheben.

Eine Bemerkung zu der in (4) auftretenden Unterscheidung zwischen *Nachvollziehen* und *Selbst-Entwickeln*. Das in der Aufgabe geforderte Nachvollziehen ist nicht als „Notlösung bei zu schwerem Problem" zu verstehen. Vielmehr wird in der Praxis von forschenden Mathematikern jede der folgenden Tätigkeiten in der täglichen Arbeit benötigt und stellt eine substantielle mathematische Leistung dar:

— Nachvollziehen einer gegebenen Argumentation – um Arbeiten und Resultate anderer Forscher zu verstehen, um Ideen zu gewinnen und Techniken zu erarbeiten,

— Ausführen einer Argumentation, die in groben Zügen vorgegeben ist – etwa wenn für die eigene Arbeit Verallgemeinerungen von Resultaten anderer Mathematiker benötigt werden,

— eigenständiges Entwickeln von Argumentationen – als in diesem Zusammenhang „höchste Kunst", die aber ohne die beiden anderen Aktivitäten kaum denkbar ist.

Danksagung. Ich verdanke meinen Kollegen W. Gromes und U. Partheil wertvolle Anregungen bei der Konzeption der Schnittstellenaufgabe, die den Ausgangspunkt für diesen Artikel bildet.

Literatur

[Andelfinger und Oettinger 1976] ANDELFINGER, Bernhard; OETTINGER, Eberhard: *Mathematik, Geometrie I.* Freiburg u. a.: Verlag Herder, 1976.

[Bauer und Partheil 2009] BAUER, Thomas; PARTHEIL, Ulrich: Schnittstellenmodule in der Lehramtsausbildung im Fach Mathematik. In: *Mathematische Semesterberichte* 56 (2009), S. 85–103.

[Bauer 2012] BAUER, Thomas: *Analysis-Arbeitsbuch. Bezüge zwischen Schul- und Hochschulmathematik, sichtbar gemacht in Aufgaben mit kommentierten Lösungen.* Wiesbaden: Springer Spektrum, 2012.

[Bauer 2013] BAUER, Thomas: Schnittstellen bearbeiten in Schnittstellenaufgaben. In: ABLEITINGER, Christoph; KRAMER, Jürg; PREDIGER, Susanne (Hrsg.): *Zur doppelten Diskontinuität in der Gymnasiallehrerbildung. Ansätze zu Verknüpfungen der fachinhaltlichen Ausbildung mit schulischen Vorerfahrungen und Erfordernissen.* Wiesbaden: Springer Spektrum, 2013, S. 39–56.

[Beutelspacher u. a. 2011] BEUTELSPACHER, Albrecht; DANCKWERTS, Rainer; NICKEL, Gregor; SPIES, Susanne; WICKEL, Gabriele: *Mathematik Neu Denken. Impulse für die Gymnasiallehrerbildung an Universitäten.* Wiesbaden: Vieweg+Teubner, 2011.

[Bildungsserver Hessen 2012] BILDUNGSSERVER HESSEN: *Der Soma-Würfel.* http://lernarchiv. bildung.hessen.de/grundschule/Mathematik/Geometrie/koerper/soma/index.html. Stand: 08. April 2013.

[Buck u. a. 2001] BUCK, Heidi; DÜRR, Rolf; FREUDIGMANN, Hans; SCHWEIZER, Wilhelm; SCHMID, August (Hrsg.): *Analysis Leistungskurs Gesamtband. Mathematisches Unterrichtswerk für das Gymnasium. Ausgabe A.* Stuttgart u. a.: Klett, 2001.

[Chavel 2001] CHAVEL, Isaac: *Isoperimetric inequalities. Differential geometric and analytic perspectives.* Cambridge u. a.: University Press, 2001.

[Danckwerts und Vogel 1997] DANCKWERTS, Rainer; VOGEL, Dankwart: Ein Blick in die Geschichte: Euklid. In: *mathematik lehren* 81 (1997), S. 17–20.

[Danckwerts und Vogel 2001] DANCKWERTS, Rainer; VOGEL, Dankwart: Der Themenkreis Extremwertprobleme: Wege der Öffnung. In: *Der Mathematikunterricht* 47 (2001), Nr. 4.

[Danckwerts und Vogel 2006] DANCKWERTS, Rainer; VOGEL, Dankwart: *Analysis verständlich unterrichten.* München u. a.: Spektrum Akademischer Verlag, 2006.

[Do Carmo 1983] DO CARMO, Manfredo P.: *Differentialgeometrie von Kurven und Flächen.* Wiesbaden: Vieweg, 1983.

[Feuerlein und Distel 2007] FEUERLEIN, Rainer; DISTEL, Brigitte: *Mathematik 9.* München: Bayerischer Schulbuch-Verlag, 2007.

[Feuerlein u. a. 2009] FEUERLEIN, Cornelia; RIEGER, Markus; FEUERLEIN, Rainer: *Mathematik 5.* München: Bayerischer Schulbuch-Verlag, 2009.

[Fischer 1994] FISCHER, Gerd: *Ebene algebraische Kurven.* Wiesbaden: Vieweg, 1994.

[Forster 2011] FORSTER, Otto: *Analysis 2. Differentialrechnung im R^n, gewöhnliche Differentialgleichungen.* Wiesbaden: Vieweg+Teubner, 2011.

[Hefendehl-Hebeker 1995] HEFENDEHL-HEBEKER, Lisa: Mathematik lernen für die Schule? *Mathematische Semesterberichte* 42 (1995), S. 33–52.

[Hefendehl-Hebeker 2002] HEFENDEHL-HEBEKER, Lisa: *Maße und Funktionen im Geometrieunterricht der Sekundarstufe I.* Augsburg: Wißner-Verlag, 2002.

[Hefendehl-Hebeker 2013] HEFENDEHL-HEBEKER, Lisa: Doppelte Diskontinuität oder die Chance der Brückenschläge. In: ABLEITINGER, Christoph; KRAMER, Jürg; PREDIGER, Susanne (Hrsg.): *Zur doppelten Diskontinuität in der Gymnasiallehrerbildung. Ansätze zu Verknüpfungen der fachinhaltlichen Ausbildung mit schulischen Vorerfahrungen und Erfordernissen.* Wiesbaden: Springer Spektrum, 2013, S. 1–15.

[Klein 1924] KLEIN, Felix: *Elementarmathematik vom höheren Standpunkte aus.* Bd. 1: Arithmetik, Algebra, Analysis. 3. Aufl., Berlin: Springer, 1924.

[Osserman 1978] OSSERMAN, Robert: The isoperimetric inequality. In: *Bulletin of the American Mathematical Society* 84 (1978), Nr. 6, S. 1182–1238.

[Rademacher und Toeplitz 1930] RADEMACHER, Hans; TOEPLITZ, Otto: *Von Zahlen und Figuren: Proben mathematischen Denkens für Liebhaber der Mathematik.* Berlin: Springer, 1930.

[Stowasser 1976] STOWASSER, Roland: Extremale Rechtecke – eine Problemsequenz mit Kurzfilmen. In: *Der Mathematikunterricht* 22 (1976), Nr. 3, S. 12–23.

15 Vom Nutzen und Nachteil der Mathematikgeschichte für das Lehramtsstudium

Gregor NICKEL

Auch wenn der Titel dieses Aufsatzes auf Friedrich Nietzsches bekannte, zweite unzeitgemäße Betrachtung anspielt, so möchte ich mit einer sinngemäßen Übertragung seiner Diagnose, das Leben der Zeitgenossen leide an einem *Übermaß* an historischem Sinn, gerade nicht übereinstimmen (vgl. Nietzsche 1997, S. 209f.)[1]. Für die derzeitige Situation im schulischen Mathematikunterricht wie auch beim mathematischen Lehramtsstudium kann sicherlich nicht von einem Übermaß an historischem Sinn die Rede sein. Im Gegenteil: Mathematik wird in aller Regel fast vollständig ahistorisch vermittelt. Dies liegt vermutlich nicht zuletzt an dem merkwürdig überzeitlichen Charakter des Faches selbst. Wenn es den Anschein hat, als seien alle (historisch kontingenten) Hervorbringungen der Mathematik eigentlich nur (bessere oder schlechtere) Abbilder ‚Ewiger Formen‘, einer *mathematica perennis*[2], so spielen die vergangenen Gestalten und die historische Genese bis hin zur aktuellen Gestalt keine Rolle; sie werden unter Umständen sogar als störend empfunden. In der Tat gelingt es der Mathematik offenbar wie kaum einer anderen Wissenschaft kumulativ voranzuschreiten. Ältere Erkenntnisse werden in eine aktuelle sprachliche und formale Darstellung transformiert, dabei in der Regel vereinfacht, zum Teil sogar trivialisiert, während die konkrete historische Gestalt und der präformale Kontext einschließlich Motivationen und intendierter Anwendungen vergessen werden (dürfen). In diesem Sinne scheint Nietzsches Überzeugung, es sei „ganz und gar unmöglich, ohne Vergessen überhaupt zu *leben*" (Nietzsche 1997, S. 213), in der Mathematik nicht nur mit Bezug auf das radikale Ausblenden störender, konkreter Details beim jeweiligen Abstraktionsprozess (vgl. hierzu Fischer 2006, S. 41ff.), sondern eben auch in Bezug auf die eigene Geschichte zum Programm zu werden. Dennoch scheint der *mathematische Gehalt* verlustlos bestehen zu bleiben bzw. in Verallgemeinerungen aufgehoben zu werden. Zudem liegen genügend Schwierigkeiten in der Sache selbst. Die Darstellung historischer Aspekte wirkt dann wie eine zusätzliche Belastung, auf die schon aus Zeitgründen verzichtet wird.

---

[1] Wenn im Folgenden die Terminologie Nietzsches von einer *monumentalischen, antiquarischen* und *kritischen* Art der Historie übernommen wird, so soll damit nicht mehr als eine lose Assoziation angedeutet werden. Es geht also keinesfalls um eine darüber hinausgehende, genaue Exegese der Thesen oder der Argumentation Nietzsches.
[2] Diese Haltung kommt besonders hübsch in dem Mythos vom „Buch der Beweise" zum Ausdruck, vgl. das Vorwort in Aigner und Ziegler (2002).

Dass Geschichte und Philosophie einer wissenschaftlichen Disziplin untrennbar zu ebendieser Disziplin gehören, auch wenn die Reflexions- und Orientierungsdisziplinen methodisch teilweise ganz anders arbeiten, soll hier nur kurz vermerkt, aber nicht weiter vertieft werden[3]. Schon von daher besteht allerdings Veranlassung, philosophische und historische Reflexionen als Bestandteile in ein umfassendes Studium des Faches Mathematik zu integrieren. Bei den folgenden Überlegungen werden wir uns jedoch nur auf einen kleinen Ausschnitt dieser umfassenden Thematik konzentrieren, nämlich den Bereich der *Hochschulbildung für das Lehramt*, und damit allenfalls indirekt nach einer möglichen Rolle der Mathematikgeschichte für den Schulunterricht fragen. Die forschungspolitische Problematik einer zunehmenden Geschichtsvergessenheit im Bereich der exakten Wissenschaften, also von Mathematik und Naturwissenschaften, soll hier gar nicht thematisiert werden. Für die Rolle der Mathematikgeschichte ergeben sich in Bezug auf das Lehramtsstudium natürlich Spezifika gegenüber dem reinen Fachstudium, insofern ein Studium für das Lehramt auf den speziellen Beruf des Mathematikpädagogen vorbereiten soll; dies gilt insbesondere mit Blick auf die später zu leistenden Aufgaben für die Elementar- und Allgemeinbildung[4].

Durchaus im Sinne Nietzsches soll zunächst eine ‚lebensdienliche‘ Funktion der Mathematikgeschichte diskutiert werden; sie wird also als *hochschuldidaktisches Hilfsmittel* betrachtet. Dabei sollte eine Indienstnahme der Geschichte zum Zwecke einer besseren Lehre des Faches selbst ganz bewusst akzeptiert werden. Anschließend werden die Gefahren eines ‚Zuviel‘ bzw. einer falsch verstandenen Integration der Geschichte skizziert: *Mathematikgeschichte als Hindernis* oder als schlechte *Karikatur*. Wir orientieren uns also an Nietzsches These, nach der „das Unhistorische und das Historische [. . .] gleichermaßen für die Gesundheit eines einzelnen, eines Volkes und einer Kultur nötig [ist].“ (Nietzsche 1997, S. 214) Schließlich wird es darum gehen, die Geschichte der Mathematik gerade für das Lehramtsstudium als *Inhalt eigenen Rechts* darzustellen. Dem Anliegen dieses Bandes entsprechend geht es also zunächst um eine Analyse, inwiefern die Mathematikgeschichte zu einem besseren „*Verstehen von Mathematik*“ beitragen kann; dabei wird sich zeigen, dass sie dies in der Tat in vielfältiger Weise kann (vgl. Abschnitt 15.1), zuweilen aber auch hinderlich sein mag (vgl. Abschnitt 15.2). Darüber hinaus möchte ich allerdings dafür plädieren, dass ein einigermaßen plastisches Bild der Mathematik nur unter Berücksichtigung ihrer historischen Genese entstehen kann. Insofern ist ein „Verstehen von *Mathematik*“ nicht ohne eine – zumindest exemplarische – Kenntnis der Mathematikgeschichte zu haben (vgl. Abschnitt 15.3).

---

[3]   Vgl. etwa das Plädoyer für eine enge Zusammengehörigkeit von Mathematik und Mathematikgeschichte in Scriba (1983).

[4]   Unter Elementarbildung soll in etwa das verstanden werden, was Hans Werner Heymann unter der Überschrift „Lebensvorbereitung“ diskutiert (vgl. Heymann 1996, S. 134ff.); hier kommen für die Mathematikgeschichte vorwiegend die das Verstehen unterstützenden Funktionen in Betracht (vgl. Abschnitt 15.2). Im Bereich einer umfassenderen mathematischen Allgemeinbildung ginge es – erneut mit Heymann gesprochen – auch um die Rolle der Mathematik für die „Stiftung kultureller Kohärenz“, für „Weltorientierung“ und „kritischen Vernunftgebrauch“ (vgl. Heymann 1996, S. 154ff.); in Bezug auf diese Aspekte wird die Mathematikgeschichte über eine unterstützende Funktion hinaus auch zu einem Lehrgegenstand eigenen Rechts (vgl. Abschnitt 15.3).

Wenn im Folgenden verschiedene Erscheinungsweisen der Mathematikgeschichte unterschieden werden, so soll dies nicht so verstanden werden, als ließen sich diese Erscheinungsweisen säuberlich voneinander trennen und jeweils gesondert aufrufen; sie stellen eine Art von Idealtypen (im Sinne Max Webers) dar. In der konkreten Situation werden in der Regel mehrere Verwendungsweisen gleichzeitig und in jeweils unterschiedlichem Ausmaß zum Tragen kommen.

15.1 Mathematikgeschichte als (hochschul)didaktisches Hilfsmittel

In vielfältiger Weise kann eine Integration historischer Elemente die Lehre der fachlichen Inhalte unterstützen. Diese inzwischen nahezu unstrittige Überzeugung soll im Folgenden etwas differenzierter entfaltet werden. Das Augenmerk soll zunächst also bewusst auf eine Indienstnahme der Mathematikgeschichte zum Zwecke einer besseren, fachlich angemessenen, ein tiefergehendes Verstehen der mathematischen Inhalte befördernden Lehre gerichtet sein. Eine solche – wohletablierte und akzeptierte – Funktionalisierung für die Zwecke anderer Fächer ist der Mathematik selbst ohnehin nicht fremd, leistet sie doch für sämtliche Natur- und Ingenieurwissenschaften wie auch für Wirtschafts- und Sozialwissenschaften als ,Grundlagenfach' einen unverzichtbaren ,Service'. Dies entspricht einer der charakteristischen Formen des Verhältnisses innerhalb der universitären Disziplinenvielfalt, indem nämlich eine Disziplin der anderen als ,Hilfswissenschaft' dient, wobei für die Mathematik sicherlich die Bandbreite der Anwendungsfächer besonders groß ist. Dabei dürfen (und müssen!) zumindest für die Lehre die eigenen wissenschaftlichen Standards weitgehend verleugnet werden, um den jeweiligen Bedürfnissen der Anwendungsfächer Rechnung zu tragen (die Theoreme werden etwa ohne Beweis vorgetragen und lediglich durch Beispiele plausibilisiert). Die Mathematik wird allerdings bei diesem Unternehmen die eigene Wissenschaftlichkeit von ihrer rezeptartigen Anwenderform klar abgrenzen.

Analog ,darf' die Mathematikgeschichte – wenn es ihr im Rahmen der Lehre vor allem um das bessere Verstehen mathematischer Inhalte geht – (mathematikhistorische) Standards einigermaßen lax handhaben. Zugleich sollte jedoch die Mathematikgeschichte als Disziplin von ihrer funktionalisierten Gestalt deutlich unterschieden werden. Und überdies darf nicht übersehen werden, dass eine mathematikhistorisch differenzierte Darstellung – zumindest exemplarisch – ein unverzichtbarer Bestandteil des Lehramtsstudiums ist (eine Diskussion dieses Aspekts folgt erst in Abschnitt 15.3).

Der anekdotische und der tröstende Gebrauch. Der vermutlich häufigste Gebrauch der Mathematikgeschichte ist *anekdotisch*: der als allzu trocken empfundene Stoff wird gelegentlich durch kleine Geschichten aus der Geschichte gewürzt entsprechend dem Blaise Pascal zugeschriebenen Diktum, die Mathematik sei ,als Fachgebiet so ernst, dass man keine Gelegenheit versäumen sollte, sie etwas unterhaltsamer zu gestalten'. Das Anekdotische lebt vom Kontrast zur ,normalen' Präsentation: So liegt etwa die Betonung hier auf dem biographisch Persönlichen oder dem originellen Einzelfall, die sonst gar keine Rolle spielen. Typisches Beispiel für eine solche Anekdote ist die ‚Geschichte vom kleinen Gauß', der als Elementarschüler seinen Lehrer durch die genial-einfache Lösung einer mühseligen Fleißaufgabe überrascht. Daniel Kehlmann gewinnt dieser eigentlich etwas abgestandenen Anekdote auf überraschende Weise eine existentielle Tiefe ab, indem er die Situation des zum fachlichen und pädagogischen Offenbarungseid genötigten Mathematiklehrers Büttner ins Zentrum der Betrachtung rückt (vgl. Kehlmann 2005, S. 55).

Die populärwissenschaftliche Literatur enthält hier natürlich eine große Zahl von weiteren Beispielen. Erwähnt sei daneben die reichhaltige Sammlung kurzer Quellentexte bei Ahrens (1904). Auch wenn es sich hierbei sicherlich um eine eher defizitäre Form des Historischen handeln mag, sollte die Möglichkeit einer produktiven Rolle des Anekdotischen nicht allzu gering geachtet werden. Wie bei jeder Aufführung, müssen dazu jedoch die Pointen gekonnt gesetzt werden.

Eine spezielle Variante des anekdotischen Gebrauchs ist der *tröstende*. Hierbei wird am Beispiel historischer Persönlichkeiten und langjähriger Entwicklungen verdeutlicht, dass die beim Studierenden – in aller Regel – auftauchenden, hartnäckigen Verständnisprobleme nicht nur herablassend oder gütig tolerierbar, sondern sogar ‚ganz natürlich' sind. Wenn sogar die größten Mathematiker ihrer Zeit über Jahrzehnte an der Lösung eines Problems haben arbeiten müssen, wenn es Jahrhunderte währender Forschung bedurfte, um zentrale mathematische Begriffe herauszuarbeiten, dann sollte der Studienanfänger nicht daran verzweifeln, dass er sich über Monate damit plagt, die vorgelegte Lösung nachzuvollziehen. Als Beispiel sei hier an den mühevollen Weg erinnert, bis das Konzept der komplexen Zahlen volle Akzeptanz gefunden hatte[5]. Bereits Girolamo Cardano (1501–1576) operiert beim Studium von Gleichungen dritten und vierten Grades[6] mit ‚negativen Wurzeln', auch wenn der Status dieser ‚Zahlen' noch völlig unklar war. Eine gewisse Sicherheit gibt ihm, dass es ihre Verwendung ermöglicht, reelle Lösungen zu erhalten, die durch Einsetzen verifiziert werden können. Für Isaac Newton (1643–1727) ist das Auftreten negativer Wurzeln schlicht ein Zeichen dafür, dass die gestellte Aufgabe keine Lösung besitzt: „But it is just that the Roots of Equations should be impossible, lest they should exhibit the cases of Problems that are impossible as if they were possible." Sein großer Rivale auf dem Kontinent, Gottfried Wilhelm Leibniz (1646–1716) hat mehr Sinn für imaginäre Zahlen, er bezeichnet sie als „feine, wunderbare Zuflucht des göttlichen Geistes, beinahe inter ens et non ens Amphibio." Leonhard Euler (1707–1783) arbeitet dann bereits fast selbstverständlich mit komplexen Zahlen, gesteht diesen allerdings dennoch keine ‚wirkliche' Existenz zu. Wir finden in seiner *Vollständigen Anleitung zur Algebra* (1770) die Charakterisierung:

> „[S]o ist klar, daß die Quadrat-Wurzeln von Negativ-Zahlen nicht einmahl
> unter die möglichen Zahlen können gerechnet werden: folglich müssen
> wir sagen, daß dieselben ohnmögliche Zahlen sind. Und dieser Umstand

---

[5]   Ein weiteres Beispiel wäre die jahrhundertelange, vergebliche Suche nach Beweisen für Euklids Parallelenpostulat.

[6]   Eine historisch einigermaßen korrekte Darstellung dürfte an dieser Stelle natürlich den Beitrag Nicolo Tartaglias (1500–1557) nicht übergehen.

leitet uns auf den Begriff von solchen Zahlen, welche ihrer Natur nach
ohnmöglich sind, und gemeiniglich *imaginäre* Zahlen, oder *eingebildete*
Zahlen genennet werden, weil sie bloss allein in der Einbildung statt finden."

Erst Carl Friedrich Gauß (1777–1855) gibt durch seine geometrische Interpretation
den komplexen Zahlen einen unstrittigen Existenzstatus (etwa 1811 in einem Brief
an Friedrich Bessel). Allgemeine Akzeptanz findet diese Ansicht dann wiederum erst
20 Jahre später als Folge seiner Abhandlung *Theoria Residuorum Biquadraticorum*
(1831). Hier schreibt Gauß:

> „Hat man diesen Gegenstand bisher aus einem falschen Gesichtspunkt be-
> trachtet und eine geheimnisvolle Dunkelheit dabei gefunden, so ist dies
> großentheils den wenig schicklichen Benennungen zuzuschreiben. Hätte
> man +1 − 1, $\sqrt{-1}$ nicht positive, negative, imaginäre [. . .] Einheit, son-
> dern etwa directe, inverse, laterale Einheit genannt, so hätte von einer
> solchen Dunkelheit kaum die Rede sein können."

Eine Hauptschwierigkeit lag sicherlich in der traditionellen Auffassung, dass Zahlen
jedenfalls miteinander vergleichbare Größen seien; erst eine begriffliche Trennung
von Axiomen der Anordnung und Axiomen der Arithmetik ermöglicht die nötige Erweiterung des Zahlkonzeptes (vgl. insgesamt u. zit. nach Remmert 1988, S. 45–50).

Der genetische Gebrauch. Einen deutlich höheren Anspruch erhebt der *genetische*
Gebrauch. Dabei stellt der historisch-genetische Zugang nur *eine* Facette eines umfassenderen Konzepts dar[7], das sich vor allem gegen eine ‚deduktivistische' bzw. ‚for-
malistische' Vermittlung der Mathematik wendet. Im Kontrast zu einem Vorgehen,
das zu Beginn eines mathematischen Themas eine bereits (seit Ewigkeit her) fertige
Axiomatik, bzw. die allgemein(st)e Struktur präsentiert, die allenfalls später konkre-
tere Beispiele abwirft, sollen bei einem genetischen Zugang die abstrakteren Begriffe
schrittweise aus den konkreteren entwickelt werden. Von Beispielen und Gegenbeispielen geleitet wird also quasi empirisch das mathematische Terrain erkundet, bis
schließlich erst am Ende des (Lern-)Prozesses die allgemeinen Begriffe und Theoreme erreicht sind. Ausgehend von einer (als real angenommenen oder auch nur fiktiven) Analogie von historischer (Phylo-)Genese und lernbiographischer (Onto-)Genese
wird die historische Entwicklung eines mathematischen Begriffes als didaktische Hilfe zum (besseren) Verstehen eingesetzt[8]. In der Tat lässt sich mit guten Gründen der
Verlauf der Mathematikgeschichte so lesen, als konzentrierten die mathematischen
Begriffe (etwa der Begriff der Stetigkeit) eine lange Erfahrungsgeschichte, in der ein
mathematisches *Phänomen* auf den *(axiomatischen) Begriff* gebracht wird[9]. Ohne die

---

[7] Eine ausführliche (historische) Studie zu diesem gerade für die Mathematikdidaktik wichtigen Begriff
legt Gert Schubring vor (vgl. Schubring 1978).
[8] Wiederum Schubring diskutiert die Rolle einer historische Orientierung für die mathematische Fachdidaktik (vgl. Schubring 1977). Eine kritische Diskussion des „biogenetischen Gesetzes" gibt Führer (vgl.
Führer 1997, S. 50f.).
[9] Man vergleiche hierzu die für die Mathematikgeschichte (und -philosophie) bahnbrechenden Arbeiten
von Imre Lakatos (1922–1974), etwa Lakatos (1979). Sicherlich nicht ganz zufällig präsentiert Lakatos

genaue Kenntnis etwa von Beispielen und Gegenbeispielen, von verworfenen Alternativen, von intendierten Anwendungen etc. ist ein umfassendes Verstehen eines solchen Begriffs kaum denkbar[10]. Allerdings stellt die Kenntnis der historischen Genese in diesem Sinne ein extrem anspruchsvolles Ziel dar, das deutlich über das Verstehen der resultierenden Begriffe hinausgeht. Hier ist also genau darauf zu achten, ob die Geschichte tatsächlich auf eine unterstützenden Funktion beschränkt bleiben soll, oder aber als Thema eigenen Rechts betrachtet wird (vgl. Abschnitt 15.3). In diesem Sinne stimme ich den kurzgefassten Thesen Lutz Führers zu, wenn er einerseits feststellt, dass „das historisch-genetische Prinzip [...] Beispiele zu denkbaren Erschließungsprozessen" liefert, andererseits jedoch nicht verabsolutiert werden darf, „weil der ‚historische Weg' [...] sich in all seinen Erkenntnismotiven und Mühseligkeiten nicht ohne Verkürzungen vergegenwärtigen läßt, [...] weil es möglicherweise inzwischen leichtere, kürzere, einleuchtendere oder übertragbarere Wege zum jeweils angestrebten Wissen gibt" (Führer 1997, S. 53).

Innerhalb des genetischen Gebrauchs möchte ich demzufolge zwei Varianten unterscheiden. Ein *implizit historisch-genetisches* Verfahren baut zwar bei der Organisation der Lehre auf einer Kenntnis historischer Prozesse auf, wird diese jedoch unter Umständen gar nicht explizit darstellen. Hier geht es also primär um die Sensibilisierung des Lehrenden für (historisch und damit vermutlich auch individuell wirksame) Verstehenshindernisse und Prozesse ihrer Bewältigung. So können etwa die Konzepte der mehrdimensionalen Analysis zunächst ausschließlich für den Spezialfall $\mathbb{R}^3$ entwickelt werden, der schließlich über Jahrhunderte hinweg dominierte. Erst später können die ‚konkreten' Resultate dann auf den Fall eines beliebig dimensionalen $\mathbb{R}^n$ verallgemeinert werden. Dies wird sicherlich aus einer strukturellen Sicht als unnötig kompliziert erscheinen. Dennoch kann es für den Lernenden erheblich einfacher sein, die neuen analytischen Begriffe zunächst mit einer vertrauten ‚räumlichen Anschauung' zu verbinden, und erst dann, wenn diese eine gewisse Festigkeit gewonnen haben, die Abstraktion des Raumbegriffes zu vollziehen.

Ein *explizit historisch-genetisches* Vorgehen schließlich entwickelt die Inhalte parallel zu einer mehr oder weniger ausführlichen Darstellung ihrer historischen Genese; hier stellen beispielsweise die Arbeiten von Hairer und Wanner den ausgesprochen lesenswerten Versuch dar, die Themen der Analysis entlang ihrer Geschichte zu entfalten (vgl. Hairer und Wanner 2011 bzw. Hairer und Wanner 1996).

Der verfremdende Gebrauch.   Ein spezifisch auf das spätere Berufsfeld Schule bezogener Gebrauch des Historischen ist *verfremdend*. Gerade beim Lehramt für den Primarbereich liegt der eigene schulische Lernprozess zeitlich weit zurück, und somit entfällt sehr oft eine lebhafte Erinnerung an eigene Schwierigkeiten – beispielsweise beim Erlernen der elementaren Arithmetik. Hier kann der historische Kontext die

---

seine historische Rekonstruktion des Verfahrens von „Beweisen und Widerlegungen" am Beispiel des Eulerschen Polyedersatzes in szenischer Form in einem fiktiven Klassenzimmer.

[10] Darüber hinaus wäre die Frage zu stellen, ob mathematische Kernbegriffe überhaupt durch eine präzise, formale Definition hinreichend bestimmbar sind und welche Rolle solcherart formale Definitionen allenfalls für die mathematische Praxis spielen (vgl. Krömer 2010).

elementare Mathematik soweit verfremden, dass Studierende erneut die Erfahrung eigenen Lernens machen können bzw. müssen. Auch öffnet der Blick auf historisch realisierte Alternativen die Augen dafür, dass es keineswegs selbstverständlich und einfach ist, dass ‚man' so notiert und rechnet, wie es heute üblich ist. Zudem kann der Wert einer (für den jeweiligen Zweck) gut geeigneten Notation überhaupt erst gewürdigt werden, wenn Erfahrungen mit Alternativen gemacht werden. Die folgenden Beispiele illustrieren exemplarisch jeweils ein Thema aus dem Elementarbereich und dem Bereich höherer Mathematik.

Das System und die Notation der Zahlen sind sicherlich von elementarer Bedeutung für jede Kultur. Hier sind das additiven Dezimalsystem Ägyptens und das sexagesimale Stellenwert-System Babylons (und eher aus Gründen der historischen Orientierung auch das Römische System) Lehrinhalte, die jedenfalls zum Kanon eines jeden Lehramtsstudiums für den Primarbereich zählen sollten[11].

Die häufig gewählte axiomatische Einführung der reellen Zahlen verdeckt leicht die enormen Schwierigkeiten, die in einer formalen Operationalisierung des Kontinuums liegen. Aber auch ein technisch aufwendigerer, konstruktiverer Zugang – etwa über Äquivalenzklassen rationaler Cauchyfolgen – wird den tatsächlichen systematischen Problemen nicht gerecht. So könnte eine Präsentation des klassisch griechischen Umgangs mit dem Phänomen der Inkommensurabilität – ahistorisch gesprochen: die antike Theorie irrationaler Zahlen (besser Größenverhältnisse) – zumindest einen Eindruck der grundlegenden Schwierigkeiten vermitteln (vgl. Beutelspacher u. a. 2011, S. 61f.).

Der exemplarische Gebrauch. Schließlich erlaubt ein *exemplarischer* Umgang mit der Mathematikgeschichte eine ‚Erfahrung Mathematik' im – zwar nicht aktuellen, aber doch authentischen – Forschungskontext. Gerade für das gymnasiale Lehramt sollten solche Erfahrungen mit ‚echter' Mathematik ermöglicht werden, ohne dass dies auf das schlichte Erleben vollständigen Nichtverstehens hinausläuft. Hierbei ist zu beachten, dass zwar einerseits mit zunehmendem Alter der Quelle die mathematischen Schwierigkeiten tendenziell abnehmen, dass jedoch andererseits die historische Fremdartigkeit (etwa der Sprache, des kulturellen Kontextes, des mathematischen Stils) deutlich zunehmen kann. In der Regel wird man beim exemplarischen Umgang in Bezug auf die historische Präzision Abstriche machen müssen, etwa Übersetzungen verwenden, oder sogar Sekundärautoren konsultieren, die die primäre Quelle überhaupt erst erschließen (für eine Vielzahl von Themen in dieser Richtung vgl. Beutelspacher u. a. 2011, S. 58f.).

---

[11] Eine nützliche Einführung in die historische Entwicklung verschiedener Zahlkonzepte und -darstellungen geben etwa Gericke (1984), Ifrah (1986) oder Wussing (2009).

15.2   Mathematikgeschichte als Hindernis oder Karikatur

Von Nietzsche sensibilisert soll nicht verschwiegen werden, dass ein schlichtes Über-maß an Mathematikgeschichte zumindest für das Lehramtsstudium (aber auch für den Schulunterricht) nicht wünschenswert ist, selbst wenn die aktuelle Situation da-von noch weit entfernt sein mag. Das Fach Mathematik soll also keinesfalls durch das Fach Mathematikgeschichte ersetzt werden. Allerdings scheint mir derzeit weniger ein schlichtes ‚zuviel' als vielmehr ein wenig adäquater Gebrauch der Stolperstein zu sein, bei dem sowohl das systematische wie auch das historische Verständnis für Ma-thematik behindert werden kann. Auch hierzu werden einige Idealtypen skizziert.

Die antiquarische Karikatur.   Eine schon von Nietzsche heftig kritisierte Variante des Historischen, die im Wesentlichen ein Übermaß an rein positivistischer Historie bedeutet, ist sein *antiquarischer* Gebrauch. Hier sammelt und hortet der unreflektier-te und unkontrollierte historische Sinn längst verstaubte Kuriositäten, schließt sich mit diesen in einem Museum ein und gleichzeitig die Anfragen und Bedürfnisse der Gegenwart aus. Übertragen auf unser Thema würde dies heißen, dass die Arbeit am mathematischen Inhalt ersetzt wird durch die rein referierende Präsentation der Wer-ke historischer Autoren. So würde etwa eine Lehrveranstaltung über (elementare) Arithmetik in einer Sammlung von Rechenmeistern des 14. und 15. Jahrhunderts aufgehen. Im antiquarischen Umgang werden allerdings sowohl der mathematische Gehalt als auch der historische unterkomplex vermittelt.

Die monumentalische und die joviale Karikatur.   Zwei hinderliche Varianten des Anekdotischen sollen an dieser Stelle benannt werden. Zum einen können die histo-rischen Bemerkungen als rein *monumentalische* Präsentation der großen Heroen der Mathematikgeschichte erfolgen. Mathematik wäre dann gemacht von geistig uner-reichbaren Giganten; an eigene Produktivität wäre im Schlagschatten dieser Gestalten gar nicht zu denken. Die Kehrseite der monumentalischen (und ein Zerrbild der trös-tenden) Variante ist der *joviale* Umgang mit der Geschichte; was wusste der große XY schon von dem, was ‚wir heute wissen'. Dabei wird zugunsten der propagierten Fort-schrittsideologie von allem historischen Kontext abstrahiert. XY ‚wollte' also nichts anderes, als die Begriffe und Theoreme zu entdecken, als deren Vorläufer wir heu-te seine Resultate ansehen. Selbst wenn dieser Bezug auf die Mathematikgeschichte dem systematischen Ziel neutral gegenüber stehen mag, so vermittelt er doch in aller Regel ein völlig unzutreffendes Bild der historischen Situation.

Geschichte als Verstehenshindernis.   Nicht zu unterschätzen sind auch die mit ei-nem unkontrollierten bzw. allzu genauen historisch-genetischen Gebrauch verbunde-nen Probleme. Die Komplexität der Mathematikgeschichte, zu der ja ganz wesentlich auch Irrwege und Umweg (aus heutiger Sicht!) zählen, kann – gerade für Studie-rende, die sich noch keinen festen Stand in Bezug auf mathematische Konzepte er-arbeitet haben und damit auch keinen beweglichen Umgang mit diesen – durchaus *verwirrend* wirken. Insofern kann das Genetische nicht selten die deduktive Form, die das Resultat eines langen historischen Prozesses sein mag, geradezu konterkarieren. Die Indienstnahme der Mathematikgeschichte geht somit leicht in die – durchaus legitime! – Präsentation eines Lehrgegenstands eigenen Rechts über, der im Kontrast zum Fachinhalt nochmals einen ganz eigenen Reiz, aber auch eigene Schwierigkeiten bietet.

Die historische Genese des Zahlkonzeptes verläuft beispielsweise alles andere als parallel zu einem systematischen (oder konstruktiven) Aufbau $\mathbb{N} \to \mathbb{Z} \to \mathbb{Q} \to \mathbb{R} \to \mathbb{C}$ entsprechend steigender Komplexität der Rechenmöglichkeiten. Hier etwa wird erst sehr spät – gegen Ende des 19. Jahrhunderts – einer rein funktionalen Interpretation der Vorzug gegenüber einer substantiellen gegeben. Und erst auf dieser Basis ist der heute übliche systematische Aufbau natürlich. Historisch wird jedoch extrem lange an der Akzeptanz ‚negativer Größen' gearbeitet; motiviert etwa von der geometrischen Anschauung (bzw. der am Euklidischen Ideal geschulten Überzeugungen) werden Größen (wie auch Größenverhältnisse) zunächst ganz selbstverständlich als positiv vorausgesetzt; ein historisch orientierter Aufbau verliefe also zunächst eher gemäß der Reihung $\mathbb{N} \to \mathbb{Q}_+ \to \mathbb{R}_+$.

15.3   Mathematikgeschichte als Lehrinhalt eigenen Rechts

Es ist kaum zu bestreiten, dass die Geschichte (im Sinne der Geschichtsschreibung) im Allgemeinen wie auch die Geschichte der Mathematik im Speziellen eine zentrale Orientierungsleistung unserer Kultur darstellt[12]. Nur ein Denken in geschichtlichen Zusammenhängen ermöglicht ein Kontingenz-Bewusstsein, das Bestehendes als Resultat zwar nicht zufälliger, aber durchaus kontingenter Entscheidungen zu bestimmen und damit zu beurteilen, zu rechtfertigen, aber auch zu kritisieren vermag. Geschichte wird daher quasi automatisch zum Pflichtinhalt eines allgemeinbildenden Mathematikunterrichts und zumindest mittelbar auch eines jeden Lehramtsstudiums. Dabei spielt die Mathematik jedoch nicht nur für die *Wissenschafts*geschichte eine zentrale Rolle, sondern gerade auch für die Sozial- und Kulturgeschichte. Dieser letztere Aspekt wird viel zu häufig kaum wahrgenommen bzw. dramatisch unterschätzt (vgl. hierzu Nickel 2007, Nickel 2011). Moderne Gesellschaften werden jedoch durch Mathematik – indirekt via Technik, aber auch direkt durch mathematisch kodifizierte soziale Regeln (der demokratischen Wahlsysteme, der Sozialversicherungs- und Rentensysteme, der Unterstützung oder gar Determination von Entscheidungen durch Statistiken etc.) – in extremer Weise geprägt. Diese Prägung und deren historische Genese gilt es wenigstens exemplarisch bzw. in Bezug auf einzelne Aspekte in den Blick zu nehmen.

---

[12] Eine der Komplexität des Themas auch nur annähernd adäquate Diskussion von Phänomen und Begriff der Geschichte kann an dieser Stelle keinesfalls geleistet werden (vgl. hierzu etwa Zwenger 2013).

Mathematik als Element der Kulturgeschichte. Ein *kulturhistorisch* orientierter Zugang zur Mathematik müsste also die – durchaus auch ambivalente – Rolle der Mathematik für die Kulturgeschichte der Menschheit präsentieren und diskutieren. Dies kann sicherlich nicht umfassend gelingen, ein an einzelnen Beispielen geschultes Grundverständnis stellt aber eine essentielle Anforderung für die Bildung zur (gesellschaftlichen) Urteilsfähigkeit dar. Zudem liefert ein historischer Zugang wesentliche Aspekte für eine Antwort auf die normative Frage nach Inhalten und Umfang des mathematischen Kanons für die allgemeinbildende Schule, die sich keineswegs nur aus dem allgemeinen Anwendungsbezug und der speziellen Wissenschaftspropädeutik beantworten lässt. Im Folgenden werden drei Themenbereiche skizziert, die in exemplarischer Weise Bezüge zwischen Mathematik- und Kulturgeschichte repräsentieren mögen.

Eine für die Mathematik- wie auch für die allgemeine Kulturgeschichte entscheidende Weichenstellung findet um das 5. Jahrhundert vor Christus im antiken Griechenland statt; erstmals werden hier allgemeingültige Sätze formuliert und bewiesen. In der Mathematik werden Aussagen von absoluter Genauigkeit über besondere Gegenstände formuliert, jenseits aller Möglichkeit einer empirischen Überprüfung. Zugleich mit einer Emanzipation der Philosophie von Mythos und Religion macht sich die Mathematik von Anwendungszwecken frei, wird zu einer ‚reinen' Wissenschaft. Neben den Anfängen dieser Denkbewegung (etwa bei Thales und Pythagoras) sollte die für Jahrhunderte Vorbild gebende axiomatisch-deduktive Gestalt bei Euklid (ca. 360–280 v. Chr.), aber auch – als komplementäre Figur – der sich an einzelnen Problemen abarbeitende, unbekümmert Mathematik und Mechanik mischende Archimedes (ca. 287–212 v. Chr.) dargestellt werden (vgl. etwa Wussing 2009, Becker 1975, Artmann 1999).

Mit den Namen Galileo Galilei (1564–1642) und Isaac Newton (1643–1727) verbindet sich zurecht der Wandel zur (wissenschaftlich-technischen) Moderne; Mathematik wird seitdem als konstitutive Theoriesprache einer jeden Naturwissenschaft angesehen. Zur mathematischen Grundbildung gehört sicherlich ein Einblick in den doppelten Paradigmenwechsel von der ptolemäischen zur kopernikanischen Kosmologie und von der aristotelischen zur modernen Physik (Alexandre Koyré diskutiert hierbei besonders die sich auf Platon berufende neue Argumentation für eine zentrale Rolle der Mathematik in der Naturbeschreibung, vgl. Koyré 1988; für eine kritische Sichtung vgl. etwa Feyerabend 1976, S. 249ff.; zum Phänomen einer umfassenden Mathematisierung der Wissenschaften vgl. Nickel 2007).

Georg Cantor (1845–1918) (zur Biografie vgl. Purkert und Ilgauds 1987) kann mit Recht als Begründer der ‚modernen Mathematik' bezeichnet werden. Mit seiner transfiniten Mengenlehre beginnt ein dramatischer Themen- und Stilwechsel in der Mathematik (vgl. Mehrtens 1990), ebenso prägend wie die Erfindung der Infinitesimalrechnung durch Newton und Leibniz. Die Genese des von Beginn des mathematischen Fachstudiums an verwendeten Grundkonzeptes sollte auf jeden Fall diskutiert werden. Ein historisch genauerer Blick zeigt dabei, dass die noch häufig als ‚naiv' (ab)qualifizierte Konzeption Georg Cantors gerade begrifflich alles andere als naiv ist.

Gegenüber dem formalistischen Zugang eines ‚leeren', rein axiomatischen Mengenbe-
griffs liefert Cantors (auch anschauliche) Begriffsbildung und deren argumentative
Verteidigung ein viel reichhaltigeres Feld der intellektuellen Auseinandersetzung und
zeigt, dass Motivation und Rechtfertigung für mathematische Forschung durchaus me-
taphysischer Art sein können (vgl. Beutelspacher u. a. 2011, S. 83ff.).

Mathematikgeschichte und historische Urteilsfähigkeit. Schließlich präsentiert
ein *kritischer* Zugang die Geschichte der Mathematik als einen Lehrgegenstand eigenen Rechts; er zeigt, dass und inwiefern Mathematikgeschichte ganz anders verläuft
als die kanonisch gelehrte, formalisierte Version der mathematischen Themen unter
Umständen erwarten ließe. Hier wird mit der Unterscheidung von Genese und re-
sultierender Gestalt die enorme Leistung der axiomatisch-deduktiven Kondensation
überhaupt erst erkennbar. Zudem kann die innermathematische Frage nach Motivation und Heuristik nicht ohne eine historische Einbettung angemessen thematisiert
werden. Die einigermaßen adäquate Präsentation eines mathematikhistorischen Themas kann sicherlich nicht nebenbei in einer kurzen Bemerkung erfolgen, sondern
benötigt Zeit und Aufmerksamkeit sowie auf Seiten der Studierenden ein solides Vorwissen der entsprechenden mathematischen Zusammenhänge. Sie ist in diesem Falle
auch eher nicht als didaktisches Hilfsmittel zu verwenden, sondern stellt einen äußerst anspruchsvollen Lehrinhalt eigenen Rechts dar.

Als Beispiel möchte ich hier die Genese eines der zentralen Begriffe höherer Analysis anführen, den Begriff der gleichmäßigen Konvergenz und dessen Abgrenzung von
der punktweisen Konvergenz. Sicherlich geht die Thematik deutlich über den Schulstoff eines Gymnasiums hinaus; gleichwohl ist der Begriff für ein tieferes Verständnis
des Phänomens der Konvergenz und für einen Übergang zu Fragestellungen etwa der
Funktionalanalysis oder Integrationstheorie unverzichtbar. Die verwickelte Geschichte der Genese des Begriffs der gleichmäßigen Konvergenz ist ein faszinierendes, zeitlich relativ dichtes Kapitel der Mathematikgeschichte im engeren Sinne. Hierbei lässt
sich im Detail studieren, wie drei analytische Schlüsselbegriffe

- Funktion,

- ε-δ-Stetigkeit,

- gleichmäßige Konvergenz

gleichzeitig herausgebildet beziehungsweise präzisiert werden. Die Genese unterscheidet sich grundlegend von der systematischen Architektonik der Begriffe. Nötig für eine
Diskussion sind ein solides Vorwissen zu den Themen gleichmäßige und punktweise
Konvergenz, Gegenbeispiele und Sätze zur Übertragung von Regularitätseigenschaf-
ten auf die Grenzfunktion einer Funktionenfolge. Sorgfältig vermittelt und gut verstanden eröffnet sie ein tiefes Verständnis sowohl für einen der analytischen Grundbegriffe als auch für mathematische Forschungsprozesse und mathematische Begriffsbildung überhaupt[13].

---

[13] Eine Skizze dieser Genese ist in Beutelspacher u. a. (2011, S. 74ff.) zu finden und natürlich bei Imre
Lakatos (vgl. Lakatos 1979, S. 119ff.).

Das Studium der Mathematik mit dem Berufsziel des Pädagogen an einer allgemein-bildenden Schule muss eine immense Spannbreite an fachlichen und didaktischen Kompetenzen vermitteln. Hierzu kann – wie ich hoffe überzeugend dargestellt zu haben – die Mathematikgeschichte einen wichtigen Beitrag leisten. Je nach Anspruch muss dazu auf Seiten des Dozenten eine mehr oder minder professionelle mathematikhistorische Bildung vorausgesetzt werden. Ich möchte allerdings gerade auch mathematikhistorische Laien ausdrücklich dazu ermutigen, historische Elemente in Fach- und Fachdidaktikveranstaltungen zu integrieren; zumal wenn dies in erster Linie um einer besseren Vermittlung der Fachinhalte willen erfolgt. Da eine solche Integration passend zum jeweiligen mathematischen Thema *und* zum historischen Bildungshintergrund des Dozenten gewählt werden muss, wurde hier bewusst auf direkt verwendbare ‚Lehr-stücke' verzichtet. Die Literatur bietet in dieser Hinsicht jedenfalls eine Fülle von Material[14]. Zugleich soll jedoch auch daran erinnert werden, dass ohne eine wissenschaftlich professionelle Mathematikgeschichte die im dritten Abschnitt skizzierten Bildungsaufgaben, aber auch die Aufbereitung des historischen Materials für deren unterstützende Aufgaben, gar nicht zu leisten sind.

So mag die unzeitgemäße Erinnerung an die variationsreiche, lebensdienliche Funktion des Historischen für die mathematische Bildung zugleich auch als fachpolitisches Plädoyer verstanden werden.

Danksagung. Für hilfreiche Kommentare und Diskussionen danke ich Andreas Vohns und Gabriele Wickel.

Literatur

[Ahrens 1904]   AHRENS, Wilhelm: *Scherz und Ernst in der Mathematik. Geflügelte und ungeflügelte Worte*. Nachdruck der Ausgabe Leipzig 1904. Hildesheim: Olms, 2002.

[Aigner und Ziegler 2002]   AIGNER, Martin; ZIEGLER, Günter M.: *Das Buch der Beweise*. Berlin u. a.: Springer, 2002.

[Artmann 1999]   ARTMANN, Benno: *Euclid. The Creation of Mathematics*. New York u. a.: Springer, 1999.

[Becker 1975]   BECKER, Oskar: *Grundlagen der Mathematik in geschichtlicher Entwicklung*. Frankfurt a. M.: Suhrkamp, 1975.

[Beutelspacher u. a. 2011]   BEUTELSPACHER, Albrecht; DANCKWERTS, Rainer; NICKEL, Gregor; SPIES, Susanne; WICKEL, Gabriele: *Mathematik Neu Denken. Impulse für die Gymnasiallehrerbildung an Universitäten*. Wiesbaden: Vieweg+Teubner, 2011.

[Commission Nationale 1997]   COMMISSION NATIONALE INTER-IREM HISTOIRE ET ÉPISTÉMOLOGIE DES MATHÉMATIQUES: *History of mathematics, histories of problems*. Übers. aus dem Franz. v. Christopher J. Weeks. Paris: Ellipses Editions Marketing, 1997.

---

[14] Vergleiche etwa die mit einem für Mathematiker klassischen Aufgabenformat begleiteten Werke zur Mathematikgeschichte Katz (2009), Cooke (2005) oder Commission Nationale (1997).

[Cooke 2005] COOKE, Roger: *The history of mathematics. A brief course.* 2. Aufl., Hoboken (NJ): Wiley-Interscience, 2005.

[Feyerabend 1976] FEYERABEND, Paul: *Der wissenschaftstheoretische Realismus und die Autorität der Wissenschaften.* Braunschweig u. a.: Vieweg, 1978.

[Fischer 2006] FISCHER, Roland: Mathematik anthropologisch: Materialisierung und Systemhaftigkeit. In: FISCHER, Roland (Hrsg.): *Materialisierung und Organisation. Zur kulturellen Bedeutung der Mathematik.* München u. a.: Profil Verlag, 2006, S. 27–50.

[Führer 1997] FÜHRER, Lutz: *Pädagogik des Mathematikunterrichts. Eine Einführung in die Fachdidaktik für Sekundarstufen.* Braunschweig u. a.: Vieweg, 1997.

[Gericke 1984] GERICKE, Helmuth: *Mathematik in Antike und Orient.* Berlin u. a.: Springer, 1984.

[Hairer und Wanner 1996] HAIRER, Ernst; WANNER, Gerhard: *Analysis by its History.* New York u. a.: Springer, 1996.

[Hairer und Wanner 2011] HAIRER, Ernst; WANNER, Gerhard: *Analysis in historischer Entwicklung.* Berlin u. a.: Springer, 2011.

[Heymann 1996] HEYMANN, Hans Werner: *Allgemeinbildung und Mathematik.* Weinheim u. a.: Beltz, 1996.

[Ifrah 1986] IFRAH, Georges: *Universalgeschichte der Zahlen.* Frankfurt a. M. u. a.: Campus Verlag, 1986.

[Katz 2009] KATZ, Victor J.. *A history of mathematics. An introduction.* Boston u. a.: Addison-Wesley, 2009.

[Kehlmann 2005] KEHLMANN, Daniel: *Die Vermessung der Welt.* Reinbek bei Hamburg: Rowohlt, 2005.

[Koyré 1988] KOYRÉ, Alexandre: *Galilei. Die Anfänge der neuzeitlichen Wissenschaft.* Berlin: Wagenbach, 1988.

[Krömer 2010] KRÖMER, Ralf: Was ist Mathematik? Versuch einer wittgensteinschen Charakterisierung der Sprache der Mathematik. In: BOUR, Pierre Edouard; REBUSCHI, Manuel; ROLLET, Laurent (Hrsg.): *Construction. Festschrift for Gerhard Heinzmann.* London: College Publications, 2010, S. 209–221.

[Lakatos 1979] LAKATOS, Imre: *Beweise und Widerlegungen. Die Logik mathematischer Entdeckungen.* Braunschweig u. a.: Vieweg, 1979.

[Mehrtens 1990] MEHRTENS, Herbert: *Moderne – Sprache – Mathematik. Eine Geschichte des Streits um die Grundlagen der Disziplin und des Subjekts formaler Systeme.* Frankfurt a. M.: Surkamp, 1990.

[Nickel 2007] NICKEL, Gregor: Mathematik und Mathematisierung der Wissenschaften – Ethische Erwägungen. In: BERENDES, Jochen (Hrsg.): *Autonomie durch Verantwortung. Impulse für die Ethik in den Wissenschaften.* Paderborn : Mentis Verlag, 2007, S. 319–346.

[Nickel 2011] NICKEL, Gregor: Mathematik – die (un)heimliche Macht des Unverstandenen. In: HELMERICH, Markus; LENGNINK, Katja; NICKEL, Gregor; RATHGEB, Martin (Hrsg.): *Mathematik Verstehen. Philosophische und didaktische Perspektiven.* Wiesbaden: Vieweg+Teubner, 2011, S. 47–58.

[Nietzsche 1997] NIETZSCHE, Friedrich: *Werke. Band I..* Darmstadt: Wissenschaftliche Buchgesellschaft, 1997.

[Purkert und Ilgauds 1987] PURKERT, Walter; ILGAUDS, Hans Joachim: *Georg Cantor 1845 – 1918.* Basel u. a.: Birkhäuser, 1987.

[Remmert 1988] REMMERT, Reinhold: Kapitel 3: Komplexe Zahlen. In: EBBINGHAUS, Heinz-Dieter; HERMES, Hans; HIRZEBRUCH, Friedrich; KOECHER, Max; LAMOTKE, Klaus (Wiss. Red.); MAINZER, Klaus; NEUKIRCH, Jürgen; PRESTEL, Alexander; REMMERT, Reinhold (Hrsg.): Zahlen. 2., überarb. u. erg. Aufl., Berlin u. a.: Springer, 1988, S. 45–77.

[Schubring 1977] SCHUBRING, Gert: Die historisch-genetische Orientierung in der Mathematik-Didaktik. In: Zentralblatt für Didaktik der Mathematik 19 (1977), S. 209–213.

[Schubring 1978] SCHUBRING, Gert: Das genetische Prinzip in der Mathematik-Didaktik. Stuttgart: Klett-Cotta, 1978.

[Scriba 1983] SCRIBA, Christoph J.: Die Rolle der Geschichte der Mathematik in der Ausbildung von Schülern und Lehrern. In: Jahresbericht der DMV 85 (1983), S. 113–128.

[Wussing 2009] WUSSING, Hans: 6000 Jahre Mathematik. Eine kulturgeschichtliche Zeitreise. Bd. 1.: Von den Anfängen bis Leibniz und Newton. Berlin u. a.: Springer, 2009.

[Zwenger 2013] ZWENGER, Thomas: „Geschichte" – was ist das eigentlich? Erscheint in: RATHGEB, Martin; HELMERICH, Markus; KRÖMER, Ralf; LENGNINK, Katja; NICKEL, Gregor (Hrsg.): Mathematik im Prozess. Philosophische, historische und didaktische Perspektiven. Wiesbaden: Springer Spektrum, 2013.

Zusammenfassungen

Beiträge zum Schulunterricht

Susanne PREDIGER und Andrea SCHINK

Verstehens- und strukturorientiertes Üben am Beispiel des Brüchespiels „Fang das Bild" – Didaktische Ansätze und ihre Wirkungen in Lernprozessen

Nicht nur der erste Aufbau von Grundvorstellungen ist für einen verstehensorientierten Zugang zur Mathematik wichtig, sondern auch die fortgesetzte und flexible Aktivierung von inhaltlichen Vorstellungen und Strukturen auch im Umgang mit Operationen. Am Beispiel eines verstehens- und strukturorientierten Übungsspiels zu Bruchoperationen soll an Szenen aus Design-Experimenten illustriert werden, welche Potentiale und Herausforderungen in diesem Zugang liegen.

Sabrina HEIDERICH und Stephan HUSSMANN

„Linear, proportional, antiproportional … wie soll ich das denn alles auseinanderhalten" – Funktionen verstehen mit Merksätzen?!

Der Beitrag diskutiert die Bedeutung von vorformulierten Merksätzen im Hinblick auf eine verstehensorientierte und nachhaltige Begriffsbildung. Am Beispiel des Themenfeldes Funktionen wird dabei auf das Zusammenspiel von Anwendungssituation und Funktionstyp fokussiert. Auf Grundlage eines Designexperiments wird herausgearbeitet, wie Schülerinnen und Schüler proportionale, lineare und antiproportionale Funktionen als mathematisches Beschreibungsmittel für Realsituationen nutzen. Merksätze werden dabei häufig als Identifizierungshilfe genutzt, einer gegebenen Situation ein adäquates mathematisches Modell zuzuordnen. Es besteht jedoch die Schwierigkeit, dass die in Merksätzen kondensierte Versprachlichung von mathematischen Zusammenhängen zu allgemein ist, so dass der Gültigkeitsbereich der Merksätze nicht richtig eingeschätzt wird und es zu Fehlinterpretationen bei der Modellwahl kommen kann oder sogar muss.

Welche Charakteristika eine solche Versprachlichung haben sollte und wie eine inhaltlich tragfähige Versprachlichung von mathematischen Zusammenhängen systematisch eingeführt werden kann, wird am Beispiel einer Lernumgebung und eines darauf abgestimmten Designexperiments vorgestellt. Zentrales inhaltliches Ziel ist der Aufbau eines adäquaten Verständnisses von elementaren Funktionstypen, welches sich beispielsweise darin zeigt, zwischen proportionalen, linearen und antiproportionalen Zusammenhängen als Modelle für Anwendungssituationen zu unterscheiden.

Wilfried HERGET

Funktionen – immer gut für eine Überraschung

Stets findet Überraschung statt / Da, wo man's nicht erwartet hat – wusste schon Wilhelm Busch. Staunen über das Unerwartete: Das weckt Aufmerksamkeit, Interesse, stößt neugieriges Hinterfragen und gezieltes Erforschen an bis hin zur klärenden Auflösung der ursprünglichen Spannung – ein ausgezeichneter Anker für nachhaltiges Lernen.

Die Leitidee Funktion bietet zahlreiche provozierende Anlässe dafür – von den linearen über die quadratischen, exponentiellen bis zu den trigonometrischen Funktionen, mit und ohne Rechner.

> Komm mit mir ins Abenteuerland / Auf deine eigene Reise /
> Komm mit mir ins Abenteuerland / Der Eintritt kostet den Verstand
> (Pur: Abenteuerland, 2003)

Hans-Niels JAHNKE und Ralf WAMBACH

Interpretation von Formeln mit Hilfe des Funktionsbegriffs

Der Beitrag plädiert dafür, im Unterricht den Begriff der Formel als einen eigenständigen Begriff zu behandeln. Formeln unterscheiden sich von Funktionen darin, dass in ihnen alle Variablen eine gleichberechtigte Rolle spielen. Erst die jeweilige Anwendungssituation legt fest, welche Variablen als unabhängig und welche als abhängig zu betrachten sind, das heißt, welche Funktion gerade interessiert. Man versteht den mathematischen Gehalt einer Formel also erst dann, wenn man die verschiedenen in einer Formel enthaltenen Funktionen betrachtet. Diese Idee wird an einfachen Beispielen aus Geometrie und Physik durchgespielt. Ein besonderes Charakteristikum des hier vertretenen Ansatzes besteht darin, das Verhalten der jeweiligen Funktion und die Gestalt ihres Graphen aus der Sachsituation heraus zu antizipieren. Das geht nur an anschaulich zugänglichen Beispielen. In schwierigeren Fällen wird die Formel als Leitfaden genommen, um die Komplexität der Sachsituation aufzuschlüsseln.

Christof WEBER

Grundvorstellungen zum Logarithmus – oder: Wie kann der Logarithmus verständlich(er) gemacht werden?

Der Logarithmus birgt für die meisten Gymnasiastinnen und Gymnasiasten große Verständnisprobleme. Trotz vieler Schulstunden verdichtet sich der Logarithmus nur bei wenigen SuS zu einer gedanklichen Entität, mit der verständig argumentiert und gearbeitet werden kann. Meistens bleibt er bis zum Schluss eine black box, mit der ein Gefühl des Sperrigen oder gar der Bedeutungsarmut einhergeht.

Im ersten Teil meines Beitrags möchte ich in einer Problemanalyse den möglichen Gründen dafür nachgehen. In der Literatur wird immer wieder auf die anspruchsvolle Schreibweise oder auf den wenig selbsterklärenden oder gar sinnstiftenden Begriff „Logarithmus" hingewiesen. Verschiedene Autoren gehen damit unterschiedlich um. Für die Schülerschwierigkeiten mindestens so sehr verantwortlich dürfte aber auch die inverse Begriffsfassung des Logarithmus sein.

Im zweiten Teil meines Beitrags möchte ich den vorläufigen Ansatz eines verständigen Logarithmuslernens vorstellen, der sich das Konzept der Grundvorstellungen zu Nutze macht und stellenweise in Analogie zur Behandlung des „Wurzel"-Themas verläuft:

(1) Logarithmus als Rechenoperation („Werkzeug zur Berechnung einer Zahl"):
     $\longrightarrow$ Grundvorstellung der verallgemeinerten Stellenanzahl

(2) Logarithmus als Termumformung („Werkzeug zum Lösen von Gleichungen"):
     $\longrightarrow$ Grundvorstellung des Reduzierens der Operationsstufe

(3) Logarithmus als Funktion („Werkzeug zum Modellieren von Wachstumsprozessen"):
     $\longrightarrow$ Grundvorstellung einer extrem langsam wachsenden, nichtlinearen Funktion

Zur Verdeutlichung werden im dritten Teil eine mögliche unterrichtliche Umsetzung vorgestellt. Aspekte wie Schülerschwierigkeiten oder die Tragfähigkeit von (1) und (3) kann ich durch Ausschnitte aus Schülerdokumenten illustrieren. Andere Aspekte müssen hypothetisch bleiben.

Andreas EICHLER

Stochastik verständlich unterrichten

Der fast gleichlautende Titel *Analysis verständlich unterrichten* von Rainer Danckwerts und Dankwart Vogel ist hier bewusst als Aufhänger verwendet worden und wird in diesem Beitrag auf die Stochastik beziehungsweise die Leitidee *Daten und Zufall* übertragen. So soll in dem Beitrag anhand von unterrichtspraktischen Beispielen, die durch alle Schulformen hindurch tragfähig sind, aufgezeigt werden, in welcher Form die zentralen Ideen der Stochastik Stück für Stück ausgebaut werden können. Verständlichkeit soll sich dabei nicht allein auf die Beispiele selbst beziehen, sondern auch auf die stetige Reflexion, welche Grenzen die stochastischen Methoden einer Schulform und welchen Mehrwert neu entwickelte Methoden gegenüber schon bekannten haben können. Insbesondere wird hierbei auch auf die in der Schullaufbahn steigende Fähigkeit, reale Phänomene mathematisch zu modellieren, eingegangen.

Dankwart VOGEL

Stochastik gehört in den Mathematikunterricht!

Die Stochastik, seit vielen Jahren fest in den Lehrplänen, Schulbüchern und zuletzt auch in den zentralen Prüfungen verankert, wird nach wie vor von vielen Lehrenden (und Lernenden) gemieden. Daher gilt es, für eine „recht verstandene Stochastik" zu werben. Dies geschieht anhand zweier Beispiele, dem Geburtstagsproblem und dem Münzwurf. Sie zeigen, wie guter Stochastikunterricht inhaltliche Vorstellungen stärkt, den mathematischen Blick auf die Welt schärft und produktive Lernanlässe zur eigenaktiven Konstruktion von Wissen schafft.

Andreas BÜCHTER und Hans-Wolfgang HENN

Kurve, Kreis und Krümmung – ein Beitrag zur Vertiefung und Reflexion des Ableitungsbegriffs

Wenn man von geeigneten realitätsbezogenen Problemstellungen, wie etwa der Frage der Festsetzung einer angemessenen Höchstgeschwindigkeit für eine gegebene (Straßen-)kurve, ausgeht, dann kann die lokale Approximation von Kurven durch geeignete Kreisbögen eine hilfreiche Methode sein. Eine solche „Kreisableitung" ist technisch aufwändiger als die gewöhnliche lineare Approximation und letztlich nur computergestützt vernünftig durchführbar. Im Rahmen der Differenzialrechnung können entsprechende Betrachtungen einerseits dazu dienen, den gewöhnlichen Ableitungsbegriff zu vertiefen, und andererseits der normativen Anteile bei der mathematischen Begriffsbildung verdeutlichen, indem aufgezeigt wird, dass alternative Zugänge denkbar wären.

Andreas VOHNS

Von der Vektorrechnung zum reflektierten Umgang mit vektoriellen Darstellungen

Der Vektorbegriff stellt ohne Frage einen zentralen Begriff der Mathematik dar. Umso mehr muss es uns nachdenklich stimmen, wie wenig sich Schülerinnen und Schüler gemäß zahlreicher empirischer Studien unter diesem Begriff vorstellen können.

Der vorliegende Beitrag geht der Frage nach, wie Schülerinnen und Schülern Vektoren als sinnvolle Erweiterung ihres mathematischen Repertoires in der Geometrie *und* Algebra verstehbar gelehrt werden können. Er diskutiert dazu zentrale Ideen der Vektorrechnung und illustriert an exemplarischen Beispielen eine Aufgabenkultur, in der Vektoren als Bindeglied zwischen Geometrie und Algebra erfahr- und diskutierbar werden können.

Beiträge zur Lehrerbildung

Daniela GÖTZE und Christoph SELTER

Zur Konzeption der Grundschulprojekte Kira und PIK AS

Mathematik Neu Denken war das erste Großprojekt, das von der Deutsche Telekom Stiftung zur Verbesserung der Mathematik-Lehrerbildung unterstützt worden ist. Sein Erfolg hat sicherlich dazu beigetragen, dass es in der Folgezeit eine Reihe von durch die Stiftung geförderten mathematikbezogenen Initiativen gab, die die Weiterentwicklung der Aus- und Fortbildung von Lehrerinnen und Lehrern aller Schulstufen zum Ziel hatten. Durch unsere Grundschule-Projekte *Kinder rechnen anders* (Kira) und *Prozess- und inhaltsbezogene Kompetenzen – Anregung von Schulentwicklung* (PIK AS) fühlen wir uns daher mit den Anliegen von *Mathematik Neu Denken* verbunden.

In unserem Beitrag beschreiben wir zunächst, wie wir in Kira daran arbeiten, Studierenden und Lehrpersonen günstige Bedingungen für den Erwerb mathematikdidaktischer diagnostischer Kompetenzen zu verschaffen. Anschließend beschreiben wir beispielgestützt wesentliche konzeptionelle Elemente von PIK AS, eines Kooperationsprojekts mit dem Schulministerium NRW zur Bereitstellung von Unterstützungsleistungen und zur Entwicklung von Unterstützungsmaterialien zur Weiterentwicklung des Mathematikunterrichts in Grundschule und Lehrerbildung.

Reinhard HÖLZL

Mathematisches Fachwissen für angehende Lehrpersonen der Sekundarstufe I – in welchem Umfang erwerben, auf welche Art?

Ein Axiom in der Ausbildung von Mathematiklehrerinnen und Mathematiklehrern besagt, dass zur kompetenten Ausübung des ins Auge gefassten Berufszieles eine gediegene Kenntnis des Faches, seiner Methoden und Inhalte notwendig ist. Dieser Grundsatz, unbestritten für das Lehramt an Gymnasien, gilt zwar auch für andere Schulstufen, ist dort aber schon nicht mehr so konturiert erkennbar: „Wie viel Mathematik muss es sein?", ist beileibe nicht mehr einfach zu beantworten, zumindest dann nicht, wenn man nur widerstrebend bereit ist, berufsbiographisch geprägte Vorlieben als empirisches Faktum zu verstehen. Im Grunde ist die Frage auch falsch gestellt, sie müsste besser lauten: „Welcher Umgang mit Mathematik sollte es sein?" An der Pädagogischen Hochschule Zentralschweiz in Luzern haben wir uns deshalb (aber auch aus der Not einer fehlenden universitären Fakultät) dem Motto verschrieben: Das Fach mit didaktischen Augen sehen, die Didaktik mit fachlichen. Daraus entstanden sind sogenannte ‚fachintegrative Module‘, in denen vom Schulstoff ausgegangen wird, lokal aber stets fachliche Tiefenbohrungen vorgenommen werden. Stärken und Schwächen dieses Modells sind nun, nach achtjähriger Erprobungsphase, einigermassen klar ersichtlich und werden in diesem Beitrag diskutiert.

Albrecht BEUTELSPACHER

Alles nur Formelkram? Konzept einer Algebra für Lehramtsstudierende

Kaum eine mathematische Disziplin prägt das Bild der Mathematik so sehr wie die Algebra, und zwar positiv wie negativ. Auf der einen Seite wird die Algebra als die Hilfsdisziplin gesehen, in der traditionell Algorithmen eingeübt wurden, um Berechnungen mit Zahlen durchführen zu können. Diese Kenntnisse und Fähigkeiten werden allgemein sehr gering geschätzt. Dies kommt u. a. in der Meinung zum Ausdruck, dass all dies heute überflüssig sei, weil es ja ‚der Computer' viel besser könne. Andererseits gilt die Präzision der Algebra und ihre unbestreitbaren Erfolge, insbesondere in der Frage des Gleichungslösens als ein Musterbeispiel dafür, wie Mathematik sein soll. Nicht zuletzt deshalb bildet die Algebra einen Grundpfeiler der Lehramtsausbildung, der sich allerdings manchmal als kaum zu überwindende Hürde für die Studierenden erweist.

Die klassische Algebra-Vorlesung ist durch den Dreiklang „Gruppen, Ringe, Körper" definiert; ihr Ziel ist der Satz über die Nichtauflösbarkeit der allgemeinen Gleichung fünften oder höheren Grades. So bedeutend dieser Satz ist, so viele Nachteile handelt man sich ein, wenn man dieses so verfolgt, dass der Satz am Ende des Semesters wirklich bewiesen werden kann. Denn es bleibt praktisch keine Zeit für anderes.

Im Folgenden soll ein Konzept für eine „Algebra für Lehramtskandidaten" vorgestellt werden, das von folgenden Forderungen ausgeht.

(1) Die Veranstaltung ist in dem Sinne professionell, dass sie sich an dem künftigen Beruf der Studierenden orientiert und zwar in einer expliziten und für die Studierenden einsehbaren Weise.

(2) Das bedeutet inhaltlich, dass auch der Algebrastoff der Schule (der v. a. Gegenstand der Mittelstufe ist) aufgenommen wird. Es handelt sich um Themen wie Stellenwertsysteme, Teilbarkeitsregeln, Zahlbereiche. Dies soll aus höherer Sicht behandelt werden, so dass die Studierenden Einsicht in die Begriffsbildungen und die Zusammenhänge erhalten.

(3) Die Veranstaltung zeigt den Studierenden auch die Tiefe der Mathematik, und zwar so, dass sich für sie neue Welten (zum Beispiel algebraische Zahlen) erschließen.

(4) Die Veranstaltung zeigt auch die Breite der Mathematik: Zu jedem Thema wird es Überblicke über weiterführende Themen geben. Zum Beispiel wird beim Thema Primzahlen auch der Primzahlsatz erläutert. Ferner wird jedes Thema auch in den historischen Kontext eingebettet, so dass die Entwicklung der Fragestellungen, Begriffe und Sätze erkennbar wird.

(5) Schließlich wird auch deutlich, dass es sich bei der Algebra um ein aktuelles Forschungsgebiet handelt. So werden in der Vorlesung beispielsweise moderne Anwendungen wie Codierungstheorie und Kryptographie thematisiert.

Methodisch geht die Veranstaltung konsequent so vor, dass von vorhandenem Wissen der Studierenden ausgegangen und dieses erweitert wird. Zahlreiche Elemente zum konstruktiven Wissenserwerb werden eingeführt (Übungsaufgaben während der Vorlesung, kleine individuelle Projekte usw.).

Thomas BAUER

Schulmathematik und universitäre Mathematik – Vernetzung durch inhaltliche Längsschnitte

In jüngster Zeit hat das Bewusstsein um die Bruchstellen zwischen Schulmathematik und universitärer Mathematik stark zugenommen. Insbesondere wurde deutlich, dass es notwendig ist, in der Lehramtsausbildung die Studierenden durch geeignete Schnittstellenaktivitäten gezielt zum Aufbau der erwünschten Verknüpfungen anzuregen. Der Verfasser verfolgt dieses Ziel seit einigen Jahren im Rahmen von speziellen Übungsaufgaben innerhalb eines als Schnittstellenmodul konzipierten Analysis-Moduls. Im vorliegenden Text wird gezeigt, wie im Rahmen solcher Aufgaben inhaltliche Längsschnitte von der Sekundarstufe I über die gymnasiale Oberstufe zur Analysisvorlesung und darüber hinaus gebildet werden können. Dies wird konkretisiert durch ein Beispiel, das von elementargeometrischen Extremwertproblemen bei Rechtecken über heuristisch oder analytisch bearbeitbare Fragen bei Ellipsen bis hin zur isoperimetrischen Ungleichung in der Differentialgeometrie führt. Dabei zeigt sich, dass die stufenweise Erhöhung des Abstraktionsgrads und die Weiterentwicklung der verfügbaren mathematischen Werkzeuge die Reichweite und Tiefe der Untersuchung verändert, während sich in den Arbeitsweisen über die Stufen hinweg durchaus viele Übereinstimmungen finden.

Christoph ABLEITINGER, Lisa HEFENDEHL-HEBEKER und Angela HERRMANN

Aufgaben zur Vernetzung von Schul- und Hochschulmathematik

Im Projekt *Mathematik besser verstehen* der Universität Duisburg-Essen bestand eine wesentliche Aktivität darin, spezielle Übungsaufgaben für die Studierenden im ersten Studienjahr zu konzipieren. Diese sollten einerseits vertieftes inhaltliches Verständnis ermöglichen und die phänomenologischen Wurzeln der in den Vorlesungen behandelten Begriffe freilegen. Andererseits sollten bewusst Brücken zur Schulmathematik geschlagen und explizit thematisiert werden. Die Vorgehensweise wird an ausgewählten Beispielen genauer erläutert.

Gregor NICKEL

Vom Nutzen und Nachteil der Mathematikgeschichte für das Lehramtsstudium

Dass die Integration eines *historisch-genetischen* Zugangs zur Mathematik insgesamt förderlich für das Lehramtsstudium sein kann, ist mittlerweile unstrittig, wenn auch die praktische Realisierung allzu häufig an mangelnden Ressourcen scheitert.

Vor dem Hintergrund der Erfahrungen aus dem Siegener Lehramtsstudium sollen mögliche Funktionen einer solchen mathematikhistorischen Komponente diskutiert werden.